中国城市规划学会学术成果

# 乡村振兴

## ——2019年全国高等院校大学生乡村规划方案竞赛优秀成果集

中国城市规划学会乡村规划与建设学术委员会
华南理工大学建筑学院
贵州大学建筑与城市规划学院
浙江工业大学设计与建筑学院
北京建筑大学建筑与城市规划学院
安徽农业大学林学与园林学院
安徽建筑大学建筑与规划学院
同济大学建筑与城市规划学院
主编

中国建筑工业出版社

**图书在版编目（CIP）数据**

乡村振兴：2019年全国高等院校大学生乡村规划方案竞赛优秀成果集 / 中国城市规划学会乡村规划与建设学术委员会等主编. —北京：中国建筑工业出版社，2021.12

（中国城市规划学会学术成果）

ISBN 978-7-112-27050-7

Ⅰ.①乡… Ⅱ.①中… Ⅲ.①乡村规划—作品集—中国—现代 Ⅳ.①TU982.29

中国版本图书馆CIP数据核字（2021）第269875号

责任编辑：王延兵 杨 虹 尤凯曦
书籍设计：付金红 李永晶
责任校对：王 烨

中国城市规划学会学术成果

**乡村振兴**

——2019年全国高等院校大学生乡村规划方案竞赛优秀成果集

中国城市规划学会乡村规划与建设学术委员会
华南理工大学建筑学院
贵州大学建筑与城市规划学院
浙江工业大学设计与建筑学院
北京建筑大学建筑与城市规划学院
安徽农业大学林学与园林学院
安徽建筑大学建筑与规划学院
同济大学建筑与城市规划学院
主编

*

中国建筑工业出版社出版、发行（北京海淀三里河路9号）
各地新华书店、建筑书店经销
北京雅盈中佳图文设计公司制版
天津图文方嘉印刷有限公司印刷

*

开本：880毫米×1230毫米 1/16 印张：24 字数：572千字
2022年6月第一版 2022年6月第一次印刷
定价：**198.00**元
ISBN 978-7-112-27050-7
（38859）

# 编委会

# 前 言

今年举办的全国高等院校城乡规划专业大学生乡村规划方案竞赛，是第三届，开展这项活动的目的，是为了促进广大师生走出校园，积极参与乡村社会实践，在全国范围内加快推动乡村规划实践教学，通过搭建高校教学经验交流平台，提高城乡规划专业面向社会需求的人才培养能力。

本届赛事更新了竞赛内容，在前两届乡村规划方案竞赛单元的基础上，新增加了乡村建设调研及发展策划、乡村户厕设计方案两个竞赛单元，一方面是为了加强实践教学的导向，引导学生更加注重对乡村问题的调研，及对现阶段乡村人居环境改善实际问题的关注；另一方面，积极吸纳建筑学、社会学、人类学、环境学等相关专业学生共同参与，推动乡村规划实践教学环节的多学科交叉融合。

今年参与竞赛活动的踊跃程度超出了想象，三个竞赛单元共收到502份作品，参与的高校达到160所，涉及171个学院，共有3358名学生及1162名教师参与，该竞赛已真正成为一项城乡规划专业具有全国影响力的教学交流活动。

本届赛事分为初赛和决赛两个阶段。其中，初赛阶段分为指定基地与自选基地两类。四处指定参赛基地，分别为广东省韶关市武江区龙归镇冲下村（华南理工大学建筑学院承办）、贵州省铜仁市石阡县国荣乡楼上村（贵州大学建筑与城市规划学院、浙江工业大学设计与建筑学院共同承办）、山西省阳泉市平定县巨城镇西岭村（北京建筑大学建筑与城市规划学院承办）、安徽省安庆市岳西县温泉镇龙井村、黄尾镇黄尾村、白帽镇土桥村（安徽农业大学林学与园林学院、安徽建筑大学建筑与规划学院共同承办）。自选参赛基地报名及作品收集由华南理工大学建筑学院承办，其他赛事活动均分别由华南理工大学建筑学院、贵州大学建筑与城市规划学院、北京建筑大学建筑与城市规划学院、安徽农业大学林学与园林学院承办。决赛阶段，由初赛阶段各指定参赛基地和自选参赛基地承办单位按照要求推荐初赛获奖作品参加评选。初赛阶段共评选出200项获奖作品，决赛阶段评选出55项获奖作品。

相比前两届，今年的参赛作品质量有了更进一步的全面提升，学生更加注重对乡村的深入调研，从更宽阔的视野思考乡村发展问题。乡村建设调研及发展策划、乡村户厕设计方案两个新设置的竞赛单元，拓展了乡村规划教学的内涵。参与高校覆盖面更广，建筑老八校以外的学校获奖率逐年提高。在评审环节，专家们反映工作量变得很大，不仅是参赛作品增加，更由于作品质量有了整体提高，评选难度相比往年增大很多。

从连续举办三届竞赛活动的经验来看，加强对乡村规划实践教学经验总结交流和引导越来越受到大家的重视。在广东韶关召开的 2019 年度乡村委年会上，特别邀请专家对三年来的经验进行了总结和点评。今后在竞赛活动举办过程中，将增加专门的教学经验交流和辅导环节。

为了进一步扩大此项活动对乡村规划实践教学的带动，增强参赛成果和教学经验交流，将获奖作品编辑出版。在此特别感谢所有参与高校、广大师生，感谢各基地承办高校和地方政府，感谢所有评审专家对活动的支持和付出，感谢中国建筑工业出版社对出版工作给予的支持与帮助。也希望本次竞赛成果的出版不断为推进乡村规划建设专业人才培养做出有益的贡献。

中国城市规划学会乡村规划与建设学术委员会　主任委员
同济大学建筑与城市规划学院　教授、副院长
上海同济城市规划设计研究院有限公司　副院长

张尚武

# 目 录

# 第一部分

# 竞赛组织

乡村振兴

- 2019年全国高等院校大学生乡村规划方案竞赛任务书
- 2019年全国高等院校大学生乡村规划方案竞赛乡村规划方案竞赛单元决赛入围名单
- 2019年全国高等院校大学生乡村规划方案竞赛乡村建设调研及发展策划单元决赛入围名单
- 2019年全国高等院校大学生乡村规划方案竞赛乡村户厕设计竞赛单元决赛入围名单

# 2019年全国高等院校大学生乡村规划方案竞赛

# 任务书

为响应国家乡村振兴战略，积极推动乡村规划教育与实践的紧密结合，中国城市规划学会乡村规划与建设学术委员会拟继续举办“全国高等院校大学生乡村规划方案竞赛”，现就具体报名事项，发布 2 号通知如下。

## 一、竞赛目的

（一）持续推进全国开设城乡规划专业及相关专业的高校在乡村规划建设领域的研究与交流，以及学科建设发展。

（二）积极吸引城乡规划专业及相关专业大学生对乡村规划与建设的关注，为培养更多具备乡村规划建设专业知识的高级人才做出积极贡献。

（三）积极探索适应新时代要求的办学方法，将专业教育与社会需求紧密结合，鼓励更多学子走进地方，走进实践，在实践中学习和提升自我，践行“把论文写在祖国的大地上，把科技成果应用在实现现代化的伟大事业中”。

（四）呼吁更多地方和机构积极参与，在共同的合作中将地方乡村规划建设事业发展与高等院校学科发展和人才培养工作紧密结合在一起。

## 二、组织方

### 1. 主办方

中国城市规划学会乡村规划与建设学术委员会

### 2. 各基地承办、协办方

◆ 指定基地：贵州铜仁基地

承办方：贵州大学建筑与城市规划学院、浙江工业大学设计与建筑学院、贵州省石阡县国荣乡人民政府

支持方：贵州省国土资源厅、贵州省住房和城乡建设厅、石阡县国荣乡楼上村

◆ 指定基地：广东韶关基地

承办方：华南理工大学建筑学院

协办方：华南理工大学建筑学院、华南理工大学广东省村镇可持续发展研究中心、广东省韶关市武江区人民政府、广州市空间设计协会（羊城设计联盟）

支持方：广东省自然资源厅、广东省住房和城乡建设厅、广东省韶关市人民政府、广东省城市规划协会、韶关市武江区龙归镇冲下村

◆ 指定基地：山西阳泉基地

承办方：北京建筑大学建筑与城市规划学院

协办方：中国中建设计集团有限公司城市规划与村镇设计研究院、北京未来城市设计高精尖创新中心、北京建工建筑设计研究院、北京北建大城市规划设计研究院、山西省阳泉市人民政府

支持方：阳泉市平定县巨城镇西岭村

◆ 指定基地：安徽安庆基地

承办方：安徽农业大学林学与园林学院、安徽建筑大学建筑与规划学院、安庆市岳西县人民政府

支持方：安徽省自然资源厅、安徽省住房和城乡建设厅、安徽省普通本科高校土建类专业合作委员会、安徽省城市规划学会、安徽省村镇建设学会、安徽省城乡规划设计研究院、上海同济城市规划设计研究院、安徽省建筑设计研究总院股份有限公司、安徽省乡村振兴研究院、安庆市岳西县温泉镇龙井村、黄尾镇黄尾村、白帽镇土桥村

◆ 自选基地

承办方：华南理工大学建筑学院

协办方：华南理工大学广东省村镇可持续发展研究中心

## 三、竞赛方式

竞赛分为“指定基地”或者“自选基地”，竞赛成果分为乡村规划方案、乡村建设调研及发展策划、乡村户厕设计方案3类竞赛单元。以上由参赛团队自由报名，并以竞赛组织方最终公布为准。

**1. 指定基地和自选基地**

“指定基地”，即上述组织方已经确定的竞赛基地。通过参赛团队报名和组织方特邀等方式，由组织方最终确定参加指定基地的参赛团队。

“自选基地”，即参赛团队自行选择合适但必须真实的村庄，按照竞赛规定确定参加竞赛单元，并按照规定时间和地点提交成果。

**2. 竞赛单元**

无论是指定基地还是自选基地，都包含3类竞赛单元的成果内容。

参赛团队可以根据专长、兴趣等，在报名时填写参加1项、2项或者全部3项竞赛单元的竞赛，

每项竞赛单元的成果均应单独提交。

组织方届时将区分竞赛单元组织评审和表彰。

**3. 初赛和决赛**

初赛，由各基地承办方按照组织方的具体要求组织各项工作并评选奖项，由中国城市规划学会乡村规划与建设学术委员会颁发获奖证书。初赛奖项数量，原则上 3 类竞赛单元分别按照有效的参赛成果数量评选不超过 60% 的入围奖方案，并在入围奖方案里推荐不超过一半且不超过 20 个作为优胜奖，优胜奖获得者将自动获得决赛参赛资格。

决赛，由组织方直接组织评选，并由中国城市规划学会颁发获奖证书。决赛奖项数量，原则上 3 类竞赛单元分别按照决赛参赛成果数量设置不超过 50% 的优胜奖获奖资格，并在此基础上根据实际情况设置等级奖项，以及单项奖项。

## 四、参赛方式

参赛团队应按照本通知要求，填写报名表，并经所在单位盖章推荐有效。报名经组织方确认有效后予以公布方为有效。

每个参赛团队的学生不超过 6 人且包含 1 名指定联系人，指导教师不超过 2 人。参赛团队因故调整学生数量不得超过 3 人。

每个参赛团队及其成员，只允许参加 1 处基地且仅提供一套参赛成果，否则取消参赛资格。参赛团队针对所选择的基地，可以选择 1 项、2 项或者全部竞赛单元并分别提交竞赛成果。

对于报名指定基地的参赛团队，经组织方遴选后确认作为指定参赛团队或邀请参赛团队。指定参赛团队原则上由承办方及其协办和支持方共同承担经费，以支持符合报名人数要求的参赛团队师生在规定时间内赴指定基地开展调研工作，所承担经费包括符合规定的调研交通费及调研期间的食宿开支，学生为火车二等座，教师为航班经济舱；邀请参赛团队原则上由参赛团队自行负担各项开支。

对于指定参赛团队和邀请参赛团队，均由承办方及其协办和支持方共同为调研提供便利并提供必要的图纸等基础资料。自选基地的参赛团队，调研及基础资料的获取应自行解决且符合各项规定。

## 五、主要时间节点

2019 年 6 月 18 日 12 时，报名截止。

2019 年 6 月 25 日 12 时，有效参赛团队名单最终公布时间，同时发布模板文件。

2019 年 11 月 5 日 12 时，各参赛团队成果的最终提交截止时间。

2019 年 12 月 20 日 12 时，竞赛结果公布时间。

## 六、各承办单位报名联系人及联系方式

◆ 贵州大学建筑与城市规划学院

参赛基地：指定基地（贵州省铜仁市石阡县国荣乡楼上村）

报名联系人：张桦，xxxxxxxxxxx

报名邮箱：xxxxxxxxxxx @163.com

◆ 华南理工大学建筑学院

参赛基地：指定基地（广东省韶关市武江区龙归镇冲下村）和自选基地

报名联系人：赖韵欢，xxxxxxxxxxx

报名邮箱：xxxxxxxxxxx @126.com

◆ 北京建筑大学建筑与城市规划学院

参赛基地：指定基地（山西省阳泉市平定县巨城镇西岭村）

报名联系人：姚彤，xxxxxxxxxxx

报名邮箱：xxxxxxxxxxx @163.com

◆ 安徽农业大学林学与园林学院

参赛基地：指定基地（安徽省安庆市岳西县温泉镇龙井村）

报名联系人：周振宏，xxxxxxxxxxx

报名邮箱：xxxxxxxxxxx @qq.com

◆ 总协调单位：中国城市规划学会乡村规划与建设学术委员会秘书处

联系邮箱：xxxxx@planning.org.cn（非报名邮箱）

## 七、特别声明

各参赛团队所提交的参赛成果，知识产权将由提供者、主办方和承办方共同拥有，各方有权独立决定是否用于出版或其他宣传活动，以及其他学术活动。指定参赛基地的参赛作品，基地所在地有权参考或直接采用参赛作品全部或部分内容，不再另行与提供方协商并征得同意。

附件：2019 年全国高等院校大学生乡村规划方案竞赛成果内容

中国城市规划学会乡村规划与建设学术委员会

2019 年 6 月 2 日

# 附件：2019年全国高等院校大学生乡村规划方案竞赛

# 成果内容

## ◆ 乡村规划方案竞赛单元

本竞赛单元重在激发各参赛队的创新思维，提出乡村发展策划设计创意，因此规划内容包括但不限于以下部分：

**1. 基础调研报告**

对于规划对象，从区域和本地等多个层面，以及自然、经济、人口、集体组织、社会、生态、建设等多个维度，进行较为深入的调研，揭示村庄现状特征，发现村庄发展中的主要问题及可资利用的资源，及其可能的开发利用方式，撰写调研报告（报名成功后另行发放）。

调研报告原则上不少于 5000 字，宜 A4 竖向版面、图文并茂。报告应为 Word 和 PDF 格式，附图应为 JPG 格式并另行存入文件夹打包提交。（每单张 JPG 不超过 5MB）

如同时提交 2 项或 3 项竞赛单元规划成果，则仅提交 1 份基础调研报告即可。

**2. 规划设计**

（1）村域规划

根据地形图或卫星影像图，对于村域现状及发展规划绘制必要图纸，并重点从村域发展和统筹的角度提出有关空间规划方案，至少包括用地、交通、景观风貌等主要图纸。允许根据发展策划创新图文编制的形式及方法。

**注意：所有图纸，一律不得出现含国家地域边界的地图。**

（2）居民点设计及节点设计

根据上述有关发展策划和规划，选择重要居民点（自然村）或重要节点，探索乡村意象设计思路，编制乡村设计等能够体现乡村设计意图的规划设计方案。原则上设计深度应达到 1 ： 1000~1 ： 2000，成果包括反映乡村意象的入口、界面、节点、区域、路径等设计方案和必要的文字说明。

（3）成果形式

每份成果应按照竞赛组织方统一提供的模板文件（报名成功后另行发放），提供 4 张不署名成果图版文件和 4 张署名成果图版文件。以上成果文件应为 JPG 格式的电子文件，且每单个文件不超过

20MB。

**3. 推介成果**

（1）能够展示主要成果内容的 PPT 演示文件 1 份，一般不超过 30 个页面，且文件量不得超过 100M。（PPT 格式不做固定要求，但标题名称需与作品名一致）

（2）调研花絮和方案推介短文各一篇。每篇文字原则上不超过 3000 字，每单张图片不超过 5MB，宜图文并茂并分别打包提供 WORD 文件和单独打包的 JPG 格式图片，每个文件均应附设计小组成员及指导教师的简介文字和照片。以上用于组委会微信推送宣传。

**4. 命名格式**

（1）总文件夹："规划方案 + 学校 + 学生名 + 指导老师名"

（2）成果图版："学校 + 作品名 + 不署名成果 + 页码"

"学校 + 作品名 + 署名成果 + 页码"

（3）其他："学校 + 作品名 + 调研报告 / 展示 PPT / 调研花絮 / 方案推介"

## ◆ 乡村建设调研及发展策划竞赛单元

**1. 基础调研报告**

对于规划对象，从区域和本地等多个层面，以及自然、经济、人口、集体组织、社会、生态、建设等多个维度，进行较为深入的调研，揭示村庄现状特征，发现村庄发展中的主要问题及可资利用的资源，及其可能的开发利用方式，撰写调研报告（报名成功后另行发放）。

调研报告原则上不少于 5000 字，宜 A4 竖向版面、图文并茂。报告应为 Word 和 PDF 格式，附图应为 JPG 格式并另行存入文件夹打包提交。（每单张 JPG 不超过 5MB）

如同时提交 2 或 3 项竞赛单元规划成果，则仅提交 1 份基础调研报告即可。

**2. 报告及策划**

在基础调研报告的基础上，着重从践行乡村振兴战略的视角，提出行动策划策略，应特别注重可行性的论证。

调研报告及策划建议书原则上不少于 5000 字，宜 A4 竖向版面、图文并茂。报告应为 Word 和 PDF 格式，附图应为 JPG 格式并另行存入文件夹打包提交。（每单张 JPG 不超过 5MB）

成果形式

每份成果应按照竞赛组织方统一提供的模板文件（报名成功后另行发放），提供 2 张不署名成果图版文件和 2 张署名成果图版文件，宜图文并茂方式。以上成果文件应为 JPG 格式的电子文件，且每单个文件不超过 20MB。

**3. 推介成果**

（1）能够展示主要成果内容的 PPT 演示文件 1 份，一般不超过 30 个页面，且文件量不得超过 100M。（PPT 格式不做固定要求，但标题名称需与作品名一致）

（2）调研花絮和方案推介短文各一篇。每篇文字原则上不超过 3000 字，每单张图片不超过 5MB，宜图文并茂并分别打包提供 WORD 文件和单独打包的 JPG 格式图片，每个文件均应附设计小组成员及指导教师的简介文字和照片。以上用于组委会微信推送宣传。

**4. 命名格式**

（1）总文件夹：“调研策划 + 学校 + 学生名 + 指导老师名”

（2）报告及策划：A4 报告和图版文件：“学校 + 作品名 + 不署名成果 + 页码”

A4 报告和图版文件：“学校 + 作品名 + 署名成果 + 页码”

（3）其他：“学校 + 作品名 + 调研报告 / 展示 PPT / 调研花絮 / 策划报告推介”

## ◆ 乡村户厕设计方案竞赛单元

根据基地特征，以图文方式总结现有厕所的经验，调研成功经验并针对性地提供设计方案（应有真实基地，但并不要求实际建成），编写文字说明（包括适用性及必要的技术说明）；也欢迎针对性提供装配式设计方案。无论何种方式，都应当具有技术简易适用、建造和维护成本低等特点。并且，应当以村民适用的户厕为对象，可以是入户或者入院的户厕，也可以是村里建设的公共厕所。

**1. 基础调研报告**

对于规划对象，从区域和本地等多个层面，以及自然、经济、人口、集体组织、社会、生态、建设等多个维度，进行较为深入的调研，揭示村庄现状特征，发现村庄发展中的主要问题及可资利用的资源，及其可能的开发利用方式，撰写调研报告（报名成功后另行发放）。

调研报告原则上不少于 5000 字，宜 A4 竖向版面、图文并茂。报告应为 Word 和 PDF 格式，附图应为 JPG 格式并另行存入文件夹打包提交。（每单张 JPG 不超过 5MB）

如同时提交 2 或 3 项竞赛单元规划成果，则仅提交 1 份基础调研报告即可。

**2. 乡村户厕设计**

每份成果应按照竞赛组织方统一提供的模板文件（报名成功后另行发放），提供 2 张不署名成果图版文件和 2 张署名成果图版文件。以上成果文件应为 JPG 格式的电子文件，且每单个文件不超过 20MB。

**3. 推介成果**

（1）能够展示主要成果内容的 PPT 演示文件一份，一般不超过 30 个页面，且文件量不得超过

100M。( PPT 格式不做固定要求，但标题名称需与作品名一致 )

( 2 ) 调研花絮和方案推介短文各一篇。每篇文字原则上不超过 3000 字，每单张图片不超过 5MB，宜图文并茂并分别打包提供 WORD 文件和单独打包的 JPG 格式图片，每个文件均应附设计小组成员及指导教师的简介文字和照片。以上用于组委会微信推送宣传。

**4. 命名格式**

( 1 ) 总文件夹 :“户厕设计 + 学校 + 学生名 + 指导老师名”

( 2 ) 成果图版 :“学校 + 作品名 + 不署名成果 +1-4”

“学校 + 作品名 + 署名成果 +1-4”

( 3 ) 其他 :“学校 + 作品名 + 调研报告 / 展示 PPT/ 调研花絮 / 方案推介”

# 2019年全国高等院校大学生乡村规划方案竞赛

## 乡村规划方案竞赛单元决赛入围名单

| 序号 | 方案名称 | 院校名称 |
|---|---|---|
| 01-J01 | 凝核破界岭下桃源 | 西安建筑科技大学建筑学院 |
| 02-J02 | 溯愿西岭创新生 | 哈尔滨工业大学建筑学院 |
| 03-J03 | 太行山麓　黄土人家 | 东南大学建筑学院 |
| 04-J04 | 织古·补绿　铸砂·筑乡愁 | 华中科技大学建筑与城市规划学院 |
| 05-J10 | 山水田园·窑乡和应 | 北京建筑大学建筑与城市规划学院 |
| 06-J12 | 西岭月未上　四方喜正临 | 华北理工大学建筑工程学院 |
| 07-J14 | 知否知否——应是以和解乡愁 | 山东建筑大学建筑城规学院 |
| 08-J16 | 循序叠合 | 苏州科技大学建筑与城市规划学院 |
| 09-J24 | 和美西岭　智慧传承 | 天津城建大学建筑学院 |
| 10-J26 | 共织阡陌、喜临驿乡 | 内蒙古工业大学建筑学院 |
| 11-Q02 | 耕读山居 | 北京建筑大学建筑与城市规划学院 |
| 12-Q03 | 文上楼，楼上文 | 贵州大学建筑与城市规划学院 |
| 13-Q04 | 相携及田家，童声满楼上 | 东南大学建筑学院 |
| 14-Q05 | 楼上穆景，古寨咏归 | 贵州民族大学建筑工程学院 |
| 15-Q12 | 楼上望乡 | 重庆大学建筑城规学院 |
| 16-Q16 | 4.5 公里，流态绿道 | 贵州大学建筑与城市规划学院 |
| 17-Q21 | 溯源楼上，新客归园 | 湖南科技大学建筑与艺术设计学院 |
| 18-Q25 | 古寨原境，堪舆新构 | 青岛理工大学建筑与城乡规划学院 |
| 19-Q32 | 宗祠寻继，楼上话未来 | 中南大学建筑与艺术学院 |
| 20-Q35 | 周 +X | 重庆大学建筑城规学院 |
| 21-W06 | 山居铭 | 青岛理工大学建筑与规划学院 |
| 22-W08 | 乡以优犹　民以悠游 | 安徽建筑大学建筑与规划学院 |
| 23-W11 | 春融龙井，秋稔踵兴 | 安徽师范大学地理与旅游学院 |
| 24-W12 | 一朝水脉复，千年龙井兴 | 东南大学建筑学院 |
| 25-W14 | 游居龙井上　碧岫显晴画 | 合肥工业大学建筑与艺术学院 |
| 26-W19 | 点亮 5G，智汇黄尾 | 华中科技大学建筑与城市规划学院 |
| 27-W21 | 寻乡入微 | 苏州科技大学建筑与城市规划学院 |
| 28-W37 | 水绿秋山明·香云遍山起 | 东南大学建筑学院 |

续表

| 序号 | 方案名称 | 院校名称 |
| --- | --- | --- |
| 29-W38 | 归园诗居　茶野油乡 | 南京工业大学建筑学院 |
| 30-W39 | 所学在田桑 | 青岛理工大学建筑与规划学院 |
| 31-Y09 | 立于农·兴于仓·成于育 | 华南理工大学建筑学院 |
| 32-Y11 | 共缔造·兴冲下 | 华南理工大学建筑学院 |
| 33-Y12 | 何枝可依　共栖冲下 | 华南理工大学建筑学院 |
| 34-Y17 | 村城共生，都市与田园一色 | 福州大学建筑与城乡规划学院 |
| 35-Y21 | 故园生计解，客乡游子归 | 重庆大学建筑城规学院 |
| 36-Y25 | 育·见自然 | 广东工业大学建筑与城市规划学院 |
| 37-Y27 | 从粮仓到良仓 | 苏州科技大学建筑与城市规划学院 |
| 38-Y29 | 云出远岫　驿落近阡 | 厦门大学建筑与土木工程学院 |
| 39-Y36 | 冲下·田中·网上 | 华中科技大学建筑与城市规划学院 |
| 40-Y37 | 地景生·人情融·冲下兴 | 华中科技大学建筑与城市规划学院 |
| 41-Z34 | 幽关故陌，牧耕新梦 | 华北理工大学建筑工程学院 |
| 42-Z37 | 临湖而学　依山筑堂 | 宁波大学潘天寿建筑与艺术设计学院 |
| 43-Z102 | 多元协同·柚导共生 | 厦门大学建筑与土木工程学院 |
| 44-Z154 | 从前慢 | 华侨大学建筑学院 |
| 45-Z168 | 田栖文旅·创享青李 | 青岛理工大学建筑与城乡规划学院 |
| 46-Z169 | 瓷绘新生，邻归客访 | 郑州大学建筑学院 |
| 47-Z173 | 亲育何往，童领水乡 | 深圳大学建筑与城市规划学院 |
| 48-Z215 | 淑己育人，一博承情 | 湖南理工学院土木建筑工程学院 |
| 49-Z231 | 舍猎兴鹿源　游驻山林间 | 内蒙古工业大学建筑学院 |
| 50-Z243 | 十里三溪，醉美查济 | 合肥工业大学建筑与艺术学院 |
| 51-Z293 | 三境水起一处风生 | 苏州科技大学建筑与城市规划学院 |
| 52-Z294 | 水漾田居　乐创 cool 存 | 苏州科技大学建筑与城市规划学院 |
| 53-Z305 | 山水之间·悠然自居 | 长安大学建筑学院 |
| 54-Z313 | 农家备逸居　邀羹至吾乡 | 长安大学建筑学院 |
| 55-Z339 | 旧土新魂话北耕 | 深圳大学建筑与城市规划学院 |
| 56-Z363 | 一曲淄水　戏说大店 | 同济大学建筑与城市规划学院 |
| 57-Z384 | 江村·道居·马蹄归 | 昆明理工大学城市学院 |
| 58-Z393 | 八方来客，百塘之村 | 西安建筑科技大学建筑学院 |
| 59-Z461 | 屯堡古巷石板踏，一水半山文脉寻 | 贵州大学建筑与城市规划学院 |
| 60-Z487 | 周而复始　生生不息 | 重庆大学建筑城规学院 |

# 2019年全国高等院校大学生乡村规划方案竞赛

# 乡村建设调研及发展策划单元决赛入围名单

| 序号 | 方案名称 | 院校名称 |
|---|---|---|
| 01-J02 | 归园田居 | 东南大学建筑学院 |
| 02-J03 | 陌上花开，清风自来 | 北方工业大学建筑与艺术学院 |
| 03-J04 | 4D 乡村 | 东北林业大学土木工程学院 |
| 04-J06 | 岭间忆·暮年居 | 北京建筑大学建筑与城市规划学院 |
| 05-J07 | 循序叠合 | 苏州科技大学建筑与城市规划学院 |
| 06-J12 | 乡育贤人，以贤御乡 | 青岛理工大学建筑与城乡规划学院 |
| 07-J14 | 砂聚药缘　人熙窑乡 | 山东建筑大学建筑城规学院 |
| 08-Q04 | 忆楼上，联八村，同发展 | 贵州大学建筑与城市规划学院 |
| 09-Q05 | 楼上穆景，古寨咏归 | 贵州民族大学建筑工程学院 |
| 10-Q06 | 上新了！楼上 | 华中科技大学建筑与城市规划学院 |
| 11-Q09 | 流联古今 | 南京大学建筑与城市规划学院 |
| 12-Q24 | 以戏为引，铸楼上之魂 | 贵州大学建筑与城市规划学院 |
| 13-W05 | 枕山栖谷，诗画龙井 | 福州大学建筑与城乡规划学院 |
| 14-W22 | 黄尾山水养乐多 | 浙江工业大学设计与建筑学院 |
| 15-W24 | 步调一“制” | 安徽工业大学建筑工程学院 |
| 16-W33 | 皖乡原野·生声慢 | 浙江师范大学地理与环境科学学院 |
| 17-Y13 | 一粟万子　知行合一 | 桂林理工大学土木与建筑工程学院 |
| 18-Y20 | 故园生计解，客乡游子归 | 重庆大学建筑城规学院 |
| 19-Y22 | 昔祠新塑、稻说丰年 | 重庆大学建筑城规学院 |
| 20-Y30 | 反客为主，治下而上 | 湖南城市学院建筑与城市规划学院 |
| 21-Y38 | 客家排屋作新“客” | 西北大学城市与环境学院 |
| 22-Z11 | 互嵌共生，守形铸魂 | 华北理工大学建筑工程学院 |
| 23-Z31 | 康养归源，逐梦还乡 | 郑州航空工业管理学院土木建筑学院 |
| 24-Z43 | 沐露疏风，惠里营生 | 华中科技大学建筑与城市规划学院 |
| 25-Z81 | 一树山花游冶来 | 苏州科技大学商学院<br>苏州科技大学建筑与城市规划学院 |
| 26-Z102 | 多元协同·柚导共生 | 厦门大学建筑与土木工程学院 |

续表

| 序号 | 方案名称 | 院校名称 |
|---|---|---|
| 27-Z165 | 安养 · 安泰 · 安生 | 中南林业科技大学风景园林学院 |
| 28-Z296 | 寻旧 · 融新 | 广州大学建筑与城市规划学院 |
| 29-Z299 | 承嬗离合　文美江村 | 苏州科技大学建筑与城市规划学院 |
| 30-Z301 | 郊野珪后　融汇三生 | 福建工程学院建筑与城乡规划学院 |
| 31-Z302 | 文创古村，活力龙潭 | 福建工程学院建筑与城乡规划学院 |
| 32-Z358 | 巧借势　塑堡寨　活稻乡 | 西安建筑科技大学建筑学院 |
| 33-Z429 | 雄安气韵，水淀共生 | 天津大学建筑学院 |
| 34-Z477 | 三生三世楼上中国梦 | 湖南科技大学建筑与艺术设计学院 |

# 2019年全国高等院校大学生乡村规划方案竞赛
# 乡村户厕设计竞赛单元决赛入围名单

| 序号 | 方案名称 | 院校名称 |
|---|---|---|
| 1-J01 | 归“0” | 西安建筑科技大学建筑学院 |
| 2-J02 | 陌上花开，清风自来 | 北方工业大学建筑与艺术学院 |
| 3-J03 | 乡村生活发生器 | 东北林业大学土木工程学院 |
| 4-J04 | 别有“洞”天 | 北京建筑大学建筑与城市规划学院 |
| 5-J05 | 尊窑洞融科技归自然 | 北京建筑大学建筑与城市规划学院 |
| 6-J06 | 有氧、游氧、有养 | 北京建筑大学建筑与城市规划学院 |
| 7-J07 | 西岭村·公厕设计 | 北京建筑大学建筑与城市规划学院 |
| 8-J08 | 家园·窑院·和苑 | 河南理工大学建筑与艺术学院 |
| 9-Q01 | 楼上村乡村公厕设计 | 北京建筑大学建筑与城市规划学院 |
| 10-Q02 | 内外兼修　“方便”楼上 | 华中科技大学建筑与城市规划学院 |
| 11-Q03 | 青山楼外，楼上来归 | 昆明理工大学建筑与城市规划学院 |
| 12-Q04 | 山涧，归源 | 六盘水师范学校建筑艺术学院 |
| 13-Q05 | 厕所的重生 | 北京建筑大学建筑与城市规划学院 |
| 14-Q06 | 乡间小“驻” | 四川农业大学建筑与城乡规划学院 |
| 15-Q07 | 耕读传家，闻鸟归林 | 西安建筑科技大学建筑学院<br>北京建筑大学建筑与城市规划学院<br>重庆大学建筑城规学院 |
| 16-Q08 | 周+X | 重庆大学建筑城规学院 |
| 17-Q09 | 楼上小站 | 重庆交通大学建筑与城市规划学院 |
| 18-Q10 | 竹影轩 | 河南城建学院 |
| 19-Q12 | 栖居楼上心安吾乡 | 重庆大学建筑城规学院 |
| 20-W04 | 竹趣 | 东北大学江河建筑学院 |
| 21-W06 | 良厕 | 青岛理工大学建筑与规划学院 |
| 22-W22 | 停·亭 | 浙江工业大学设计与建筑学院 |
| 23-W24 | 轻松阁 | 安徽工业大学建筑工程学院 |
| 24-W28 | 厕隐竹林 | 安徽师范大学地理与旅游学院 |
| 25-W37 | 水缘秋山明·香山遍云起 | 东南大学建筑学院 |
| 26-Y03 | 樟下堂舍 | 广州大学建筑与城市规划学院 |

续表

| 序号 | 方案名称 | 院校名称 |
| --- | --- | --- |
| 27-Y10 | 参与·聚合－冲下村乡村户厕设计 | 华南理工大学建筑学院 |
| 28-Y19 | 团团绿阶“厕”，岂畏水电“难” | 华南农业大学 |
| 29-Y21 | 复合模块化公厕 | 重庆大学建筑城规学院 |
| 30-Y22 | 轻松自在的如厕之所 | 重庆大学建筑城规学院 |
| 31-Y23 | 整合重构，在地生长 | 重庆大学建筑城规学院 |
| 32-Y32 | 檐下 | 湖南科技大学 |
| 33-Y33 | 落影 | 仲恺农业工程学院 |
| 34-Y40 | “三生”万物，“厕”生其间 | 西北大学 |
| 35-Z30 | 众“所”周知 | 南京大学建筑与城市规划学院 |
| 36-Z107 | 融景一生景 | 河南城建学院 |
| 37-Z122 | 古城新厕 | 山东理工大学建筑工程学院 |
| 38-Z145 | 惠水归田 | 河南科技大学建筑学院城乡规划系 |
| 39-Z203 | 驿亭 | 南京工业大学建筑学院 |
| 40-Z211 | 淇水猗竹 | 四川农业大学建筑与城乡规划学院 |
| 41-Z212 | 生之长之　原归于斯 | 贵州大学建筑与城市规划学院 |
| 42-Z254 | 轮回之所 | 同济大学建筑与城市规划学院 |
| 43-Z259 | 耦合 | 河南城建学院建筑与城市规划学院 |
| 44-Z271 | 烟雨渔舟 | 大连理工大学建筑与艺术学院 |
| 45-Z273 | 凌顶携游忆相思 | 河南理工大学建筑与艺术设计学院 |
| 46-Z330 | 村·栖 | 沈阳城市建设学院建筑与规划学院 |
| 47-Z414 | 3R SPACE | 安徽建筑大学建筑与规划学院 |
| 48-Z467 | 花自飘零水自流 | 河南城建学院 |
| 49-Z487 | 周而复始　楼上小憩 | 重庆大学建筑城规学院 |

# 第二部分

# 乡村规划方案竞赛单元

乡村振兴

- 2019 年全国高等院校大学生乡村规划方案竞赛乡村规划方案竞赛单元评优组评语
- 2019 年全国高等院校大学生乡村规划方案竞赛乡村规划方案竞赛单元评委名单
- 2019 年全国高等院校大学生乡村规划方案竞赛乡村规划方案竞赛单元决赛获奖名单
- 2019 年全国高等院校大学生乡村规划方案竞赛乡村规划方案竞赛单元获奖作品

# 2019年全国高等院校大学生乡村规划方案竞赛乡村规划方案竞赛单元评优组评语

李京生

中国城市规划学会乡村规划与建设学术委员会顾问

同济大学建筑与城市规划学院教授

2019 年大学生乡村规划方案竞赛乡村规划方案竞赛单元决赛评优组组长

## 1. 总体情况

本次乡村规划方案竞赛单元共有 60 个作品进入决赛评选，经过逆序淘汰、优选投票和评议环节，评出各等级奖项，最终结果为：一等奖 3 名、二等奖 6 名、三等奖 9 名、优秀奖 12 名、最佳研究奖 1 名、最佳创意奖 1 名、最佳表现奖 1 名。

## 2. 闪光点

第一，调查越来越深入，内容越来越广泛，视野越来越宽阔，从生态环境到文化、扶贫、以村民为主体的公众参与，以及规划的过程、规划方案形成的过程等都有涉及，非常全面。

第二，表达的内容非常充分，而且全部作品的表达都非常完整，没有重大漏洞，水平比较接近。所以专家们的工作量很大，评选难度相比往年增大很多。

第三，参赛院校比较均衡，建筑老八校以外的学校获奖率逐年提高。这也说明，无论是新老学校，在乡村规划领域都处在同一起跑线上，这也是一种鼓舞、一种鞭策。

### 3. 探究点

第一，有些问题还是和以往一样，方案内容庞大、堆砌、求全、雷同。今年的雷同是非常可怕的，大家都参考以往获奖作品，甚至可能 80% 的都借鉴了往年获奖作品的思路，表达的内容非常多，非常仔细，文字特别多，设计内容特别少，这需要引起高度重视。

第二，科学性、原理性内容比较少，而概念多、提法多、辞藻堆砌多、文学性描述多，这也是参赛团队今后需要学习注意的。参赛团队需要学会梳理主线、整合思路，能使奋斗在乡村振兴战略实施第一线的工作人员理解我们的设计。

### 4. 小建议

第一，要在方法上研究创新。以往的作品中不乏照搬城市规划方式的设计作品，今年总算突破了原有套路，但是又不幸地建立了一个新套路，就是大而全。

第二，要以问题为导向，提出具有实用性的、简洁明了的、主题突出的、具体的应对方案和表达方式，并且展现出清晰的思考方法，这也是同学们非常重要的整合能力的训练。乡村技术并不复杂，但是乡村问题多样而复杂，这就需要在复杂中抓住它的主要矛盾，这个能力非常重要，也是乡村规划建设的重要特点。

第三，要鼓励跨学科合作，在开放中寻找复杂问题的解决方法，不能拘泥于原有的城市规划式的理解。

（以上内容由规划学会乡村委秘书处根据李京生教授在韶关武江年会上的竞赛点评发言整理发布。）

# 2019年全国高等院校大学生乡村规划方案竞赛

## 乡村规划方案竞赛单元评委名单

| 序号 | 姓名 | 工作单位 | 职务 |
|---|---|---|---|
| 1 | 李京生 | 同济大学建筑与城市规划学院 | 教授 |
| 2 | 刘 健 | 清华大学建筑学院 | 副院长、长聘副教授 |
| 3 | 郐艳丽 | 中国人民大学公共管理学院城市规划与管理系 | 系主任、教授 |
| 4 | 宁志中 | 中国科学院地理科学与资源研究所 | 总规划师 |
| 5 | 唐曦文 | 深圳市城市空间规划建筑设计有限公司 | 常务副院长 |
| 6 | 余建忠 | 浙江省城乡规划设计研究院 | 副院长、教授级高工 |
| 7 | 叶 红 | 华南理工大学建筑学院 | 教授 |
| 8 | 曹 迎 | 四川农业大学建筑与城市规划学院 | 副院长、教授 |
| 9 | 靳东晓 | 中国城市规划设计研究院 | 副总规划师 |

# 2019年全国高等院校大学生乡村规划方案竞赛

## 乡村规划方案竞赛单元决赛获奖名单

| 评优意见 | 序号 | 方案名称 | 院校名称 | 参赛学生 | 指导老师 |
|---|---|---|---|---|---|
| 一等奖＋最佳创意奖 | 15-Q12 | 楼上望乡 | 重庆大学建筑城规学院 | 杨宇驰 王 晖 周景翎 曾 干 黄瑞克 李飞扬 | 徐煜辉 肖 竞 |
| 一等奖＋最佳研究奖 | 32-Y11 | 共缔造·兴冲下 | 华南理工大学建筑学院 | 唐 双 刘 洋 梁杰麟 翁喆锐 区锐威 陈乐焱 | 叶 红 陈 可 |
| 一等奖 | 57-Z384 | 江村·道居·马蹄归 | 昆明理工大学城市学院 | 杨 瀚 凃忠伟 李宥运 李 星 | 马雯辉 侯艳菲 |
| 二等奖＋最佳表现奖 | 18-Q25 | 古寨原境，堪舆新构 | 青岛理工大学建筑与城乡规划学院 | 尚晓萌 丁佳艺 黄高流 万广诚 刘宇轩 史可心 | 徐 敏 张洪恩 |
| 二等奖 | 42-Z37 | 临湖而学 依山筑堂 | 宁波大学潘天寿建筑与艺术设计学院 | 李 桢 洪 艳 何琳涛 吴 玉 万锦文 张骐彬 | 陈 芳 刘艳丽 |
| 二等奖 | 07-J14 | 知否知否——应是以和解乡愁 | 山东建筑大学建筑城规学院 | 杨 朔 王璐瑶 赵文慧 曲佳音 高 骞 付清华 | 李 鹏 陈有川 |
| 二等奖 | 37-Y27 | 从粮仓到良仓 | 苏州科技大学建筑与城市规划学院 | 曾 煜 石 玉 张艺璇 沈凌雁 陈 曦 周根荣 | 潘 斌 范凌云 |
| 二等奖 | 39-Y36 | 冲下·田中·网上 | 华中科技大学建筑与城市规划学院 | 盛心仪 罗淮英 徐 灿 张明月 黄佳磊 朱鑫如 | 刘法堂 邓 巍 |
| 二等奖 | 04-J04 | 织古·补绿 铸砂·筑乡愁 | 华中科技大学建筑与城市规划学院 | 施鑫辉 叶 飞 王宇涵 王雪妃 张莞涵 赵海静 | 王宝强 邓 巍 |
| 三等奖 | 49-Z231 | 舍猎兴鹿源 游驻山林间 | 内蒙古工业大学建筑学院 | 李 婷 邹海帆 李伊彤 薛羽轩 贺浩铭 吴举政 | 荣丽华 王 强 |
| 三等奖 | 11-Q02 | 耕读山居 | 北京建筑大学建筑与城市规划学院 | 曹圣婕 陈 曦 郝 祯 王冬玉 侯振策 | 荣玥芳 马全宝 |
| 三等奖 | 31-Y09 | 立于农·兴于仓·成于育 | 华南理工大学建筑学院 | 邓思华 陈杰灿 叶鸿任 朱佳学 谭玮婧 | 叶 红 |
| 三等奖 | 50-Z243 | 十里三溪，醉美查济 | 合肥工业大学建筑与艺术学院 | 薛珊珊 柯 鑫 张 坤 柳照娟 白冬梅 彭筱雪 | 张 泉 |
| 三等奖 | 60-Z487 | 周而复始 生生不息 | 重庆大学建筑城规学院 | 王 浩 郭小仪 陈多多 李宇韬 吴佳泽 钟秉知 | 肖 竞 闫水玉 |
| 三等奖 | 22-W08 | 乡以优犹 民以悠游 | 安徽建筑大学建筑与规划学院 | 穆恬恬 徐国栋 苏海生 汪 俊 王泽昊 陈彦霖 | 马 明 杨新刚 |
| 三等奖 | 27-W21 | 寻乡入微 | 苏州科技大学建筑与城市规划学院 | 张艺林 王沛颖 陈美华 郑坤仪 陈勐勐 吴若禹 | 刘宇舒 张振龙 |

续表

| 评优意见 | 序号 | 方案名称 | 院校名称 | 参赛学生 | 指导老师 |
|---|---|---|---|---|---|
| 三等奖 | 52-Z294 | 水漾田居　乐创cool存 | 苏州科技大学建筑与城市规划学院 | 朱玥珊　田　静　范佳琪<br>李尚容　罗浩睿　陈瀚霖 | 潘　斌<br>王振宇 |
| 三等奖 | 56-Z363 | 一曲淄水　戏说大店 | 同济大学建筑与城市规划学院 | 王紫琪　孙宇轩<br>杨雅博　沈子艺 | 彭震伟 |
| 优秀奖 | 20-Q35 | 周+X | 重庆大学建筑城规学院 | 陈佳欣　卢彦君　王　瑾<br>胡　晓　王　翠　王　涛 | 徐煜辉<br>肖　竞 |
| 优秀奖 | 54-Z313 | 农家备逸居　邀耋至吾乡 | 长安大学建筑学院 | 付　洁　郝　娜　杜金颖<br>李晓翔　李升桃　王　蕾 | 井晓鹏 |
| 优秀奖 | 55-Z339 | 旧土新魂话北耕 | 深圳大学建筑与城市规划学院 | 林东方　黄颖琳<br>王嘉杰　胡志聪 | 杨晓春<br>邵亦文 |
| 优秀奖 | 03-J03 | 太行山麓　黄土人家 | 东南大学建筑学院城乡规划系 | 黄雨悦　刘青青　梁佳宁<br>杨叶晴　张　勇 | 王海卉<br>张　倩 |
| 优秀奖 | 13-Q04 | 相携及田家，童声满楼上 | 东南大学建筑学院 | 陈冰红　鄢雨晨　李千川<br>陈泽燕　付雪颖　何　煜 | 王承慧 |
| 优秀奖 | 35-Y21 | 故园生计解，客乡游子归 | 重庆大学建筑城规学院 | 李博文　尚青艳　杨正煜<br>方国臣　赵樱洁　许文宇 | 杨培峰<br>谭少华 |
| 优秀奖 | 41-Z34 | 幽关故陌，牧耕新梦 | 华北理工大学建筑工程学院 | 阳永亮　谢思源　李　丹<br>易盛男　陈屿诺 | 田　阳<br>张　颖 |
| 优秀奖 | 46-Z169 | 瓷绘新生，邻归客访 | 郑州大学建筑学院 | 贺　晶　程文君<br>苏心如　蔡欣珂 | 曹　阳<br>张　东 |
| 优秀奖 | 51-Z293 | 三境水起　一处风生 | 苏州科技大学建筑与城市规划学院 | 李颖明　徐熙林　刘　铭<br>郭泽钧　袁可远　叶佳玥 | 王振宇<br>刘宇舒 |
| 优秀奖 | 08-J16 | 循序叠合 | 苏州科技大学建筑与城市规划学院 | 孙海烨　王锴中　郑冠宇<br>刘家瑜　赵　越　梁　冰 | 王振宇<br>蒋灵德 |
| 优秀奖 | 19-Q32 | 宗祠寻继，楼上话未来 | 中南大学建筑与艺术学院 | 袁　源　宋金莱　杨　佳<br>李青翠　熊　琛　卞　潇 | 杨　帆<br>李　铌 |
| 优秀奖 | 48-Z215 | 淑己育人，一博承情 | 湖南理工学院土木建筑工程学院 | 吴银枝　彭亚兰　贺婷婷<br>付雨晴　罗雪姣 | 刘文娟<br>陈小勇 |

说明：因为出版篇幅有限，故只刊登一、二、三等奖获奖作品。

# 2019年全国高等院校大学生乡村规划方案竞赛

## 乡村规划方案竞赛单元获奖作品

# 楼上望乡

全国一等奖

最佳创意奖

【参赛院校】 重庆大学建筑城规学院

【参赛学生】

杨宇驰　王　晖　周景翎

曾　干　黄瑞克　李飞扬

【指导老师】

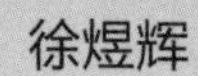

徐煜辉　肖　竞

## 方案介绍

**根源——宗族文化**

传统乡土社会是令人着迷的熟人社会，宗族文化贯穿始终，继而内化为中华民族的文化基因。

然而随着城市的发展，乡土社会不断消弭，人口流失，文化破碎。

中国人对血缘和姓氏的高度重视成为乡村发展新的关注点，宗族文化和血缘关系将如何带来新的发展机遇？

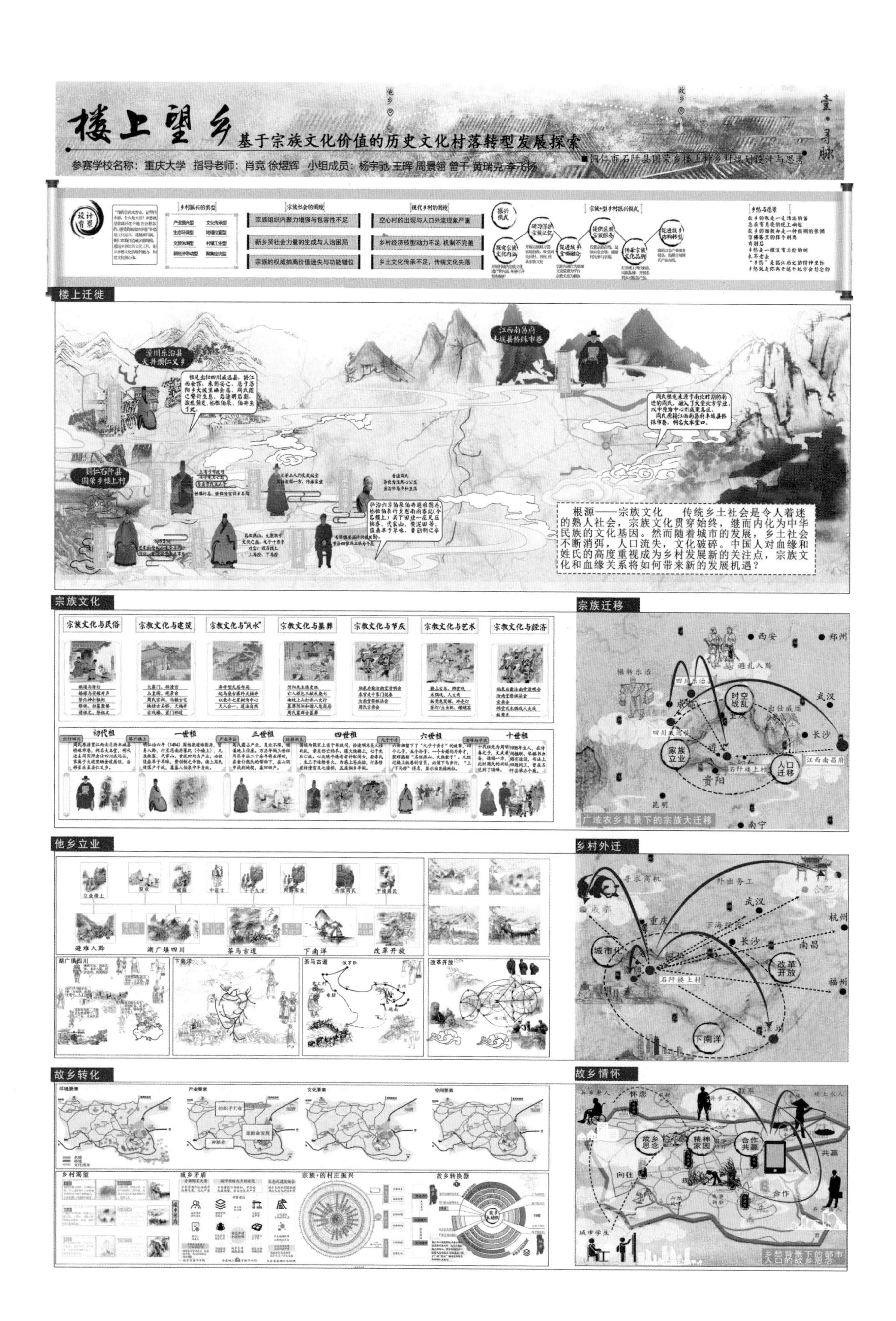
楼上望乡
基于宗族文化价值的历史文化村落转型发展探索
参赛学校名称：重庆大学 指导老师：肖竞 徐煜辉 小组成员：杨宇驰 王晖 周景翎 曾千 黄瑞克 李飞扬
■铜仁市石阡县国荣乡楼上村乡村规划设计与思考
壹·寻脉
他乡
故乡
设计背景
乡村振兴的类型
产业振兴型
文化传承型
生态环保型
地域资源型
文旅休闲型
宗族社会的困境
宗族组织内聚力增强与包容性不足
新乡贤社会力量的生成与人治困局
宗族的权威抽离价值迷失与功能错位
现代乡村的困境
空心村的出现与人口外流现象严重
乡村经济转型动力不足，机制不完善
乡土文化传承不足，传统文化失落
振兴模式
宗族+型乡村振兴模式
探究宗族文化内涵
研习保护宗族记忆
促进故乡全面融合
提供区域宗族服务
传承宗族文化品牌
促进故乡结构转型
乡愁与愿景
楼上迁徙
渠川乐治县天井坝仁义乡
江西南昌府丰城县杨珠市巷
铜仁石阡县国荣乡楼上村
根源——宗族文化 传统乡土社会是令人着迷的熟人社会，宗族文化贯穿始终，继而内化为中华民族的文化基因。然而随着城市的发展，乡土社会不断消弭，人口流失，文化破碎。中国人对血缘和姓氏的高度重视成为乡村发展新的关注点，宗族文化和血缘关系将如何带来新的发展机遇？
宗族文化
宗族文化与民俗
宗族文化与建筑
宗族文化与“风水”
宗族文化与墓葬
宗族文化与节庆
宗族文化与艺术
宗族文化与经济
初代祖
一世祖
三世祖
四世祖
六世祖
十世祖
宗族迁移
西安
郑州
避乱入黔
四川乐治
时空战乱
武汉
出仕成迁
重庆
长沙
家族立业
人口迁移
江西南昌府
石阡楼上村
贵阳
昆明
南宁
广域农乡背景下的宗族大迁移
他乡立业
立业楼上
避难入黔
湖广填四川
茶马古道
下南洋
改革开放
乡村外迁
求商机
外出务工
成都
重庆
武汉
合肥
杭州
长沙
南昌
城市化
改革开放
福州
石阡楼上村
下南洋
故乡转化
环境要素
产业要素
文化要素
空间要素
乡村离望
城乡矛盾
宗族+的村庄振兴
故乡转换器
故乡情怀
异乡老人
怀恋
异乡工人
联系
故乡思念
精神家园
合作共赢
向往
合作
共赢
城市学生
乡愁背景下的都市人口的故乡思念

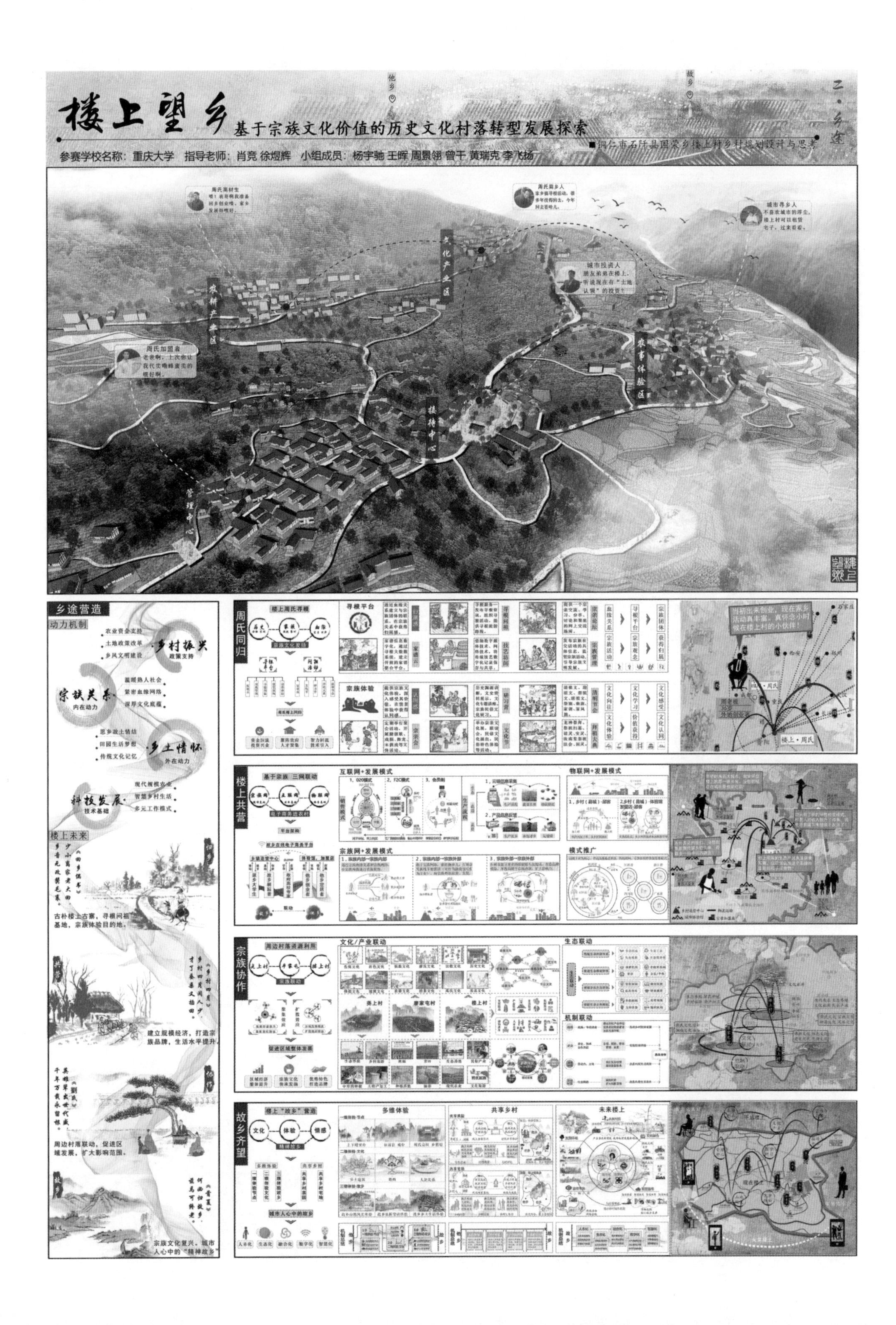
楼上望乡
基于宗族文化价值的历史文化村落转型发展探索
■铜仁市石阡县国荣乡楼上村乡村规划设计与思考
参赛学校名称：重庆大学 指导老师：肖竞 徐煜辉 小组成员：杨宇驰 王晖 周景翊 曾千 黄瑞克 李飞扬
文化产业区
农耕产业区
农事体验区
接待中心
管理中心
乡途营造
动力机制
乡村振兴
宗族关系
乡土情怀
科技发展
楼上未来
周氏同归
楼上共营
宗族协作
故乡齐望
多维体验
共享乡村
未来楼上

# 楼上望乡

## 基于宗族文化价值的历史文化村落转型发展探索

他乡　故乡　叁·归程

参赛学校名称：重庆大学　指导老师：肖竞 徐煜辉　小组成员：杨宇驰 王晖 周景翎 曾干 黄瑞克 李飞扬

铜仁市石阡县国荣乡楼上村乡村规划设计与思考

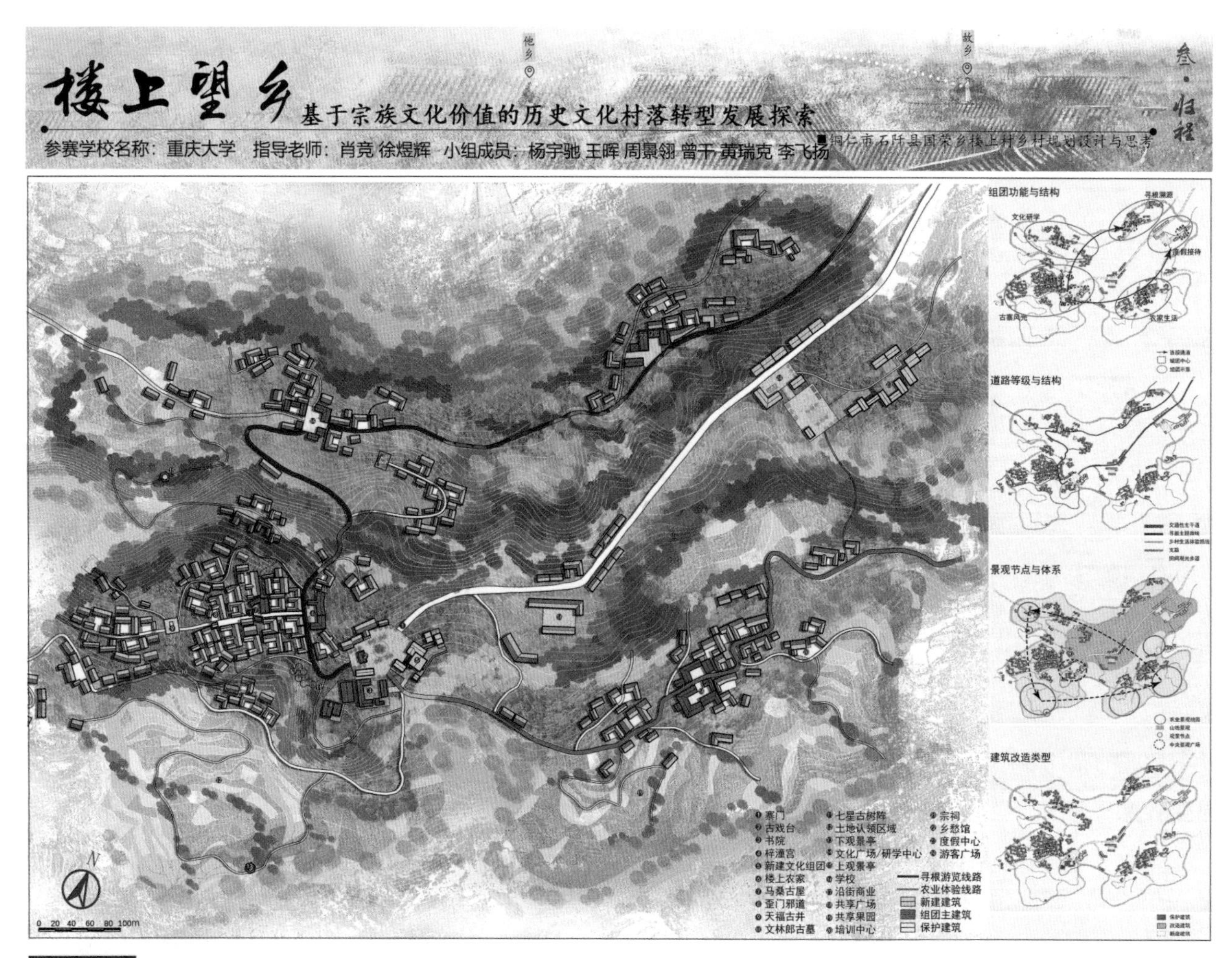


## 游线空间组织

## 土地认领模式

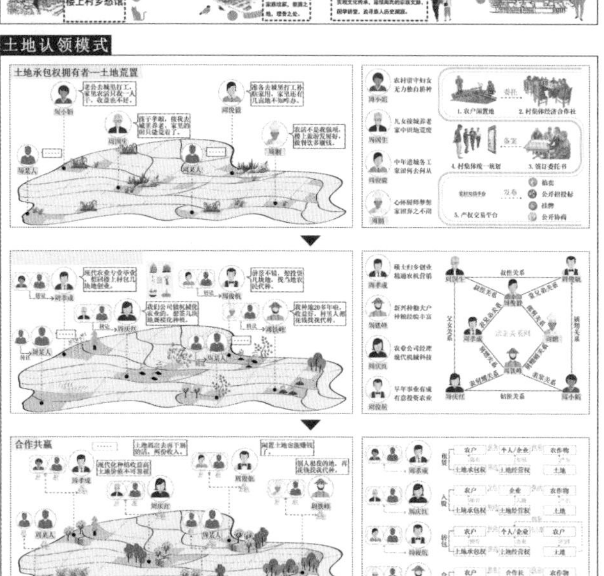


## 建筑空间组团

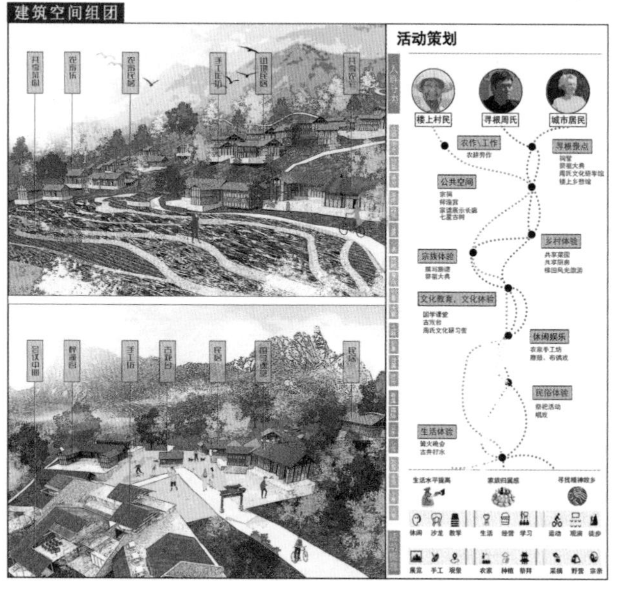

楼上望乡
基于宗族文化价值的历史文化村落转型发展探索
他乡
故乡
肆·培韵
■铜仁市石阡县国荣乡楼上村乡村规划设计与思考
参赛学校名称：重庆大学 指导老师：肖竞 徐煜辉 小组成员：杨宇驰 王晖 周景翎 曾干 黄瑞克 李飞扬
新建组团-鸟瞰
新建组团-透视
空间特质
新建组团-局部场景透视
下沉广场
入口凉亭
服务中心
展览馆入口
乡土元素提取运用
单体轴测分解
设计思路
低技术低成本的乡土建造
多义空间演绎
既有建筑改造
改造手法
结构营建
生态发展
村民导向改造
游客导向改造
轴测分解
空间属性
功能重组
沿街空间
场景效果图

# 共缔造 · 兴冲下

全国一等奖
最佳研究奖

【参赛院校】 华南理工大学建筑学院

【参赛学生】

唐　双　　刘　洋　　梁杰麟
翁喆锐　　区锐威　　陈乐焱

【指导老师】

叶　红　　陈　可

## 方案介绍

乡村规划已经践行很多年，但是乡村建设仍然存在各种矛盾，我们试图寻求一种新的辅助乡村规划编制的方式，尝试让更多的村民接受并且愿意让规划推行下去。

这就是共生计划——村庄规划建设与村规民约制定并行。

## 一、认识冲下

乡村规划的调研方法分为：资料收集、现场踏勘、村委座谈、多方访谈。

### 1. 资料收集与现场踏勘

通过资料收集与现场踏勘，我们清晰地了解到广东韶关冲下基地在地理区域上的优势与劣势，同时知道冲下村距离最近的高速出入口只需 10min 车程，以及其他各种政策的支持。通过现场踏勘，我们还了解到现在冲下村的用地现状、公共服务设施等空间现状。

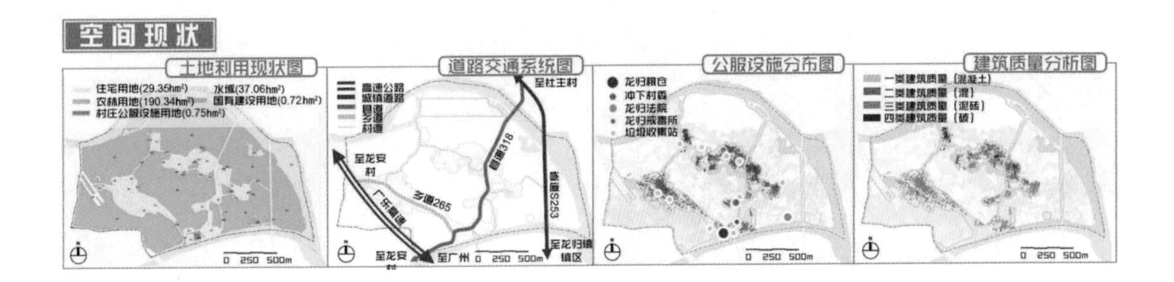


### 2. 村委座谈

通过村委座谈，我们清晰地知道了现在冲下村的经济产业、人口等现状，了解到现在冲下村基本以一产为主导，整村在进行土地流转，流转土地已经达 73.5%。同时农户兼业化情况突出，且人际关系中，异姓基本无来往。

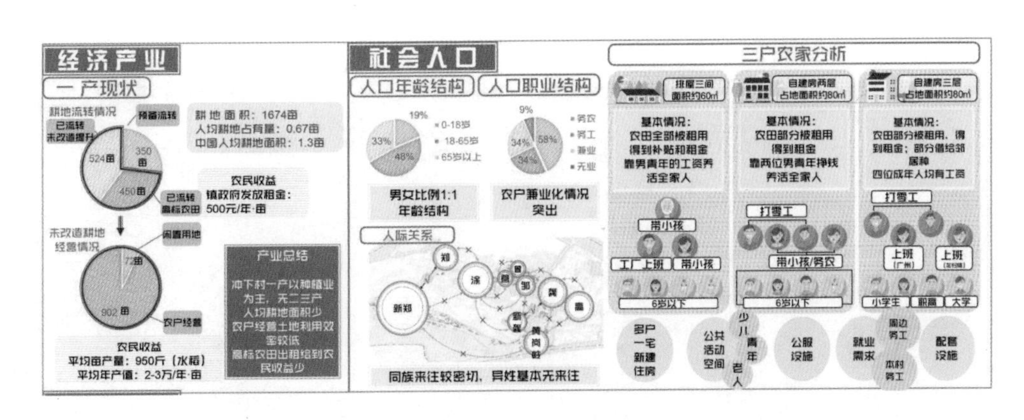

### 3. 多方访谈

基础的资料收集、深入的现场探勘以及翔实的村委座谈让我们对冲下村形成初步印象，通过多方访谈真正明确乡村规划建设过程中，各主体的需求以及症结所在，整理冲下村土地流转、三清三拆、美丽宜居建设等层面的问题。

## 二、理念生成与规划目标

### 1. 现状总结与村规民约

通过对现状进行总结，我们发现村庄现在行政结构单一，无自治组织，应当充分发挥村民的自主自治，为此我们协助落实村规民约一：村民理事会构建，明确职责。

同时共商诉求，落实村规民约二：将村庄建设与村规民约的制定相互绑定。

### 2. 规划理念

基于前面的问题总结，为了解决规划建设与村庄治理等问题，通过采用共生理念，实现冲下村未来的共生目标。

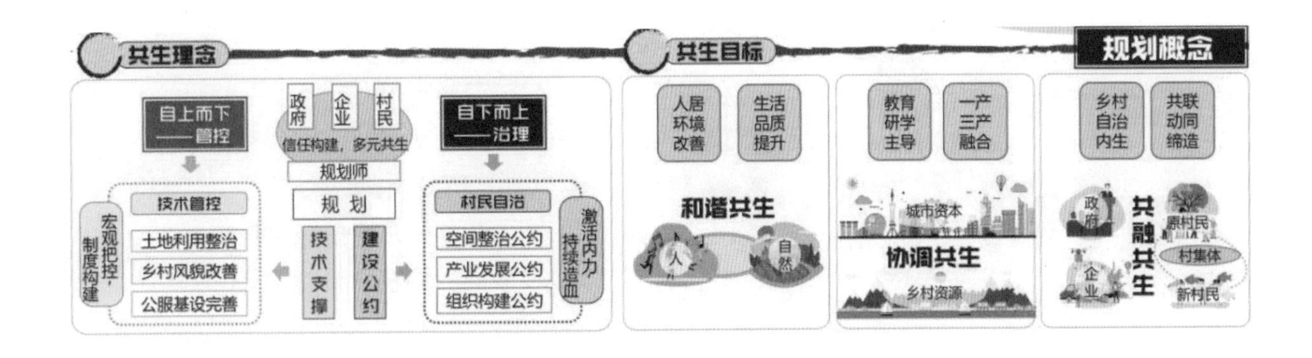


## 三、策划冲下

### 1. 产业共生模式

利用冲下村优越的农业生产资源条件和由乡村振兴培训中心带来的教育研学的机遇，建立以现代农业为基础，教育培训和研学旅游为主导的产业共生模式。

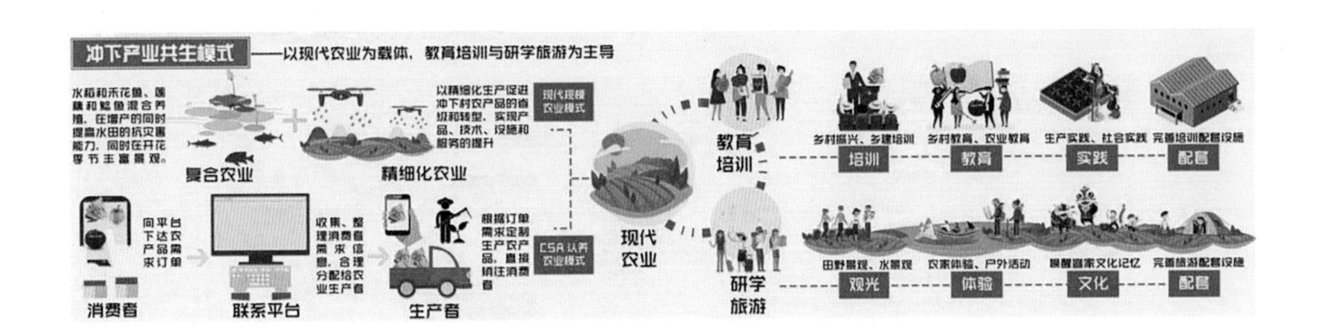


### 2. 村规民约三：土地流转管理机制

冲下村由于建设用地绝大部分已被村民住宅占据，而农用地又处于分散细碎的情况，不利于现代农业的建设，也不利于以现代农业为载体的教育培训和研学旅游业的发展，故需建立完善的土地流转管理机制，保障产业用地的储量和稳定使用。

在此，我们提出了土地出租、土地入股和参与化经营三种流转模式，并希望通过协助政—企—村三方协商确定各方责任、义务和权益，保障土地流转机制持续有效。

### 3. 现代农业策划

土地流转完成后，我们为冲下村规划了三种农业发展模式：

（1）面向集体或企业主体的现代规模农业和 CSA 规模认养农业；

（2）CSA 规模认养农业；

（3）面向个人的家庭 CSA 认养农业。

通过现代规模农业，保障冲下村的粮食作物产量，同时为农业教育研学提供场地。通过 CSA 规模农业，将农产品销售模式从“产供销”改为“销供产”，加快农产品的流通速度。最后，借助 CSA 家庭认养农业和 CSA 规模农业的场地推进教育培训和研学旅游产业建设。

### 4. 教育培训和研学旅游策划

为了推行加强村民与村集体的沟通，我们希望村民能主动自愿参与村集体旅游合作社经营，并为各个年龄阶段的人规划了他们可参与经营的教育活动和旅游项目。同时，为了增强冲下村研学旅游的竞争力，通过区域联动打造龙归—江湾旅游精品线。

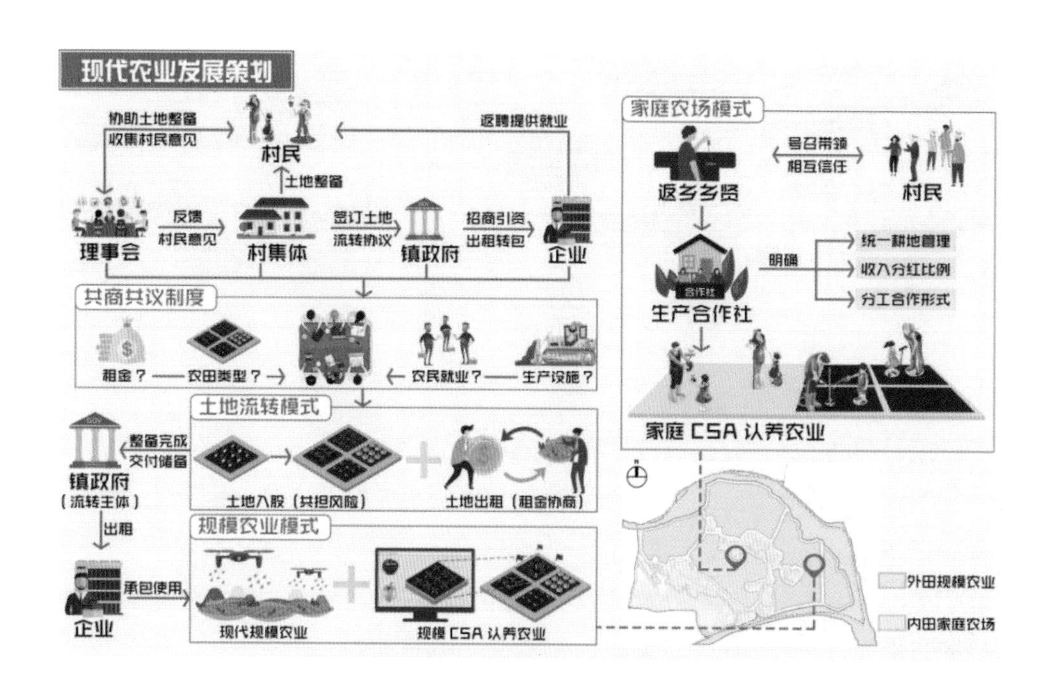

#### 5. 村规民约四：多主体参与的联合开发机制

为保障教育培训与研学旅游策划的落实推行，我们构建了多主体参与的联合开发机制来保障策划的顺利推行。

#### 6. 村规民约五：新旧村民共处公约

我们可以预料到，当教育培训和研学旅游产业进入发展期后，将逐渐会有一定量的培训人群、游客、返乡乡贤或者城市投资者进入乡村，他们之中有些人会成为冲下村的新村民，再为冲下村带来就业机会、城市资本和技术理念的同时，也可能会和旧村民争夺土地权利、公共设施和投资机会。

为此，我们希望能建立和完善新旧村民共处公约，并提出了我们的建议。

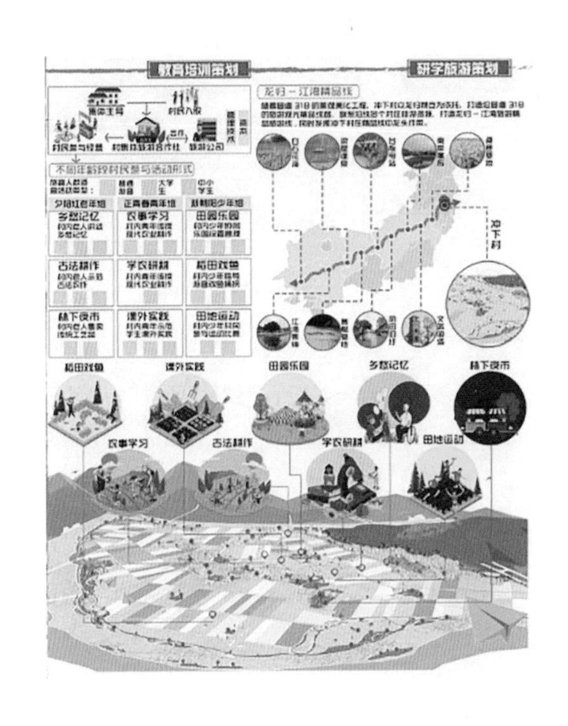

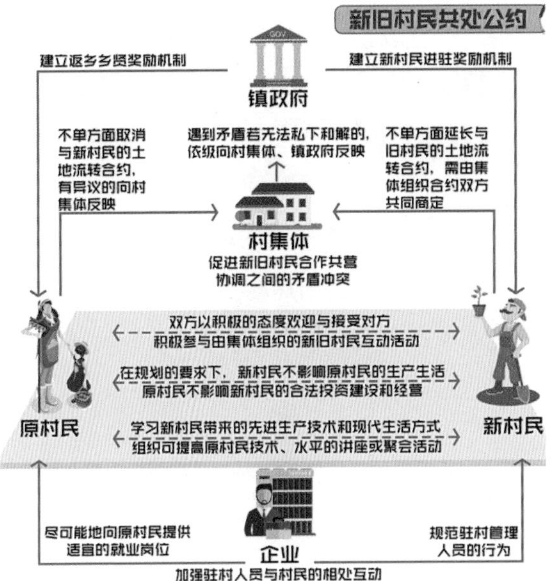


## 四、规划冲下

#### 1. 村规民约六：宅基地管理公约

为了保障规划能够有效进行，需建立村民建设公约推行一户一宅，规范村民的宅基地建设，避免重复建设和土地闲置。

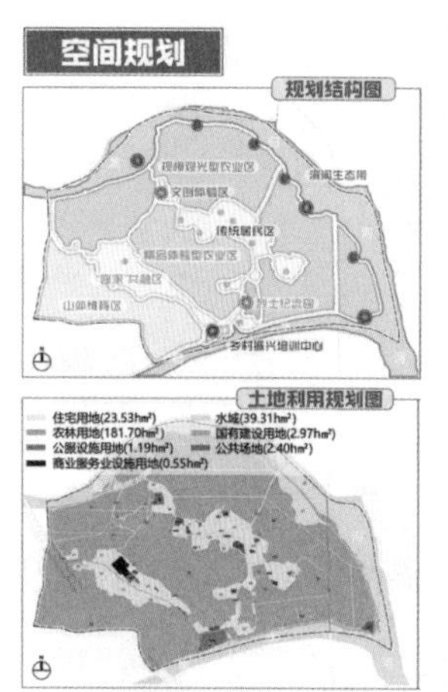


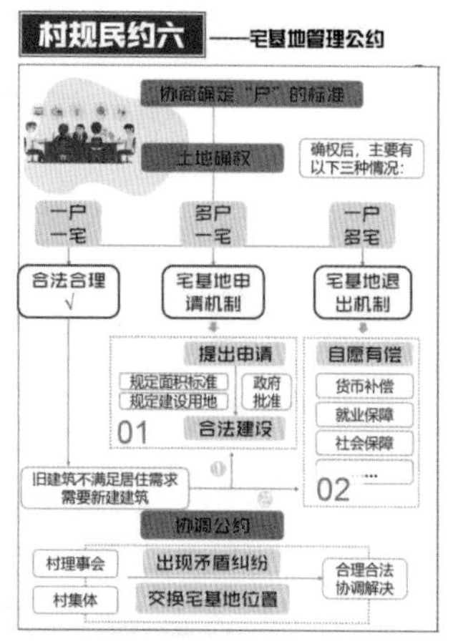


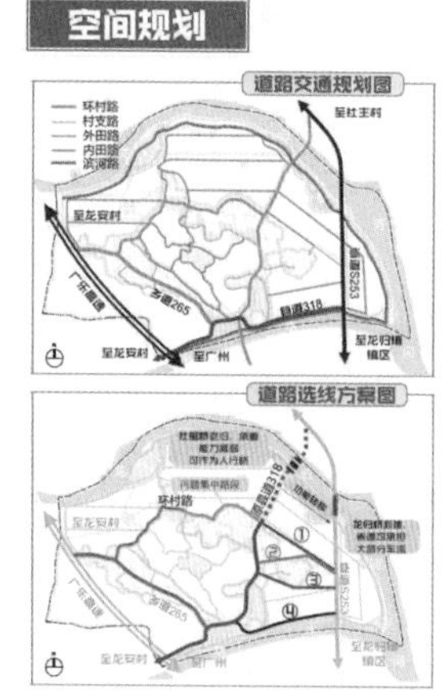


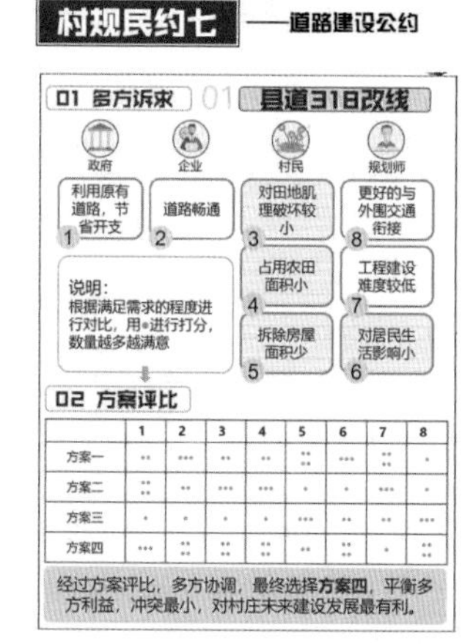


要推行一户一宅、制定建设公约，我们提出了从土地确权—土地退出—补偿机制到后期管理的一系列建议。

## 2. 村规民约七：道路建设公约

宅基地管理为土地管理预留了接口。而落实到空间建设问题，需要沟通协调多方，并进行多方案共同评比，让政、企、村都能够接受并落实。

以县道318改线方案为例，规划的过程中，我们对各方诉求进行汇总，并提出四个方案。

经过方案评比，多方协调，最终选择方案四，平衡多方利益，减少冲突，对村庄未来的建设发展最有利。

## 3. 村规民约八：基设建设维护公约

基设建设维护公约是冲下村美丽乡村整治过程中的重要举措，通过多方共建协调小组，共同协调解决美丽乡村建设过程中产生的矛盾问题，同时设立评比机制与奖惩机制，让村民更多地参与美丽乡村建设，维护建设成果，提高治理水平。

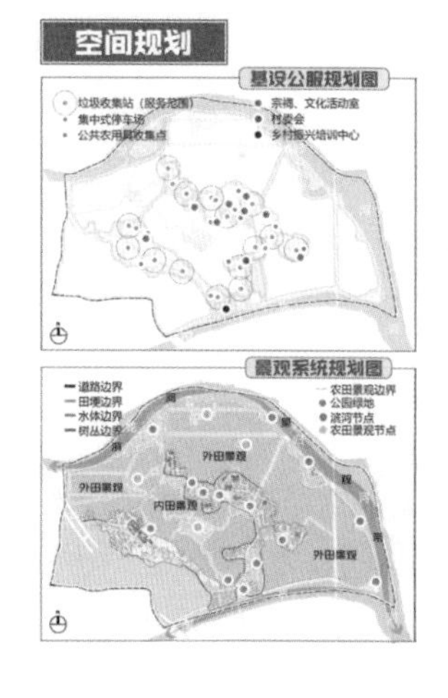


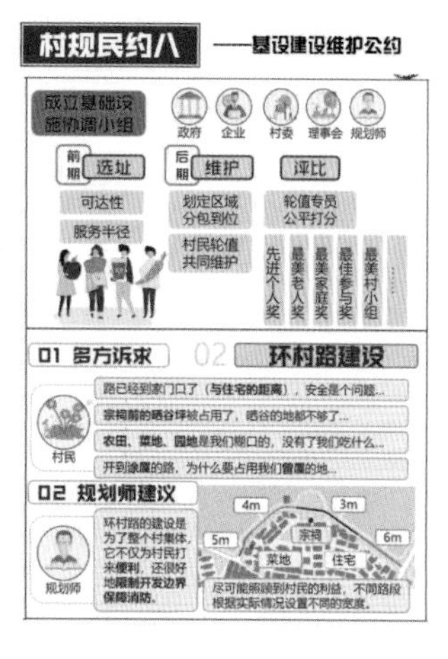


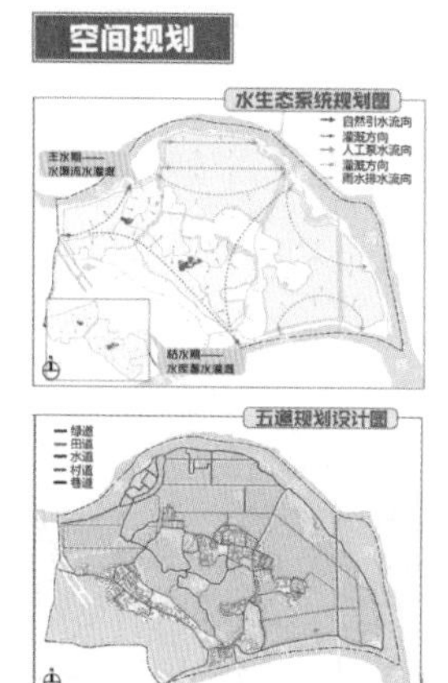


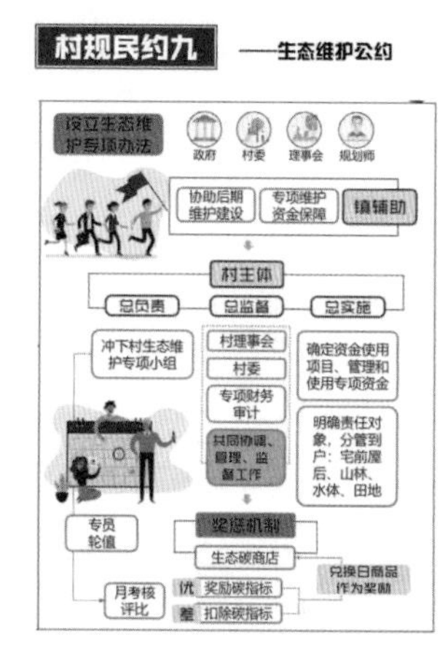

其中最大的一个难题是冲下村环村路建设问题，因为涉及菜地、园地、基本农田以及祠堂前广场等，协调过程中出现多方矛盾，协调小组最终多次沟通协调，最终环村路为 3~5m，让冲下村得以有道路绕村。

**4. 村规民约九：生态维护公约**

村庄的建设管控是村庄规划落实的关键点，同时后期维护也十分关键，特别是对于整个村庄的生态维护。为了让美丽乡村的建设成果持续下去，也为了解决冲下村缺水的问题，通过设立生态维护专项办法，明确镇辅助、村主体以及奖惩机制，特设碳商店协助机制落实。

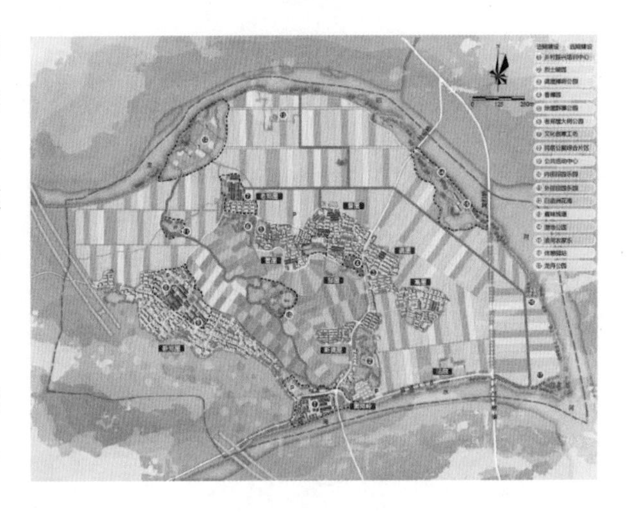

**5. 总平面图与效果图**

为此，我们将多方共议的冲下愿景进行空间布点及设计，与政府、村民、企业一起描绘蓝图，建设美丽冲下。

## 五、设计冲下

**1. 新郑屋设计需求**

新郑屋历史悠久，保存质量较为完好，是冲下村排屋肌理保存最好的自然村区域。

在新郑屋设计的过程中，政府提出要活化利用排屋，塑造特色公共空间；而村民提出缺乏公共活动空间，需要交往空间。

为此我们建议：新郑屋改造成集民宿运营、公共活动于一体的文化体验区。

### 2. 新郑屋设计效果及总平面图

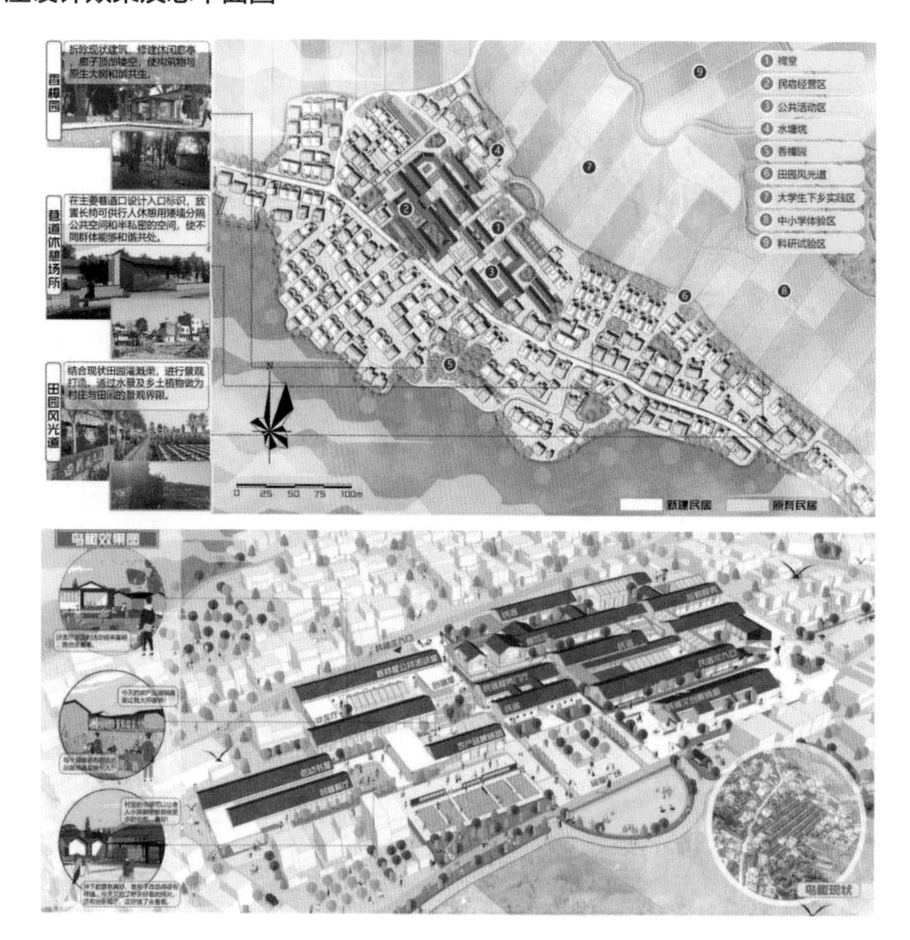


### 3. 村规民约十：建设风貌维护公约

村庄的建设需要维护，风貌也需要统一协调，通过建立风貌导则、实行奖励机制并落实监督机制，为以后村庄风貌的维护奠定基础。

### 4. 新郑屋居民楼整治和建设示范

新郑屋的排屋在改造的过程中会涉及一些泥砖房的拆除与部分居民的搬迁，为此需要提供新的住宅建筑。

同时，新郑屋的定位是文化体验区，村内一些自建宅需要进行整治，我们通过一对一地了解诉求后进行设计，以此为示范和样板，推动整村的整治建设。

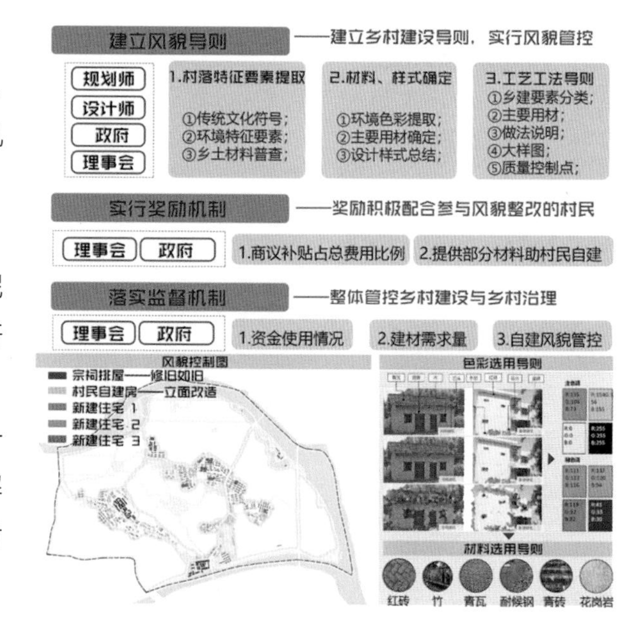

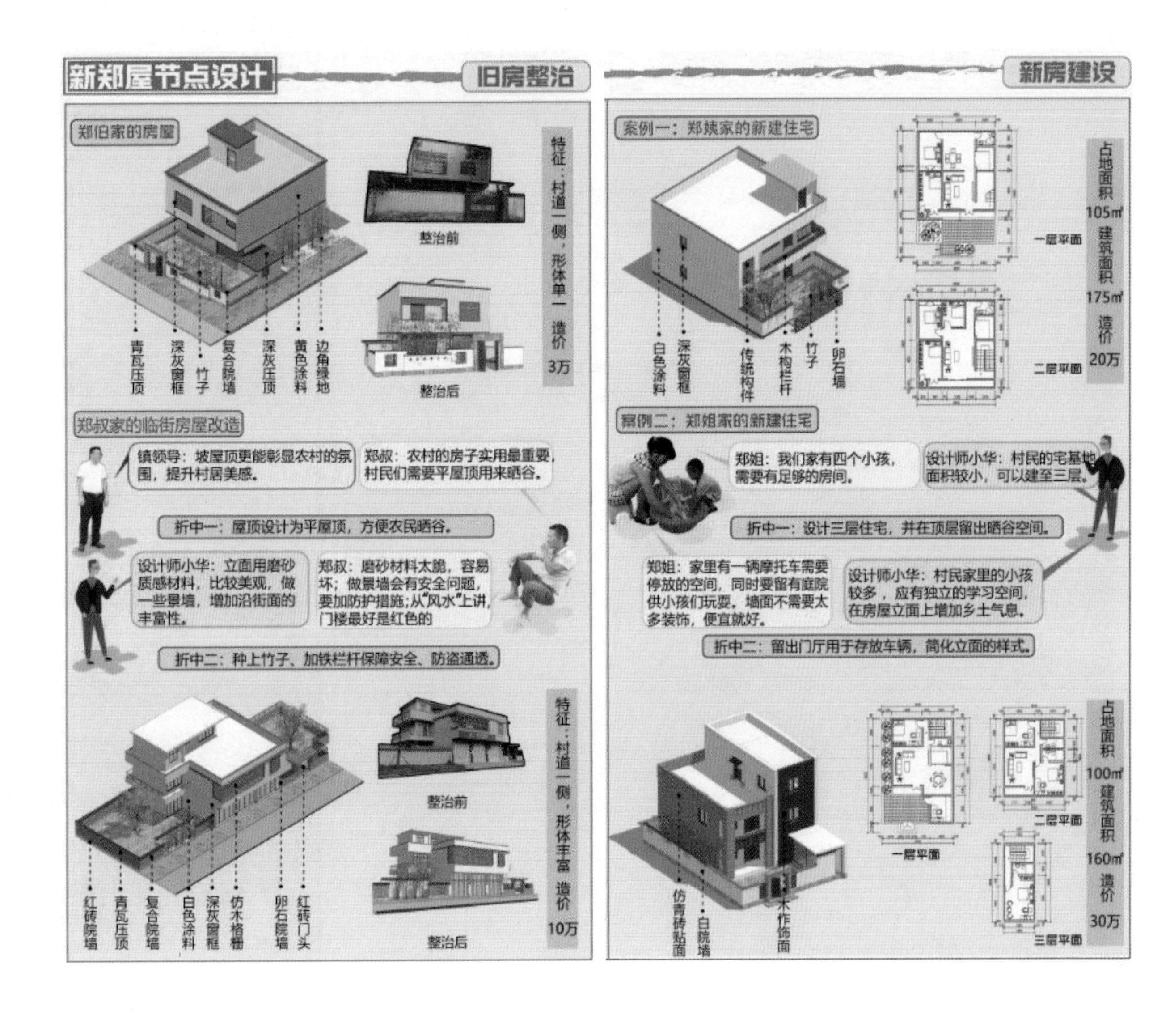
新郑屋节点设计
旧房整治
郑旧家的房屋
特征：村道一侧，形体单一 造价3万
青瓦压顶
深灰窗框
竹子
复合院墙
深灰压顶
黄色涂料
边角绿地
整治前
整治后
郑叔家的临街房屋改造
镇领导：坡屋顶更能彰显农村的氛围，提升村居美感。
郑叔：农村的房子实用最重要，村民们需要平屋顶用来晒谷。
折中一：屋顶设计为平屋顶，方便农民晒谷。
设计师小华：立面用磨砂质感材料，比较美观，做一些景墙，增加沿街面的丰富性。
郑叔：磨砂材料太脆，容易坏；做景墙会有安全问题，要加防护措施；从"风水"上讲，门楼最好是红色的
折中二：种上竹子、加铁栏杆保障安全、防盗通透。
特征：村道一侧，形体丰富 造价10万
红砖院墙
青瓦压顶
复合院墙
白色涂料
深灰窗框
仿木格栅
卵石院墙
红砖门头
整治前
整治后
新房建设
案例一：郑姨家的新建住宅
白色涂料
深灰窗框
传统构件
木构栏杆
竹子
卵石墙
一层平面
二层平面
占地面积105㎡ 建筑面积175㎡ 造价20万
案例二：郑姐家的新建住宅
郑姐：我们家有四个小孩，需要有足够的房间。
设计师小华：村民的宅基地面积较小，可以建至三层。
折中一：设计三层住宅，并在顶层留出晒谷空间。
郑姐：家里有一辆摩托车需要停放的空间，同时要留有庭院供小孩们玩耍。墙面不需要太多装饰，便宜就好。
设计师小华：村民家里的小孩较多，应有独立的学习空间，在房屋立面上增加乡土气息。
折中二：留出门厅用于存放车辆，简化立面的样式。
仿青砖贴面
白院墙
木作饰面
一层平面
二层平面
三层平面
占地面积100㎡ 建筑面积160㎡ 造价30万

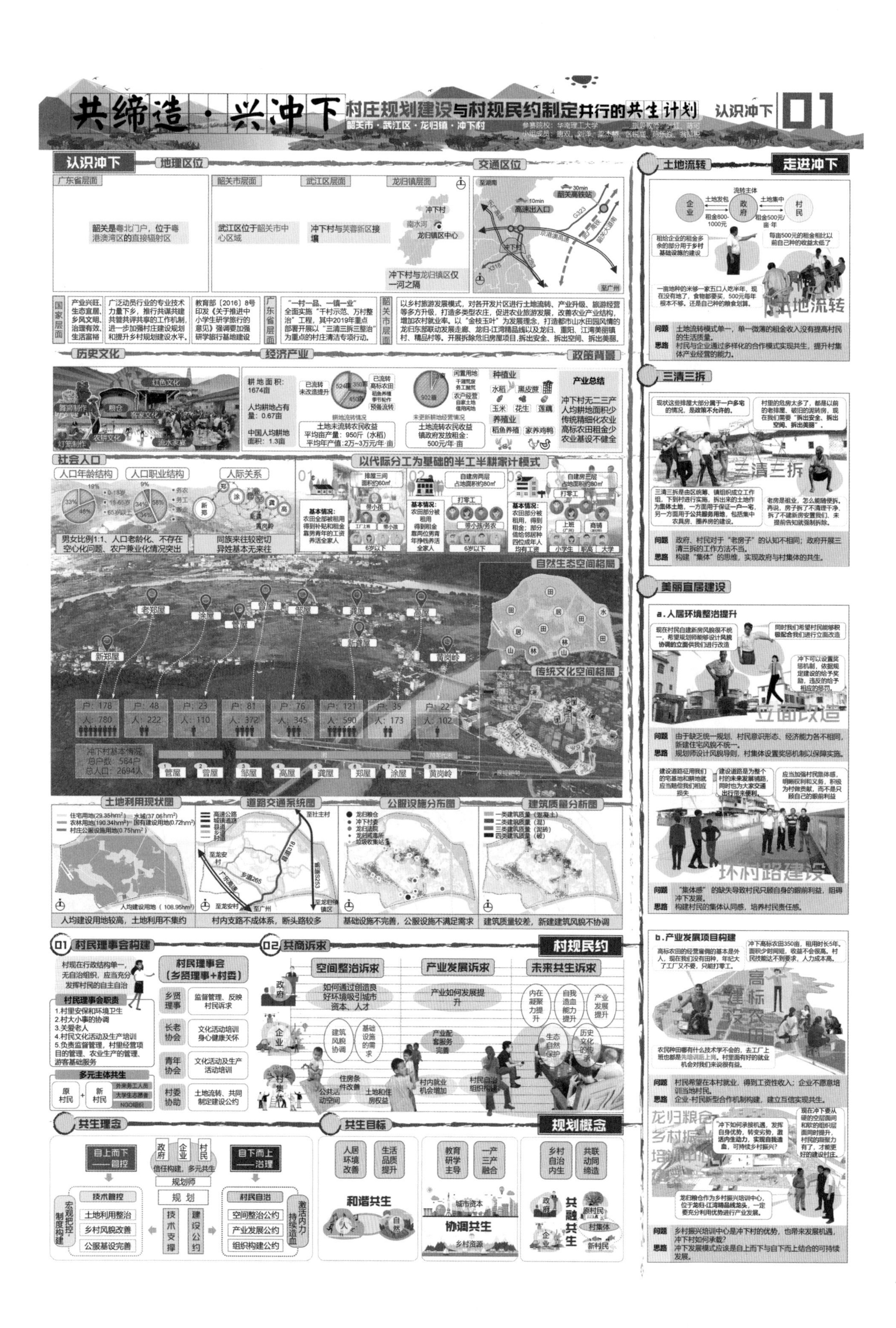
共缔造·兴冲下
村庄规划建设与村规民约制定并行的共生计划
认识冲下 01
韶关市·武江区·龙归镇·冲下村
认识冲下
地理区位
交通区位
土地流转
走进冲下
历史文化
经济产业
政策背景
社会人口
以代际分工为基础的半工半耕家计模式
自然生态空间格局
传统文化空间格局
三清三拆
美丽宜居建设
土地利用现状图
道路交通系统图
公服设施分布图
建筑质量分析图
人均建设用地较高，土地利用不集约
村内支路不成体系，断头路较多
基础设施不完善，公服设施不满足需求
建筑质量较差，新建建筑风貌不协调
村民理事会构建
共商诉求
村规民约
空间整治诉求
产业发展诉求
未来共生诉求
共生理念
共生目标
规划概念
和谐共生
协调共生

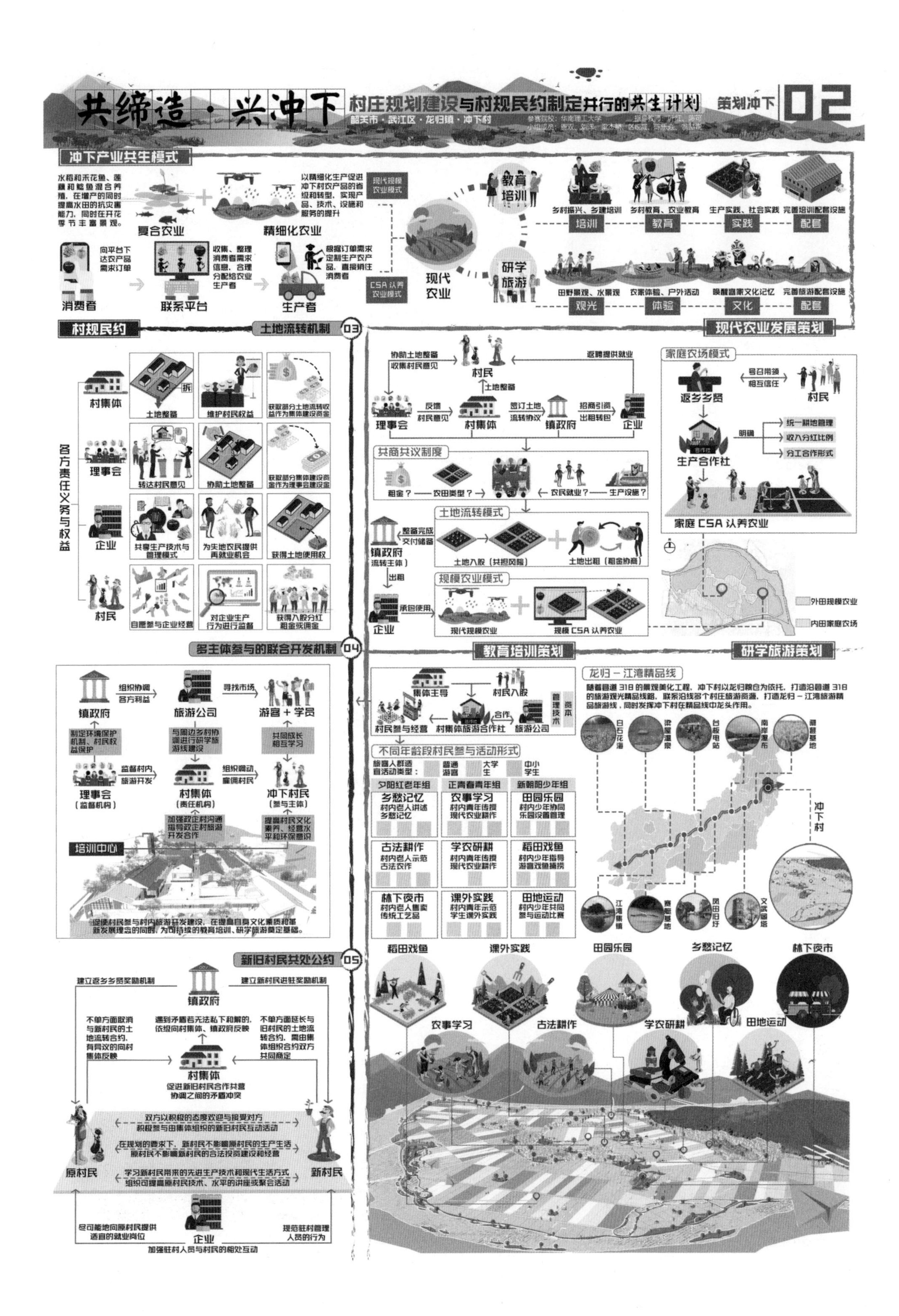

共缔造·兴冲下
村庄规划建设与村规民约制定并行的共生计划
策划冲下 02
韶关市·武江区·龙归镇·冲下村
冲下产业共生模式
水稻和禾花鱼、莲藕和鲶鱼混合养殖，在增产的同时提高水田的抗灾害能力，同时在开花季节丰富景观。
复合农业
精细化农业
以精细化生产促进冲下村农产品的省级和转型，实现产品、技术、设施和服务的提升
现代规模农业模式
消费者
同平台下达农产品需求订单
联系平台
收集、整理消费者需求信息，合理分配给农业生产者
生产者
根据订单需求定制生产农产品，直接销往消费者
CSA认养农业模式
现代农业
教育培训
研学旅游
乡村振兴、乡建培训
乡村教育、农业教育
生产实践、社会实践
完善培训配套设施
培训
教育
实践
配套
田野景观、水景观
农家体验、户外活动
唤醒客家文化记忆
完善旅游配套设施
观光
体验
文化
配套
村规民约
土地流转机制 03
现代农业发展策划
各方责任义务与权益
村集体
土地整备
维护村民权益
获取部分土地流转收益作为集体建设资金
理事会
转达村民意见
协助土地整备
获取部分集体建设资金作为理事会建设资金
企业
共享生产技术与管理模式
为失地农民提供再就业机会
获得土地使用权
村民
自愿参与企业经营
对企业生产行为进行监督
获得入股分红租金或佣金
协助土地整备
收集村民意见
村民
返聘提供就业
土地整备
理事会
反馈村民意见
村集体
签订土地流转协议
镇政府
招商引资出租转包
企业
共商共议制度
租金？
农田类型？
农民就业？
生产设施？
土地流转模式
镇政府
整备完成交付储备
流转主体
土地入股（共担风险）
土地出租（租金协商）
出租
规模农业模式
企业
承包使用
现代规模农业
规模CSA认养农业
家庭农场模式
号召带领
相互信任
返乡乡贤
村民
生产合作社
明确
统一耕地管理
收入分红比例
分工合作形式
家庭CSA认养农业
外田规模农业
内田家庭农场
多主体参与的联合开发机制 04
镇政府
组织协调各方利益
旅游公司
寻找市场
游客+学员
制定环境保护机制、村民权益保护
与周边乡村协调进行研学旅游线建设
共同成长相互学习
理事会（监督机构）
监督村内旅游开发
村集体（责任机构）
组织调动雇佣村民
冲下村民（参与主体）
加强政企村沟通 指导政企村旅游开发合作
提高村民文化素养、经营水平和环保意识
培训中心
促使村民参与村内旅游开发建设，在提高自身文化素质和革新发展理念的同时，为可持续的教育培训、研学旅游奠定基础。
教育培训策划
研学旅游策划
集体主导
村民入股
村民参与经营
村集体旅游合作社
合作
旅游公司
管理技术
资本
不同年龄段村民参与活动形式
旅客人群适宜活动类型：
普通游客
大学生
中小学生
夕阳红老年组
正青春青年组
新朝阳少年组
乡愁记忆
村内老人讲述乡愁记忆
农事学习
村内青年传授现代农业耕作
田园乐园
村内少年协同乐园设备管理
古法耕作
村内老人示范古法农作
学农研耕
村内青年传授现代农业耕作
稻田戏鱼
村内少年指导游客戏鱼捕捞
林下夜市
村内老人售卖传统工艺品
课外实践
村内青年示范学生课外实践
田地运动
村内少年共同参与运动比赛
龙归－江湾精品线
随着县道318的景观美化工程，冲下村以龙归镇合为依托，打造沿县道318的旅游观光精品线路，联系沿线多个村庄旅游资源，打造龙归－江湾旅游精品旅游线，同时发挥冲下村在精品线中龙头作用。
白石花海
梁屋温泉
台板电站
南岸瀑布
蔬菜基地
冲下村
江湾集镇
赛艇基地
凤田旧村
文武丽瑶
稻田戏鱼
课外实践
田园乐园
乡愁记忆
林下夜市
农事学习
古法耕作
学农研耕
田地运动
新旧村民共处公约 05
建立返乡乡贤奖励机制
建立新村民进驻奖励机制
镇政府
不单方面取消与新村民的土地流转合约，有异议的向村集体反映
遇到矛盾若无法私下和解的，依级向村集体、镇政府反映
不单方面延长与旧村民的土地流转合约，需由集体组织合约双方共同商定
村集体
促进新旧村民合作共营 协调之间的矛盾冲突
双方以积极的态度欢迎与接受对方 积极参与由集体组织的新旧村民互动活动
在规划的要求下，新村民不影响原村民的生产生活 原村民不影响新村民的合法投资建设和经营
学习新村民带来的先进生产技术和现代生活方式 组织可提高原村民技术、水平的讲座或聚会活动
原村民
新村民
尽可能地向原村民提供适宜的就业岗位
企业
规范驻村管理人员的行为
加强驻村人员与村民的相处互动

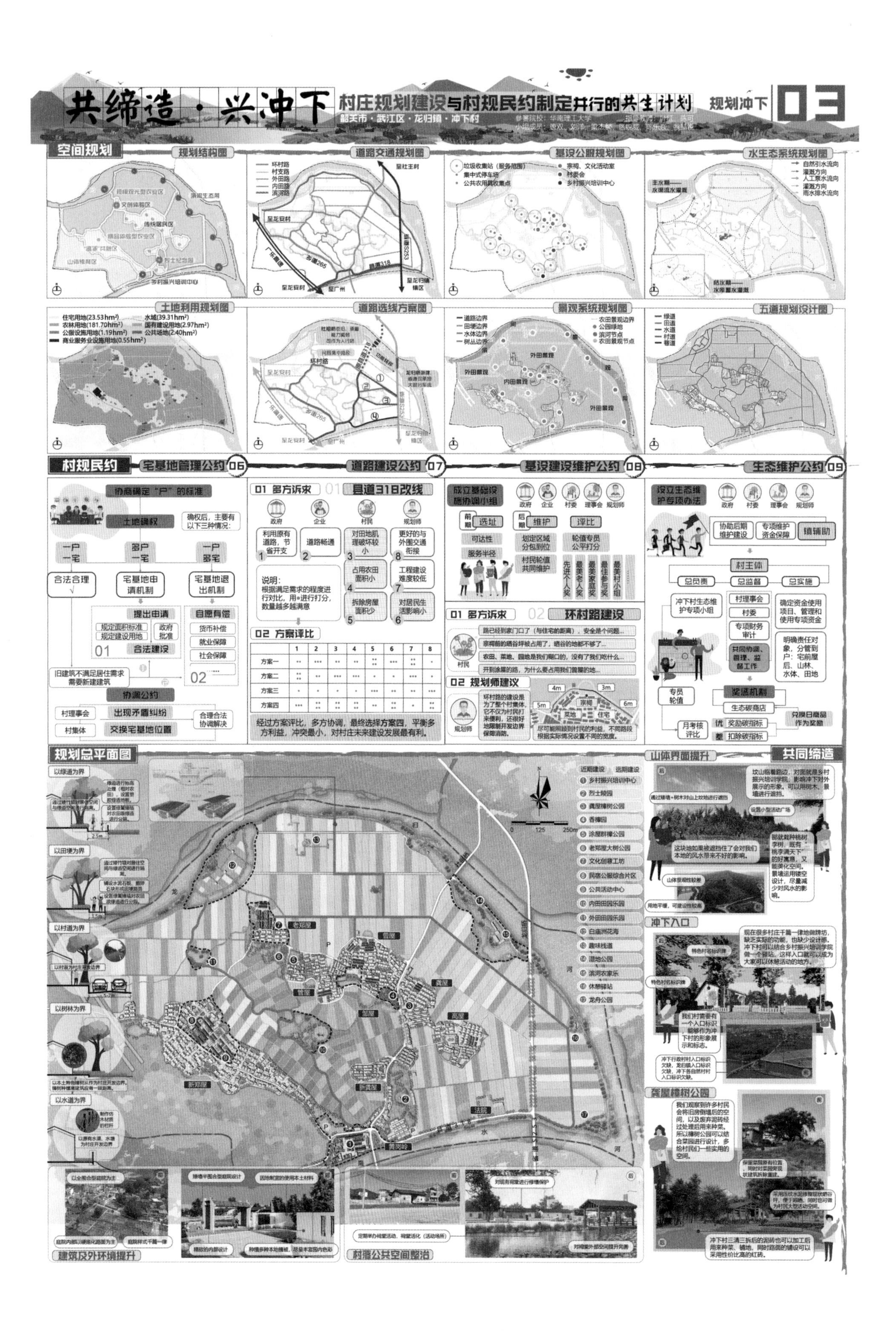
共缔造·兴冲下
村庄规划建设与村规民约制定并行的共生计划
韶关市·武江区·龙归镇·冲下村
规划冲下
03
空间规划
规划结构图
道路交通规划图
基设公服规划图
水生态系统规划图
土地利用规划图
道路选线方案图
景观系统规划图
五道规划设计图
村规民约
宅基地管理公约 06
道路建设公约 07
基设建设维护公约 08
生态维护公约 09
01 多方诉求
县道318改线
02 方案评比
经过方案评比，多方协调，最终选择方案四，平衡多方利益，冲突最小，对村庄未来建设发展最有利。
02 环村路建设
02 规划师建议
规划总平面图
山体界面提升
共同缔造
冲下入口
龚屋樟树公园
建筑及外环境提升
村落公共空间整治

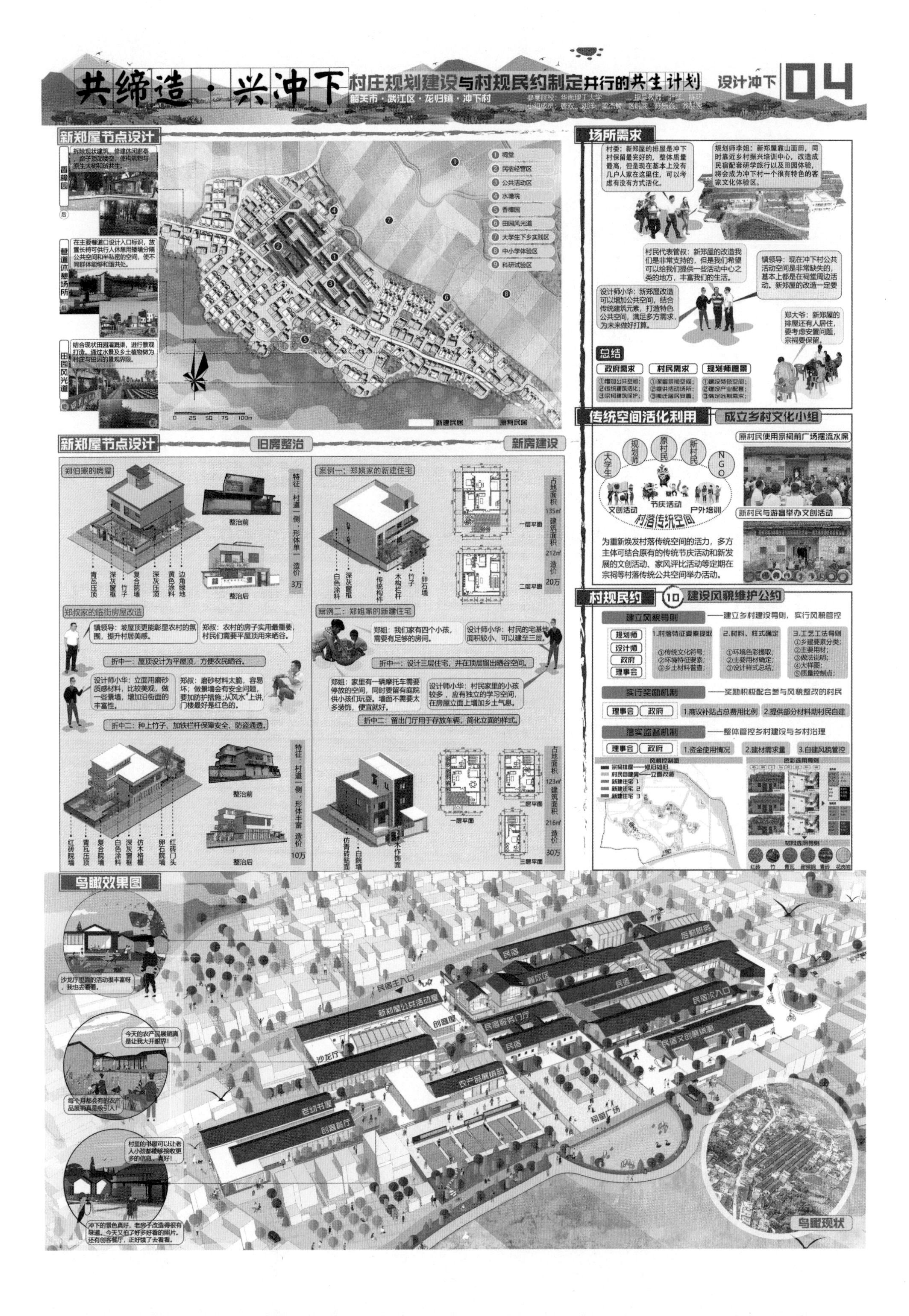

共缔造·兴冲下
村庄规划建设与村规民约制定并行的共生计划
设计冲下 04
韶关市·武江区·龙归镇·冲下村
新郑屋节点设计
场所需求
总结
政府需求
村民需求
规划师愿景
传统空间活化利用
成立乡村文化小组
为重新焕发村落传统空间的活力，多方主体可结合原有的传统节庆活动和新发展的文创活动、家风评比活动等定期在宗祠等村落传统公共空间举办活动。
村规民约
建设风貌维护公约
建立风貌导则
建立乡村建设导则，实行风貌管控
实行奖励机制
奖励积极配合参与风貌整改的村民
落实监督机制
整体管控乡村建设与乡村治理
旧房整治
新房建设
折中一：屋顶设计为平屋顶，方便农民晒谷。
折中二：种上竹子、加铁栏杆保障安全、防盗通透。
折中一：设计三层住宅，并在顶层留出晒谷空间。
折中二：留出门厅用于存放车辆，简化立面的样式。
整治前
整治后
一层平面
二层平面
三层平面
鸟瞰效果图
鸟瞰现状
新郑屋公共活动馆
民宿主入口
民宿次入口
沙龙厅
农产品展销部
老幼书屋
创客餐厅
后勤服务

# 江村 · 道居 · 马蹄归

全国一等奖

【参赛院校】 昆明理工大学城市学院

【参赛学生】

杨　瀚

涂忠伟

李宥运

李　星

【指导老师】

马雯辉

侯艳菲

# 方案介绍

## 一、基地现状

### 1. 基本情况

自汉朝时期开始，沟通东南亚各国与我国西南腹地用于物资运输的交通要道便已经存在了，后世称这条道路为“南方丝绸之路”。

时光飞逝两千年，今天，在古道遗址与澜沧江交汇的地方，有个小村庄叫作平坡村。

平坡村位于云南省保山市隆阳区水寨乡东北角，地处保山大理两市交接之地。罗岷山脚，澜沧江西岸，隔江相望，便是大理地界，通过跨越澜沧江的霁虹桥沟通两州地界，自古就是交通要地。

自汉朝开始，平坡村便是沿路重要驿站之一。南方丝绸之路穿村而过，是古代西南丝绸之路进入永昌古道的第一站（滇西驿站），也是商贸交易的马帮商旅、流民迁移的重要通道，古道文化深厚悠久，背山靠水，风景秀丽。

平坡村距水寨乡约 10km，村委会下辖一个自然村，即平坡村，全村现有 102 户村民，486 人，现有耕地面积 653 亩，林地面积 722 亩，现阶段主要产业为传统农业及少量旅游业。

### 2. 古道文化

（1）南方丝绸之路

据有关史料记载，自古确有一条北起成都、西经云南保山，通往缅甸、印度的民间贸易通道，古代称之为“蜀身（yuān）毒（dú）道”。而且这条交通线路是通过保山经缅甸到达印度的。

平坡作为西南丝绸之路上的必经要塞，自古以来就是我国与东南亚各国、祖国西南边疆与中原内地的重要通衢。

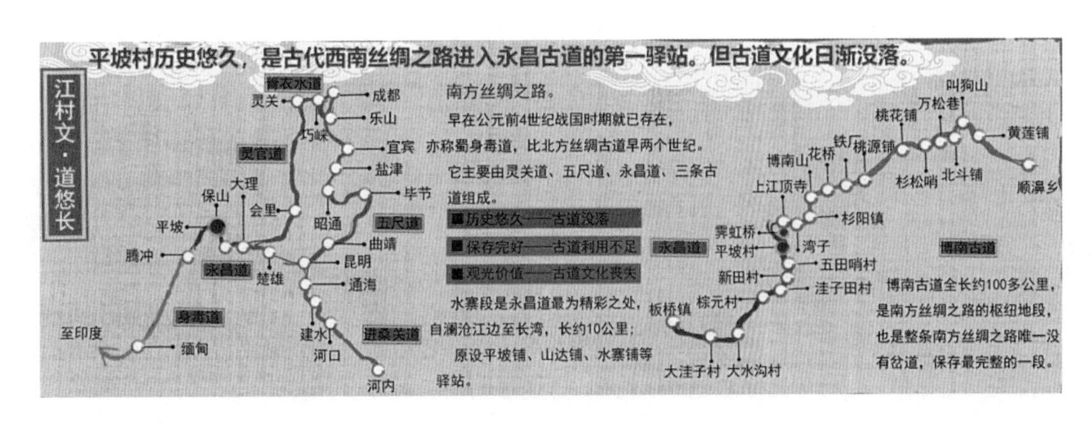

（2）马帮文化

水寨马帮是历史悠久的运输队伍。自蜀身毒道开通以来，水寨马帮就一直活跃在西南丝路的永昌大道上。水寨（平坡）马帮数量众多，沿至民国时期。

从存留的修桥修路碑中可考，途径水寨的马帮规模宏大，促使水寨成为中外物流的中心纽带。

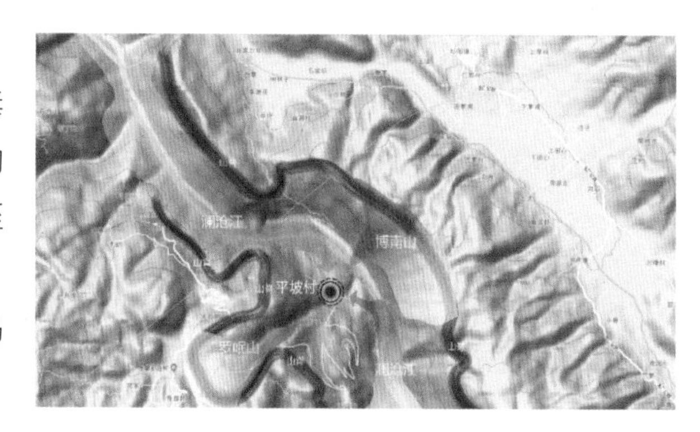


### 3. 山水格局

平坡村背山面水，村落选址于罗岷山脚河谷区域，为传统的村落格局，“四面环山、藏风聚气”。

西面为罗岷山，东面为博南山，两山环抱；东面临澜沧江，风光秀丽，视野开阔，有利于打造景观视线通廊。

## 二、问题分析

### 1. 现状问题提取

从江村业、江村居、江村景三个方面，从平坡村最具体征的古道文化出发，对平坡村现状进行了以下分析：

（1）江村业：产业分析

平坡村现状产业发展较为落后，主要以第一产业为主，第三产业为辅。

其中第一产业主要为传统农业种植，现状种植作物多样，但并未形成规模，且由于种植技术落后加之交通运输条件不便，一产效益较低。

第三产业则主要是依托古道文化和古道相关遗迹以及平坡村秀丽的山水自然风光所带来的少量旅游业，效益不高，且旅游人口随澜沧江风光的季节性变化呈现周期性趋势，每年 10 月至次年 2 月澜沧江蓄水，带来大量游客，为旅游旺季。

在上位规划中，平坡村位于历史文化体验带与澜沧江风光带交界处，推荐发展旅游产业。从古道文化与澜沧江风光入手，进行平坡村产业规划，可作为方案的主要切入点。

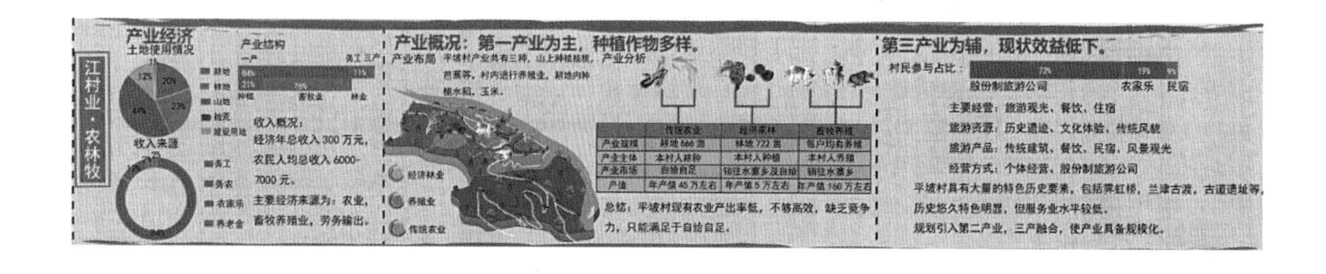

（2）江村居：生活分析

平坡村人口流失严重，村庄内青壮年外出务工以及儿童外出读书较多，村内人口老龄化，且古道两侧核心古村区域建筑老化严重，存在一定的空心村现象，村庄活力严重不足。

村内的建筑主要依托古道来进行布局，两道寨门之间为老村核心区，村民夹道而居，巷道肌理以古道为核心呈叶脉式向两侧延伸。现状古道活力丧失，建筑院落空间不明显，历史建筑保护力度不够，村内断头路较多，街巷杂而不通，空间结构略显凌乱，公共及基础服务设施不够健全，一些村民的基本生活需求没有得到保障。

因此，方案中从村庄肌理、院落整合、设施完善三方面入手来进行规划。

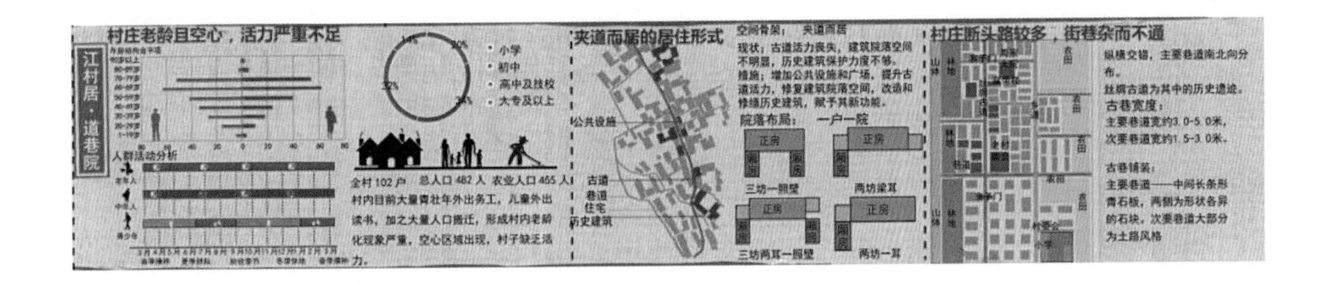


（3）江村景：生态分析

平坡村“背山靠水，藏风聚气”，地处罗岷山脚的河谷地带，东面临江，风光秀丽。

村庄临江空间开阔秀丽但缺乏利用，村内景观结构缺乏规划，景观层次凌乱，村民环保意识不足，对村庄生态重视不够，污水废水直接排放到澜沧江，对江水生态造成压力。

方案中从景观结构梳理、滨水空间整治、环保机制完善三方面入手，进行景观生态规划。

**2. 问题总结**

根据以上对现状的分析，从平坡村古道文化与山水格局作为切入点进行研究，可以看出村内虽然文化底蕴深厚，区位条件优越，但对此利用不足，未能充分发挥其优势。而且平坡村正如同古道沿线的其他村落一样，随着古道文化的衰退逐渐走向没落，村子活力也逐步丧失。

如何在类似古村的发展历程中谋求特色，再次激活古道的带动效应，在传承历史文化的同时谋求发展并重新活化乡村，是平坡村发展需要思考的问题。

## 三、设计概念

**1. 主题演绎**

充分利用平坡村文化底蕴和山水格局以及区位关键的优势条件，以活化与振兴平坡村作为规划核心，通过江村业、江村居、江村景三方面进行规划改革，从三方面的策略入手，联动生产、生活、生态，以实现“村民回，马蹄归”，恢复村庄活力为目标，营造一个“安居乐业，山水平坡”的景色宜人、文化底蕴深厚、村民生活充实富足的平坡村，同时打造一种模块化发展模式，为其他村落的发展提供有利依据，各村协同以达到区域的充分发展。

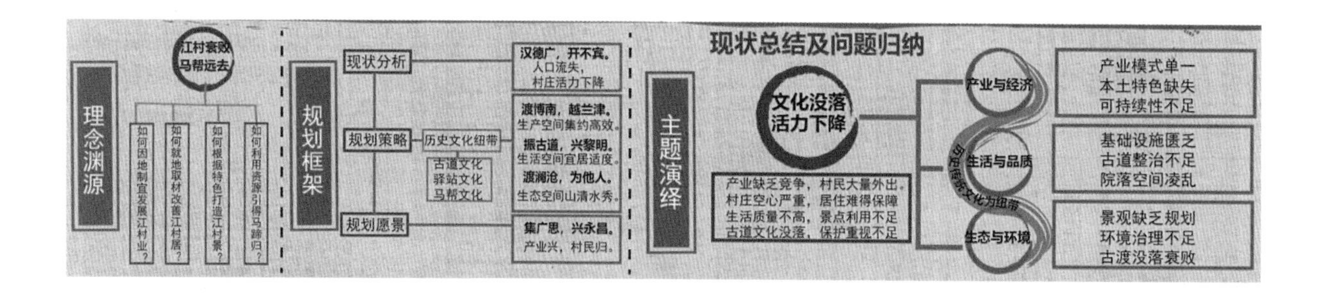


### 2. 方案阐释

三角度入手

（1）江村业：激活江村古道产业的带动效应

1）集市驿站带动策略

2）三产联动产业结构

3）周期性产业运转模式

（2）江村居：建立健全宜人舒适的江村居住环境

1）以古道为核

2）以宅院为居

（3）江村景：引导村民共同打造江村多维度时空景观

1）以山为脊：打造山体季节性景观带

2）以水为脉：打造季节性漂浮滨水景观

3）以田为缀：打造生态景观农业

## 四、规划策略解读

### 1. 江村业

（1）集市驿站带动策略

在上位规划中，平坡村地处历史文化体验带、澜沧江风光带、乡村度假体验带三带交汇之处，区位条件显著且优越，且平坡村自古以来便是南方丝绸之路进入永昌古道的第一驿站，通过霁虹桥沟通了保山、大理两地，通过澜沧江水路连接了上下游县市，可发展为地区集散中心。

集——赶集——物资集散
驿——古驿站——休身之所

（2）三产联动产业结构

完善原有产业发展结构，为村民提供大量就业岗位，各产业相互交织协作，形成完善的产业布局模式闭环。

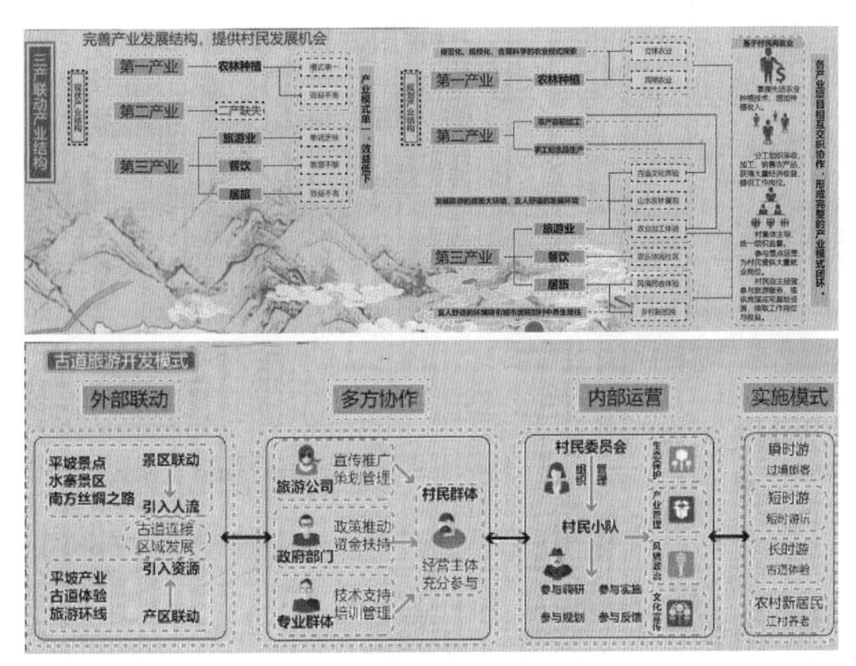

古道旅游开发模式

（3）周期性产业运转模式

在对于平坡产业运转的研究中，发现平坡产业依托于澜沧江的蓄水周期变化所带来的游客数量的变化，以及农业农产种植周期的变化，在一年的时间段内具有周期性。

在保留原有周期模式的前提下进行改革与完善，明确周期内各时间节点的对应措施，使这一周期更具有科学合理性，保证了平坡产业的可持续发展。

（4）江村农业生产模式

通过产业模式的完善，引导村民返乡，恢复村庄活力，实现“村民回，马蹄归”的规划愿景。

## 2. 江村居

（1）江村再兴

通过古道区生活联动、生活区风貌管理两方面入手，进行“兴古道”“缮院落”两方面的改革，同时加之乡村基础设施的优化，以实现乡村生活的复兴，建立健全宜人舒适的江村居住环境。

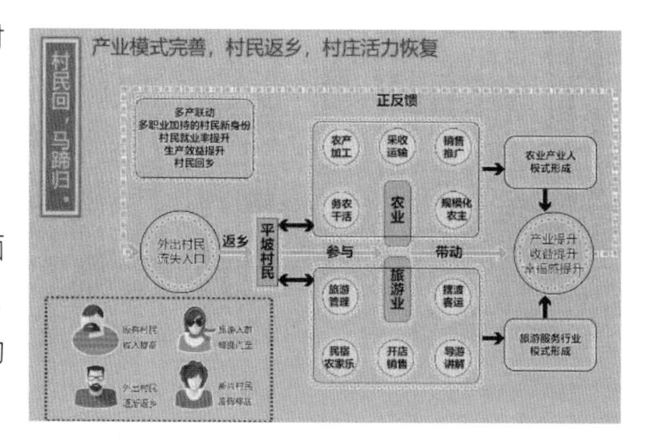


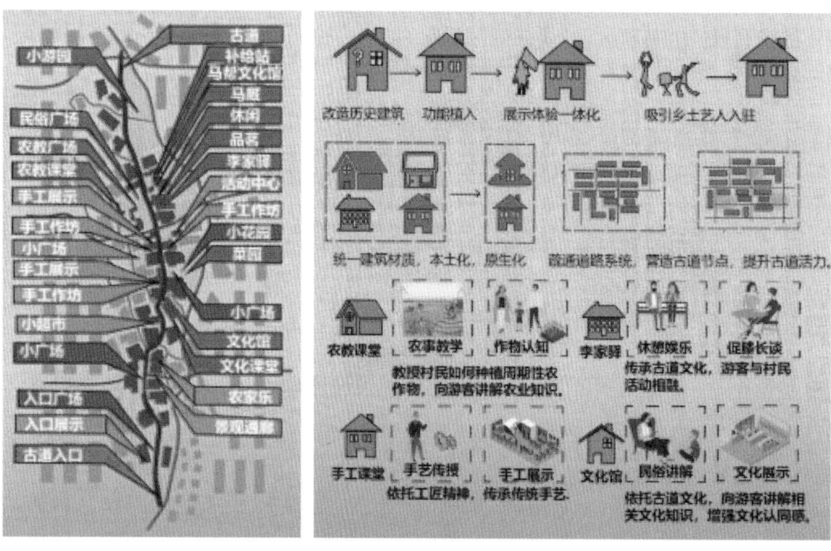


古道区生活联动

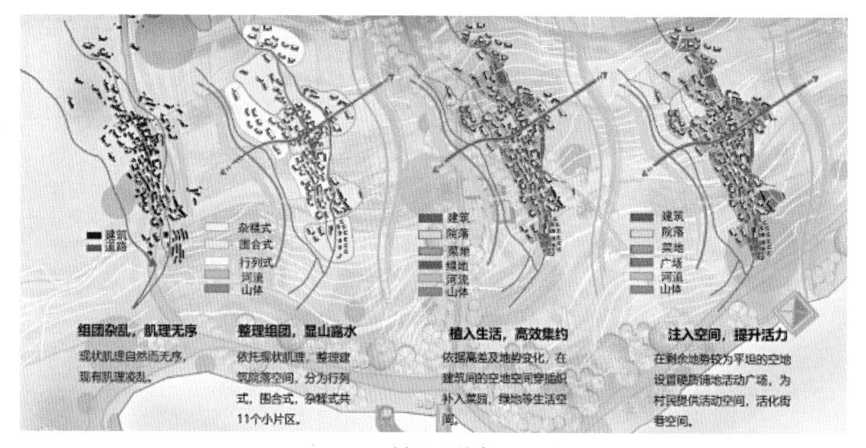


江村肌理修复

（2）以古道为核

依托古道文化，对古道空间进行整理与修复。

（3）以宅院为居

对院落空间进行整理与整合，完善村民居住与生活的空间合理性。

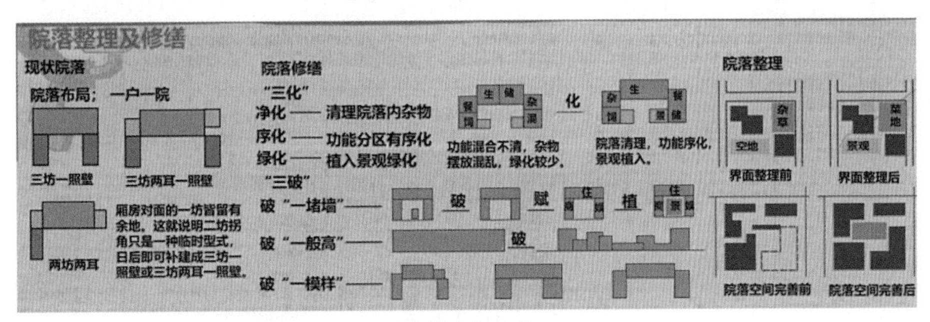


院落空间完善

### 3. 江村景

引导村民共同打造江村多维度时空景观

（1）以山为脊：打造山体季节性景观带

（2）以水为脉：打造季节性漂浮滨水景观

（3）以田为缀：打造生态景观农业

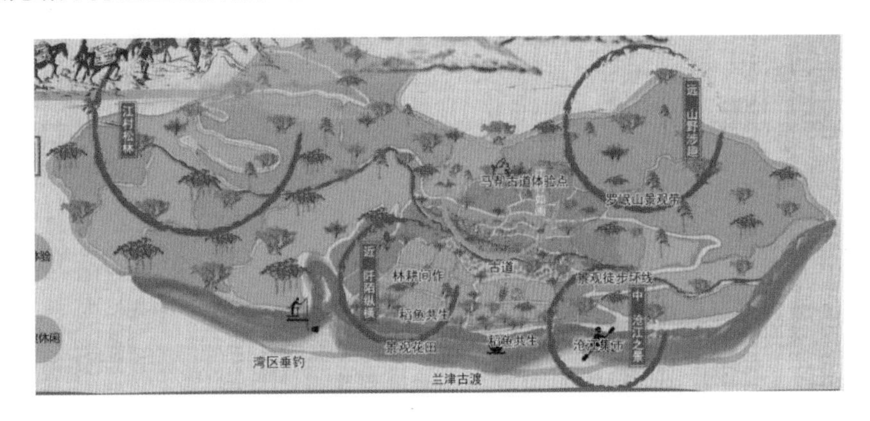


## 五、总体规划说明

以古道文化与平坡村山水格局为依托，为了实现平坡村的活化与振兴，形成“安居乐业，山水平坡”的平坡村发展愿景，方案不仅从旅游业发展考虑，布局出民宿区以及“新居民”社区两大板块，还从补充产业结构的前提下，规划有农业加工作坊，以及农业体验区两大板块，还依托“集市驿站”策略规划有水陆两大集市，并且依据村民发展需求，规划有村民新建住房宅基地片区。其详细功能及布局条件如下。

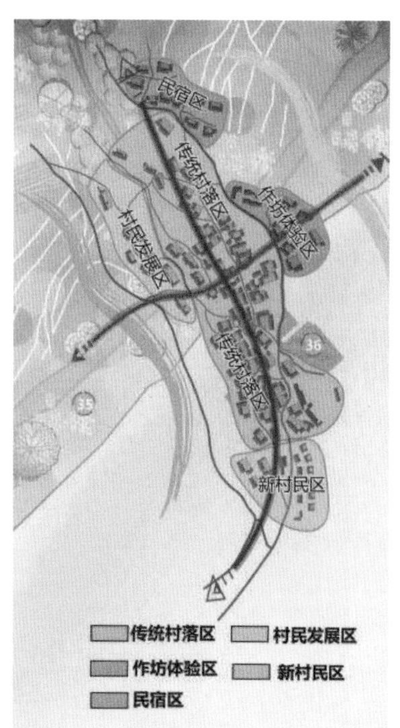


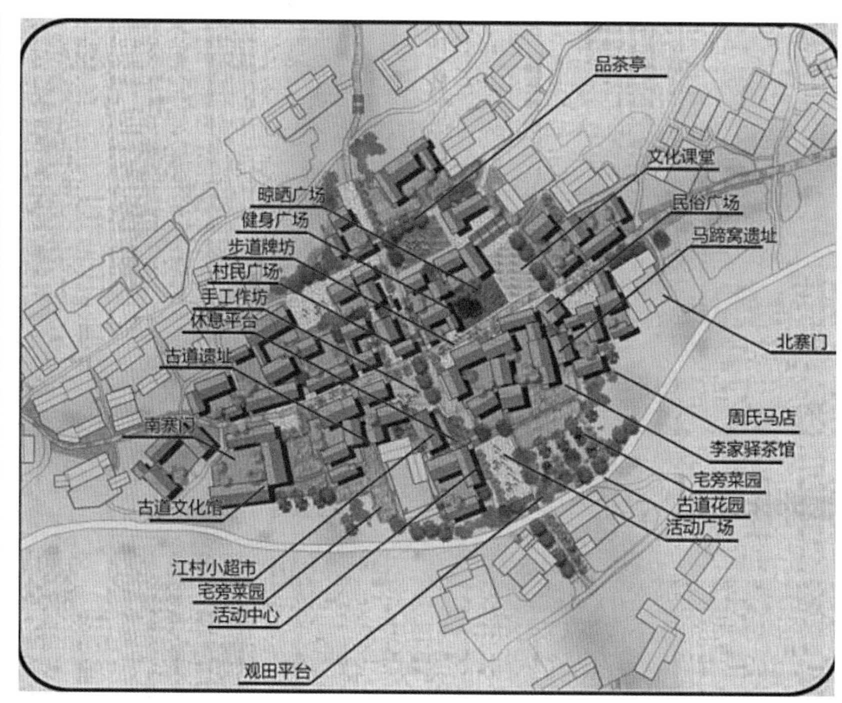


## 六、详细规划说明

规划中选取平坡村村落核心，即古道核心区作为规划节点，进行详细规划。

古道核心区主要结构为两寨门及其间所包括的古道遗址，以及依托古道所布局的老村建筑群，包括“周家大院”“李家大院”“皇帝楼”等古建，以及一条穿古道区而过、沟通了罗岷山脉和澜沧江风光的景观廊道，古道与景观廊道交汇之处，为平坡村村落规划发展核心，在这一区域的多种功能的整合与植入，形成了平坡村古道核心区的详细节点规划。

其中包括民俗广场、晾晒广场、文化课堂、手工作坊、古道文化馆、观田平台、活动中心、李家驿茶馆、周氏马店、古道集市等多处重要节点。

[平坡谣]

汉德广，开不宾。

渡博南，越兰津。

振古道，兴黎民。

渡澜沧，为他人。

集广思，兴永昌。

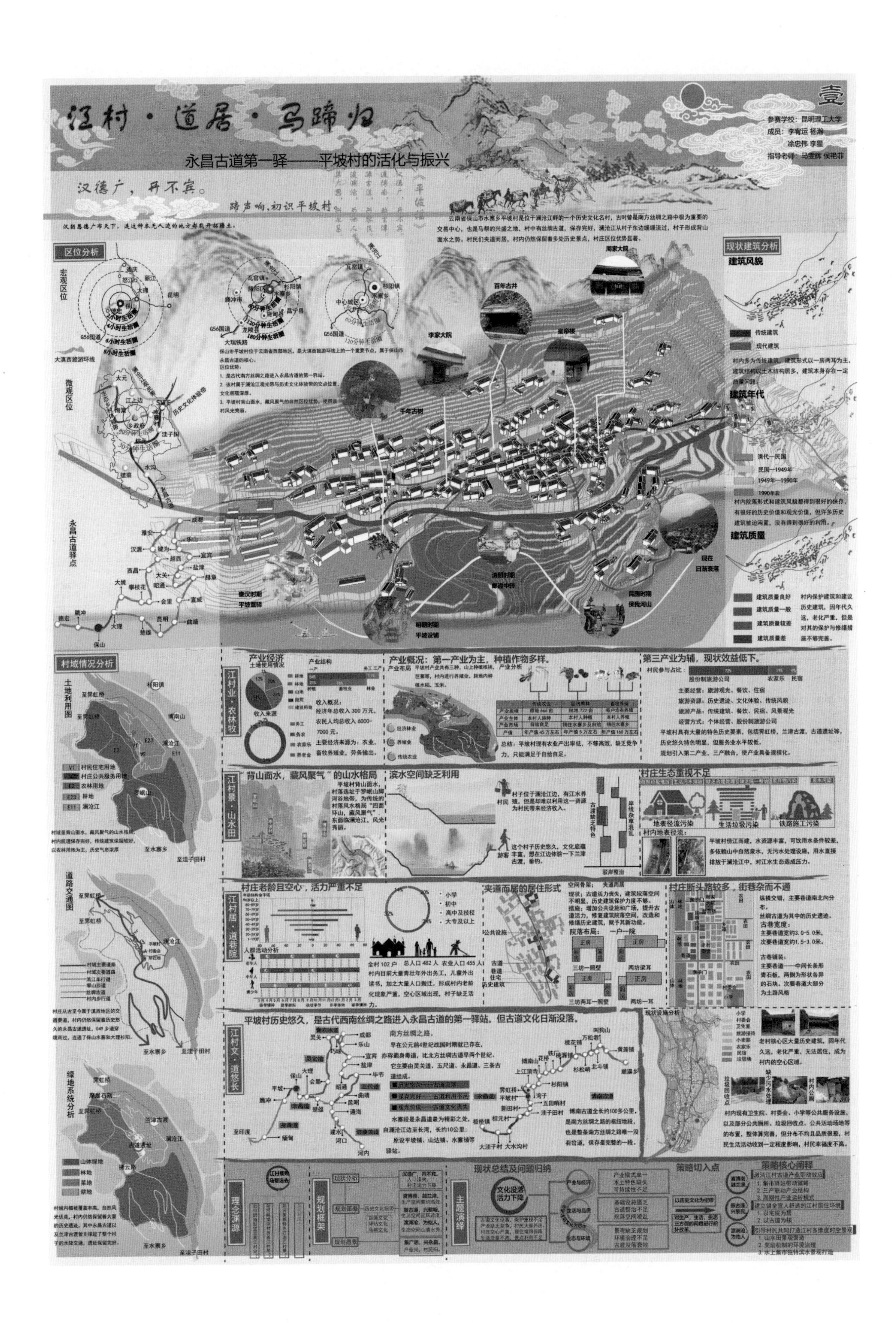

江村·道居·马蹄归
壹
参赛学校：昆明理工大学
成员：李宥运 杨瀚
涂忠伟 李星
指导老师：马雯辉 侯艳菲
永昌古道第一驿——平坡村的活化与振兴
汉德广，开不宾。
蹄声响，初识平坡村。
区位分析
宏观区位
微观区位
永昌古道驿点
现状建筑分析
建筑风貌
建筑年代
建筑质量
周家大院
百年古井
李家大院
千年古村
村域情况分析
土地利用图
道路交通图
绿地系统分析
产业经济
产业概况：第一产业为主，种植作物多样。
第三产业为辅，现状效益低下。
江村业·农林牧
"背山面水，藏风聚气"的山水格局
滨水空间缺乏利用
村庄生态重视不足
江村景·山水田
村庄老龄且空心，活力严重不足
夹道而居的居住形式
村庄断头路较多，街巷杂而不通
江村居·道巷院
平坡村历史悠久，是古代西南丝绸之路进入永昌古道的第一驿站。但古道文化日渐没落。
江村文·道悠长
现状设施分析
理念渊源
规划框架
主题演绎
现状总结及问题归纳
策略切入点
策略核心阐释

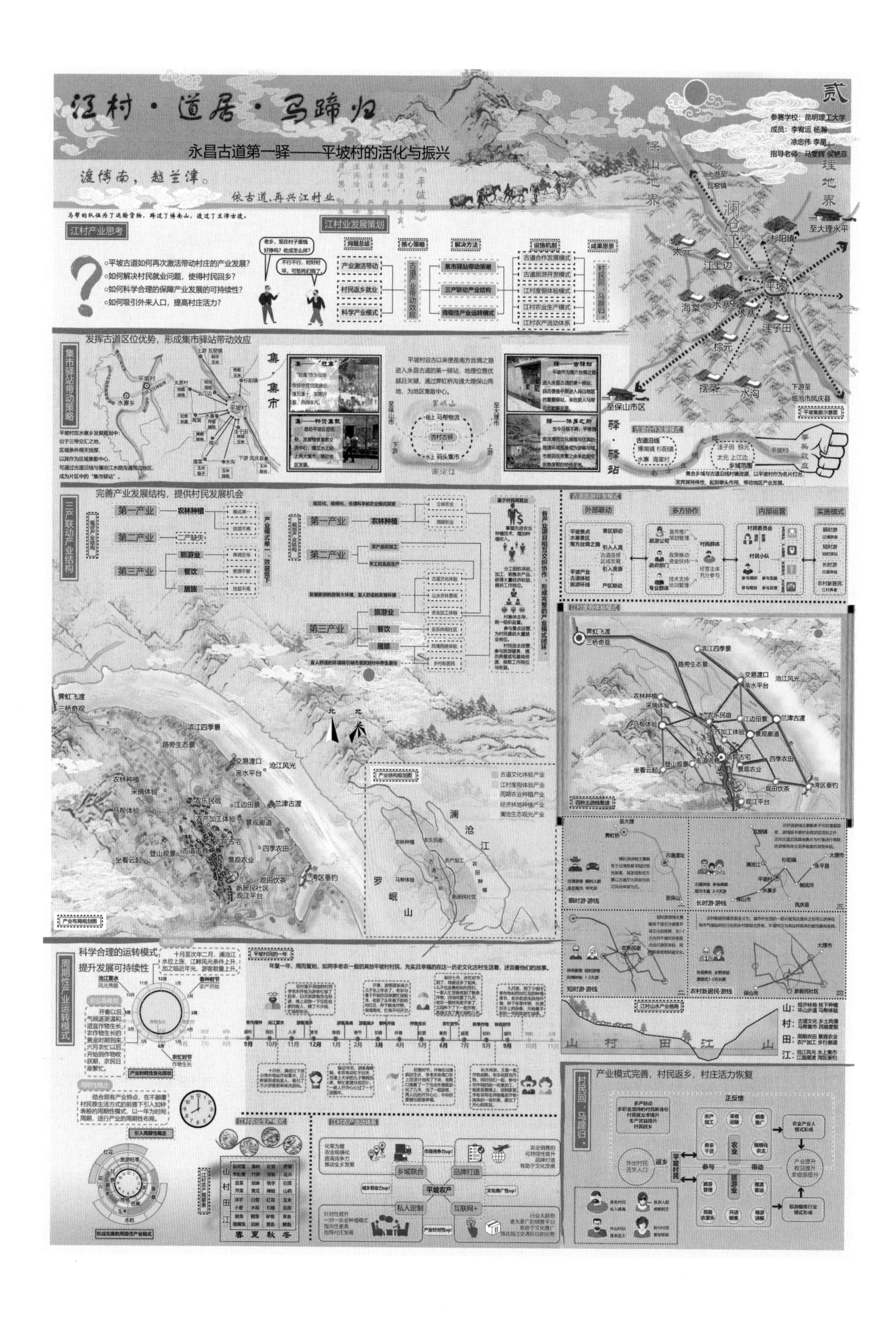
江村·道居·马蹄归
永昌古道第一驿——平坡村的活化与振兴
渡博南，越兰津。
依古道，再兴江村业。
参赛学校：昆明理工大学
成员：李宥运 杨瀚 涂忠伟 李星
指导老师：马雯辉 侯艳菲
江村产业思考
○平坡古道如何再次激活带动村庄的产业发展？
○如何解决村民就业问题，使得村民回乡？
○如何科学合理的保障产业发展的可持续性？
○如何吸引外来人口，提高村庄活力？
江村业发展策划
问题总结
核心策略
解决方法
设施机制
成果愿景
集市驿站带动策略
三产联动产业结构
周期性产业运转模式
发挥古道区位优势，形成集市驿站带动效应
完善产业发展结构，提供村民发展机会
第一产业
第二产业
第三产业
农林种植
旅游业
餐饮
居旅
科学合理的运转模式，提升发展可持续性
产业模式完善，村民返乡，村庄活力恢复
平坡农产
乡城联合
品牌打造
私人定制
互联网+
山
村
田
江
春 夏 秋 冬
澜沧江
保山地界
大理地界
杉阳镇
平坡
至大理永平
至保山市区
罗岷山

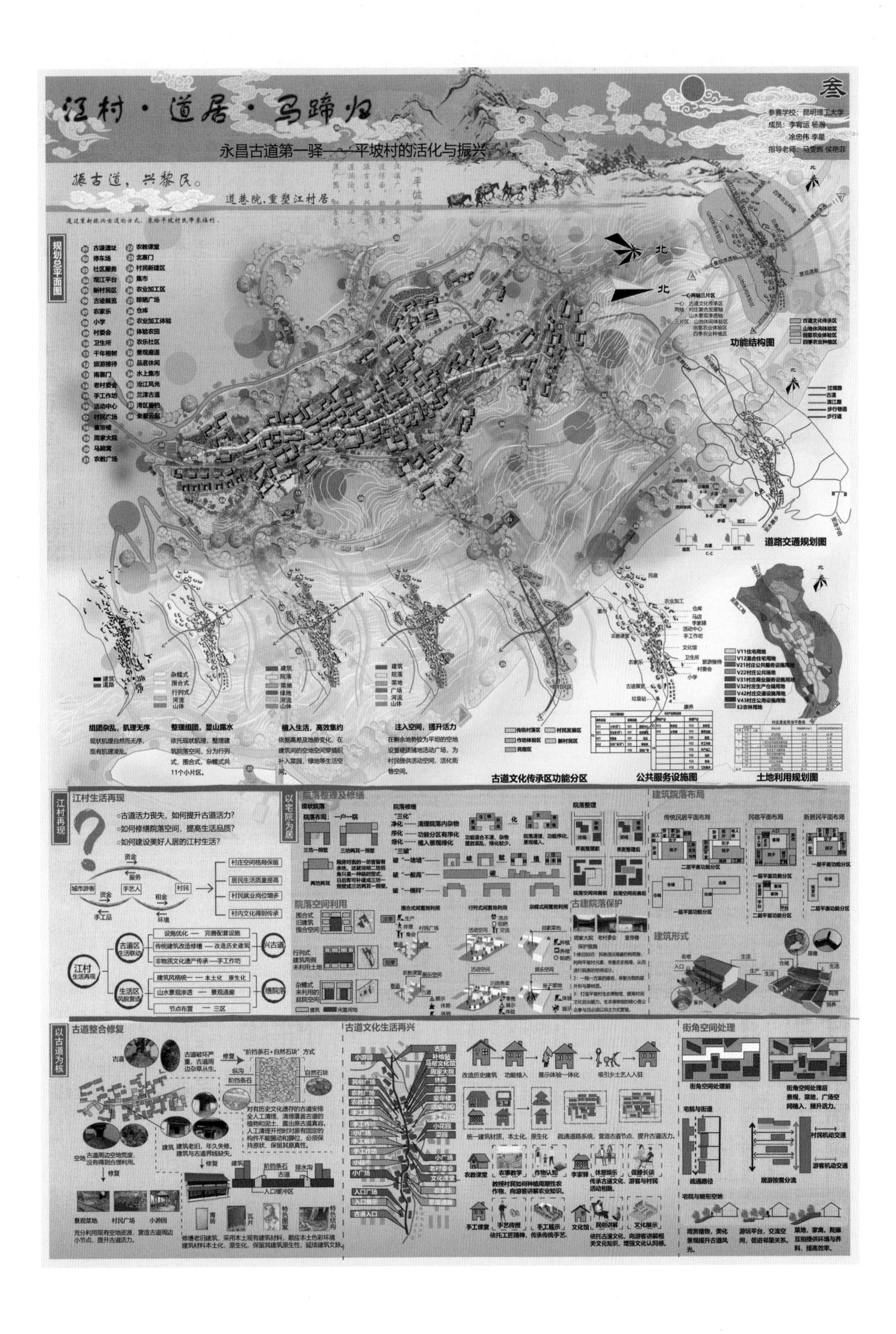

江村·道居·马蹄归
叁
参赛学校：昆明理工大学
成员：李宥运 杨瀚
涂忠伟 李星
指导老师：马雯辉 侯艳菲
永昌古道第一驿——平坡村的活化与振兴
振古道，兴黎民。
道巷院，重塑江村居
规划总平面图
古道遗址
停车场
社区服务
观江平台
新村民区
古迹展览
农家乐
小学
村委会
卫生所
千年榕树
旅游接待
南寨门
老村委会
手工作坊
活动中心
村民广场
观赏楼
周家大院
马蹄窝
农教广场
农教课堂
北寨门
村民新建区
集市
农业加工区
晾晒广场
仓库
农业加工体验
体验农田
农乐社区
景观廊道
品茗休闲
水上集市
沧江风光
兰津古道
湾区垂钓
姜薯云韵
北
一心两轴三片区
功能结构图
古道文化传承区
山地休闲体验区
创意农业种植区
四季农业种植区
过境路
古道
滨江路
步行巷道
步行道
道路交通规划图
建筑
道路
杂糅式
围合式
行列式
河流
山体
院落
菜地
绿地
广场
组团杂乱，肌理无序
现状肌理自然而无序，现有肌理凌乱。
整理组团，显山露水
依托现状肌理，整理建筑院落空间，分为行列式，围合式，杂糅式共11个小片区。
植入生活，高效集约
依据高差及地势变化，在建筑间的空地空间穿插织补入菜园，绿地等生活空间。
注入空间，提升活力
在剩余地势较为平坦的空地设置硬质铺地活动广场，为村民提供活动空间，活化街巷空间。
民宿
农业加工
仓库
马店
李家驿
活动中心
手工作坊
文化馆
卫生所
旅游接待
村委会
小学
农家乐
古迹展览
垃圾站
传统村落区
村民发展区
作坊体验区
新村民区
民宿区
古道文化传承区功能分区
公共服务设施图
V11住宅用地
V12混合住宅用地
V21村庄公共服务设施用地
V22村庄公共场地
V31村庄商业服务设施用地
V32村庄生产仓储用地
V42村庄交通设施用地
V43村庄公用设施用地
E2农林用地
土地利用规划图
江村再现
江村生活再现
○古道活力丧失，如何提升古道活力？
○如何修缮院落空间，提高生活品质？
○如何建设美好人居的江村生活？
资金
服务
城市游客
手艺人
村民
租金
手工品
环境
村庄空间格局保留
居民生活质量提高
村民就业岗位增多
村内文化得到传承
江村生活再现
古道区生活联动
设施优化 —— 完善配套设施
传统建筑改造修缮 —— 改造历史建筑
非物质文化遗产传承 —— 手工作坊
兴古道
生活区风貌营造
建筑风格统一 —— 本土化 原生化
山水景观渗透 —— 景观通廊
节点布置 —— 三区
缮院落
以宅院为居
院落整理及修缮
现状院落
院落布局：一户一院
三坊一照壁
三坊两耳一照壁
两坊两耳
院落修缮
“三化”
净化 —— 清理院落内杂物
序化 —— 功能分区有序化
绿化 —— 植入景观绿化
“三破”
破“一堵墙”
破“一般高”
破“一模样”
院落整理
院落空间利用
围合式
旧建筑
围合空间
行列式
建筑两侧
未利用土地
杂糅式
未利用的
院院空间
建筑
闲置用地
围合式闲置地利用
行列式闲置地利用
杂糅式闲置地利用
古建院落保护
周家大院
老村委会
观赏楼
建筑院落布局
传统民居平面布局
民宿平面布局
新居民平面布局
一层平面功能分区
二层平面功能分区
建筑形式
生活
生产
入口
以古道为核
古道整合修复
古道
古道破坏严重，古道周边杂草丛生。
修复
“阶档条石+自然石块”方式
阶档条石
自然石块
对有历史文化遗存的古道安排全人工清理，清理覆盖古道的植物和泥土，露出原古道真容。人工清理开挖时对原有固定的构件不能搬动和挪位，必须保持原状，保留其原真性。
建筑
建筑老旧，年久失修，建筑与古道界线缺失。
空地
古道周边空地荒废，没有得到合理利用。
景观菜地
村民广场
小游园
充分利用现有空地资源，营造古道周边小节点，提升古道活力。
阶档条石
排水沟
入口缓冲区
修缮老旧建筑，采用本土现有建筑材料，顺应本土色彩环境建筑材料本土化，原生化，保留其建筑原生构，延续建筑文脉。
古道文化生活再兴
古道
马帮文化馆
周家大院
休闲
观赏楼
农家乐
菜园
小花园
小广场
入口广场
入口展示
古道入口
改造历史建筑
功能植入
展示体验一体化
吸引乡土艺人入驻
统一建筑材质，本土化，原生化
疏通道路系统，营造古道节点，提升古道活力。
农教课堂
农事教学
作物认知
李家驿
休憩娱乐
观景长廊
教授村民如何种植周期性农作物，向游客讲解农业知识。
传承古道文化，游客与村民活动相融。
手工课堂
手艺传授
手工展示
文化馆
民俗讲解
文化展示
依托工匠精神，传承传统手艺。
依托古道文化，向游客讲解相关文化知识，增强文化认同感。
街角空间处理
街角空间处理前
街角空间处理后
景观，菜地，广场空间植入，提升活力。
宅院与街道
村民机动交通
游客机动交通
疏通路径
居游按需分流
宅院与畸形空地
观赏植物，美化景观提升古道风光。
游玩平台，交流空间，促进邻里关系。
菜地，家禽，院落，互相提供环境与养料，提高效率。

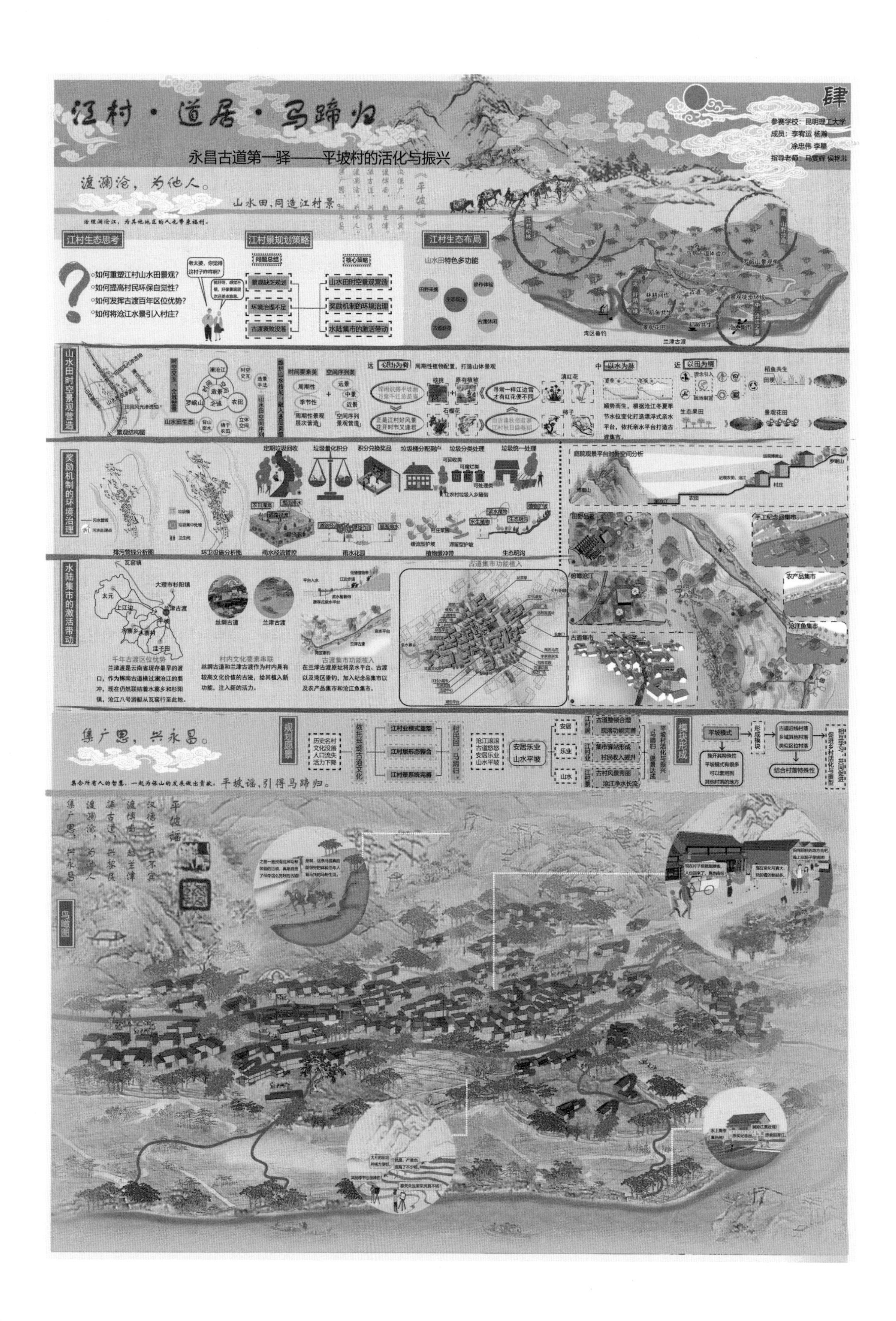
江村·道居·马蹄归
永昌古道第一驿——平坡村的活化与振兴
肆
参赛学校：昆明理工大学
成员：李宥运 杨瀚
涂忠伟 李星
指导老师：马雯辉 侯艳菲
渡澜沧，为他人。
山水田，同造江村景。
治理澜沧江，为其他地区的人也带来福利。
《平坡谣》
汉德广，开不宾；渡博南，越兰津；据古道，兴黎民；渡澜沧，为他人；集广思，兴永昌。
江村生态思考
如何重塑江村山水田景观?
如何提高村民环保自觉性?
如何发挥古渡百年区位优势?
如何将沧江水景引入村庄?
老太婆，你觉得这村子咋样啊?
江村景规划策略
问题总结
景观缺乏规划
环境治理不足
古渡衰败没落
核心策略
山水田时空景观营造
奖励机制的环境治理
水陆集市的激活带动
江村生态布局
山水田特色多功能
田野采摘
生态观光
耕作体验
古道游览
古渡休闲
林耕间作
稻鱼共生
景观花田
湾区垂钓
兰津古渡
山水田时空景观营造
远 以山为脊 周期性植物配置，打造山体景观
中 以水为脉
近 以田为缀
稻鱼共生
生态果田
景观花田
滇红花
石榴花
柿子
顺势而生，根据沧江冬夏季节水位变化打造漂浮式亲水平台，依托亲水平台打造古渡集市。
奖励机制的环境治理
定期垃圾回收
垃圾量化积分
积分兑换奖品
垃圾桶分配到户
垃圾分类处理
垃圾统一处理
庭院观景平台对外空间分析
罗岷山
田野品茗
手工纪念品集市
农产品集市
俯瞰沧江
沧江鱼集市
古道集市
排污管线分析图
环卫设施分析图
雨水径流管控
雨水花园
生态明沟
水陆集市的激活带动
瓦窑镇
大理市杉阳镇
太元
上江边
兰津古渡
丝绸古道
兰津古道
古道集市功能植入
千年古渡区位优势
兰津渡是云南省现存最早的渡口，作为博南古道横过澜沧江的要冲，现在仍然联结着水寨乡和杉阳镇，沧江八号游艇从瓦窑行至此地。
村内文化要素串联
丝绸古道和兰津古渡作为村内具有较高文化价值的古迹，给其植入新功能，注入新的活力。
古渡集市功能植入
在兰津古渡原址将亲水平台、古渡以及湾区垂钓，加入纪念品集市以及农产品集市和沧江鱼集市。
集广思，兴永昌。
集合所有人的智慧，一起为保山的发展做出贡献。平坡谣，引得马蹄归。
规划愿景
历史名村
文化没落
人口流失
活力下降
依托丝绸古道文化
江村业模式重塑
江村居形态整合
江村景系统完善
村民回，马蹄归
沧江滚滚
古道悠悠
安居乐业
山水平坡
安居乐业
山水平坡
安居
乐业
山水
江村居 古道整顿合理 院落功能完善
江村业 集市驿站形成 村民收入提升
江村景 古村风景秀丽 沧江净水长流
马蹄归，愿景达成
平坡村活化与振兴
模块形成
平坡模式
抛开其特殊性平坡模式有很多可以套用到其他村落的地方
形成模块
古道沿线村落
乡域其他村落
类似区位村落
结合村落特殊性
相互学习，共同促进
促进乡村活化与振兴
鸟瞰图

# 古寨原境，堪舆新构

全国二等奖
最佳表现奖

【参赛院校】 青岛理工大学建筑与城乡规划学院

【参赛学生】

尚晓萌　丁佳艺　黄高流

万广诚　刘宇轩　史可心

【指导老师】

徐　敏　张洪恩

# 方案介绍

楼上，古称“寨纪”。始建于明弘治六年（公元1493年），是一座以周氏家族为主的血缘村落，始祖周伯泉避难图存，贸易入黔，迁居楼上。

历经500余年的发展，保留至今，前有廖贤河环绕，后有苍山点缀，周围苍松翠柏古树环抱，村寨隐藏其中，环境清幽，鲜为人知，宛若世外桃源。

古寨民风民俗、木宅古楼、石板小径、道观仙鹤，日出日落，延续500年来，其从地脉选取、村落布局、文化传承上都体现着古代人民的大智慧：借“风水”而择，借“风水”而落，借“风水”而居，借“风水”而存。村落无处不体现着“风水”文化。

如何探讨古人的智慧，而应用于今，如何将此活态遗产保存并活化人居，经我们探讨得：“古寨原境，堪舆新构”。

## 一、序：寻何处，桃源逢靖节行舟

公元2019年，建筑规划学子以乡村调研为业。缘山行，忘路之远近。

路尽山边，便得一入口，仿佛有人行流动。便舍车，从口入。初朦胧，才见檐，复行数十步，豁然清朗。土地起伏，屋舍错落，皆是古朴古韵之形，外有良田美池古枫之属。阡陌交通，鸡犬相闻。其中往来种作，男女衣着，颇为朴素。黄发垂髫，并怡然自乐。

见游人，乃大喜，问所从来，具答之。便要还家，设茶杀鸡作食。村中闻有此群人，咸来问讯。自云先世避弘治六年时乱，率妻子邑人来此绝境，不复出焉，遂与外人间隔。而今世中华崛起，促各区繁荣，一一响应，民亦希冀如此。游人各复延至其家，皆出茶食。

村一老教，衣着朴素，憨厚热情，复问乃知，其为堪舆师也，游人皆叹惊。后老教领之，复游此地；乃知其乘生气，气为大盛，四象山脉环护，河溪蜿蜒祥绕，乃天人宝地。山脉走势之间，溪流流转之间，村落于龙脉停息处。八岳间，七星耀，此乃仙灵古巷。今吾辈学子，观此景，颇为感叹，希冀尽绵薄之力，为护其原形，促其发展，斗胆写以下规划，不当之处，望诸位斧正。

## 二、生态篇：入群山，龙脉蕴仙灵秀气

周老以世代生活在如此风景如画的生态环境里倍感自豪，喜形于色、如数家珍地指着村落告诉我，他们村的座式是左青龙（廖贤河），右白虎（寨右的山峰），前朱雀（寨前古树上的白鹭），后玄武（寨后的龟山），并不停地赞扬他们的祖先懂得天文地理，选址建村，泽被后世。

以当地自然资源和人文资源为依托，以保护环境作为首要出发点，结合其地形地貌和自然生态，充分保护好古树名木、森林、水体、山体景观。在资源得到良好保护的前提下进行旅游开发。

注重保护与利用之间的关系，注重楼上村原有资源利用和发展的可持续性，协调好生态保护与旅游开发之间的平衡关系。

传统村落可持续发展的资源在山水，潜力在文化。对生态基底的保护是村庄永续发展的基础。需要以国家生态文明建设为指引，建立乡土文化>旅游，生态效益>产业经济的思维。

## 三、文化篇：穿密林，风水话文墨底蕴

廖贤河的北岸梯田铺翠，青翠欲滴，那梯田的线条甚是优美，宛如律动的旋律；村头那参天古木与之相应，虬枝盘旋，蓊蓊郁郁，绿荫如盖，鸟鹊满林，白鹭栖枝，朝舞夕鸣，生机盎然。

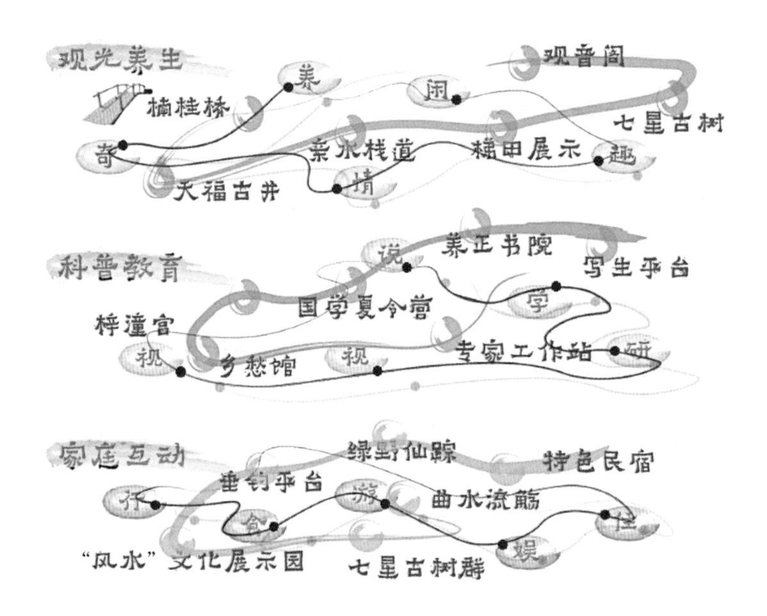


深入挖掘楼上村的“风水”文化，通过旅游 + 策略激活手法，即通过旅游产业和其他产业有机的结合，不仅为旅游业的发展提供内容和文化元素，同时也促进各行各业产业发展。

通过打造旅游 + 生态、旅游 + 文创的手段，打造历史型、文化型旅游产品，进行整体策略的提升，重塑产业链，活化古村文化，激活打造特色产业。

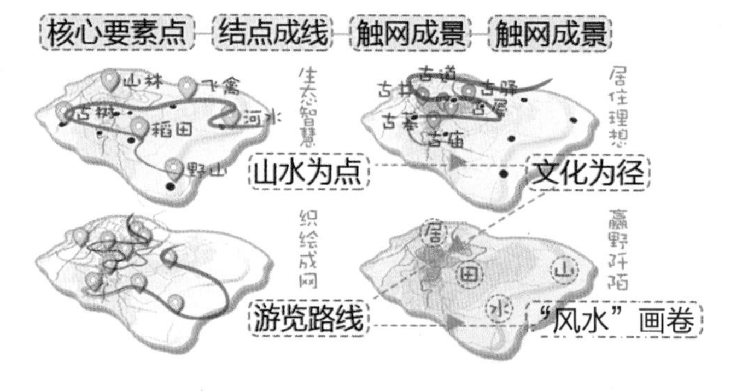

楼上村要充分打响“风水文化”的品牌，使“风水文游”成为楼上村旅游开发区的点睛之笔。

在实践中，设计规划旅游线路（山水线、人居线），使游客能够观山水、体古韵，还可以结合景观叙事的手法将场景分主题和画卷。

游客可以实地勘察“风水宝地”的山川形势，领悟“风水宝地”的玄机所在，感悟“风水文化”的实质内涵，感受中华文化的奥妙神奇，使神秘的“风水文化”不再具有虚幻的色彩。

## 四、人居篇：漫楼上，寨里诉清欢玄禅

古寨风貌一览无余：她依偎在廖贤河峡谷的怀抱之中，临山面水，风光雄奇秀美。其山峰峦延绵，千姿百态，栩栩如生。

楼上古村的人居空间中，“人与房子”是传统村落保护的主体与对象，传统民居承载的居住功能是历史风貌的内核，其物质环境作为时空衍进遗留下来相对静止的建筑。

而生活场景则显示活态的内在，并与物质环境互为依存，体现出人与自然直接而融洽的关系，成为人与自然对话的媒介，甚至是居民积极参与恢复环境，延续原生态生活方式的重要措施。

村庄空间营造方面，重点为基础设施和古建筑的保护和活化。策略上主要分为“治村”和“美境”两个方面。

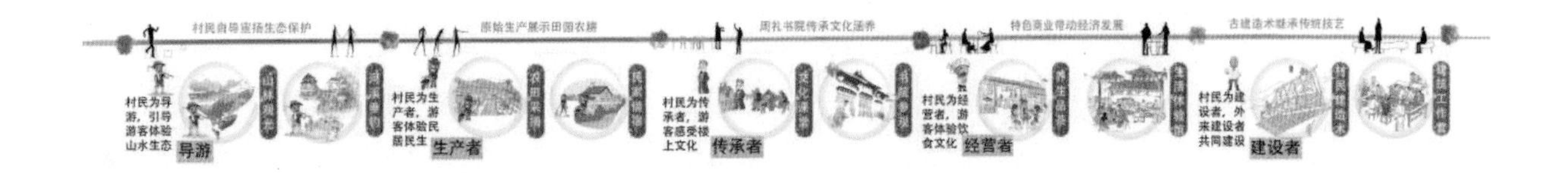

村民作为导游，引领游客体验山水生态，感受自然和谐景观，避免由于游客初次体验带来的迷茫感，为游客提供最佳游览路线，增加旅游的愉悦感。

村民作为生产者，利用现有农田，开发采摘项目，使游客可以体验采摘乐趣；利用自家老宅，改造民宿，使游客体验当地生活。

村民作为文化传承者，带领游客感受楼上文化，开设楼上村文化课堂，使游客进行深度文化体验，并且进行书院的参观，全方位地感受楼上村文化。

村民作为经营者，在旅游景区线路增加休闲体验设施，使游客体验村寨民俗和饮食文化，通过旅游业的发展，带动本村经济发展。

村民作为建设者，与外来建设者配合共同为村庄的发展与规划做贡献，并且可使楼上村木作手法得以传承下去，同时配合开展建筑工作营，增加培训，解决就业问题。

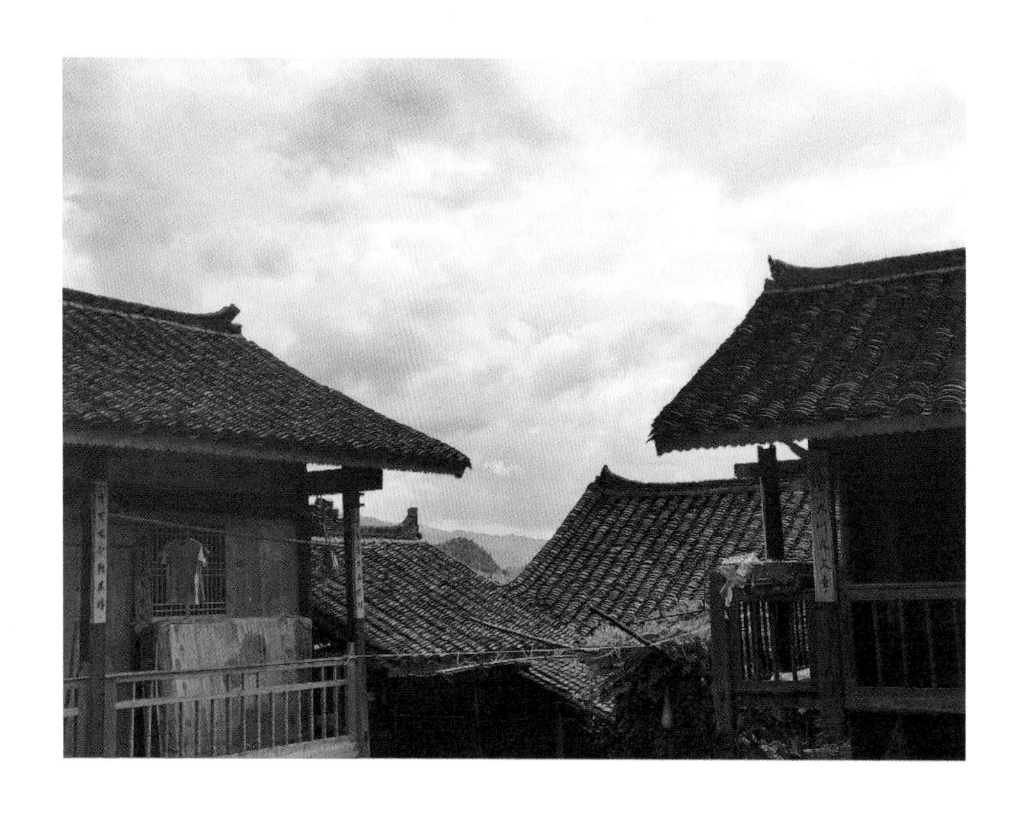

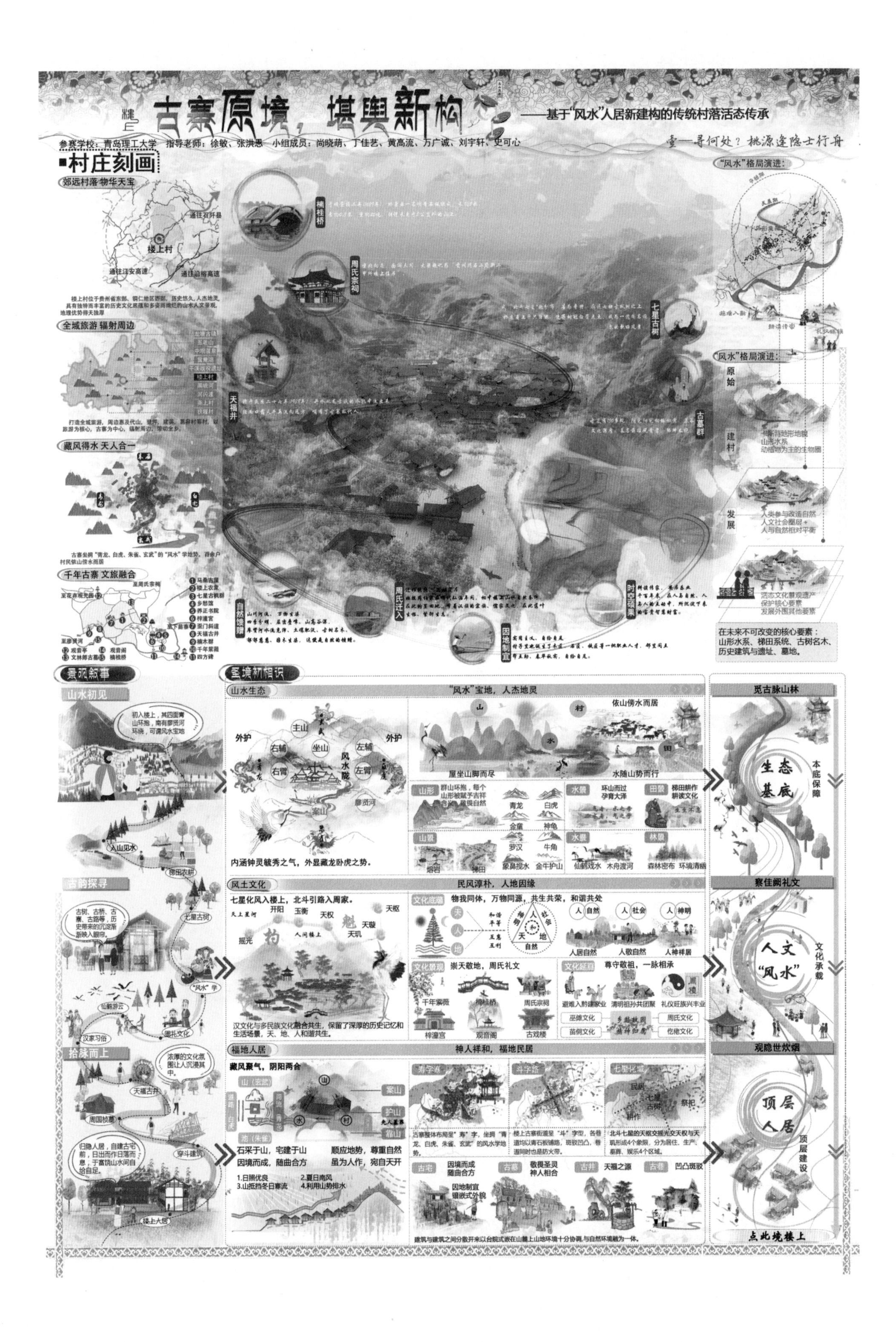
古寨原境，堪舆新构
——基于"风水"人居新建构的传统村落活态传承
参赛学校：青岛理工大学 指导老师：徐敏、张洪恩 小组成员：尚晓萌、丁佳艺、黄高流、万广诚、刘宇轩、史可心
重一寻何处？桃源逢隐士行舟
村庄刻画
郊远村落 物华天宝
楼上村
通往石阡县
通往江安高速
通往沿榕高速
全域旅游 辐射周边
藏风得水 天人合一
千年古寨 文旅融合
"风水"格局演进：
原始
建村
发展
在未来不可改变的核心要素：山形水系、梯田系统、古树名木、历史建筑与遗址、墓地。
楠桂桥
周氏宗祠
七星古树
天福井
古寨群
周氏迁入
自然馈赠
因地制宜
时空嬗变
景观叙事
山水初见
初入楼上，其四面青山环抱，南有廖贤河环绕，可谓风水宝地
入山见水
梯田农耕
古韵探寻
古树、古桥、古寨、古路等，历史带来的沉淀渐渐映入眼帘。
七星古树
"风水"学
汉家习俗
周氏文化
拾脉而上
浓厚的文化氛围让人沉浸其中。
天福古井
周国祯墓
归隐人居，自建古宅前，日出而作日落而息，于富饶山水间自给自足。
穿斗建筑
楼上大院
圣境初相识
山水生态
"风水"宝地，人杰地灵
主山 外护 右辅 坐山 左辅 右臂 风水隧 左臂 案山 廖贤河
内涵钟灵毓秀之气，外显藏龙卧虎之势。
依山傍水而居
屋坐山脚而尽
水随山势而行
山形 群山环抱，每个山形被赋予吉祥含义
青龙 白虎 金蟾 神龟
水景 环山而过 孕育大泽
田景 梯田耕作 耕读文化
山景 罗汉 牛角 象鼻搅水 金牛护山
水景 仙鹤戏水 木舟渡河
林景 森林密布 环境清幽
风土文化
民风淳朴，人地因缘
七星化风入楼上，北斗引路入周家。
开阳 玉衡 天权 天枢 摇光 天玑 天璇
汉文化与多民族文化融合共生，保留了深厚的历史记忆和生活场景，天、地、人和谐共生。
文化底蕴 物我同体，万物同源，共生共荣，和谐共处
人居自然 人敬自然 人神祥居
文化景观 崇天敬地，周氏礼文
千年紫薇 楠桂桥 周氏宗祠 梓潼宫 观音阁 古戏楼
文化延续 尊守敬祖，一脉相承
巫傩文化 苗侗文化 周氏文化 仡佬文化
福地人居
神人祥和，福地民居
藏风聚气，阴阳两合
案山 护山 靠山
石采于山，宅建于山 因境而成，随曲合方
顺应地势，尊重自然 虽为人作，宛自天开
1.日照优良 2.夏日南风
3.山挡挡冬日寒流 4.利用山势排水
寿字格 斗字格 七星化域
古寨整体布局呈"寿"字，坐拥"青龙、白虎、朱雀、玄武"的风水学地势。
楼上古寨街道呈"斗"字型，各巷道均以青石板铺路，既歌四凸，巷道同时也是防火带。
北斗七星的天枢交接光文天权与天玑形成4个象限，分为居住、生产、墓葬、娱乐4个区域。
古宅 因境而成 随曲合方
古墓 敬畏圣灵 神人相合
古井 天福之源
古巷 凹凸斑驳
因地制宜 镶嵌式分布
建筑与建筑之间分散开来以台院式嵌在山麓上山地环境十分协调,与自然环境融为一体。
觅古脉山林
生态基底
本底保障
察佳阙礼文
人文"风水"
文化承载
观隐世炊烟
顶层人居
顶层建设
点此境楼上

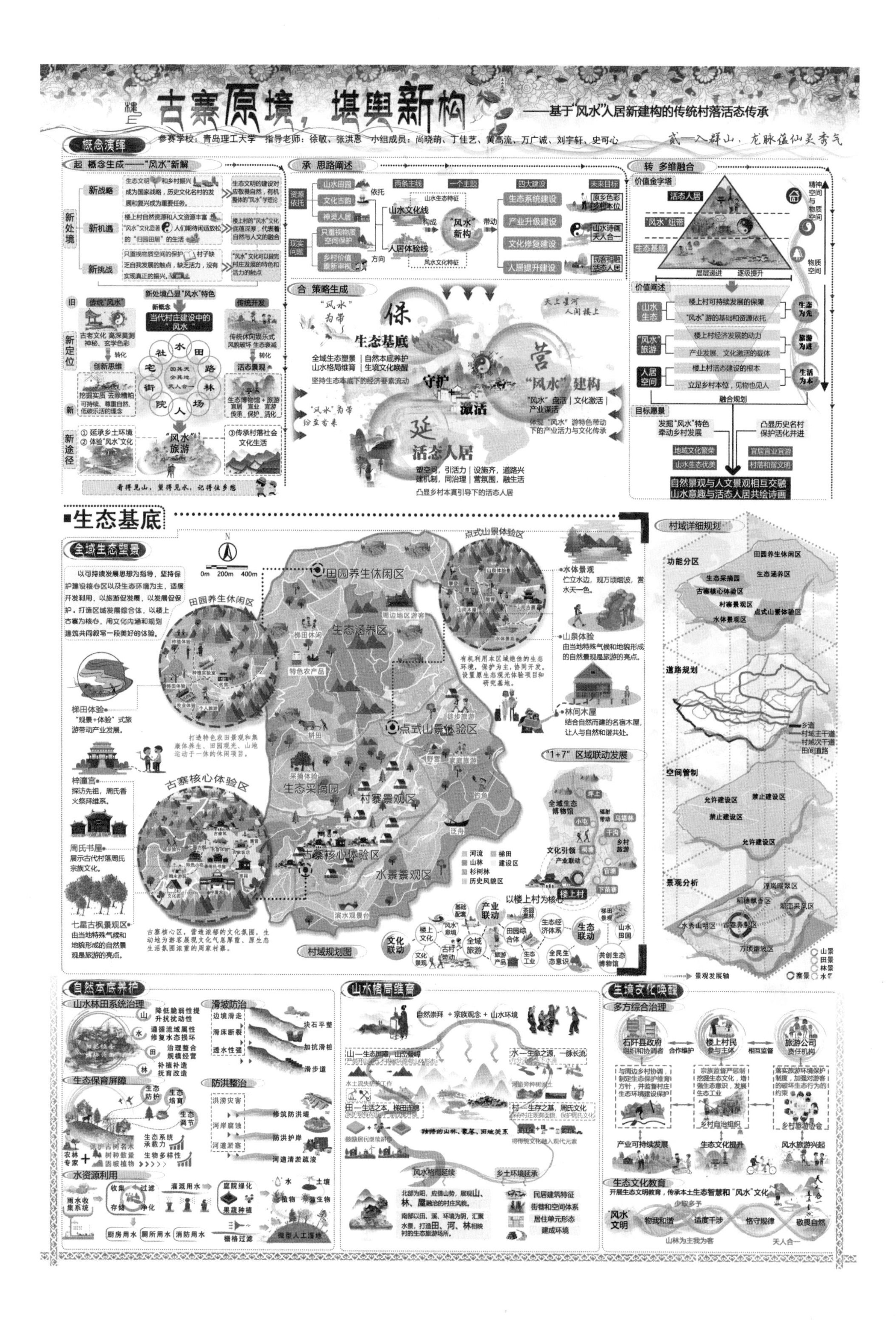
古寨原境，堪舆新构
——基于"风水"人居新建构的传统村落活态传承
参赛学校：青岛理工大学 指导老师：徐敏、张洪恩 小组成员：尚晓萌、丁佳艺、黄高流、万广诚、刘宇轩、史可心
概念演绎
起 概念生成——"风水"新解
承 思路阐述
转 多维融合
合 策略生成
生态基底
守护
激活
"风水"建构
活态人居
生态基底
全域生态塑景
田园养生休闲区
生态涵养区
点式山景体验区
古寨核心体验区
生态采摘园
村寨景观区
水寨景观区
村域规划图
村域详细规划
功能分区
道路规划
空间管制
景观分析
"1+7"区域联动发展
自然本底养护
山水林田系统治理
滑坡防治
生态保育屏障
防洪整治
水资源利用
山水格局维育
生境文化唤醒
多方综合治理
生态文化教育

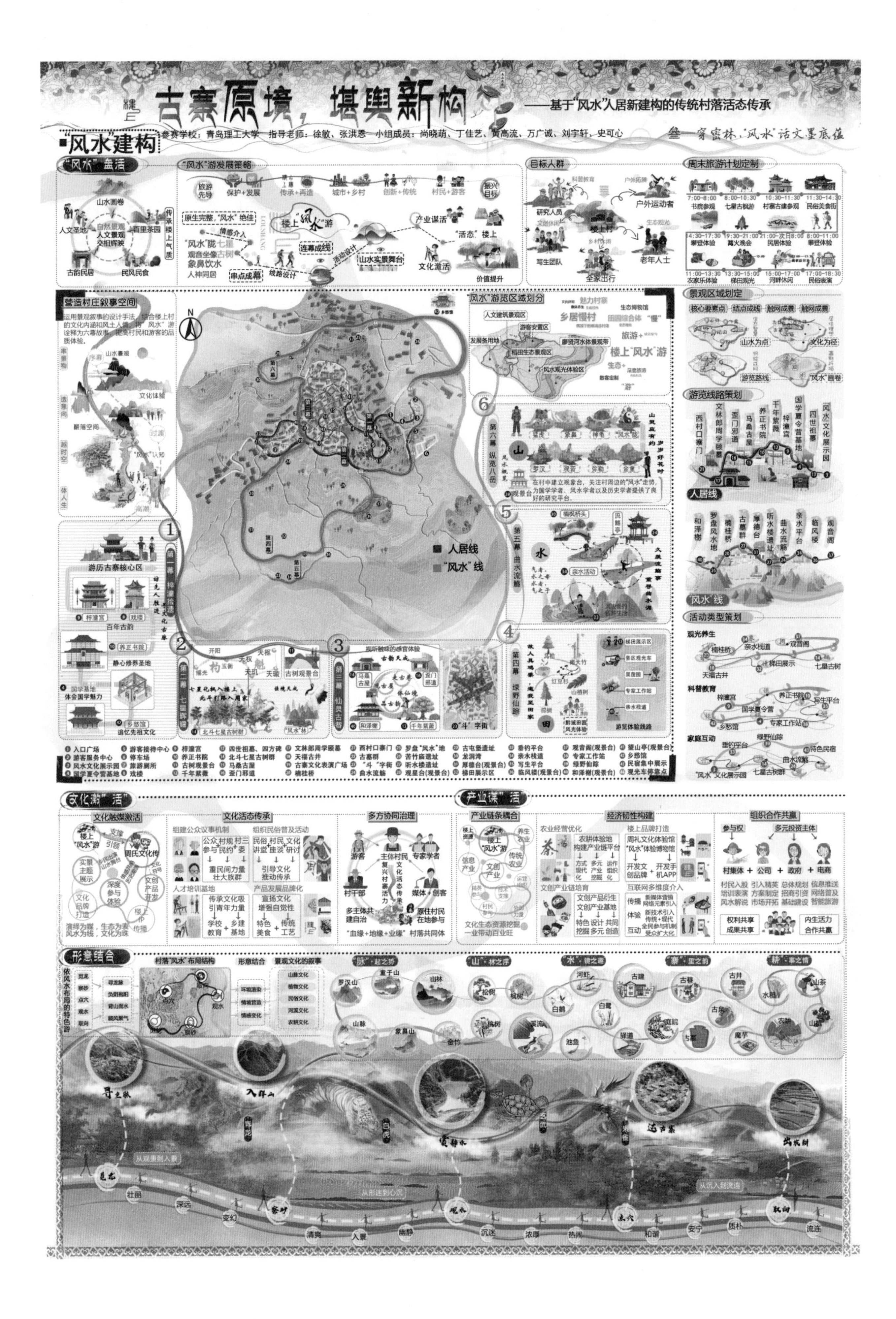
古寨原境，堪舆新构
——基于"风水"人居新建构的传统村落活态传承
参赛学校：青岛理工大学 指导老师：徐敏、张洪恩 小组成员：尚晓萌、丁佳艺、黄高流、万广诚、刘宇轩、史可心
风水建构
"风水"盘活
"风水"游发展策略
目标人群
周末旅游计划定制
营造村庄叙事空间
"风水"游览区域划分
景观区域划定
游览线路策划
人居线
"风水"线
活动类型策划
人居线
"风水"线
文化激"活"
文化触媒激活
文化活态传承
多方协同治理
产业谋"活"
产业链条耦合
经济韧性构建
组织合作共赢
形意结合
村落"风水"布局结构
从观景到入景
从形迹到心沉
从沉入到流连

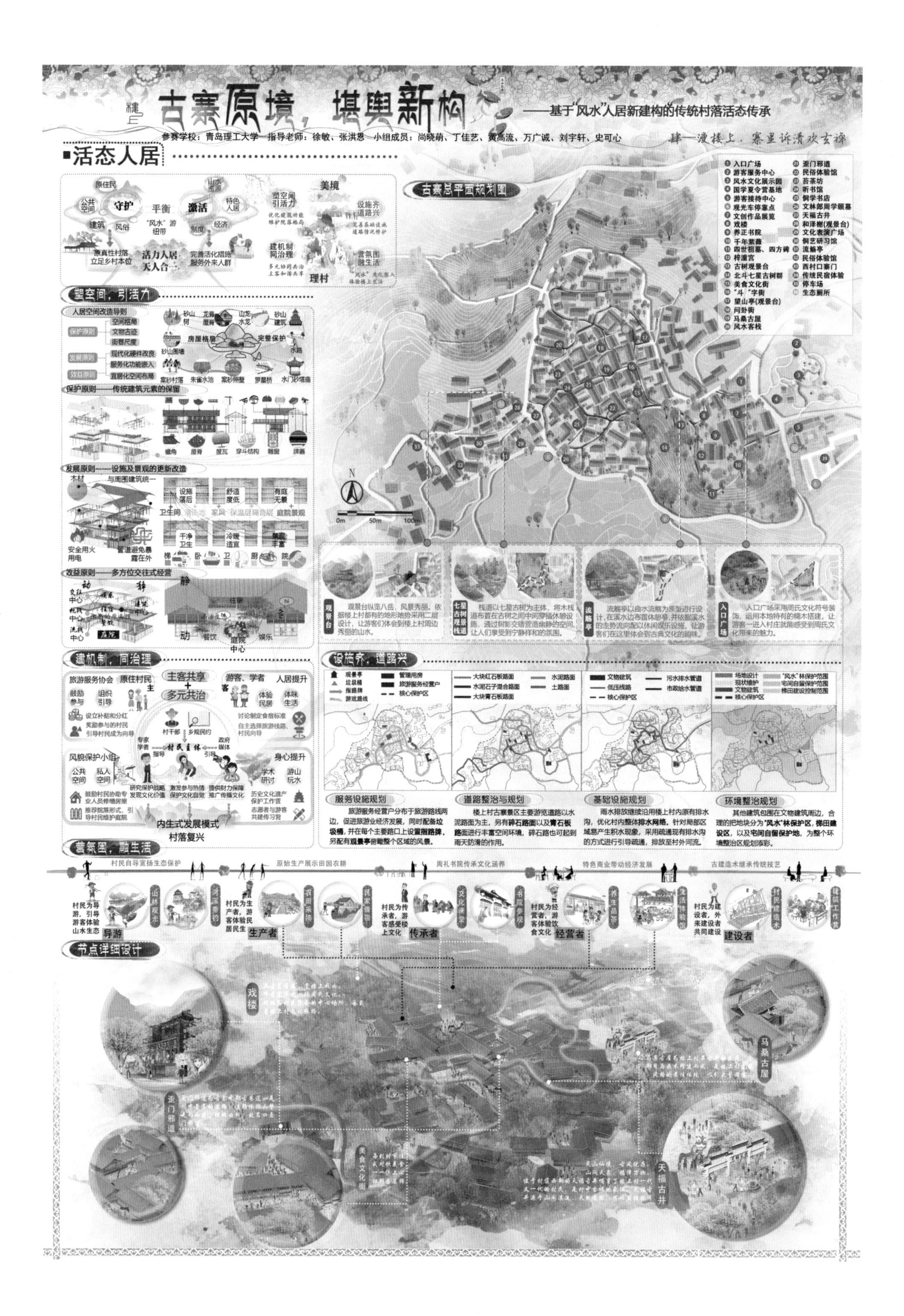
古寨原境，堪舆新构
——基于"风水"人居新建构的传统村落活态传承
参赛学校：青岛理工大学 指导老师：徐敏、张洪恩 小组成员：尚晓萌、丁佳艺、黄高流、万广诚、刘宇轩、史可心
肆一漫楼上，寨里诉清欢玄禅
活态人居
古寨总平面规划图
塑空间，引活力
建机制，同治理
营氛围，融生活
设施齐，道路兴
服务设施规划
道路整治与规划
基础设施规划
环境整治规划
节点详细设计
戏楼
马桑古屋
歪门邪道
美食文化街
天福古井
导游
生产者
传承者
经营者
建设者

# 临湖而学　依山筑堂

全国二等奖

【参赛院校】　宁波大学潘天寿建筑与艺术设计学院

【参赛学生】

李　桢　　洪　艳　　何琳涛

吴　玉　　万锦文　　张骐彬

【指导老师】

陈　芳　　刘艳丽

# 方案介绍

## 一、村庄基本情况

建设村位于浙江省宁波市东钱湖西岸三面环水的陶公山脚下，村庄环绕陶公山依山临水而建。

陶公老街串联起多个家族单元，围绕宗祠、支祠、堂前等公共建筑聚居，较为完整地保留了乡村社会的家族空间结构，山体、湖水、村庄高度融合，生产生活、社会文化相辅相成。

2016年11月，建设村被列为宁波市第四批历史文化名村。

## 二、现状问题梳理

经过我们多次深入村庄调研，对村庄中不同人群深入访谈，梳理村庄现有特征，分析和总结出村庄的四大问题：

（1）产业：产业结构失衡，村庄未形成新的产业结构。

（2）文化：文化底蕴深厚，难以对外打开局面。

（3）空间：原有空间功能衰退，空间无序发展。

（4）人口：村庄老龄化严重，人口流失。

如何结合村庄特征针对性地去解决村庄乡土文化消亡、产业结构失衡、人口外迁这些问题，让村庄成为村民有所乐、乡贤有所归、游客有所游的历史文化名村？

## 三、规划理念

结合村庄现有特征和问题概况，我们提出了触媒理念。按照触媒的形态可将“乡村触媒”分为实体触媒与虚体触媒两种，其中：实体触媒指村庄中以承载活力因素空间为主的物质空间；虚体触媒指非物质空间形态，主要包括经济文化活动、文化的再创造和焕活。

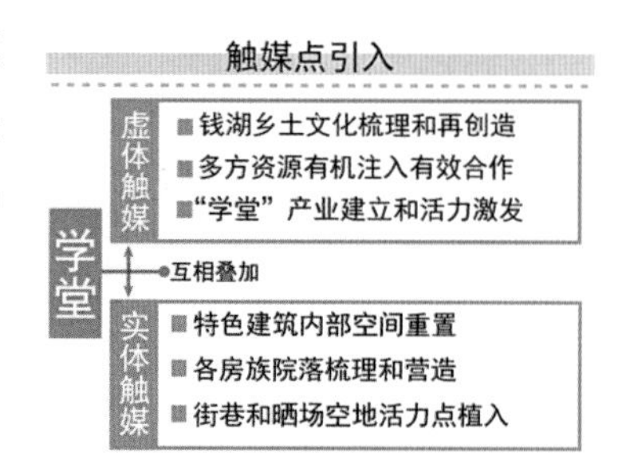


在提取旧元素的基础上，策略性地引进新元素，形成新旧结合的触媒元素。

## 四、“学堂”打造

基于提出的理念，对于文化，我们梳理原有村庄乡土文化，并置入“新文化”元素，使传统文化焕发新活力；对于空间，我们采取对空间的修缮、拆除、整治，恢复其原有家族空间肌理，再在修复后的空间里置入活力点。

结合理念，我们提出“学堂”这个词语，对“学堂”赋予了不同的定义和解释。

首先将“学堂”拆开进行解释。“学”指的是村庄的文化，“堂”指的是村庄需要整治的空间。将文化对应和落实到承载它的空间上，即为最终所打造的“学堂”。

“学堂”还有另一层含义是“学堂”产业，结合触媒理念，引入第三方组织，各方组织共同建立一个“学堂”产业公司，搭建一个平台，各方力量协助村民一起经营和管理整个村庄的“学堂”产业。

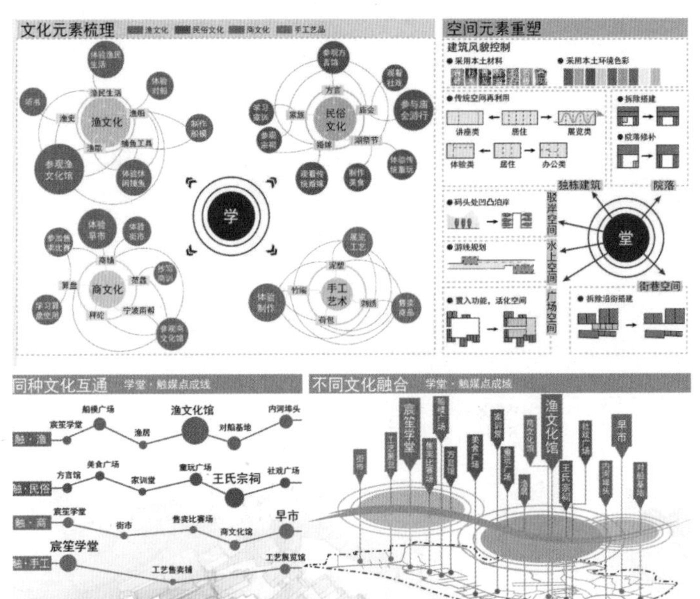


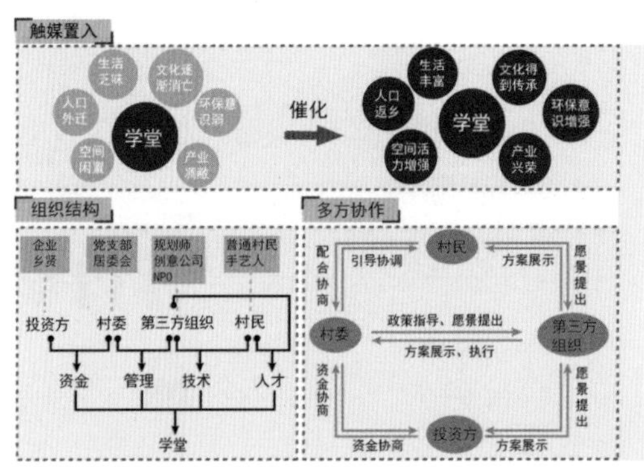


## 五、规划目标

乡土文化传承和特色空间保护是历史文化名村发展和转型的首要任务。

人是文化的创造者、承载者和传承者。希望村庄可以通过“学堂”的建立，吸引乡贤归、村民乐、游客来，临湖而学，提升村庄的人气活力度，使村庄成为人们精神栖息的家园。

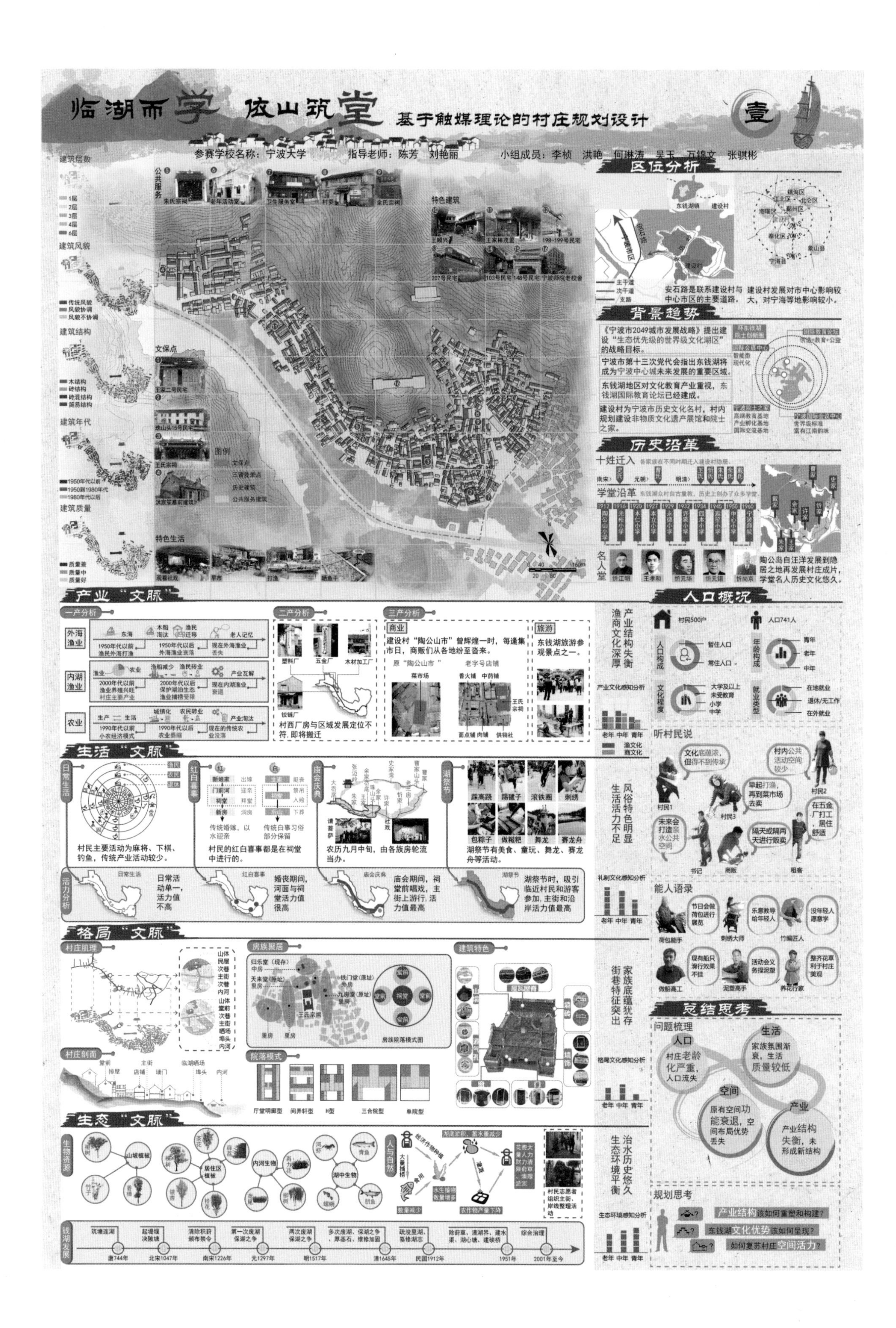
临湖而学 依山筑堂 基于触媒理论的村庄规划设计
壹
参赛学校名称：宁波大学 指导老师：陈芳 刘艳丽 小组成员：李桢 洪艳 何琳涛 吴玉 万锦文 张骐彬
区位分析
安石路是联系建设村与中心市区的主要道路。
建设村发展对市中心影响较大，对宁波等地影响较小。
背景趋势
《宁波市2049城市发展战略》提出建设"生态优先级的世界级文化湖区"的战略目标。
宁波市第十三次党代会指出东钱湖将成为宁波中心城未来发展的重要区域。
东钱湖地区对文化教育产业重视，东钱湖国际教育论坛已经建成。
建设村为宁波市历史文化名村，村内规划建设非物质文化遗产展馆和院士之家。
历史沿革
十姓迁入
学堂沿革
名人堂
陶公岛自汪洋发展到隐居之地再发展村庄成片，学堂名人历史文化悠久。
产业"文脉"
人口概况
村民主要活动为麻将、下棋、钓鱼，传统产业活动较少。
村民的红白喜事都是在祠堂中进行的。
农历九月中旬，由各族房轮流当办。
湖祭节有美食、童玩、舞龙、赛龙舟等活动。
生活"文脉"
格局"文脉"
生态"文脉"
总结思考
问题梳理
人口 村庄老龄化严重，人口流失
生活 家族氛围渐衰，生活质量较低
空间 原有空间功能衰退，空间布局优势丢失
产业 产业结构失衡，未形成新结构
规划思考
产业结构该如何重塑和构建？
东钱湖文化优势该如何呈现？
如何复苏村庄空间活力？

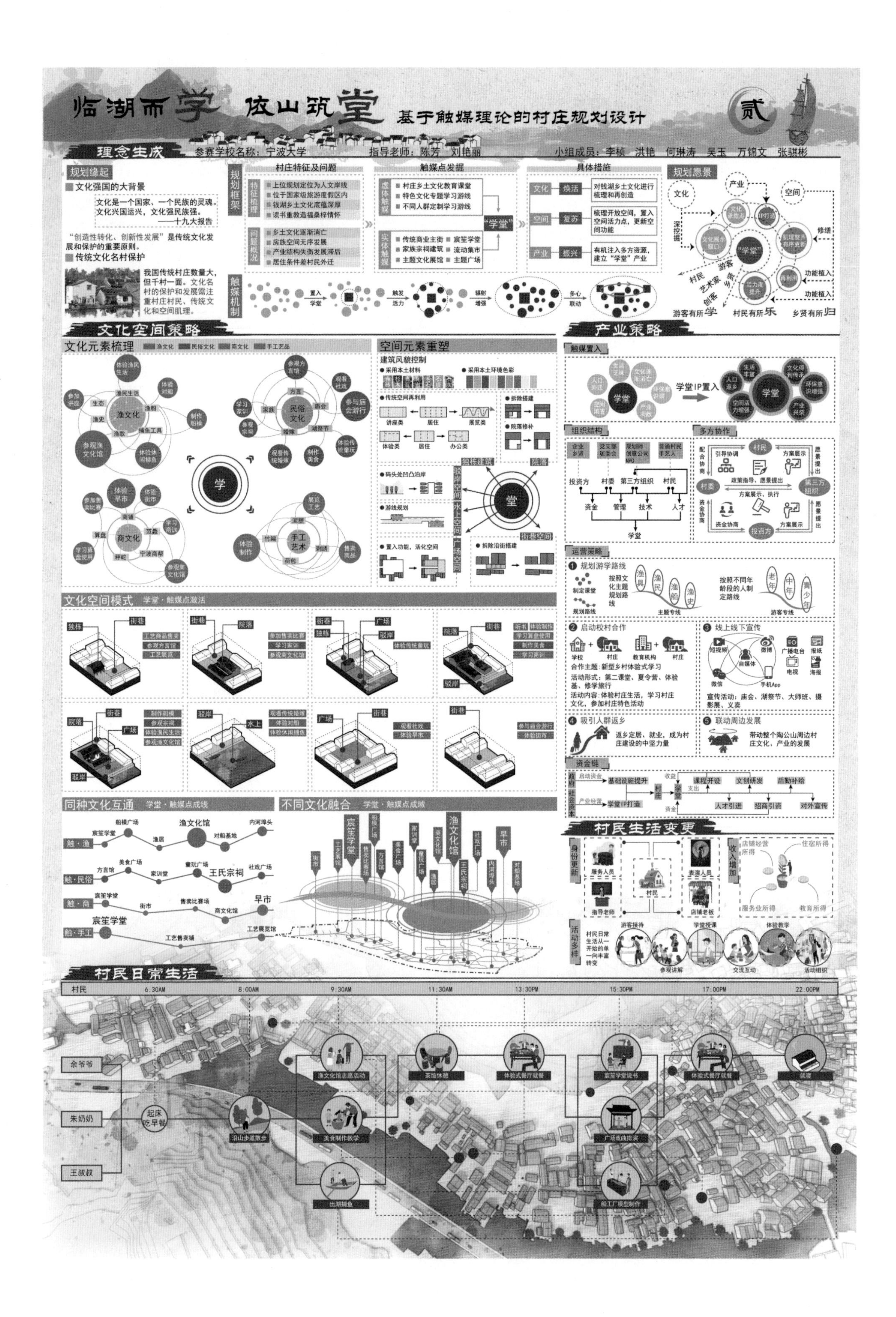

临湖而学 依山筑堂
基于触媒理论的村庄规划设计
贰
理念生成
参赛学校名称：宁波大学
指导老师：陈芳 刘艳丽
小组成员：李桢 洪艳 何琳涛 吴玉 万锦文 张骐彬
规划缘起
文化强国的大背景
文化是一个国家、一个民族的灵魂。文化兴国运兴，文化强民族强。——十九大报告
“创造性转化、创新性发展”是传统文化发展和保护的重要原则。
传统文化名村保护
我国传统村庄数量大，但千村一面。文化名村的保护和发展需注重村庄村民、传统文化和空间肌理。
规划框架
村庄特征及问题
上位规划定位为人文岸线
位于国家级旅游度假区内
钱湖乡土文化底蕴深厚
读书重教涵福桑梓情怀
乡土文化逐渐消亡
房族空间无序发展
产业结构失衡发展滞后
居住条件差村民外迁
触媒点发掘
村庄乡土文化教育课堂
特色文化专题学习游线
不同人群定制学习游线
“学堂”
传统商业主街
宸笙学堂
家族宗祠建筑
流动集市
主题文化展馆
主题广场
具体措施
文化 焕活 对钱湖乡土文化进行梳理和再创造
空间 复苏 梳理开放空间，置入空间活力点，更新空间功能
产业 振兴 有机注入多方资源，建立“学堂”产业
触媒机制
置入 学堂
触发 活力
辐射 增强
多心 联动
规划愿景
文化 产业 空间
游客有所学 村民有所乐 乡贤有所归
文化空间策略
文化元素梳理
渔文化 民俗文化 商文化 手工艺品
学
空间元素重塑
建筑风貌控制
堂
文化空间模式 学堂·触媒点激活
同种文化互通 学堂·触媒点成线
触·渔
触·民俗
触·商
触·手工
不同文化融合 学堂·触媒点成域
产业策略
触媒置入
学堂IP置入
组织结构
多方协作
运营策略
1 规划游学路线
2 启动校村合作
3 线上线下宣传
4 吸引人群返乡
5 联动周边发展
资金链
村民生活变更
村民日常生活
村民 6:30AM 8:00AM 9:30AM 11:30AM 13:30PM 15:30PM 17:00PM 22:00PM
余爷爷
朱奶奶
王叔叔
起床吃早餐
沿山步道散步
出湖捕鱼

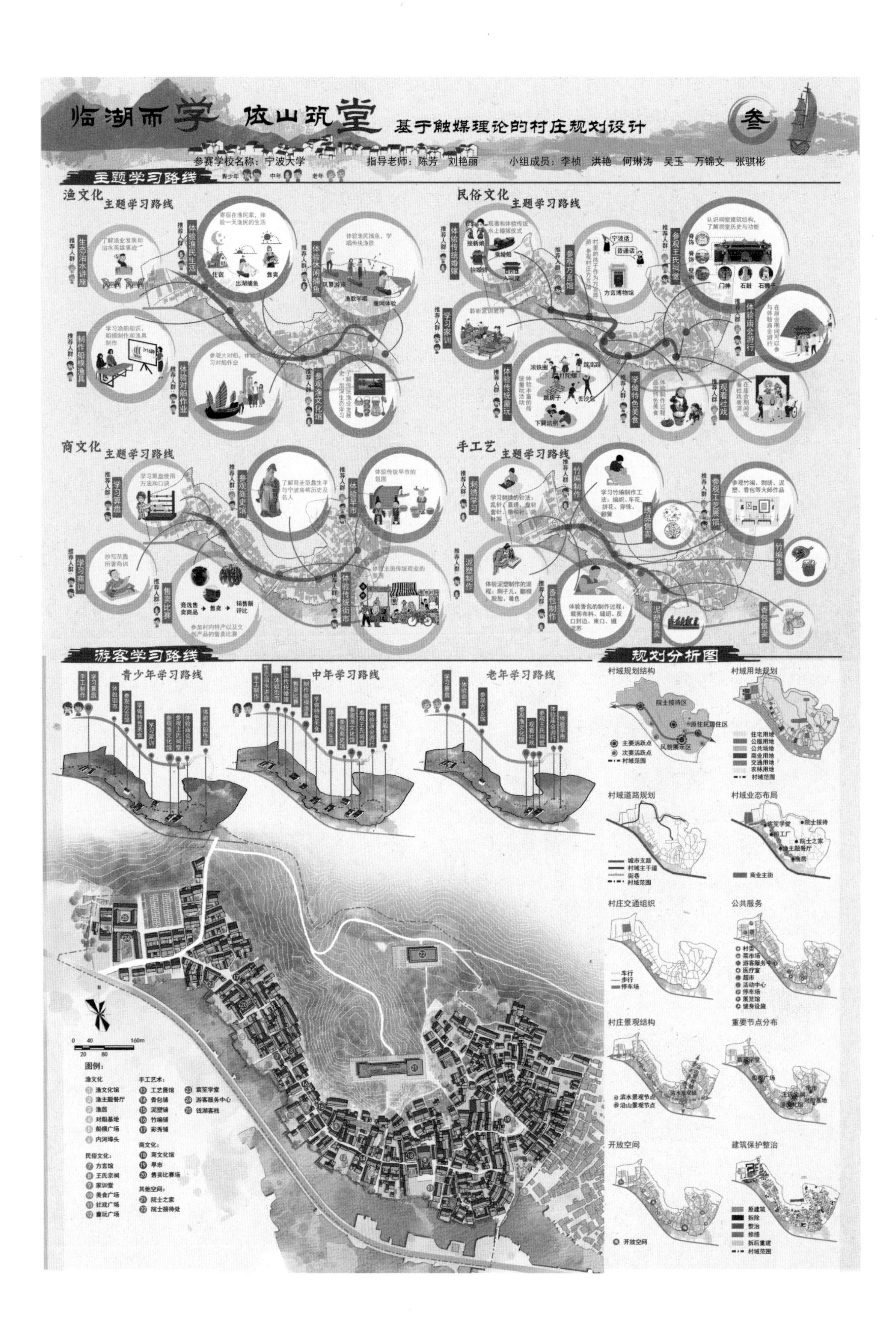
临湖而学 依山筑堂
基于触媒理论的村庄规划设计
叁
参赛学校名称：宁波大学
指导老师：陈芳 刘艳丽
小组成员：李桢 洪艳 何琳涛 吴玉 万锦文 张骐彬
主题学习路线
渔文化 主题学习路线
民俗文化 主题学习路线
商文化 主题学习路线
手工艺 主题学习路线
游客学习路线
青少年学习路线
中年学习路线
老年学习路线
规划分析图
村域规划结构
村域用地规划
村域道路规划
村域业态布局
村庄交通组织
公共服务
村庄景观结构
重要节点分布
开放空间
建筑保护整治
图例：

临湖而学 依山筑堂
基于触媒理论的村庄规划设计
肆
参赛学校名称：宁波大学
指导老师：陈芳 刘艳丽
小组成员：李桢 洪艳 何琳涛 吴玉 万锦文 张骐彬
入口节点 1
现状评估
定位
服务基地总站
重建与优化
拆除
新建整治
功能植入
节点展示
村庄入口处
游客服务中心
宸笙学堂 2
现状
定位
功能置入
院落模式选择
功能分区
节点展示
泥壁课堂
内部空间
学堂鸟瞰图
渔史馆 3
现状评估
功能置入
一层
二层
节点展示
渔史馆正立面
节点平面
渔史馆
王氏宗祠
民居修缮 4
活力置入
建筑整治
节点展示
正立面
剖面图
民居
5 水上婚嫁
8 童玩广场
9 瞭望台
11 对船基地
6 船模制作
7 美食工坊
10 竹编茶室
12 主街商铺

# 知否知否——应是以和解乡愁

全国二等奖

【参赛院校】 山东建筑大学建筑城规学院

【参赛学生】

杨　朔　　王璐瑶　　赵文慧

曲佳音　　高　寒　　付清华

【指导老师】

李　鹏　　陈有川

# 方案介绍

山西省阳泉市西岭村，是国家级传统村落之一，居太行山中部东麓，西距阳泉市区与平定县城分别为 15km 和 20km，距太原与石家庄均为 110km，交通便利。

村民大都居住在双拱靠山窑洞里，因窑洞的建筑特性，使得室内冬无严寒，夏无酷暑。

拥有伴城而生这种独特区位特质的西岭村，在现如今城乡融合的背景下，更应该抓住机会，充分发挥其区域优势和用地存量的价值。

我们正是从西岭村如何抓住这一机遇入手，充分利用集体经营性建设用地入市和宅基地流转等政策，盘活现有土地存量，提升土地价值，从而达到产业联动和村民增收，实实在在地解决西岭村的“地、钱、人”关系的问题。

## 一、聚地气：集体经营性建设用地入市

西岭村背靠阳泉市，与市区在交通、资源流动等方面联系紧密，伴城而生是西岭村区位的显著特质，使西岭村最有可能成为国家城乡融合发展体制的获益者。

突破现有的发展瓶颈，必须充分利用西岭村的区位优势，通过利用集体经营性建设用地这一政策，梳理土地存量，完成建筑拆旧和土地整合，最终形成净地出让，提升出让土地价值。

## 二、集财气：以收益促产业，实现持续增收

土地价值提升后，市区里的企业会考虑到生产成本低等好处而前来征购土地，给本村带来经济效益的同时，又带来了大量的就业岗位，有条件的村民则通过入股等形式可以实现利益共享。

其中出让成交金额扣减入市成本后，得到的出让净收益作为村集体收入，又可以实现村庄公共设施的增添或整治，以及为产业发展提供启动资金，从而加快多产融合，联动发展。

通过以上的土地、劳动力、资金等要素在企业和村庄之间的流动，从而实现村民的持续增收。

## 三、汇人气：转变乡村关系，凝聚乡情氛围

传统乡村依靠亲属关系、地缘关系，形成了一种“差序格局”。这种格局是基于小农经济，以自己为中心像水波纹一样推及开，越推越远、越推越薄且能放能收、能伸能缩的社会格局。但是这种差序格局在面临新时代时，人与人之间无法利用关系达成更深一步的联结，没有明确团体，不能共同创收。

为转换这种差序格局，首先利用集体经营性建设用地入市这一契机，引资建设商业空间，充分利用集市这一特色要素，打造城乡第三空间，从而对城市人群起到吸引聚集作用，对乡村人群又可以促进邻里关系和睦，村民共同增收。初见成效之后，可以进行进一步招商引资，从而给村民提供更多的就业岗位，有条件的股民可以参与股份分红。

通过集体经营性建设用地入市不仅转换了这种差序格局，还使村民的身份发生了转变，从而形成乡村集团利益共同体。

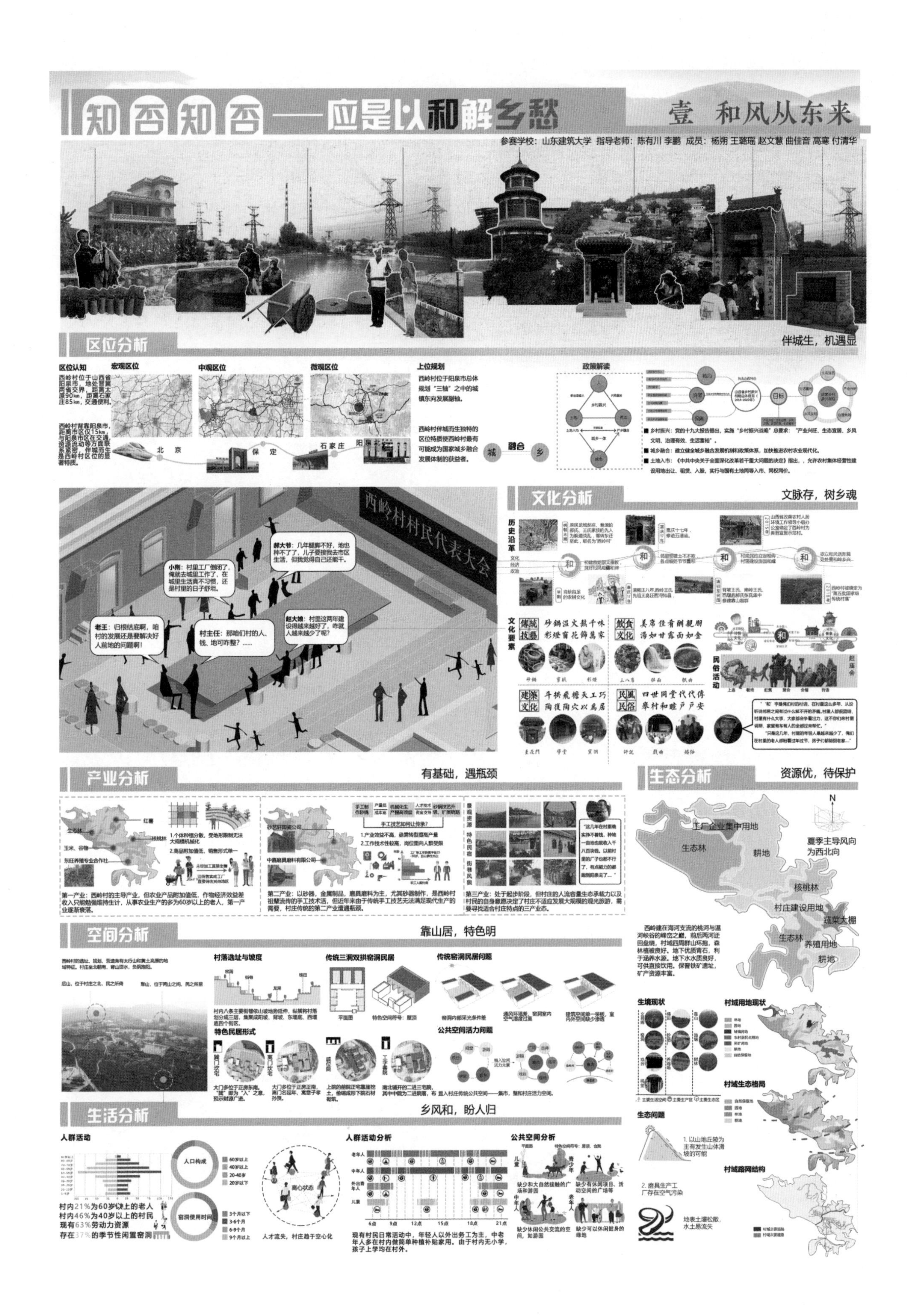
知否知否——应是以和解乡愁
壹 和风从东来
参赛学校：山东建筑大学 指导老师：陈有川 李鹏 成员：杨朔 王璐瑶 赵文慧 曲佳音 高骞 付清华
区位分析
伴城生，机遇显
文化分析
文脉存，树乡魂
产业分析
有基础，遇瓶颈
生态分析
资源优，待保护
空间分析
靠山居，特色明
生活分析
乡风和，盼人归
西岭村村民代表大会
小刚：村里工厂倒闭了，俺就去城里工作了，在城里生活真不习惯，还是村里的日子舒坦。
郝大爷：几年腿脚不好，地也种不了了，儿子要接我去市区生活，但我觉得自己还能干。
老王：归根结底啊，咱村的发展还是要解决好人前地的问题啊！
村主任：那咱们村的人、钱、地可咋整？……
赵大娘：村里这两年建设得越来越好了，咋就人越来越少了呢？
村内21%为60岁以上的老人
村内46%为40岁以上的村民
现有63%劳动力资源
存在37%的季节性闲置窑洞
人才流失，村庄趋于空心化
现有村民日常活动中，年轻人以外出务工为主，中老年人多在村内做简单种植补贴家用。由于村内无小学，孩子上学均在村外。

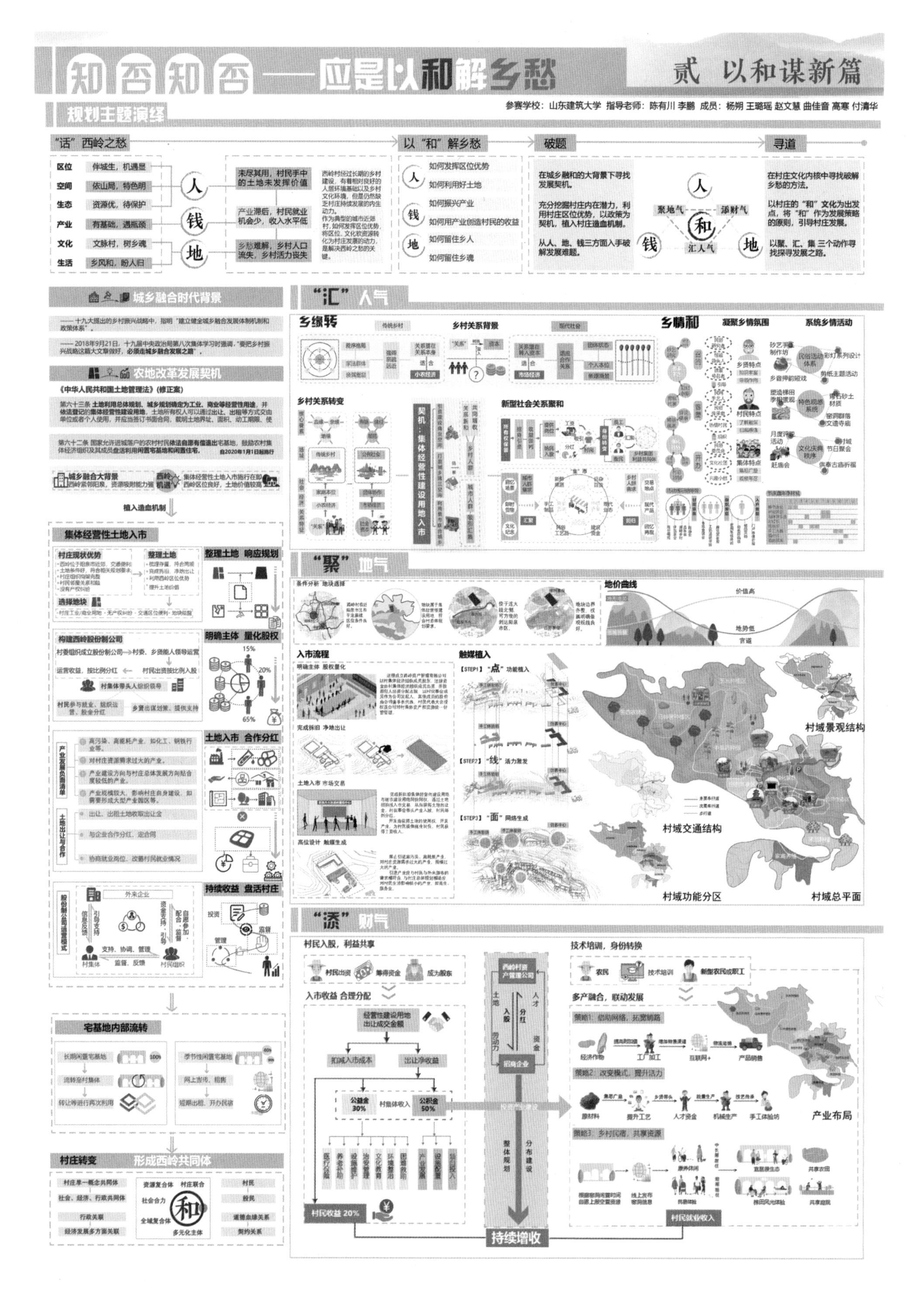
知否知否——应是以和解乡愁
贰 以和谋新篇
参赛学校：山东建筑大学 指导老师：陈有川 李鹏 成员：杨朔 王璐瑶 赵文慧 曲佳音 高寒 付清华
规划主题演绎
"话"西岭之愁
以"和"解乡愁
破题
寻道
城乡融合时代背景
农地改革发展契机
"汇"人气
"聚"地气
"添"财气
集体经营性土地入市
宅基地内部流转
村庄转变
形成西岭共同体
村域景观结构
村域交通结构
村域功能分区
村域总平面
产业布局
持续增收

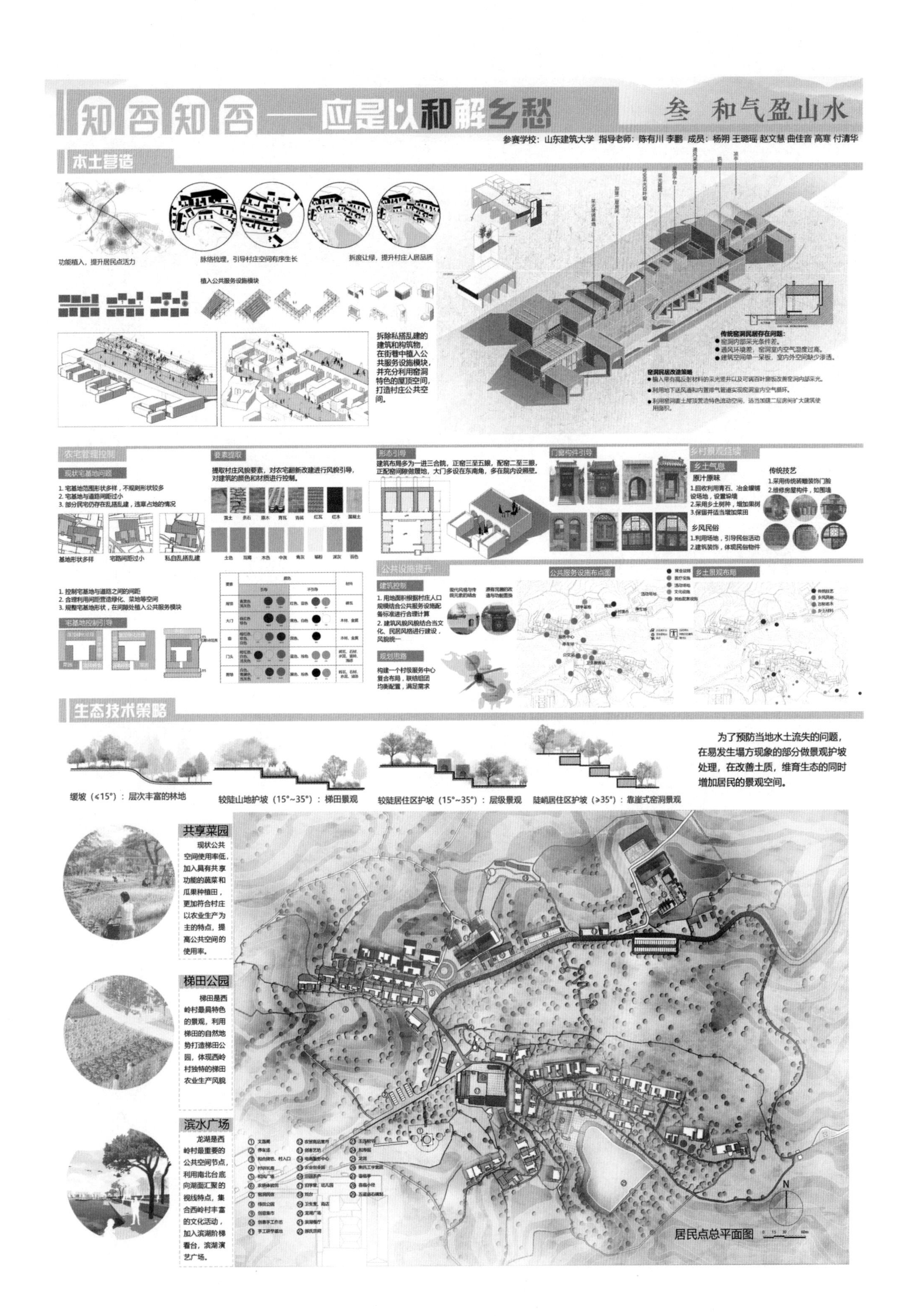

知否知否——应是以和解乡愁
叁 和气盈山水
参赛学校：山东建筑大学 指导老师：陈有川 李鹏 成员：杨朔 王璐瑶 赵文慧 曲佳音 高寒 付清华
本土营造
功能植入，提升居民点活力
脉络梳理，引导村庄空间有序生长
拆废让绿，提升村庄人居品质
植入公共服务设施模块
拆除私搭乱建的建筑和构筑物，在街巷中植入公共服务设施模块，并充分利用窑洞特色的屋顶空间，打造村庄公共空间。
传统窑洞民居存在问题：
窑洞内部采光条件差。
通风环境差，窑洞室内空气湿度过高。
建筑空间单一呆板，室内外空间缺少渗透。
农宅管理控制
现状宅基地问题
1. 宅基地范围图形状多样，不规则形状较多
2. 宅基地与道路间距过小
3. 部分民宅仍存在乱搭乱建，违章占地的情况
基地形状多样
宅路间距过小
私自乱搭乱建
1. 控制宅基地与道路之间的间距
2. 合理利用间距营造绿化、菜地等空间
3. 规整宅基地形状，在间隙处植入公共服务模块
宅基地控制引导
要素提取
提取村庄风貌要素，对农宅翻新改建进行风貌引导，对建筑的颜色和材质进行控制。
形态引导
建筑布局多为一进三合院，正窑三至五眼，配窑二至三眼，正配窑间瞬做厢地，大门多设在东南角，多在院内设照壁。
门窗构件引导
乡村景观指引
乡土气息
原汁原味
1.回收利用青石、冶金缫铸设场地，设置染墙
2.采用乡土树种，增加果树
3.保留并适当增加菜田
乡风民俗
1.利用场地，引导民俗活动
2.建筑装饰，体现民俗物件
传统技艺
1.采用传统砖雕装饰门脸
2.维修房屋构件，如围墙
公共设施提升
建筑控制
1. 用地面积根据村庄人口规模结合公共服务设施配备标准进行合理计算
2. 建筑风貌风貌结合当地文化、民居风格进行建设，风貌统一
规划思路
构建一个村级服务中心复合布局，联结组团均衡配置，满足需求
公共服务设施布点图
乡土景观布局
生态技术策略
缓坡（≤15°）：层次丰富的林地
较陡山地护坡（15°~35°）：梯田景观
较陡居住区护坡（15°~35°）：层级景观
陡峭居住区护坡（≥35°）：靠崖式窑洞景观
为了预防当地水土流失的问题，在易发生塌方现象的部分做景观护坡处理，在改善土质，维育生态的同时增加居民的景观空间。
共享菜园
现状公共空间使用率低，加入具有共享功能的蔬菜和瓜果种植田，更加符合村庄以农业生产为主的特点，提高公共空间的使用率。
梯田公园
梯田是西岭村最具特色的景观，利用梯田的自然地势打造梯田公园，体现西岭村独特的梯田农业生产风貌
滨水广场
龙湖是西岭村最重要的公共空间节点，利用南北台底向湖面汇聚的视线特点，集合西岭村丰富的文化活动，加入滨湖阶梯看台，滨湖演艺广场。
居民点总平面图
N

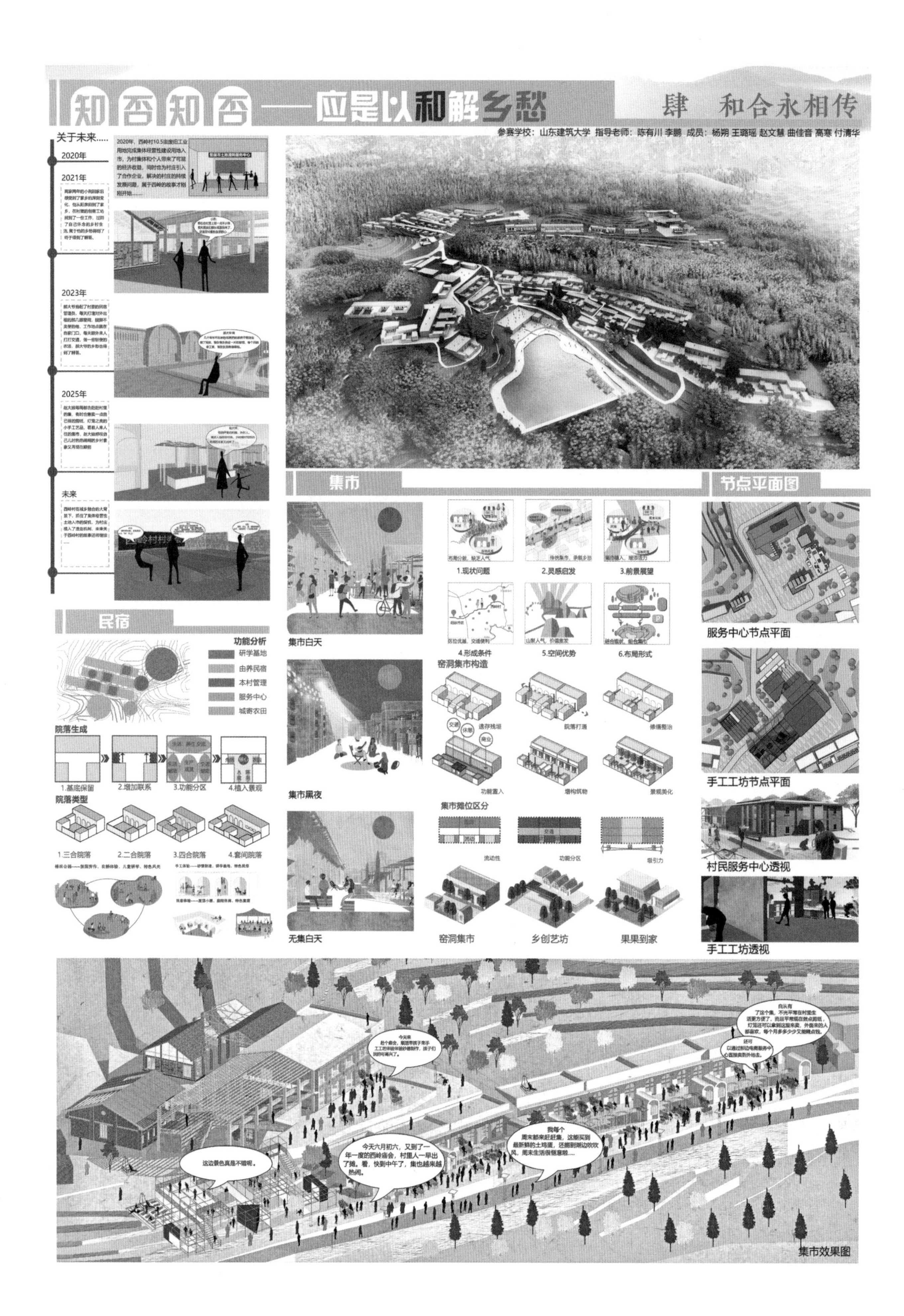

知否知否——应是以和解乡愁
肆 和合永相传
参赛学校：山东建筑大学 指导老师：陈有川 李鹏 成员：杨朔 王璐瑶 赵文慧 曲佳音 高寒 付清华
关于未来.....
2020年
2021年
2023年
2025年
未来
民宿
功能分析
研学基地
由养民宿
本村管理
服务中心
城寄农田
院落生成
1.基底保留
2.增加联系
3.功能分区
4.植入景观
院落类型
1.三合院落
2.二合院落
3.四合院落
4.套间院落
集市
集市白天
集市黑夜
无集白天
1.现状问题
2.灵感启发
3.前景展望
4.形成条件
5.空间优势
6.布局形式
窑洞集市构造
集市摊位区分
窑洞集市
乡创艺坊
果果到家
节点平面图
服务中心节点平面
手工工坊节点平面
村民服务中心透视
手工工坊透视
这边景色真是不错呢。
今天六月初六，又到了一年一度的西岭庙会，村里人一早出了摊。看，快到中午了，集也越来越热闹。
我每个周末都来赶赶集，这能买到最新鲜的土鸡蛋，还能到湖边吹吹风，周末生活很惬意啦....
集市效果图

# 从粮仓到良仓

全国二等奖

【参赛院校】 苏州科技大学建筑与城市规划学院

【参赛学生】

曾 煜　　石 玉　　张艺璇

沈凌雁　　陈 曦　　周根荣

【指导老师】

潘 斌　　范凌云

# 方案介绍

## 一、设计理念

在从农耕时代转向信息时代的大变革中，中国大部分农村正逐渐走向衰落，冲下村亦是其中的一个典型缩影。冲下村本身拥有许多优秀的资源，但却没有被发掘激活，导致冲下村整体缺乏活力和知名度。

冲下村历史上拥有著名的龙归粮仓，临近龙归镇区，靠近市区，有便捷的交通运输条件。现在龙归粮仓也与冲下村村庄的实际发展情况相似，处于逐渐衰败的过程中。粮仓本身最重要的为两个方面的功能，即存和传。冲下村在对资源和特色的存储方面有较为完整的保留，但在传播的方面相当欠缺。

我们立足于冲下村本身存在的问题和不足，结合龙归粮仓的存与传的特点，拓展思路，积极应对乡村振兴政策，转变乡村传统耕作模式，活化发展冲下村。

粮仓与冲下村自古共生息，受到粮仓存与传本质的启发，挖掘总结冲下村独特的本土资源，整合发展为经济良仓、文化良仓、精神良仓三个方面，并结合信息良仓途径传播推广，将存储在冲下村的独特资源传出。

将外界先进技术和进步思潮传入，在保护冲下村文化的同时，合理利用和发展，村内与村外、有形与无形、过去与未来相互交汇融合，展示乡村价值魅力。

重视解决生产、生活、生态“三生”问题，将过去有“粮仓”的冲下村，发展为未来有“良仓”的冲下村，重新展露乡村崭新面貌。

## 二、主题阐释

从存传共生的理念出发，总体围绕仓廪实而乡村兴的目标，整体从四个方面入手进行冲下村乡村规划设计。

### 1. 仓廪实而生活富——经济良仓

对冲下村的传统农业进行优化升级，并结合冲下村现有的有形资源与无形资源，形成“农业 + 观光产业”“农业 + 乡村旅游”“农业 + 电商”“农业 + 加工”等开发新模式，创出农业新附加价值。各产业相互结合形成产业链条，推动冲下村经济发展，促使离村人口回归。

### 2. 文化兴则传承续——文化良仓

挖掘并修复冲下村自身所存在的文化资源，对传统文化进行社会再现。重新唤醒冲下村村民的文化记忆，提升村民的文化自信和乡村归属感。

通过信息技术手段，打造“良仓”IP，将文化传播推广出去，影响韶关市甚至整个粤北地区。

**3. 精神兴则人心聚——精神良仓**

主要由姓氏祠堂和千年古樟树表现，通过祠堂的各项活动，唤醒人们对家族血缘的深情。

发掘千年古樟树灵性的特点，通过樟树的“风水”祈祷村民种植风调雨顺。疏解村民关系，联系村民感情，使冲下村村民团结一心，共同建设自己的美好家园。

**4. 信息兴则天下知——信息良仓**

通过互联网 + 和 APP 平台，形成无形的线上网络结构，多样连接冲下村内部各类活动，并通过农业咨询中心和电商平台，激活冲下村线上线下活力，实现“存传共生”，促进冲下村实现乡村振兴。

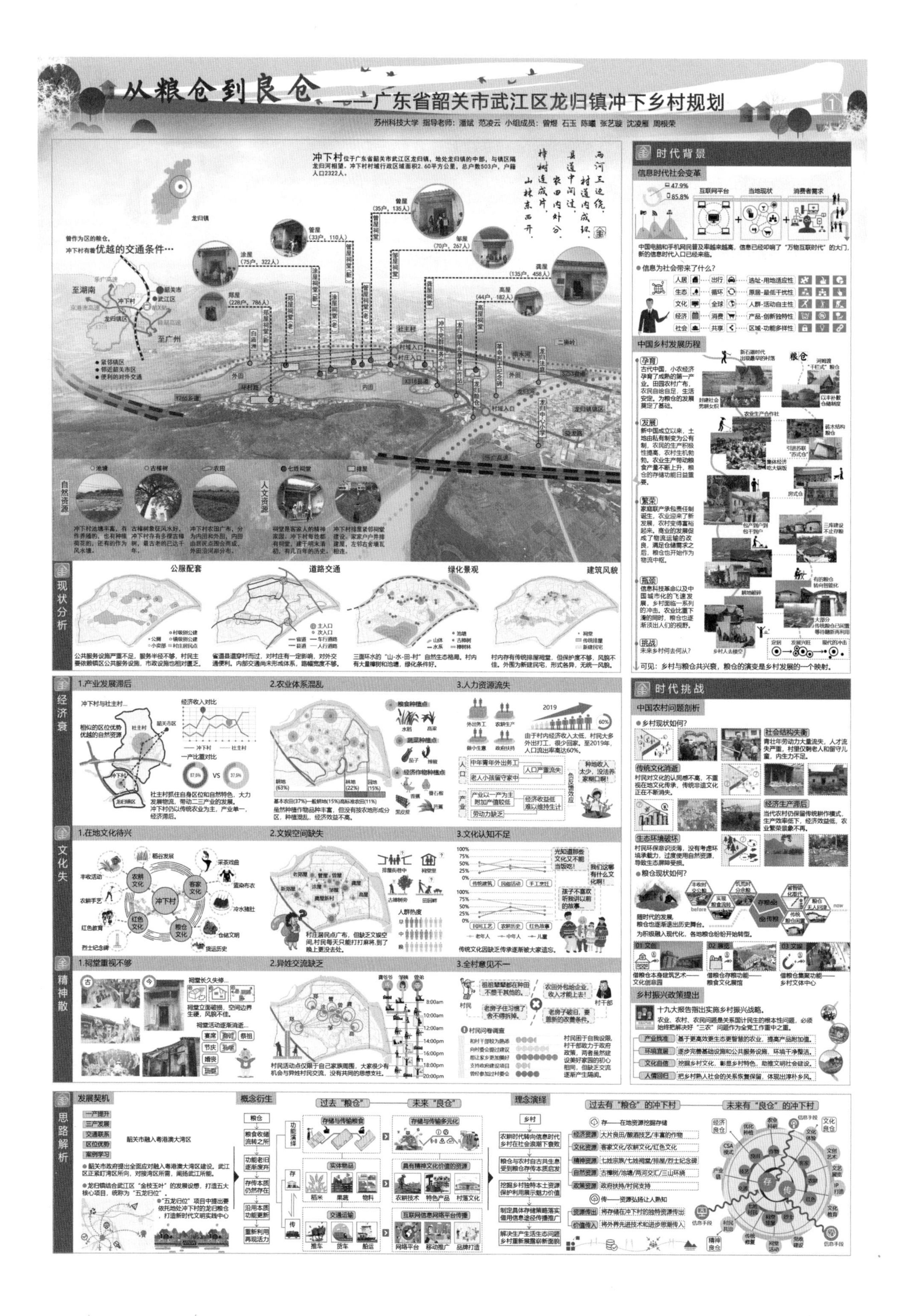
从粮仓到良仓——广东省韶关市武江区龙归镇冲下乡村规划
苏州科技大学 指导老师：潘斌 范凌云 小组成员：曾煜 石玉 陈曦 张艺璇 沈凌雁 周根荣
时代背景
现状分析
经济衰
文化失
精神散
思路解析
时代挑战

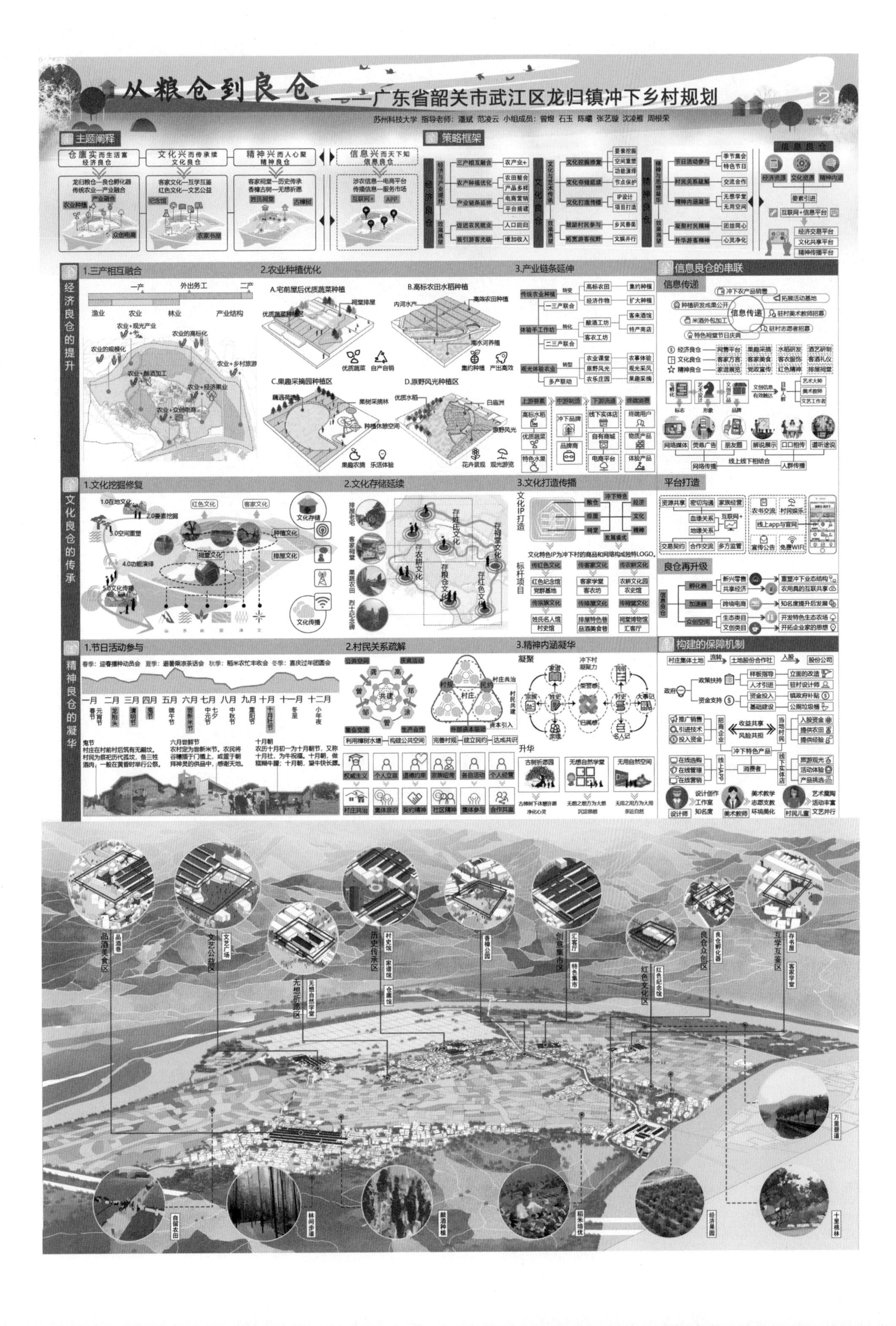
从粮仓到良仓——广东省韶关市武江区龙归镇冲下乡村规划
苏州科技大学 指导老师：潘斌 范凌云 小组成员：曾煜 石玉 陈曦 张艺璇 沈凌雁 周根柔
主题阐释
策略框架
信息良仓
经济良仓的提升
1.三产相互融合
2.农业种植优化
3.产业链条延伸
信息良仓的串联
文化良仓的传承
1.文化挖掘修复
2.文化存储延续
3.文化打造传播
平台打造
良仓再升级
精神良仓的凝华
1.节日活动参与
2.村民关系疏解
3.精神内涵凝华
构建的保障机制

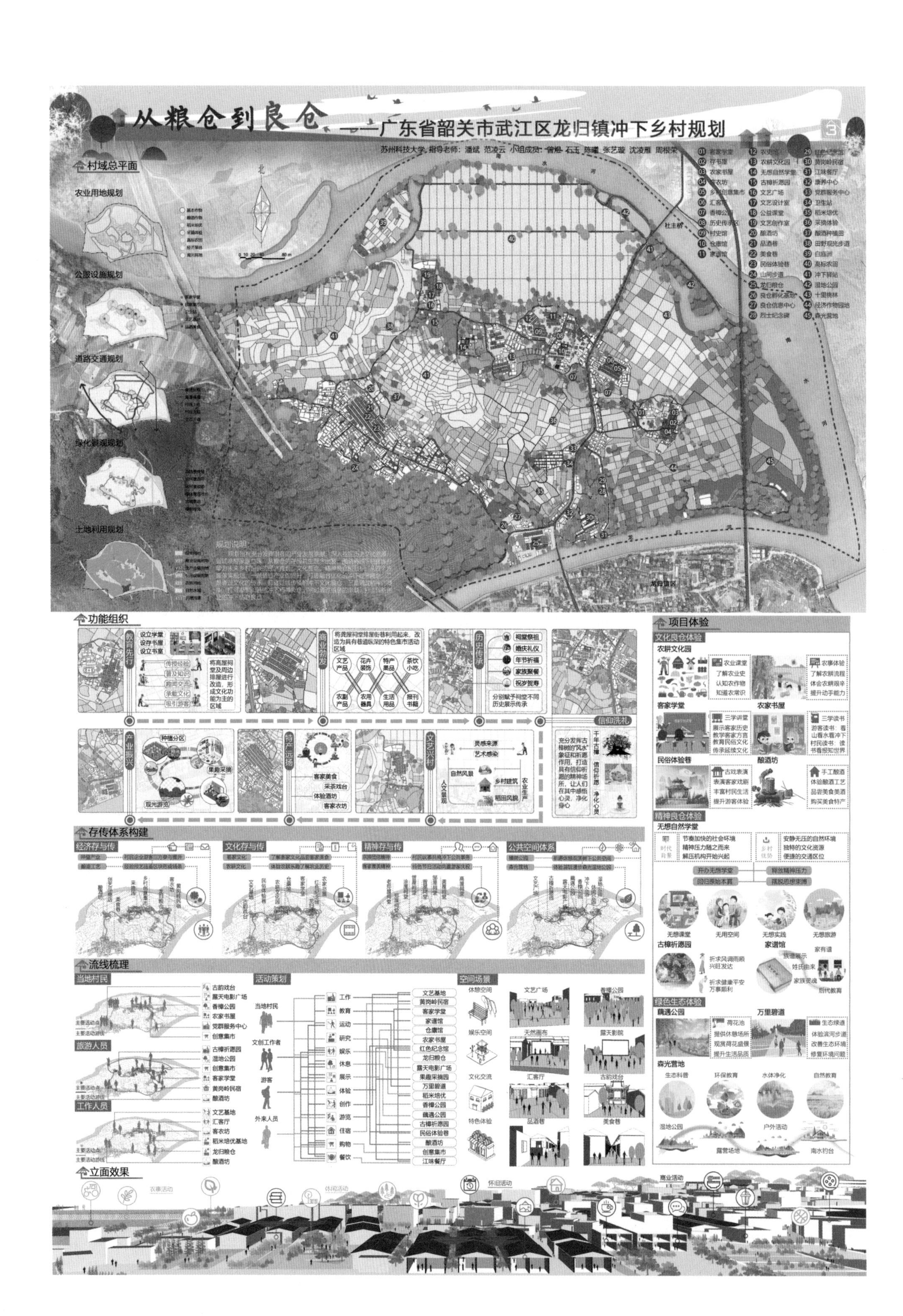
从粮仓到良仓
——广东省韶关市武江区龙归镇冲下乡村规划
苏州科技大学 指导老师：潘斌 范凌云 小组成员：曾婷 石玉 陈曦 张艺璇 沈凌雁 周根荣
村域总平面
功能组织
项目体验
存传体系构建
流线梳理
立面效果

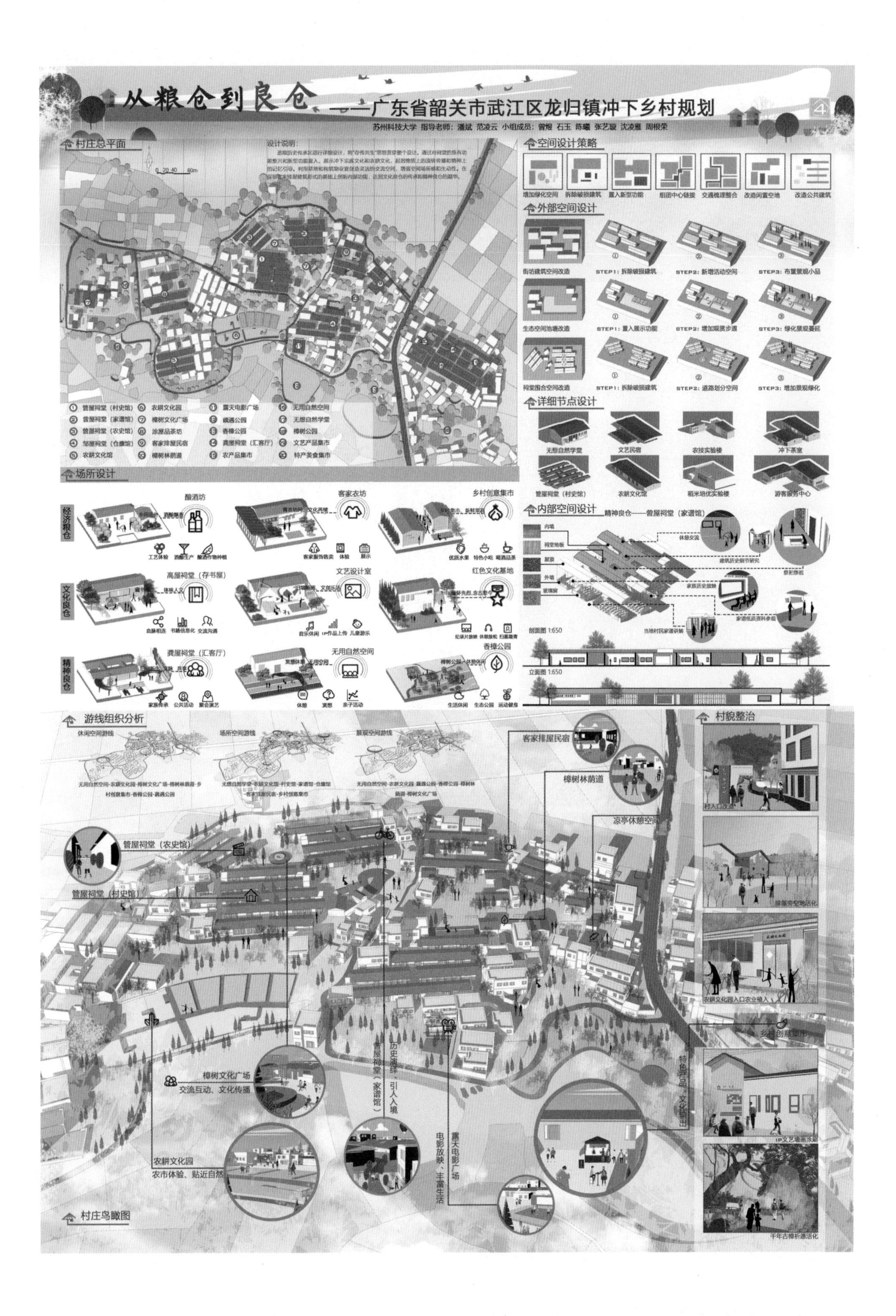

从粮仓到良仓——广东省韶关市武江区龙归镇冲下乡村规划
苏州科技大学 指导老师：潘斌 范凌云 小组成员：曾煜 石玉 陈曦 张艺璇 沈凌雁 周根荣
村庄总平面
设计说明
空间设计策略
增加绿化空间
拆除破损建筑
置入新型功能
组团中心链接
交通梳理整合
改造闲置空地
改造公共建筑
外部空间设计
街坊建筑空间改造
生态空间池塘改造
祠堂围合空间改造
详细节点设计
无想自然学堂
文艺民宿
农技实验楼
冲下茶室
管屋祠堂（村史馆）
农耕文化馆
稻米培优实验楼
游客服务中心
内部空间设计
精神良仓——管屋祠堂（家谱馆）
场所设计
经济粮仓
文化良仓
精神良仓
酿酒坊
客家衣坊
乡村创意集市
高屋祠堂（存书屋）
文艺设计室
红色文化基地
龚屋祠堂（汇客厅）
无用自然空间
香樟公园
游线组织分析
休闲空间游线
场所空间游线
景观空间游线
村貌整治
客家排屋民宿
樟树林荫道
凉亭休憩空间
管屋祠堂（农史馆）
管屋祠堂（村史馆）
樟树文化广场
交流互动、文化传播
农耕文化园
农市体验、贴近自然
管屋祠堂（家谱馆）
历史演绎、引入入境
露天电影广场
电影放映、丰富生活
特色产品、文化输出
乡村创意集市
村庄鸟瞰图
千年古樟析遗活化

# 冲下 · 田中 · 网上

全国二等奖

【参赛院校】 华中科技大学建筑与城市规划学院

【参赛学生】 盛心仪 罗淮英 徐 灿 张明月 黄佳磊 朱鑫如

【指导老师】 刘法堂 邓 巍

# 方案介绍

## 一、现状调研

冲下村位于广东省韶关市武江区龙归镇中部，三面环水，西南靠自然山体，地势平坦，处于龙归河与南水河冲积而成的平原地区，具有良好的自然生态环境。

村子由八个姓氏宗族组成，每宗族均设有祠堂，宗祠文化深厚，并通过排屋的建筑形式表现出来。

目前，村内有一定规模的高标准农田已被承包种植。

通过现状调研，我们总结出冲下村现存的三大方面的主要问题：

（1）排屋闲置，宗祠文化发掘力度小。

（2）集体资产收入单一、后劲不足，经济发展弱。

（3）公共设施与相关配套设施不完善。

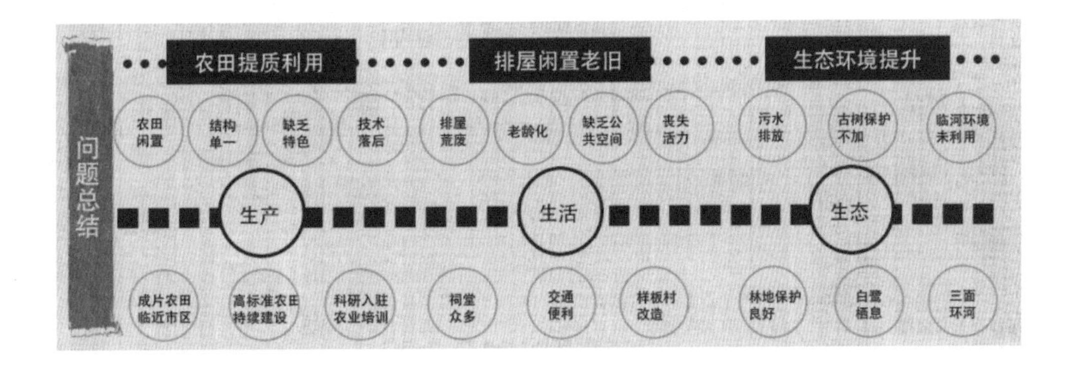


基于此背景，我们从冲下村的内生发展动力着手，以乡村的文化、土地为出发点，将冲下村定位为“大城市远郊型、小城镇周边型，以高科技农业种植为推动力、以传统宗族文化为凝聚力的内生发展型农村社区”，并从“生产、生态、生活”三个方面提出三产联动，循环经济；底线思维，城乡融合；公共空间微介入式疗法的规划思路。

## 二、规划思路

### 1. 生产——耕以务本

（1）三产联动

以粮食种植为主，以研学培训为辅，以一产带动二三产，形成集粮食加工、储运和农耕文化展示体验、田园观光休闲为一体的特色产业。

其中，一产包括水稻 / 蔬菜种植、家禽 / 水产养殖，二产包括粮食加工和储运，三产包括研学培训、生态旅游、餐饮住宿。

（2）循环经济

实现水稻循环经济，形成良种选育——订单种植——精深加工——副产品综合利用——产品名牌化——高科技产品研发的良性循环。

**2. 生活——聚以系根**

微介入式疗法——以公屋（即宗祠）为媒介的针灸式治疗，通过传承和弘扬宗族文化，唤醒村民的公共精神，激发乡村社会的活力。

**3. 生态——绿以富村**

（1）底线思维，红线意识

先保护，后开发。保护山水格局，修复湿地空间，搭建碧道网络，打造生态农田。

不开发山头，不破坏湿地，守住绿水青山，才能变成金山银山。

（2）城乡融合，乡村振兴

抓住广东万里碧道建设试点的机会，以水为主线。统筹山水林田湖草等各种生态要素。打造冲下村的碧道节点，联通韶关碧道廊道，对接粤北水网体系，构建大湾区生态格局。

通过碧道建设，加强与周边县市的生态和经济联系，吸引全省客流，发展旅游经济，实现乡村振兴。

围绕这三个方面的主题，我们分别从“生产、生态、生活”三个方面进一步提出具体规划策略，实现冲下村农业现代化转型，村容村貌改善，乡村文脉传承发展，公共空间增添活力。

## 三、规划策略

**1. 生产**

（1）一产升级战略——农田高端化、农业科技化、农民新型化

（2）制度政策创新——三权分置（所有权、承包权、经营权）、合作共赢（农村合作社）

（3）产值产量提升——产值提升（鸭稻共生双丰收）、附加值提升（排屋功能创新）

（4）三产再生——农耕文化体验（乡村振兴培训）、配套服务创收

**2. 生态**

（1）保护山水格局

划定生态保护红线和禁止开发区，严禁破坏自然山体和湿地。

（2）搭建碧道网络

建设乡村型碧道，依托流经居民点的两条水系，串联起乡村居民点、周边农田、山林等绿色开敞空间、重要节点，为农村居民提供农业灌溉、亲水游憩、健身休闲的公共开敞空间。

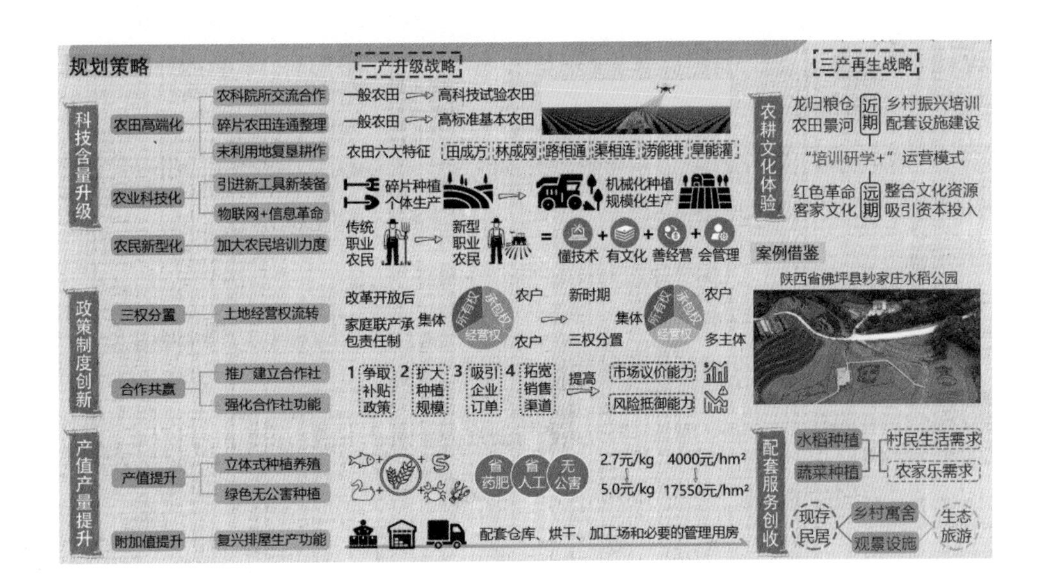


（3）修复湿地空间

发挥农村水田的自净能力，开展清淤清洁的生态系统建设，通过植物自净能力将污水层层净化，最后排出至自然水体。

恢复湿生原生态环境，通过恢复河道及两岸的浅滩、模拟营造自然式驳岸，营造丰富水空间、改善湿地生物多样性。

（4）打造生态农田

利用稻鸭 / 鱼 / 鳝 / 虾子 / 蟹等环保型立体式种养殖结合模式，通过提供动植物之间共生的良好环境，使二者相互依存、互惠互利。

为水稻除草、防除虫害 、施肥、中耕浊水、接触刺激，使现代水稻生产从主要依靠化肥、农药、除草剂转变为发挥水田综合生态功能，从而生产出无公害大米和鸭肉。

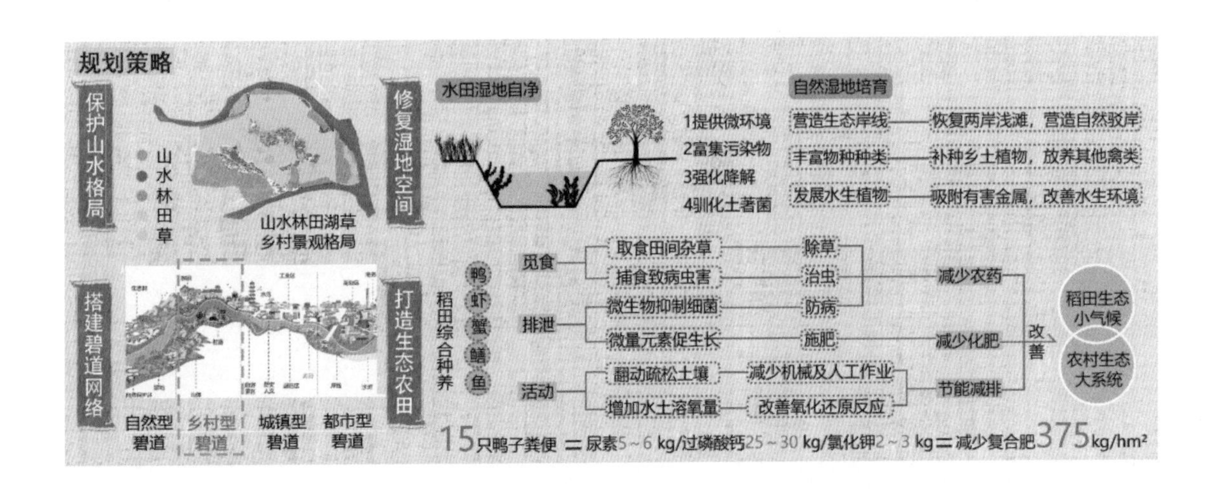

### 3. 生活

（1）复兴宗族荣耀

修缮宗族祠堂，改造香樟园为香樟纪念公园，口述历史编写族谱，使宗族历史逐渐丰满起来，加强族人对于家族的归属感、责任感和自豪感，营造和谐温馨的乡村社会氛围。

（2）营造社区风貌

统一建筑风格、梳理景观层次、打造节点空间，使得原先各自为政的农村社区风貌转变为统一且具有特色的集体风貌，增强村庄向心力和凝聚力。

（3）重塑公共生活

重新整建排屋，植入农村社区公共活动及农业生产交流活动的功能，如：村民之家、老年活动中心、村史纪念馆等，促进村民日常交往和互助。营造院落空间，增加日常邻里交往的可能，丰富农村居民的公共生活。

随着对不同乡村的了解不断加深，我们开始清楚地认识到，大部分的乡村根本谈不上有什么特色，这时我们才发现，所谓一般、普通的乡村，它们的发展路径是很难去探索的，也更加需要我们去认真思考。

乡村最根本的发展载体是土地和文化，它们是乡村得以生生不息的重要内生动力。因此，我们以此为出发点，结合现代化科技与信息化平台，尝试寻找冲下村发展的创新路径，让乡村的未来拥有更多可能性。

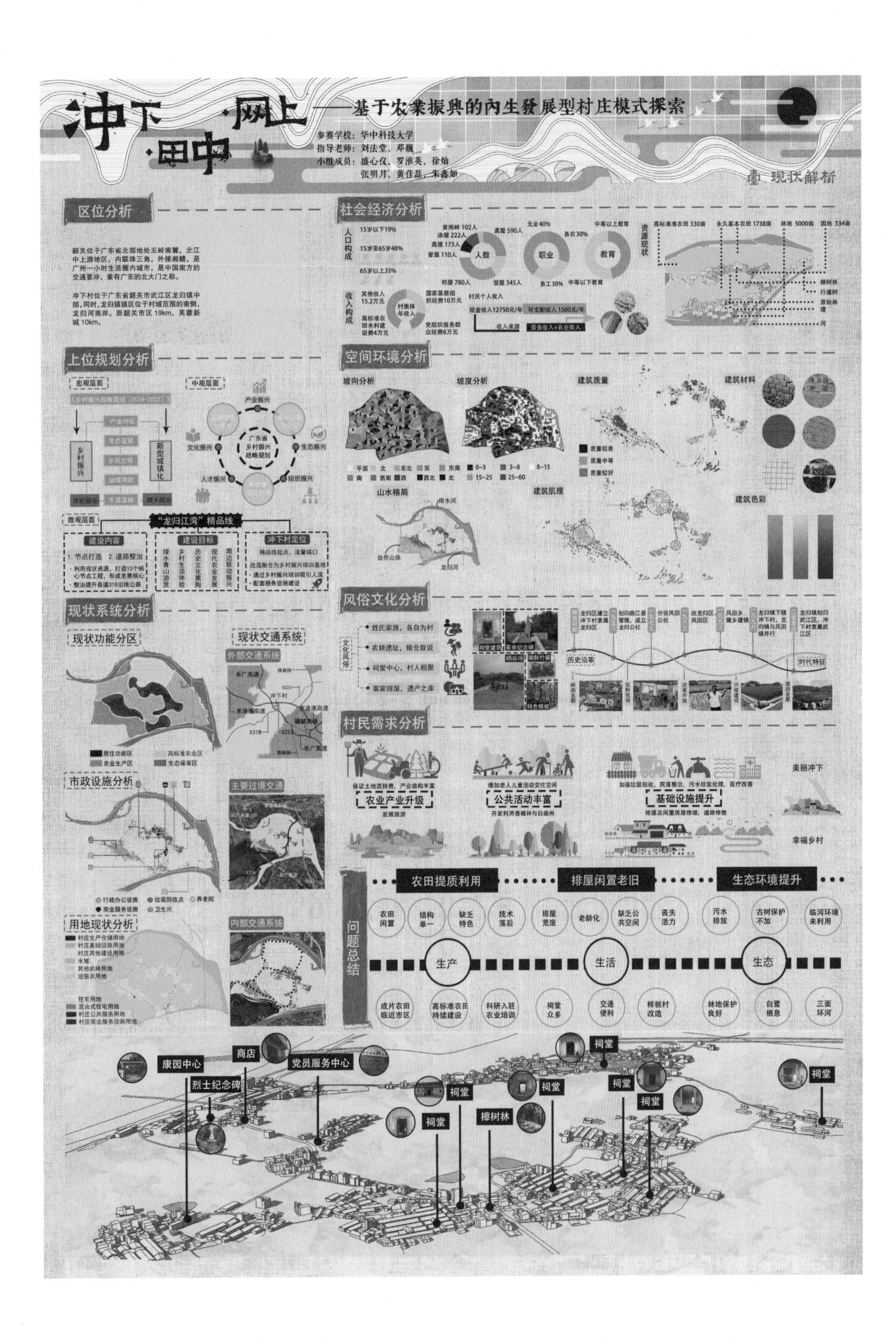
冲下·田中·风上——基于农业振兴的内生发展型村庄模式探索
参赛学校：华中科技大学
指导老师：刘法堂，邓巍
小组成员：盛心仪，罗淮英，徐灿
张明月，黄佳磊，朱鑫如
壹 现状解析
区位分析
韶关位于广东省北部地处五岭南麓。北江中上游地区，内联珠三角，外接湘赣，是广州一小时生活圈内城市，是中国南方的交通要冲，素有广东的北大门之称。
冲下村位于广东省韶关市武江区龙归镇中部，同时，龙归镇镇区位于村域范围的南侧，龙归河南岸。距韶关市区19km、芙蓉新城10km。
社会经济分析
上位规划分析
空间环境分析
现状系统分析
风俗文化分析
村民需求分析
问题总结
农田提质利用
排屋闲置老旧
生态环境提升
生产
生活
生态
康园中心
商店
党员服务中心
烈士纪念碑
祠堂
樟树林

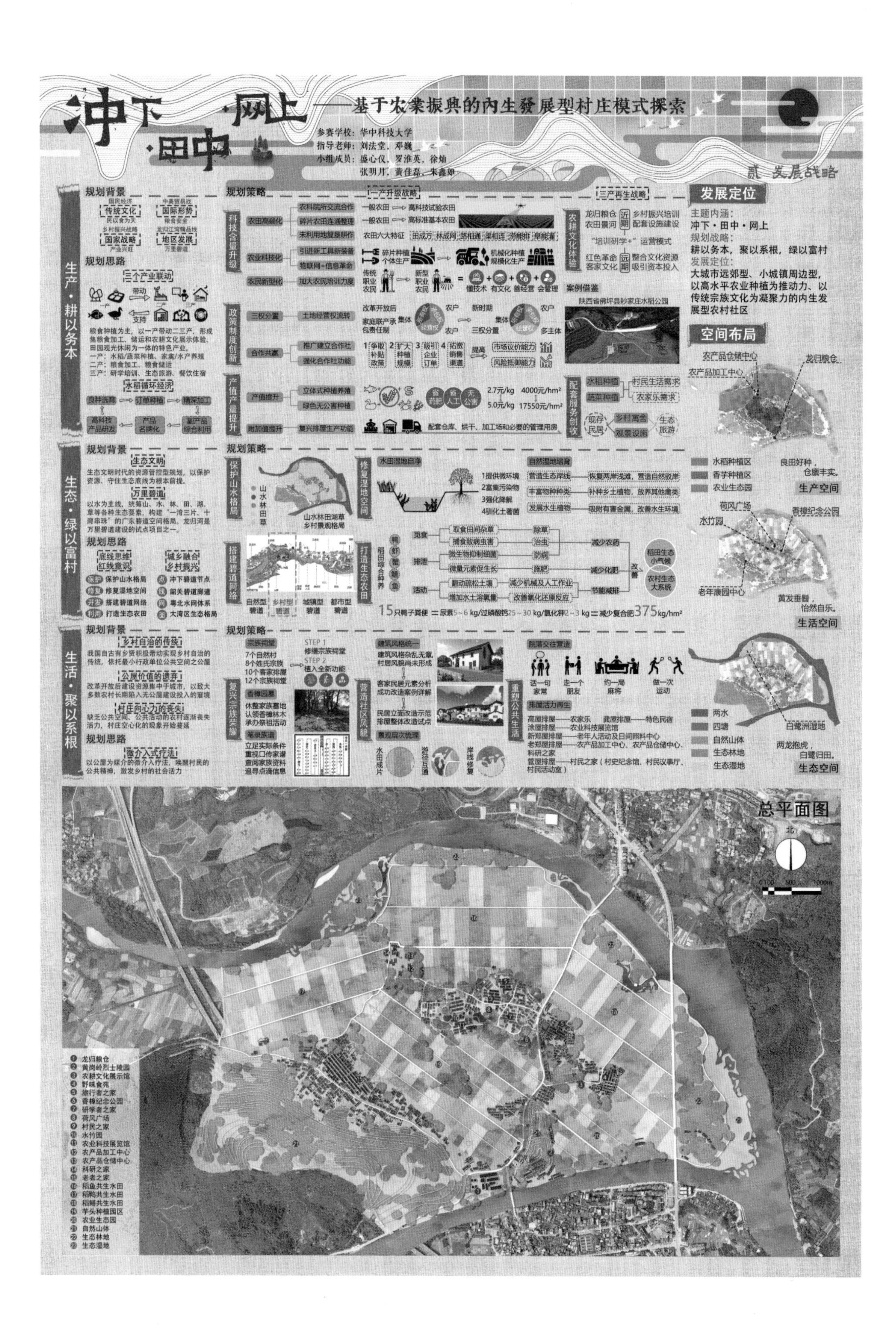

冲下·田中·网上——基于农业振兴的内生发展型村庄模式探索
参赛学校：华中科技大学
指导老师：刘法堂，邓巍
小组成员：盛心仪，罗淮英，徐灿 张明月，黄佳磊，朱鑫如
贰 发展战略
发展定位
主题内涵：冲下·田中·网上
规划战略：耕以务本，聚以系根，绿以富村
发展定位：大城市远郊型、小城镇周边型，以高水平农业种植为推动力、以传统宗族文化为凝聚力的内生发展型农村社区
空间布局
生产·耕以务本
生态·绿以富村
生活·聚以系根
规划背景
规划思路
规划策略
总平面图

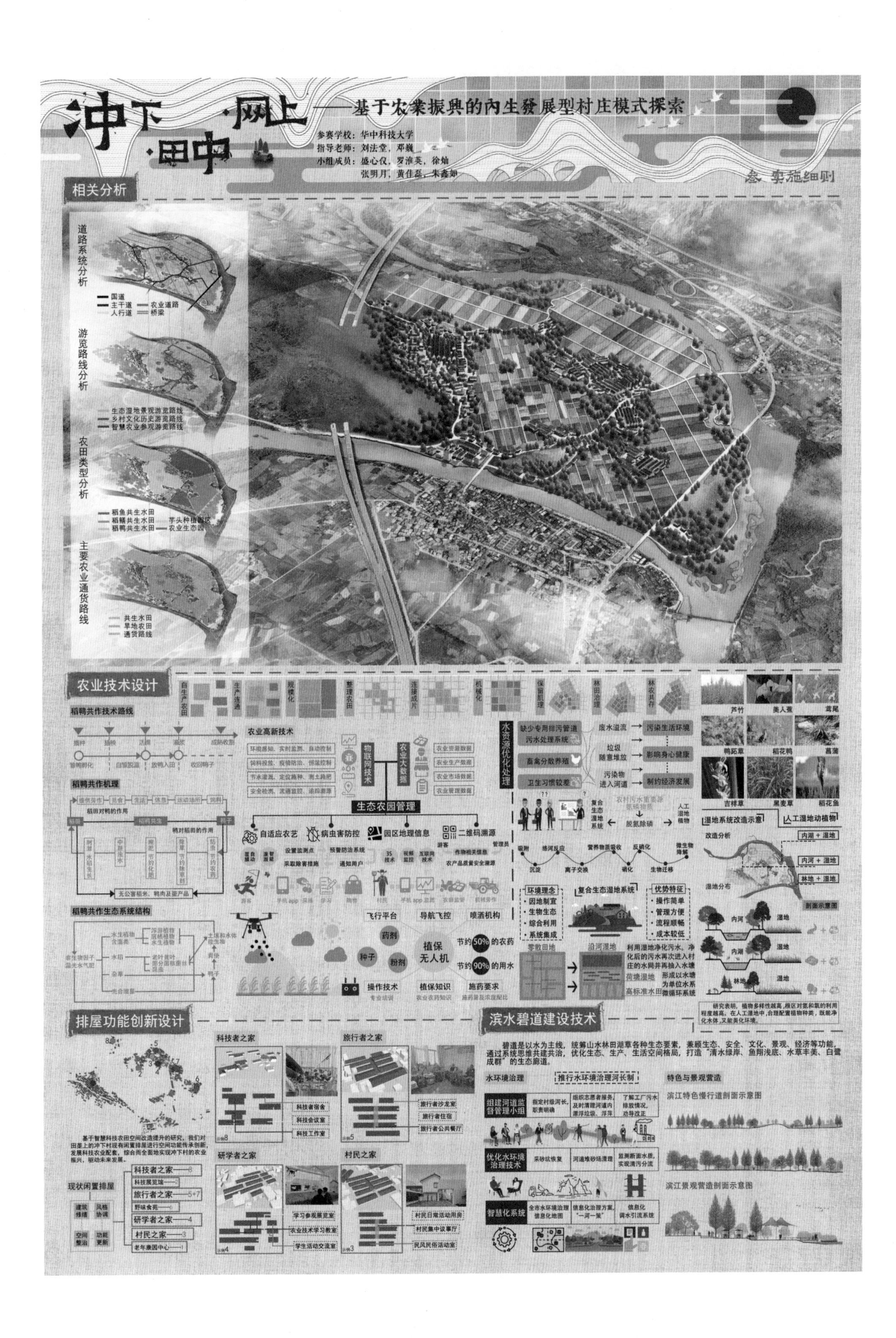
冲下·网上·田中——基于农业振兴的内生发展型村庄模式探索
参赛学校：华中科技大学
指导老师：刘法堂，邓巍
小组成员：盛心仪，罗淮英，徐灿
张明月，黄佳磊，朱鑫如
叁 实施细则
相关分析
道路系统分析
国道
主干道
人行道
农业道路
桥梁
游览路线分析
生态湿地景观游览路线
乡村文化历史游览路线
智慧农业参观游览路线
农田类型分析
稻鱼共生水田
稻鳝共生水田
稻鸭共生水田
芋头种植园区
农业生态园
主要农业通货路线
共生水田
旱地农田
通货路线
农业技术设计
稻鸭共作技术路线
稻鸭共作机理
稻田对鸭的作用
鸭对稻田的作用
无公害稻米、鸭肉及蛋产品
稻鸭共作生态系统结构
农业高新技术
物联网技术
农业大数据
生态农园管理
自适应农艺
病虫害防控
园区地理信息
二维码溯源
飞行平台
导航飞控
喷洒机构
植保无人机
节约50%的农药
节约90%的用水
操作技术
植保知识
施药要求
水资源优化处理
缺少专用排污管道
污水处理系统
畜禽分散养殖
卫生习惯较差
废水溢流
垃圾随意堆放
污染物进入河道
污染生活环境
影响身心健康
制约经济发展
环境理念
因地制宜
生物生态
综合利用
系统集成
复合生态湿地系统
优势特征
操作简单
管理方便
流程顺畅
成本较低
利用湿地净化污水，净化后的污水再次进入村庄的水网并再抽入水塘形成以水塘为单位水系微循环系统
芦竹
美人蕉
鸢尾
鸭跖草
稻花鸭
菖蒲
吉祥草
黑麦草
稻花鱼
湿地系统改造示意
人工湿地动植物
内河+湿地
内湖+湿地
林地+湿地
剖面示意图
研究表明，植物多样性越高，根区对氮和氮的利用程度越高，在人工湿地中，合理配置植物种类，既能净化水体，又能美化环境。
排屋功能创新设计
基于智慧科技农田空间改造提升的研究，我们对田垄上的冲下村现有闲置排屋进行空间功能传承创新，发展科技农业配套，综合而全面地实现冲下村的农业振兴，驱动未来发展。
现状闲置排屋
建筑修缮
风格协调
空间整治
功能更新
科技者之家
科技展览馆
旅行者之家
野味食苑
研学者之家
村民之家
老年康园中心
科技者宿舍
科技会议室
科技工作室
旅行者沙龙室
旅行者住宿
旅行者公共餐厅
学习参观展览室
农业技术学习教室
学生活动交流室
村民日常活动用房
村民集中议事厅
民风民俗活动室
滨水碧道建设技术
碧道是以水为主线，统筹山水林田湖草各种生态要素，兼顾生态、安全、文化、景观、经济等功能，通过系统思维共建共治，优化生态、生产、生活空间格局，打造“清水绿岸、鱼翔浅底、水草丰美、白鹭成群”的生态廊道。
水环境治理
推行水环境治理河长制
组建河道监督管理小组
优化水环境治理技术
智慧化系统
特色与景观营造
滨江特色慢行道剖面示意图
滨江景观营造剖面示意图

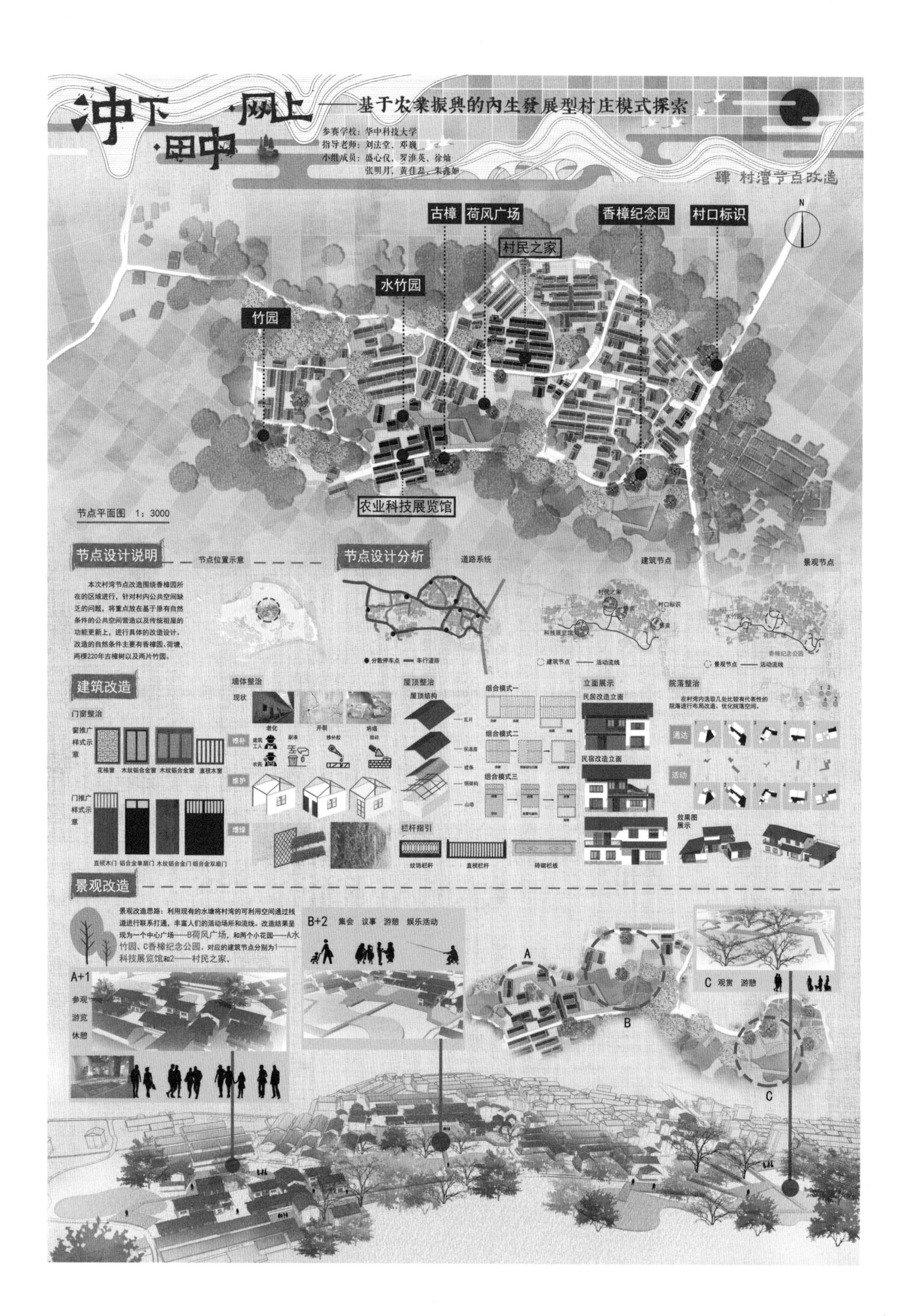
冲下·田中·网上——基于农业振兴的内生发展型村庄模式探索
参赛学校：华中科技大学
指导老师：刘法堂，邓巍
小组成员：盛心仪，罗淮英，徐灿
张明月，黄佳磊，朱鑫如
肆 村湾节点改造
古樟
荷风广场
香樟纪念园
村口标识
村民之家
水竹园
竹园
农业科技展览馆
节点平面图 1：3000
节点设计说明
节点位置示意
本次村湾节点改造围绕香樟园所在的区域进行，针对村内公共空间缺乏的问题，将重点放在基于原有自然条件的公共空间营造以及传统祖屋的功能更新上，进行具体的改造设计。改造的自然条件主要有香樟园、荷塘、两棵220年古樟树以及两片竹园。
节点设计分析
道路系统
建筑节点
景观节点
分散停车点
车行道路
建筑节点
活动流线
景观节点
活动流线
建筑改造
门窗整治
窗推广样式示意
花格窗
木纹铝合金窗
木纹铝合金窗
直棂木窗
门推广样式示意
直棂木门
铝合金单扇门
木纹铝合金门
铝合金双扇门
墙体整治
现状
老化
开裂
坍塌
修补
维护
增绿
屋顶整治
屋顶结构
栏杆指引
纹饰栏杆
直棂栏杆
砖砌栏板
组合模式一
组合模式二
组合模式三
立面展示
民居改造立面
民宿改造立面
院落整治
在村湾内选取几处比较有代表性的院落进行布局改造，优化院落空间。
通达
活动
效果图展示
景观改造
景观改造思路：利用现有的水塘将村湾的可利用空间通过栈道进行联系打通，丰富人们的活动场所和流线。改造结果呈现为一个中心广场——B荷风广场，和两个小花园——A水竹园、C香樟纪念公园。对应的建筑节点分别为1——科技展览馆和2——村民之家。
A+1
参观
游览
休憩
B+2 集会 议事 游憩 娱乐活动
C 观赏 游憩
A
B
C

# 织古·补绿　铸砂·筑乡愁

全国二等奖

【参赛院校】　华中科技大学建筑与城市规划学院

【参赛学生】　施鑫辉　叶　飞　王宇涵　王雪妃　张莞涵　赵海静

【指导老师】　王宝强　邓　巍

# 方案介绍

## 一、概况

西岭村，位于山西省阳泉市平定县东北部，居太行山中部东麓，地形为山地丘陵，地势西高东低，平均海拔 780m 左右，属温带大陆性气候，年平均气温 15℃左右，适于农耕。

西岭村西接阳泉市郊区，东南北分别与巨城镇四村相连，村域总面积 4.04km$^2$，其中耕地面积 820 亩，村庄占地面积约 280 亩。

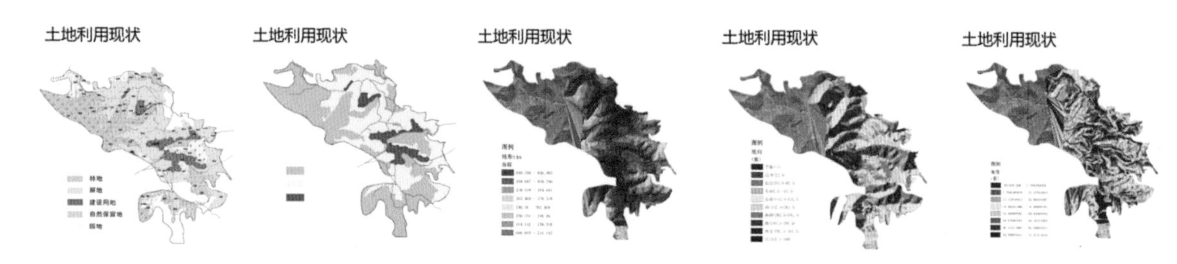


## 二、产业分析

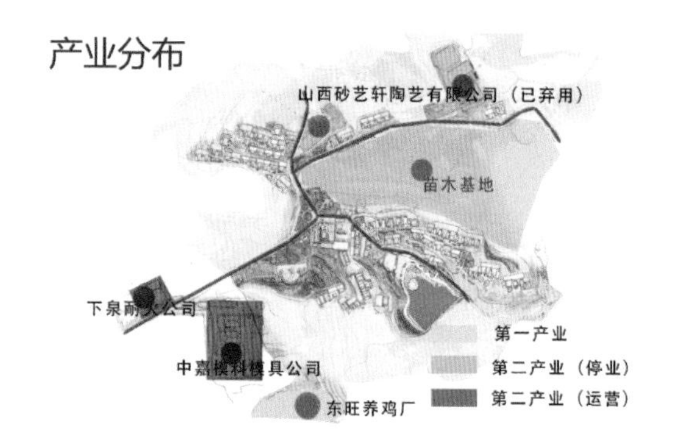


## 三、产业体系

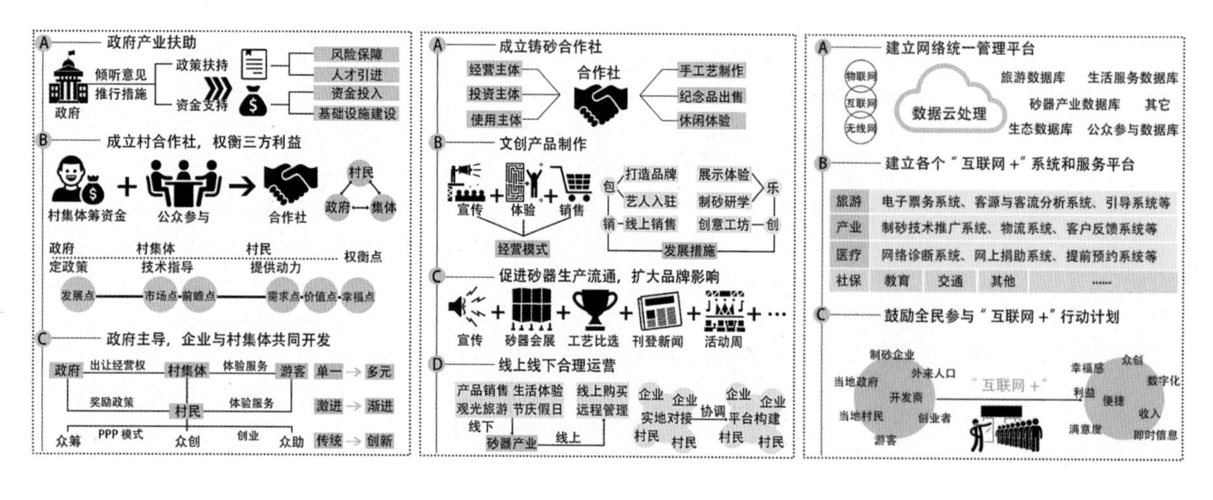

## 四、劣势：西岭现状问题

### 1. 区位——地处旅游片区，竞争优势不足

西岭村距平定县 15.2km，距阳泉市 13.2km。交通不便，只有一路公交车途径西岭村，且间隔较长。

西岭村不在太原市及石家庄市辐射圈内，且离太原—阳泉—石家庄高速公路较远，时间成本高。

西岭村距紫云山石鼓寨度假村 30km，相对缺少竞争力，若无吸引点吸引外来人员专程前往，外来人员通常并不会较长时间停留。

### 2. 人口——人口比重失衡，发展模式单一

西岭村人口自然增长缓慢，人口老龄化程度较高。本地人口外流至阳泉市乃至太原市。

因此可以考虑通过产业置换升级，吸引劳动力回流，避免乡村空心化；发展模式依然呈现外地工作，短期返乡的趋势，使乡村缺少活力与动力。

### 3. 经济——总体收入较少，产业结构失调

三产不均衡，主要经济来源为第一产业与第二产业。

第一产业中，以玉米、谷子、红薯、核桃、苗木为主；

第二产业有金属制品、砂货、铸造等类，但许多已经不能收支平衡，已经闲置或倒闭；

第三产业龙湖度假地经营状况不良。集体资产收入单一，主要来源为投资分红和集体土地占用费。

村集体资产资源相对薄弱，需要在当地引入特色产业，为村民提供就业岗位，丰富村集体收入。

### 4. 文化——文化意象繁多，空间映射不足

西岭村“和”文化意象繁多，不易理解，且无法落实到空间，不够深入人心。

对于物质文化，保护力度有待提升；对于非物质文化遗产，传承力度不足，宣传较少。

### 5. 特色——村庄秩序良好，特色不够突出

西岭村虽然有丰富的历史资源，也形成了相对独特的乡村文化，但总体而言缺乏令人印象深刻的概念特色，在度假村大同小异的现在，很难从中脱颖而出。

因此，应该思考的是怎么树立自己特有的个性和定位，形成差异化营销，错位发展，避免与紫云山石鼓寨度假村形成同类竞争。

## 五、优势：西岭特色元素

### 1. 非物质文化遗产

（1）砂器制作

西岭是平定砂器的主产地之一。砂器生产工艺独特，主要分选料、破碎、制模、成型、干燥、上釉、烧制七道工序。用料选择当地无杂质的青矸石，将其自然风化、破碎成粉，按规格大小先做成底

某陶艺有限公司运营不景气，提供发展契机

模，而后在模型上手工制成半成品，在室内加温干燥，上釉后烧制。

（2）阳泉剪纸

村里至今延续着祖辈留下的习俗：每逢过年、结婚、满月、寿辰等喜庆日子，都要剪出相宜图案，张贴在家里窗户、家门、灯笼、墙壁、家具等显眼处。剪纸花样繁多，有龙凤呈祥、凤凰牡丹、连年有鱼、多子多福、十二生肖、花草鱼虫等。

（3）手制彩灯

手工制作彩灯是西岭村世代相传的手艺。每年传统的正月十五闹元宵，必有的一个项目是彩灯会，每家每户都要将精心制作的彩灯悬挂在村里小广场展示。

### 2. 人文风貌

西岭村的建筑以当地居民的窑洞住房为主，街道格局自明末清初延续至今，具有传统的空间尺度和保留着较为完整历史文化肌理。

西岭村的建筑具有非常典型的传统风貌。本设计从中提取了抱鼓石、靠山窑、青石挂墙、大门、影壁、窗棂等传统元素，作为建筑改造和修缮的依据。

西岭村的文化活动十分丰富，有阳泉评说、六月六的庙会等。同时村内保留着大量非物质文化遗产，比如砂器制作、阳泉剪纸和手制彩灯等，传承了山西的地方特色。

## 六、设计构思

### 1. 街巷空间改善

保护区内的建筑更新必须沿袭传统建筑风貌，对居住和商业、服务设施主要采用典型民居的建筑形式和四合院的空间布局形式，在风格、形式、色彩上延续地方特色，以灰色调为主，保证整体协调。

依上述原则，针对村庄不同的景观类型可划分为传统生活风貌区、现代生活风貌区两大风貌区。

### 2. 村庄绿网规划

综合利用多种绿化手段，结合原有的历史景观资源特征，突出西岭村传统种植特色。

保护区内的绿化系统包括台地绿化、传统街巷绿化、公共绿地、院落绿化等，组构绿、村、山、水为一体的生态环境结构，体现原汁原味的环境意象。

强化近人尺度的院落绿化，结合现有的零星空地和废弃住宅，布置街坊级小片绿地。结合村内街巷系统，形成绿化网络，加强绿化的渗透。

提高居民的生态意识，提倡居民对各自院落进行自赏绿化布置，为老屋旧街增添绿色生机。

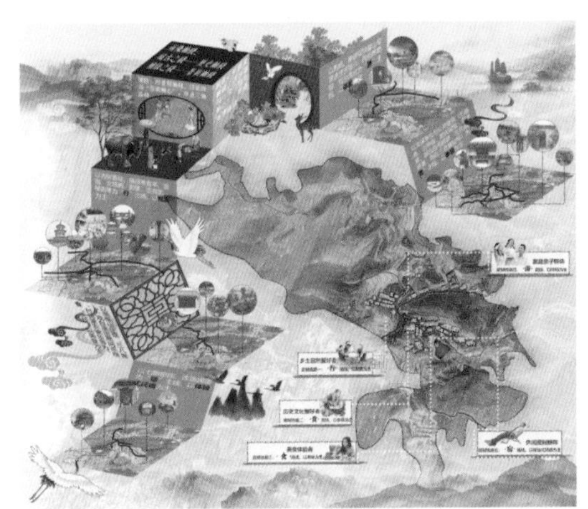

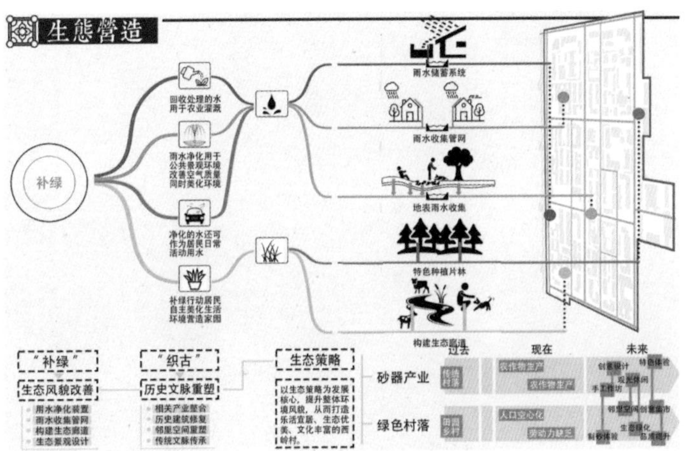

## 七、传统民居功能设计

传统民居保护改造和功能提升设计具有以下特点：庭院的空间功能；灵活多样的空间布局；就地取材的房屋建筑；乡土文化精神的体现。

对不同的民居进行分类和功能提升设计：

**1. 符合传统风貌的民居建筑**

采用传统建筑材料及建造工艺的新建建筑。

具有传统建筑格局与风貌，采用传统建造技术与工艺建造的新建建筑，在功能上更符合现代生活功能需求。

此类民居在保证传统村落整体性、协调性原则下，实现民居的改造和功能综合提升，改善村民的生活品质，提高生活质量。

**2. 新建产业建筑**

采用现代建筑材料及工艺的新建、扩建建筑。

对于因规划需求需要新建、扩建民居建筑，需要改建成符合控制要求的风貌，或予以拆除，保证乡村风貌的整体性、协调性原则。

对休闲性空间进行重点设计。

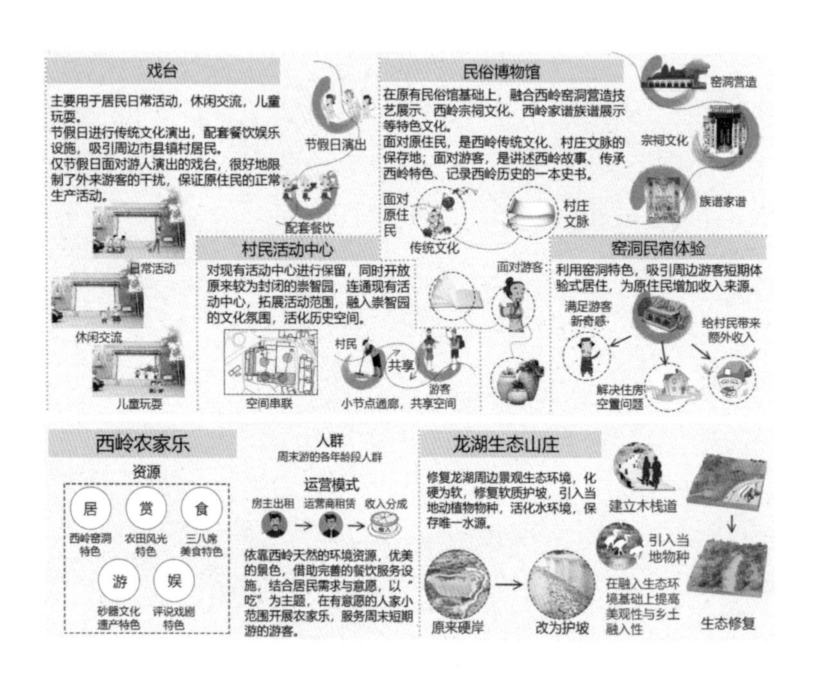

戏台
主要用于居民日常活动，休闲交流，儿童玩耍。
节假日进行传统文化演出，配套餐饮娱乐设施，吸引周边市县镇村居民。
仅节假日面对游人演出的戏台，很好地限制了外来游客的干扰，保证原住民的正常生产活动。
节假日演出
配套餐饮
日常活动
休闲交流
儿童玩耍
民俗博物馆
在原有民俗馆基础上，融合西岭窑洞营造技艺展示、西岭宗祠文化、西岭家谱族谱展示等特色文化。
面对原住民，是西岭传统文化、村庄文脉的保存地；面对游客，是讲述西岭故事、传承西岭特色、记录西岭历史的一本史书。
窑洞营造
宗祠文化
族谱家谱
面对原住民
传统文化
村庄文脉
面对游客
村民活动中心
对现有活动中心进行保留，同时开放原来较为封闭的崇智园，连通现有活动中心，拓展活动范围，融入崇智园的文化氛围，活化历史空间。
空间串联
村民
共享
游客
小节点通廊，共享空间
窑洞民宿体验
利用窑洞特色，吸引周边游客短期体验式居住，为原住民增加收入来源。
满足游客新奇感
给村民带来额外收入
解决住房空置问题
西岭农家乐
资源
居
赏
食
西岭窑洞特色
农田风光特色
三八席美食特色
游
娱
砂器文化遗产特色
评说戏剧特色
人群
周末游的各年龄段人群
运营模式
房主出租
运营商租赁
收入分成
依靠西岭天然的环境资源，优美的景色，借助完善的餐饮服务设施，结合居民需求与意愿，以“吃”为主题，在有意愿的人家小范围开展农家乐，服务周末短期游的游客。
龙湖生态山庄
修复龙湖周边景观生态环境，化硬为软，修复软质护坡，引入当地动植物物种，活化水环境，保存唯一水源。
建立木栈道
引入当地物种
在融入生态环境基础上提高美观性与乡土融入性
生态修复
原来硬岸
改为护坡


## 八、西岭发展展望

通过西岭村的乡村振兴建设，使其成为“国内一流、可复制、可推广”的乡村振兴建设示范点，通过渐变式、织补式的方法进行人居环境微更新。

发展以手工作坊、庭院经济为特点的生态农业和乡村旅游业，将西岭村打造为“都市人的后花园、农事体验游乐园”，建设成为阳泉的特色示范村。

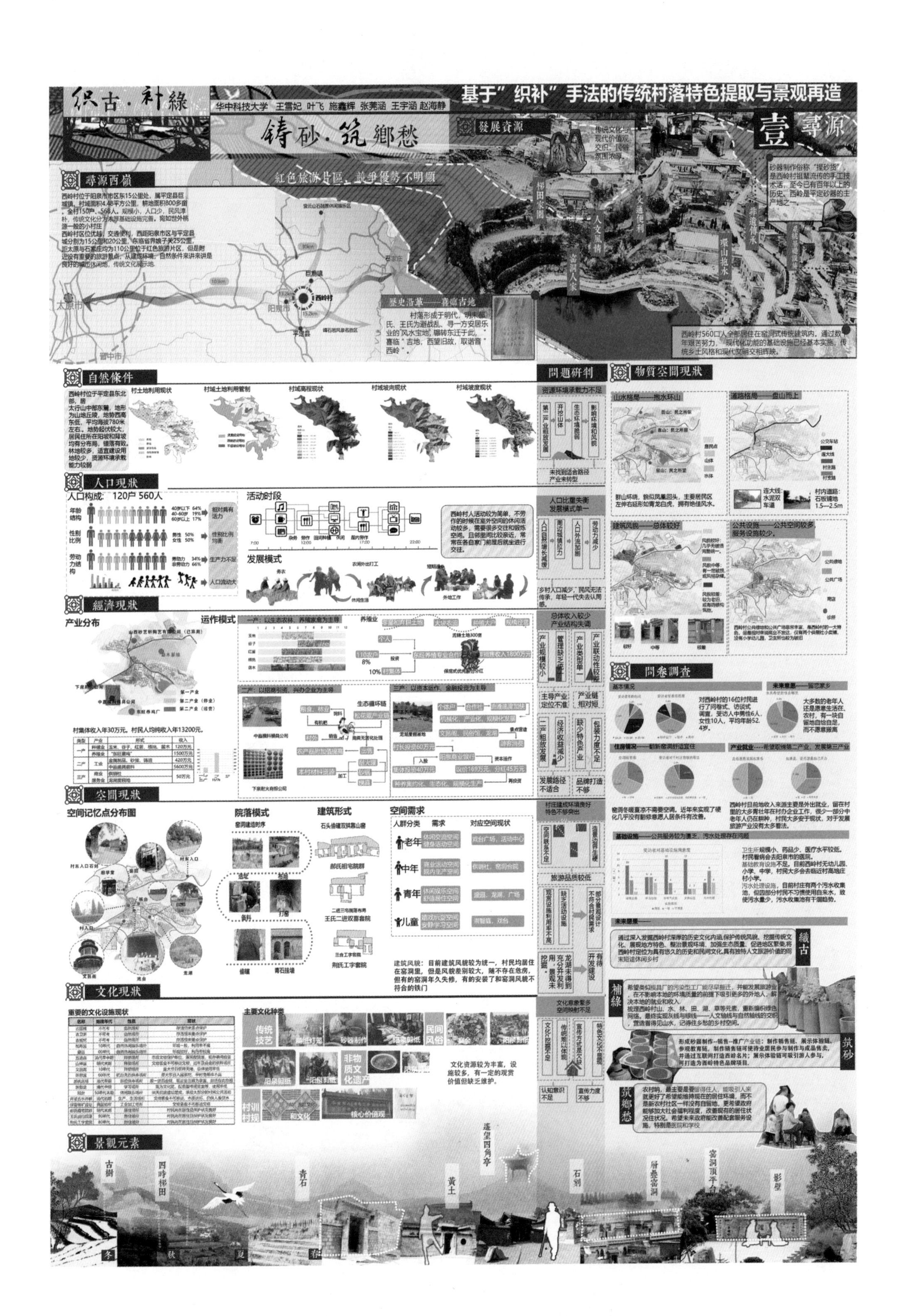
织古·补缘
基于"织补"手法的传统村落特色提取与景观再造
华中科技大学 王雪妃 叶飞 施鑫辉 张莞涵 王宇涵 赵海静
铸砂·筑乡愁
發展資源
壹 尋源
尋源西嶺
西岭村位于阳泉市市区东15公里处，属平定县巨城镇，村域面积4.48平方公里，耕地面积800多亩，全村150户，568人。规模小，人口少，民风淳朴，传统文化分为本原基础设施完善，宛如世外桃源一般的小村庄
红色旅游片区，竞争优势不明显
歷史沿革——喜臨吉地
村落形成于明代，明末郝氏、王氏为避战乱，寻一方安居乐业的"风水宝地"，辗转东迁于此，"喜临"吉地，西望旧故，取谐音"西岭"。
西岭村560口人全部居住在窑洞式传统建筑内，通过数年艰苦努力，现代化功能的基础设施已经基本实施，传统乡土风格和现代文明交相辉映。
自然條件
人口現狀
經濟現狀
空間現狀
文化現狀
景觀元素
問題研判
物質空間現狀
問卷調查
村集体收入年30万元，村民人均纯收入年13200元。
文化资源较为丰富，设施较为，有一定的观赏价值但缺乏维护。
织古
补缘
筑砂
筑乡愁
古树
西畴梯田
青石
黄土
遥望四角亭
石刻
层叠窑洞
窑洞顶平台
影壁
冬
秋
夏
春

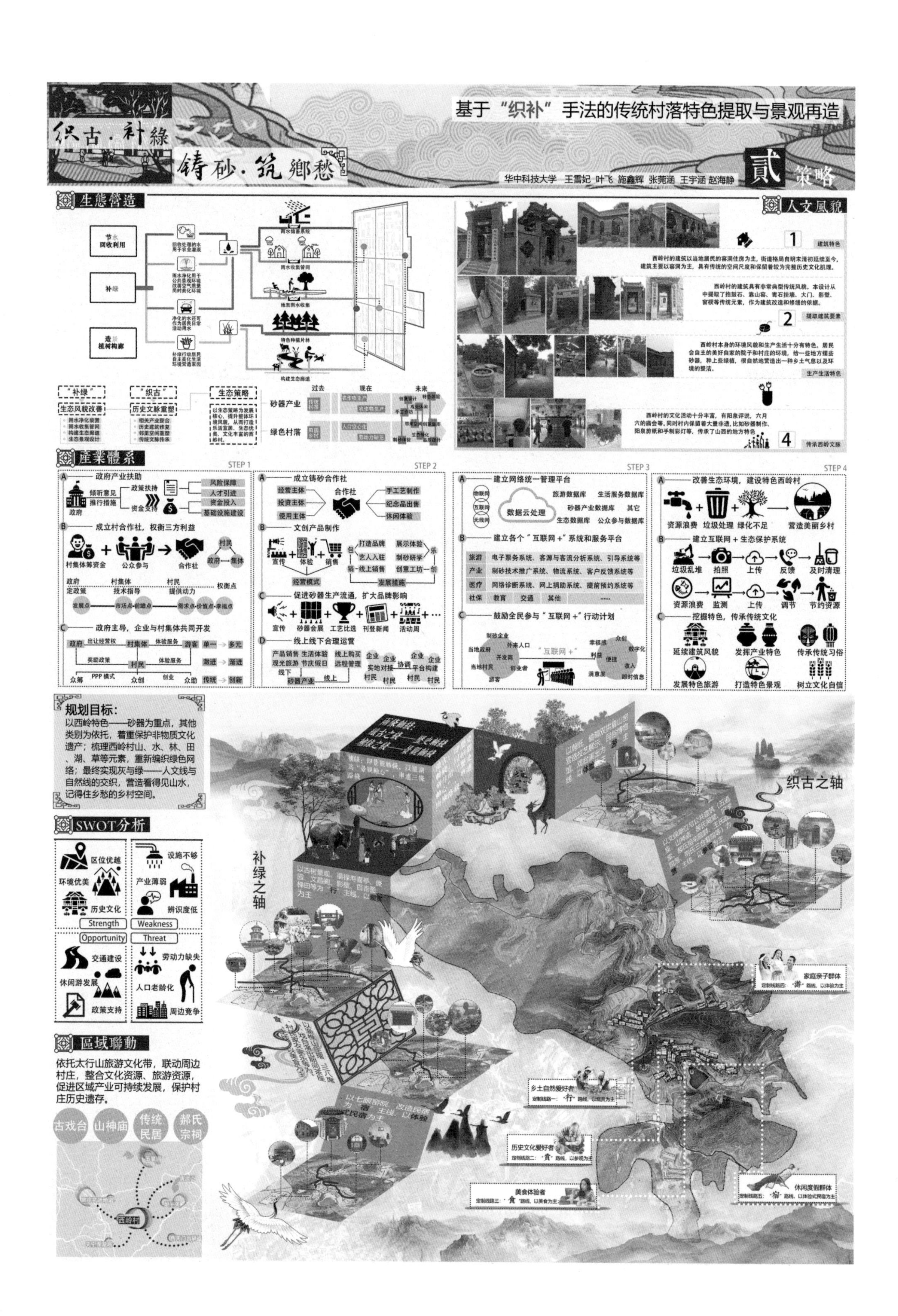

织古·补绿
铸砂·筑鄉愁
基于“织补”手法的传统村落特色提取与景观再造
华中科技大学 王雪妃 叶飞 施鑫辉 张莞涵 王宇涵 赵海静
贰 策略
生態營造
人文風貌
產業體系
STEP 1
STEP 2
STEP 3
STEP 4
规划目标：
以西岭特色——砂器为重点，其他类别为依托，着重保护非物质文化遗产；梳理西岭村山、水、林、田、湖、草等元素，重新编织绿色网络；最终实现灰与绿——人文线与自然线的交织，营造看得见山水，记得住乡愁的乡村空间。
SWOT分析
Strength
Weakness
Opportunity
Threat
區域聯動
依托太行山旅游文化带，联动周边村庄，整合文化资源、旅游资源，促进区域产业可持续发展，保护村庄历史遗存。
古戏台
山神庙
传统民居
郝氏宗祠
西岭村
织古之轴
补绿之轴
家庭亲子群体
乡土自然爱好者
历史文化爱好者
美食体验者
休闲度假群体

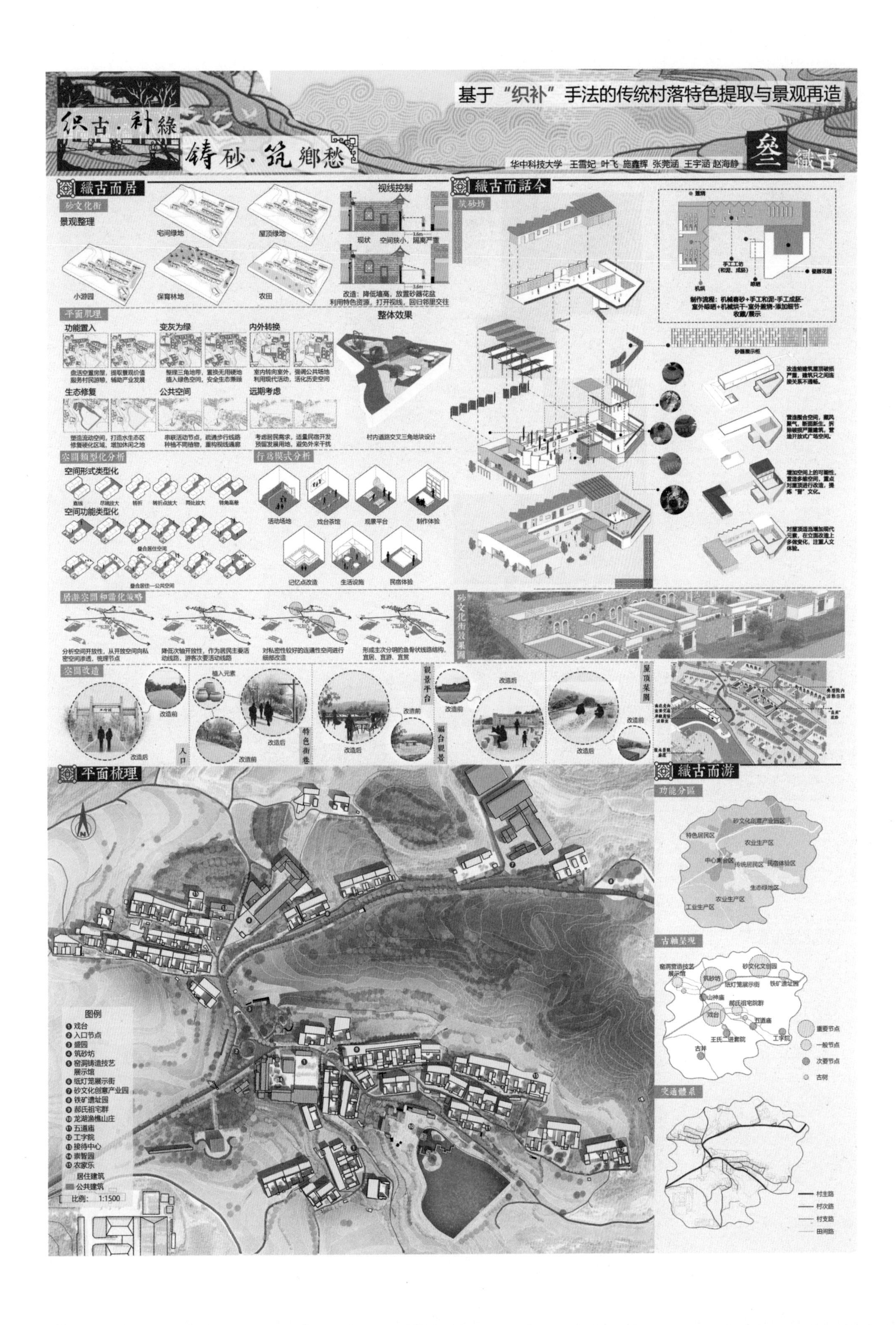
基于“织补”手法的传统村落特色提取与景观再造
织古·补缘
铸砂·筑乡愁
华中科技大学 王雪妃 叶飞 施鑫辉 张莞涵 王宇涵 赵海静
叁 織古
織古而居
砂文化街
景观整理
宅间绿地
屋顶绿地
小游园
保育林地
农田
视线控制
现状 空间狭小，隔离严重
改造：降低墙高，放置砂器花盆
利用特色资源，打开视线，回归邻里交往
平面肌理
功能置入
变灰为绿
内外转换
整体效果
盘活空置房屋，提取景观价值
服务村民游憩，辅助产业发展
整理三角地带，置换无用硬地
植入绿色空间，安全生态兼顾
室内转向室外，强调公共场地
利用现代活动，活化历史空间
生态修复
公共空间
远期考虑
塑造流动空间，打造水生态区
修复硬化区域，增加休闲之地
串联活动节点，疏通步行线路
种植不同植物，重构视线通廊
考虑居民需求，适量民宿开发
预留发展用地，避免外来干扰
村内道路交叉三角地块设计
空间类型化分析
空间形式类型化
直线
尽端放大
转折
转折点放大
两处放大
转角局部
空间功能类型化
叠合居住空间
叠合居住—公共空间
行为模式分析
活动场地
戏台茶馆
观景平台
制作体验
记忆点改造
生活设施
民宿体验
居游空间和需化策略
分析空间开放性，从开放空间向私密空间渗透，梳理节点
降低次轴开放性，作为居民主要活动线路，游客次要活动线路
对私密性较好的连通性空间进行细部改造
形成主次分明的鱼骨状线路结构，宜居、宜游、宜赏
空间改造
入口
改造前
改造后
插入元素
特色街巷
观景平台
屋顶菜圃
福台观景
織古而話今
筑砂坊
窑烧
手工工坊（和泥、成胚）
晾晒
机烘
瓷器花园
制作流程：机械春砂+手工和泥-手工成胚-室外晾晒+机械烘干-室外窑烧-添加细节-收藏/展示
砂器展示柜
改造前建筑里面破损严重，建筑只之间连接关系不清晰。
营造围合空间，顺风聚气，新旧新生，拆除破损严重建筑，营造开放式广场空间。
增加空间上的可能性，营造多维空间，重点对屋顶进行改造，提炼“盾”文化。
对屋顶流线增加现代元素，在立面改造上多做变化，注重人文体验。
砂文化街效果图
平面梳理
图例
1 戏台
2 入口节点
3 盛园
4 筑砂坊
5 窑洞铸造技艺展示馆
6 纸灯笼展示街
7 砂文化创意产业园
8 铁矿遗址园
9 郝氏祖宅群
10 龙湖渔樵山庄
11 五道庙
12 工字院
13 接待中心
14 崇智园
15 农家乐
居住建筑
公共建筑
比例： 1:1500
織古而游
功能分區
砂文化创意产业园区
特色居民区
农业生产区
中心集会区
传统居民区
民宿体验区
生态绿地区
农业生产区
工业生产区
古轴呈现
窑洞营造技艺展示馆
筑砂坊
砂文化文创园
纸灯笼展示街
铁矿遗址园
山神庙
郝氏祖宅群
戏台
五道庙
王氏二进套院
工字院
古井
重要节点
一般节点
次要节点
古树
交通體系
村主路
村次路
村支路
田间路

基于“织补”手法的传统村落特色提取与景观再造
织古·补緣 铸砂·筑鄉愁
华中科技大学 王雪妃 叶飞 施鑫辉 张莞涵 王宇涵 赵海静
肆 補緣
龙湖鸟瞰效果图
筑砂坊——砂文化体验展示馆
将原有砂锅厂置换，在原有设备闲置的基础上复活砂器制作、体验区的功能，同时兼有制作销售、展示体验、参观教育等功能。
民俗文化展览室
主要置入阳泉剪纸、纸灯笼等手艺展示与体验。
戏台
主要用于居民日常活动，休闲交流，儿童玩耍。
节假日进行传统文化演出，配套餐饮娱乐设施，吸引周边市县镇村居民。
民俗博物馆
窑洞营造技艺展示馆
砂文化创意产业园
村民活动中心
窑洞民宿体验
梯田花海西岭村
西岭农家乐
龙湖生态山庄
補緣之設施
補緣之植
補緣之綱
宅间绿地
屋顶绿化
农林地
串联绿点，形成绿轴，交织成网
筑砂坊效果图

# 舍猎兴鹿源　游驻山林间

全国三等奖

【参赛院校】　内蒙古工业大学建筑学院

【参赛学生】

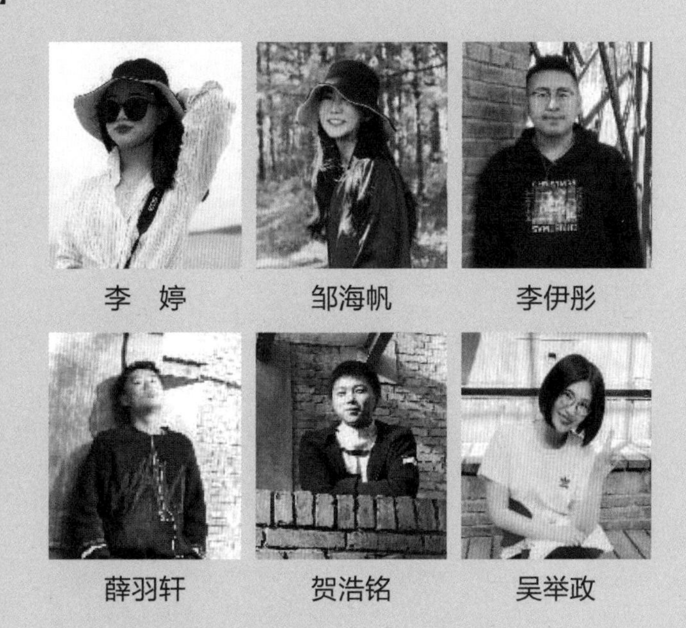

李　婷　　邹海帆　　李伊彤

薛羽轩　　贺浩铭　　吴举政

【指导老师】

荣丽华

王　强

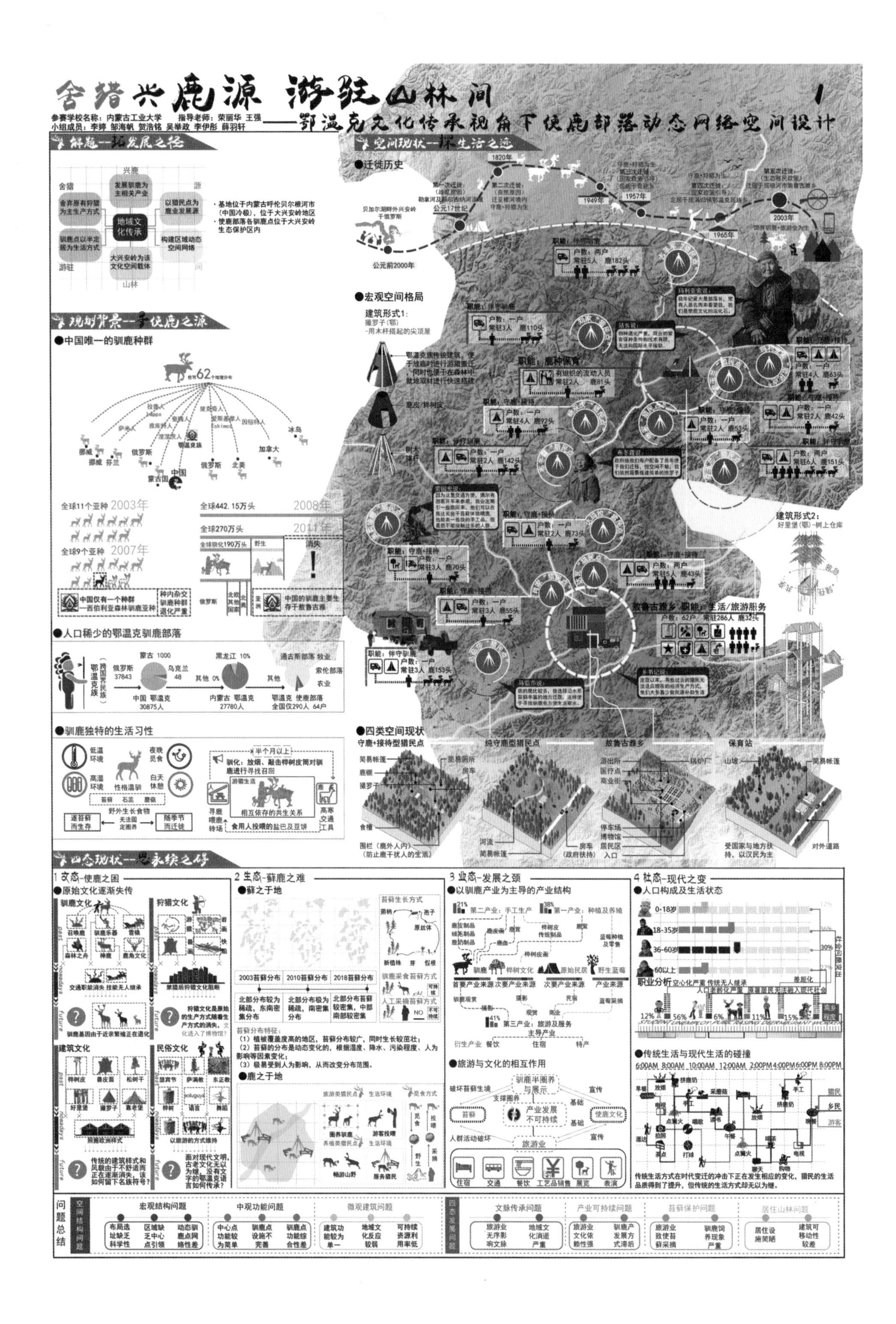
舍猎兴鹿源 游驻山林间
1
参赛学校名称：内蒙古工业大学 指导老师：荣丽华 王强
小组成员：李婷 邹海帆 贺浩铭 吴举政 李伊彤 薛羽轩
——鄂温克文化传承视角下使鹿部落动态网络空间设计
解题——拓发展之径
空间现状——探生活之迹
迁徙历史
宏观空间格局
规划背景——寻使鹿之源
中国唯一的驯鹿种群
人口稀少的鄂温克驯鹿部落
驯鹿独特的生活习性
四类空间现状
四态现状——思永续之碍
1 文态-使鹿之困
2 生态-藓鹿之难
3 业态-发展之颈
4 社态-现代之变
问题总结

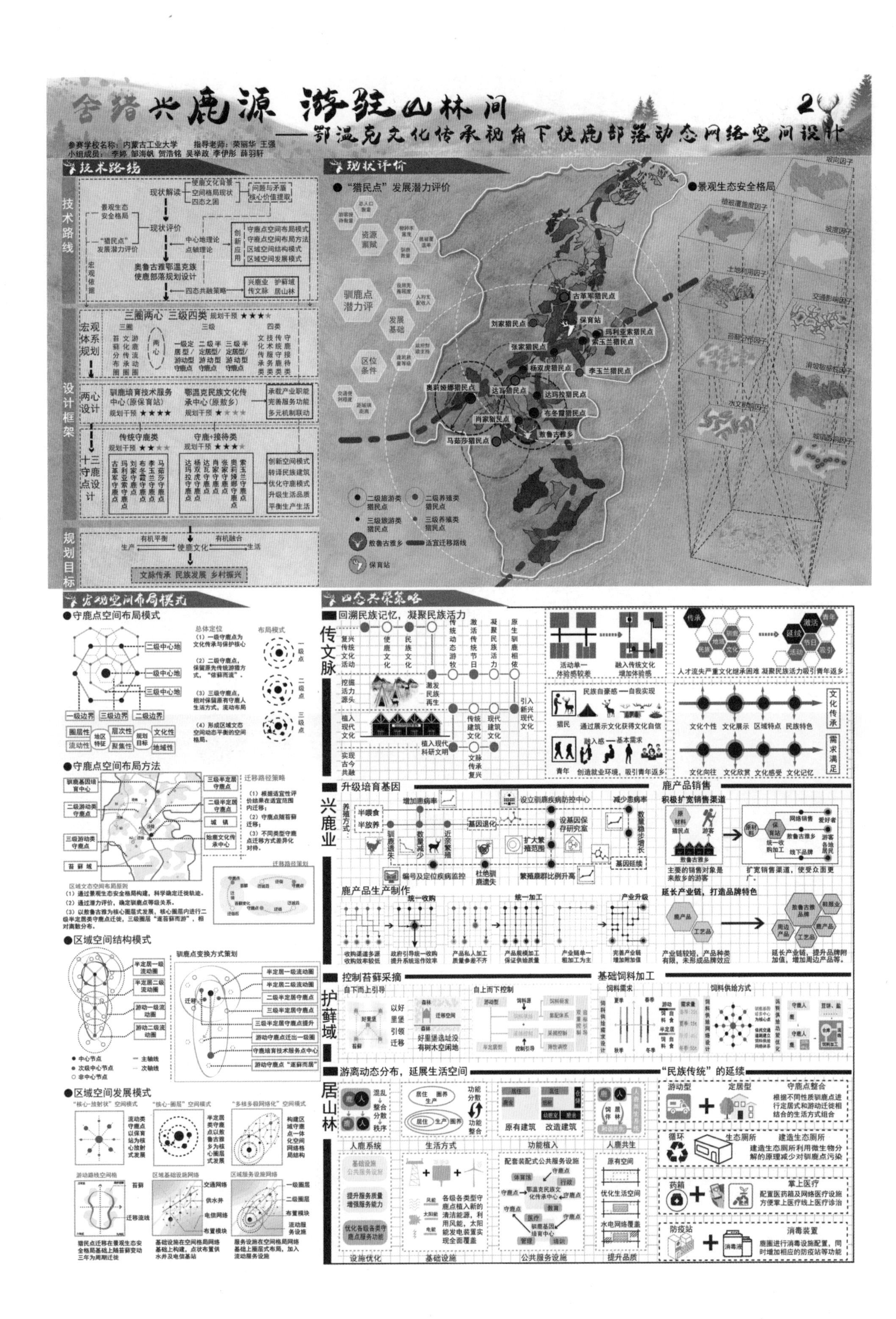
舍猎兴鹿源 游驻山林间
——鄂温克文化传承视角下使鹿部落动态网络空间设计
参赛学校名称：内蒙古工业大学 指导老师：荣丽华 王强
小组成员：李娇 邬海帆 贺浩铭 吴举政 李伊彤 薛羽轩
技术路线
现状评价
奥鲁古雅鄂温克族使鹿部落规划设计
四态共融策略
兴鹿业 护藓域 传文脉 居山林
三圈两心 三级四类
现状评价
"猎民点"发展潜力评价
景观生态安全格局
古革军猎民点
保育站
玛利亚索猎民点
敖鲁古雅乡
宏观空间布局模式
守鹿点空间布局模式
守鹿点空间布局方法
区域空间结构模式
区域空间发展模式
四态共荣策略
回溯民族记忆，凝聚民族活力
传文脉
升级培育基因
兴鹿业
鹿产品销售
鹿产品生产制作
控制苔藓采摘
基础饲料加工
护藓域
游离动态分布，延展生活空间
"民族传统"的延续
居山林
规划目标
文脉传承 民族发展 乡村振兴

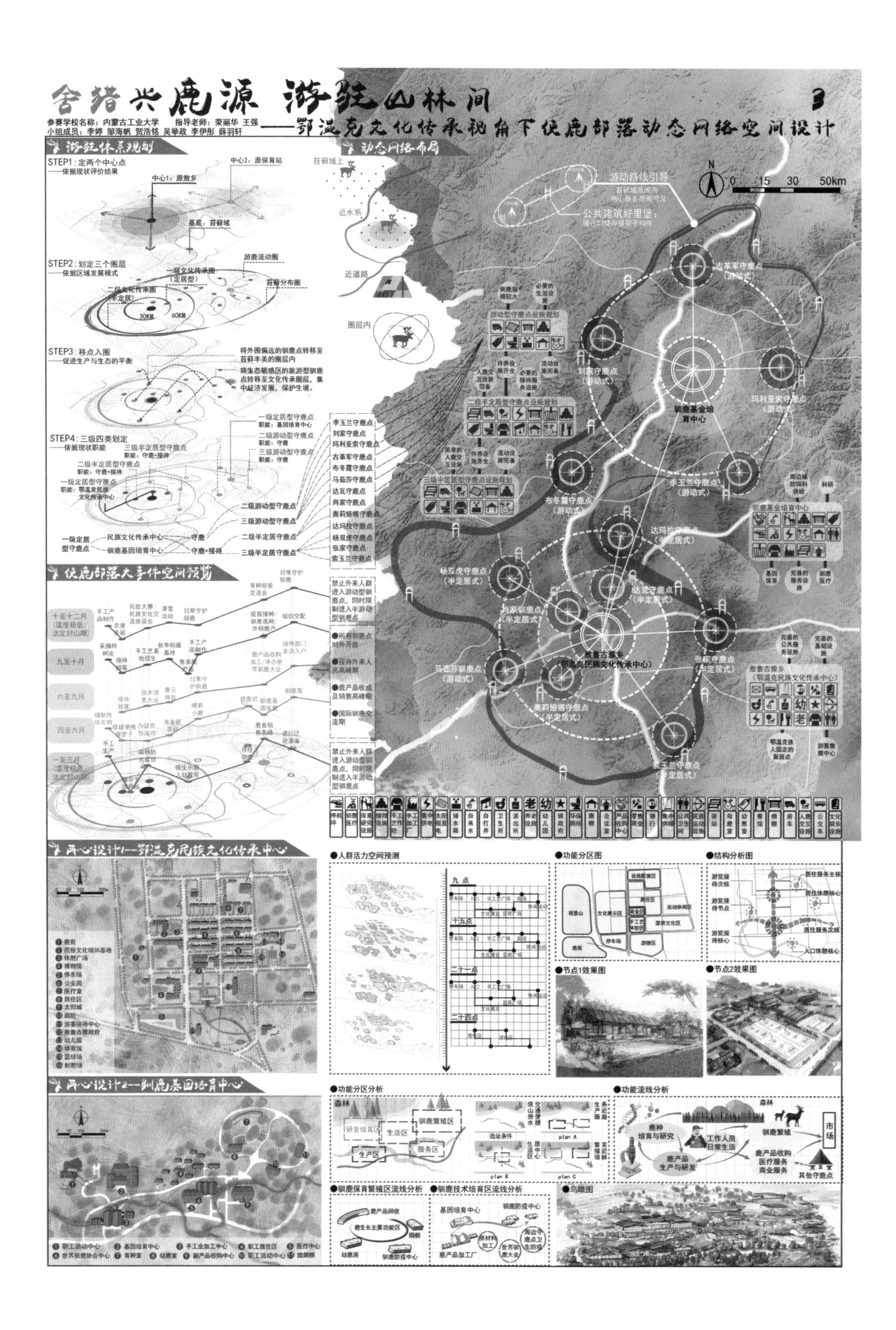
舍猎兴鹿源 游驻山林间
——鄂温克文化传承视角下使鹿部落动态网络空间设计
参赛学校名称：内蒙古工业大学 指导老师：荣丽华 王强
小组成员：李婷 邹海帆 贺浩铭 吴举政 李伊彤 薛羽轩
游驻体系规划
STEP1：定两个中心点
——依据现状评价结果
中心1：原敖乡
中心2：原保育站
基底：苔藓域
STEP2：划定三个圈层
——依据区域发展模式
一级文化传承圈（定居型）
二级文化传承圈（半定居）
游鹿流动圈
苔藓分布圈
STEP3：移点入圈
——促进生产与生态的平衡
将外围偏远的驯鹿点转移至苔藓丰美的圈层内
将生态敏感区的旅游型驯鹿点转移至文化传承圈层，集中经济发展，保护生境。
STEP4：三级四类划定
——依据现状职能
动态网络布局
游动路线引导
公共建筑好里堡
驯鹿基金培育中心
古革军守鹿点（游动式）
刘家守鹿点（游动式）
玛利亚索守鹿点（游动式）
布冬霞守鹿点（游动式）
李玉兰守鹿点（游动式）
达玛拉守鹿点（半定居式）
杨双虎守鹿点（半定居式）
肖家驯鹿点（半定居式）
达瓦守鹿点（半定居式）
敖鲁古雅乡（鄂温克民族文化传承中心）
马茹莎驯鹿点（游动式）
张家守鹿点（半定居式）
奥莉娅娜守鹿点（半定居式）
索玉兰守鹿点（半定居式）
使鹿部落大事件空间预测
两心设计1—鄂温克民族文化传承中心
两心设计2—驯鹿基因培育中心
人群活力空间预测
功能分区图
结构分析图
节点1效果图
节点2效果图
功能分区分析
功能流线分析
驯鹿保育繁殖区流线分析
驯鹿技术培育区流线分析
鸟瞰图

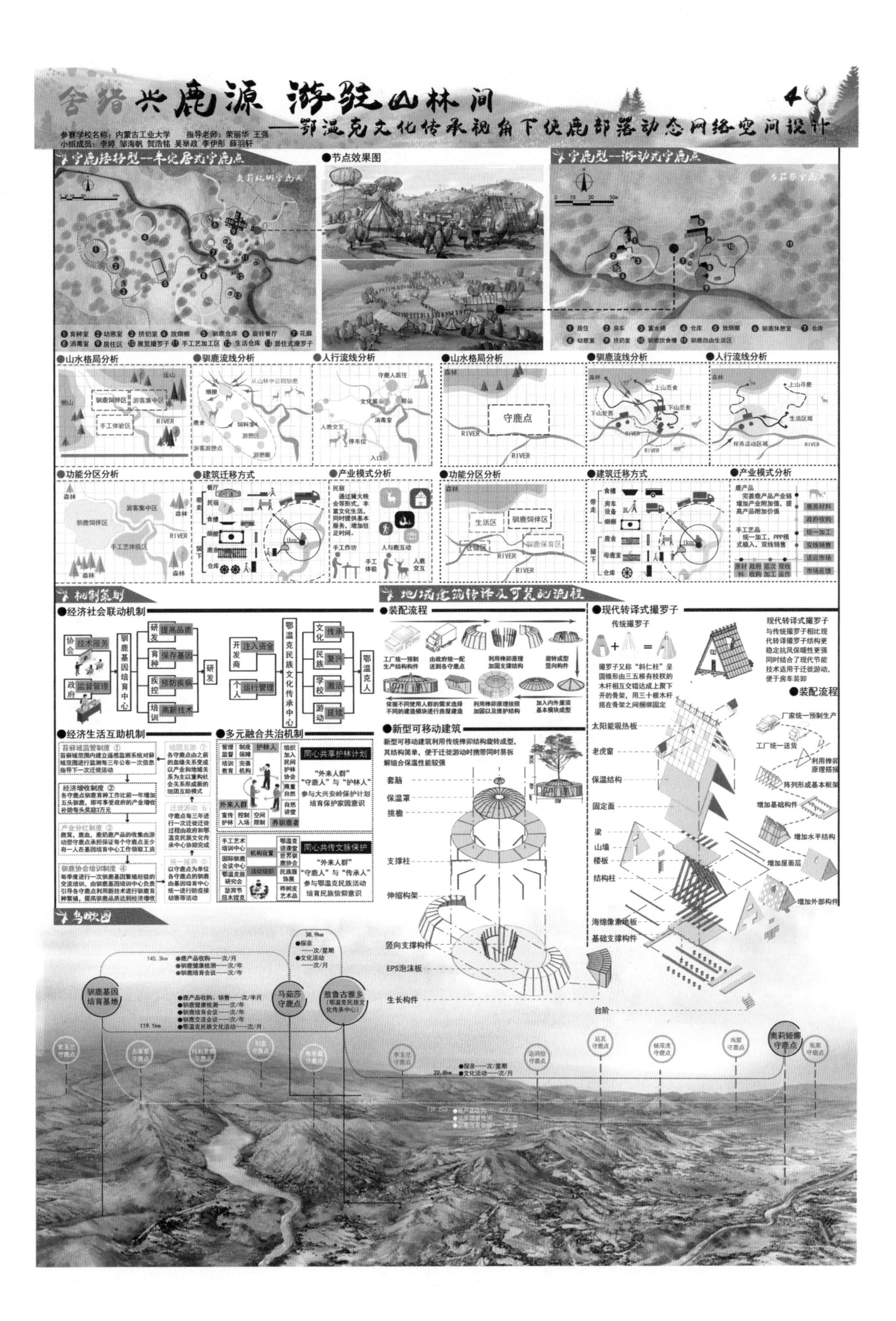
舍猎兴鹿源 游驻山林间
——鄂温克文化传承视角下使鹿部落动态网络空间设计
参赛学校名称：内蒙古工业大学　指导老师：荣丽华 王强
小组成员：李婷 邹海帆 贺浩铭 吴举政 李伊彤 薛羽轩
守鹿接待型——半定居式守鹿点
节点效果图
守鹿型——游动式守鹿点
山水格局分析
驯鹿流线分析
人行流线分析
功能分区分析
建筑迁移方式
产业模式分析
机制策划
经济社会联动机制
经济生活互助机制
多元融合共治机制
地域建筑转译及可装配流程
装配流程
现代转译式撮罗子
新型可移动建筑
鸟瞰图
驯鹿基因培育基地
马茹莎守鹿点
敖鲁古雅乡

# 耕读山居

全国三等奖

【参赛院校】 北京建筑大学建筑与城市规划学院

【参赛学生】

曹圣婕

陈　曦

郝　祯

王冬玉

侯振策

【指导老师】

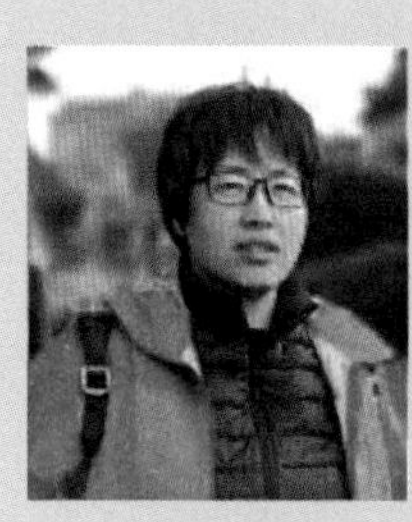

荣玥芳

马全宝

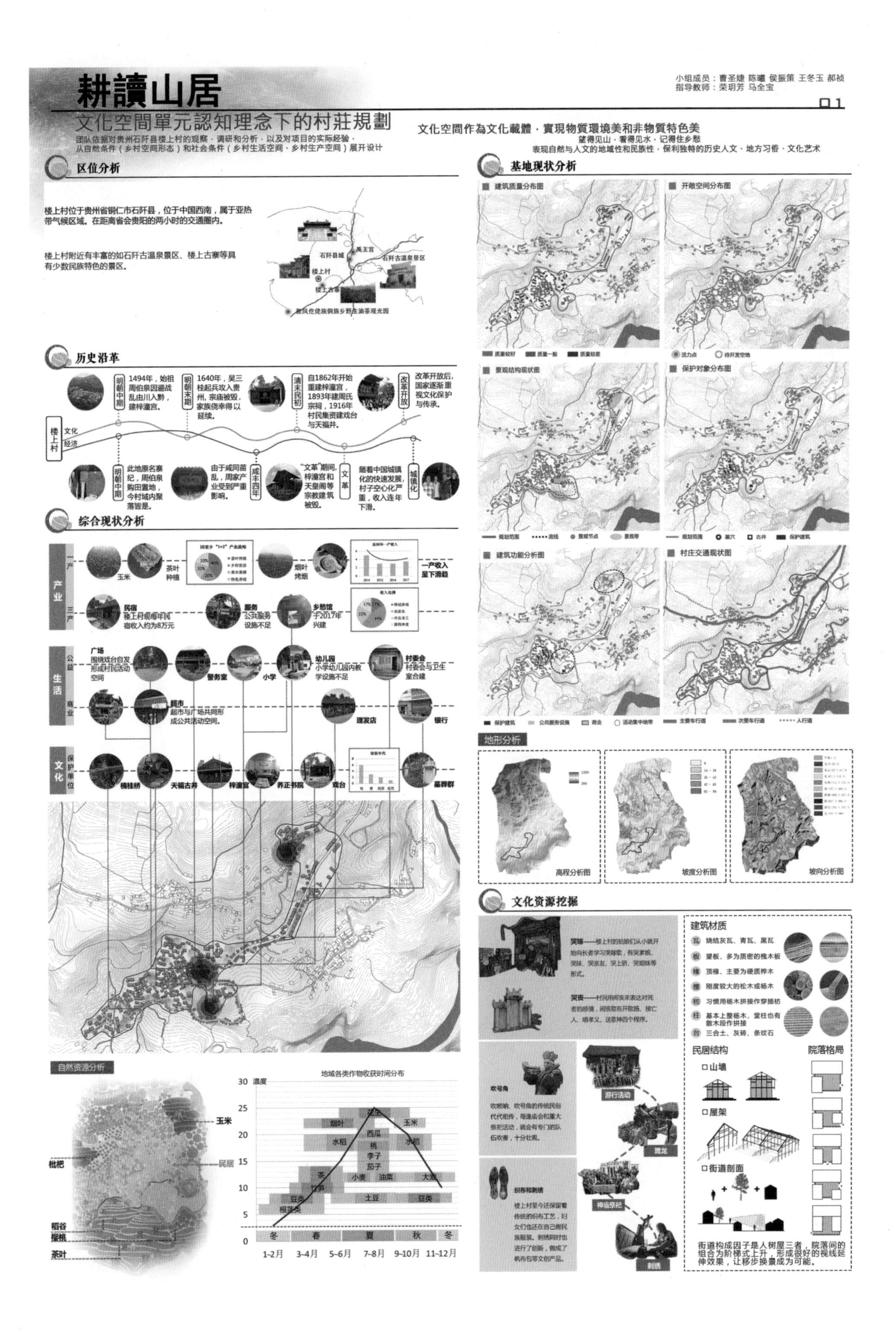
耕讀山居
文化空間單元認知理念下的村莊規劃
团队依据对贵州石阡县楼上村的观察、调研和分析，以及对项目的实际经验，
从自然条件（乡村空间形态）和社会条件（乡村生活空间、乡村生产空间）展开设计
小组成员：曹圣婕 陈曦 侯振策 王冬玉 郝祯
指导教师：荣玥芳 马全宝
01
文化空間作為文化載體，實現物質環境美和非物質特色美
望得见山，看得见水，记得住乡愁
表现自然与人文的地域性和民族性，保利独特的历史人文、地方习俗、文化艺术
区位分析
楼上村位于贵州省铜仁市石阡县，位于中国西南，属于亚热带气候区域。在距离省会贵阳的两小时的交通圈内。
楼上村附近有丰富的如石阡古温泉景区、楼上古寨等具有少数民族特色的景区。
石阡县城
禹王宫
石阡古温泉景区
楼上村
楼上古寨
基地现状分析
建筑质量分布图
开敞空间分布图
景观结构现状图
保护对象分布图
建筑功能分析图
村庄交通现状图
历史沿革
明朝中期
1494年，始祖周伯泉因避战乱由川入黔，建梓潼宫。
明朝末期
1640年，吴三桂起兵攻入贵州，宗庙被毁，家族侥幸得以延续。
清末民初
自1862年开始重建梓潼宫，1893年建周氏宗祠，1916年村民集资建戏台与天福井。
改革开放
改革开放后，国家逐渐重视文化保护与传承。
楼上村
文化
经济
明朝中期
此地原名寨纪，周伯泉购田置地，今村域内聚落皆是。
咸丰四年
由于咸同苗乱，周家产业受到严重影响。
文革
"文革"期间，梓潼宫和天皇阁等宗教建筑被毁。
城镇化
随着中国城镇化的快速发展，村子空心化严重，收入连年下滑。
综合现状分析
产业
一产
玉米
茶叶种植
烟叶烤烟
一产收入呈下滑趋
三产
民宿
服务
公共服务设施不足
乡愁馆
于2017年兴建
生活
公益
广场
警务室
小学
幼儿园
小学幼儿园内教学设施不足
村委会
村委会与卫生室合建
商业
超市
超市与广场共同形成公共活动空间。
理发店
银行
文化
保护单位
楠桂桥
天福古井
梓潼宫
养正书院
戏台
墓葬群
地形分析
高程分析图
坡度分析图
坡向分析图
文化资源挖掘
建筑材质
瓦 烧结灰瓦、青瓦、黑瓦
板 望板，多为质密的槐木板
椽 顶椽，主要为硬质桦木
檩 刚度较大的松木或杨木
枋 习惯用杨木拼接作穿插枋
柱 基本上整杨木，堂柱也有散木段作拼接
台 三合土、灰砖、条纹石
哭嫁——楼上村的姑娘们从小就开始向长者学习哭嫁歌，有哭爹娘、哭妹、哭亲友、哭上轿、哭姐妹等形式。
哭丧——村民用闹丧来表达对死者的悼情，闹丧歌有开路场、接亡人、唱孝义、送歌神四个程序。
吹号角
吹唢呐、吹号角的传统民俗代代相传，每逢庙会和重大祭祀活动，就会有专门的队伍吹奏，十分壮观。
织布和刺绣
楼上村至今还保留着传统的织布工艺，妇女们也还在自己做民族服装。刺绣同时也进行了创新，做成了帆布包等文创产品。
游行活动
舞龙
神庙祭祀
刺绣
民居结构
院落格局
山墙
屋架
街道剖面
街道构成因子是人树屋三者，院落间的组合为阶梯式上升，形成很好的视线延伸效果，让移步换景成为可能。
自然资源分析
玉米
民居
枇杷
稻谷
樱桃
茶叶
地域各类作物收获时间分布
温度
烟叶
玉米
水稻
西瓜
桃
李子
茄子
茶
竹笋
小麦
油菜
大蒜
豆类
土豆
根茎类
冬
春
夏
秋
1-2月
3-4月
5-6月
7-8月
9-10月
11-12月

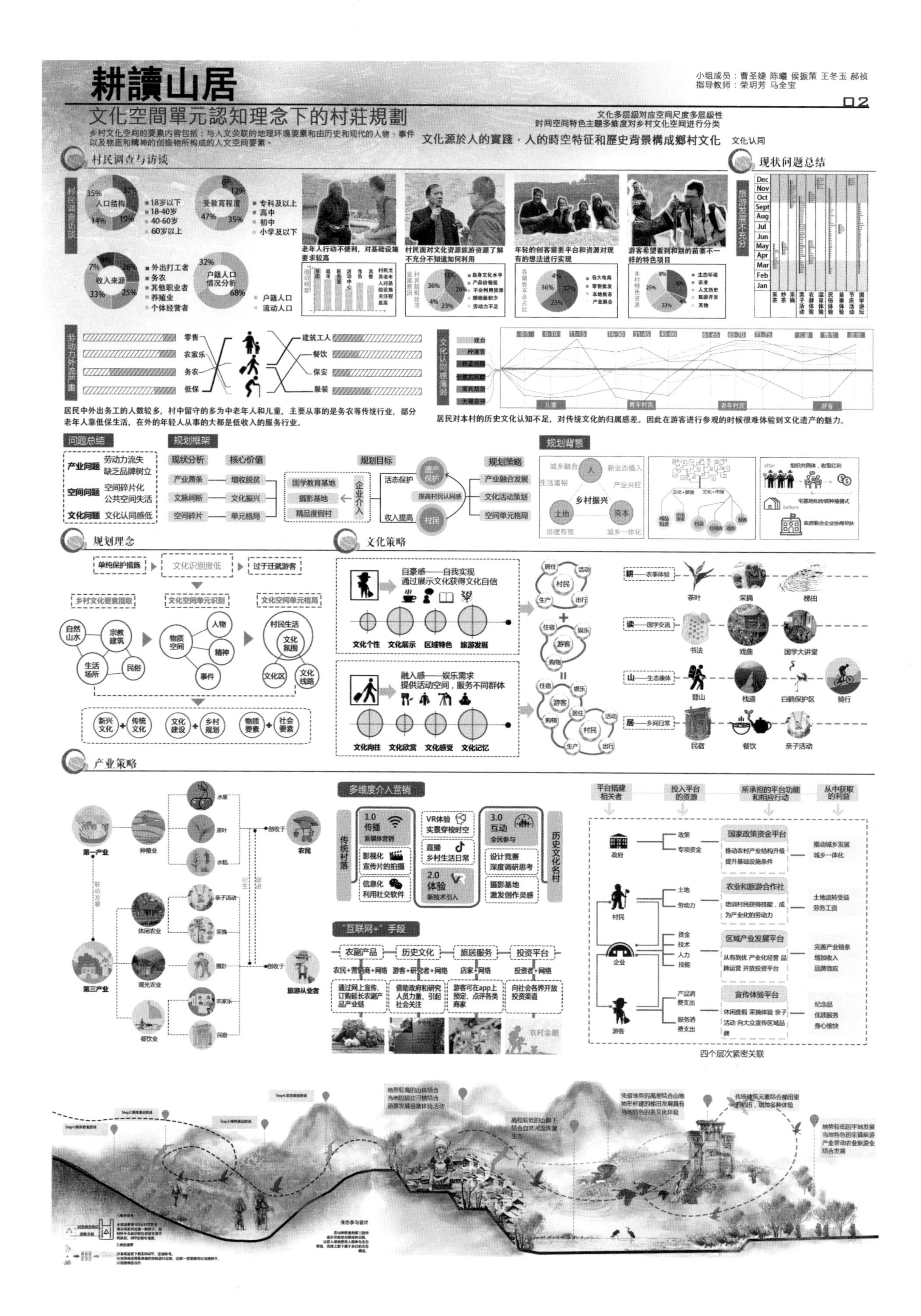
耕讀山居
文化空間單元認知理念下的村莊規劃
小组成员：曹圣婕 陈曦 侯振策 王冬玉 郝祯
指导教师：荣玥芳 马全宝
02
文化源於人的實踐，人的時空特征和歷史背景構成鄉村文化
村民调查与访谈
现状问题总结
问题总结
规划框架
规划背景
规划理念
文化策略
产业策略
多维度介入营销
"互联网+"手段
四个层次紧密关联

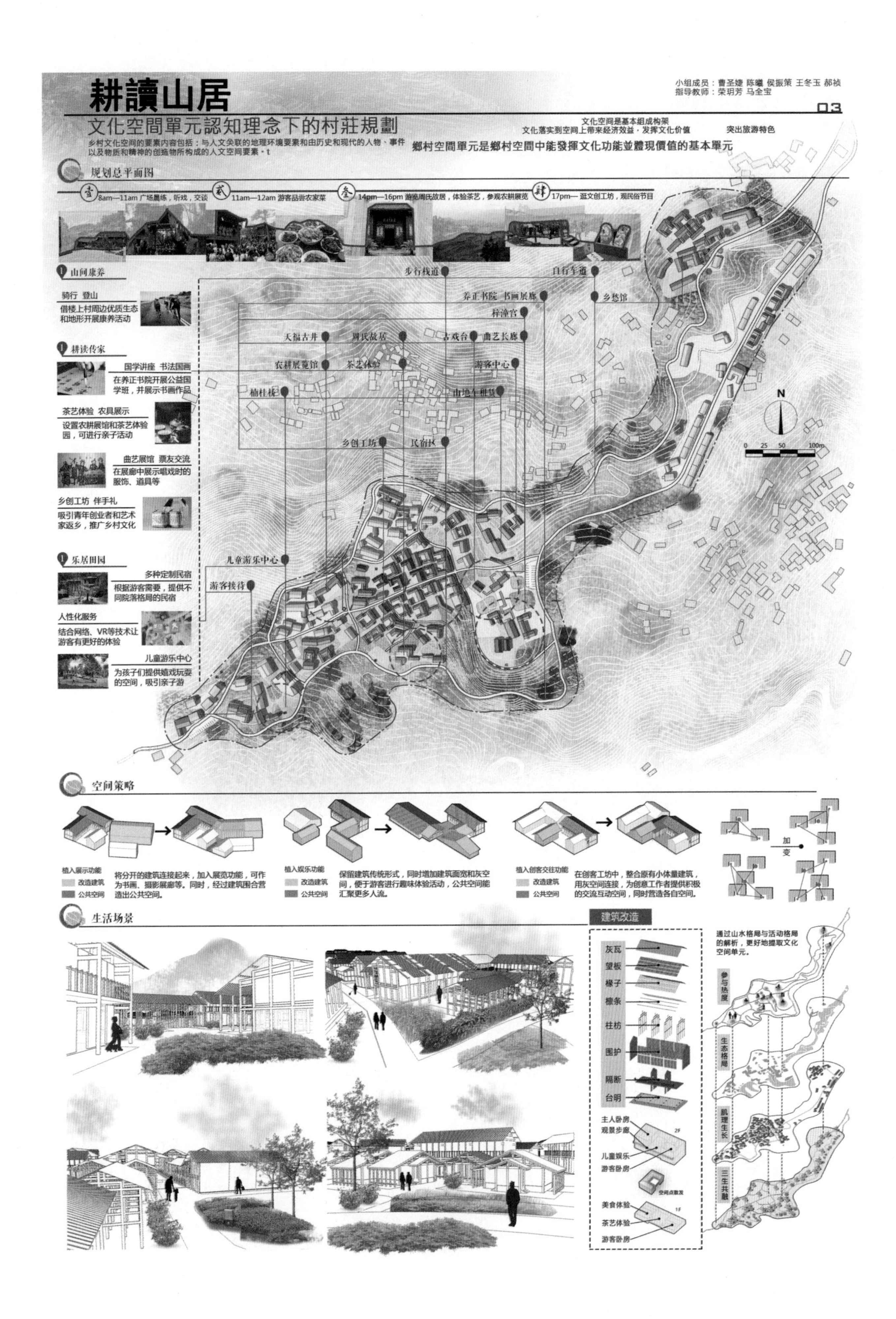
耕讀山居
文化空間單元認知理念下的村莊規劃
小组成员：曹圣婕 陈曦 侯振策 王冬玉 郝祯
指导教师：荣玥芳 马全宝
03
乡村文化空间的要素内容包括：与人文关联的地理环境要素和由历史和现代的人物、事件以及物质和精神的创造物所构成的人文空间要素。
文化空间是基本组成构架
文化落实到空间上带来经济效益，发挥文化价值
突出旅游特色
鄉村空間單元是鄉村空間中能發揮文化功能並體現價值的基本單元
规划总平面图
8am—11am 广场晨练，听戏，交谈
11am—12am 游客品尝农家菜
14pm—16pm 游览周氏故居，体验茶艺，参观农耕展览
17pm— 逛文创工坊，观民俗节目
山间康养
骑行 登山
借楼上村周边优质生态和地形开展康养活动
耕读传家
国学讲座 书法国画
在养正书院开展公益国学班，并展示书画作品
茶艺体验 农具展示
设置农耕展馆和茶艺体验园，可进行亲子活动
曲艺展馆 票友交流
在展廊中展示唱戏时的服饰、道具等
乡创工坊 伴手礼
吸引青年创业者和艺术家返乡，推广乡村文化
乐居田园
多种定制民宿
根据游客需要，提供不同院落格局的民宿
人性化服务
结合网络、VR等技术让游客有更好的体验
儿童游乐中心
为孩子们提供嬉戏玩耍的空间，吸引亲子游
步行栈道
自行车道
养正书院 书画展廊
乡愁馆
梓潼宫
天福古井
周氏故居
古戏台
曲艺长廊
农耕展览馆
茶艺体验
游客中心
楠桂林
山地车租赁
乡创工坊
民宿区
儿童游乐中心
游客接待
N
0 25 50 100m
空间策略
植入展示功能
改造建筑
公共空间
将分开的建筑连接起来，加入展览功能，可作为书画、摄影展廊等。同时，经过建筑围合营造出公共空间。
植入娱乐功能
改造建筑
公共空间
保留建筑传统形式，同时增加建筑面宽和灰空间，便于游客进行趣味体验活动，公共空间能汇聚更多人流。
植入创客交往功能
改造建筑
公共空间
在创客工坊中，整合原有小体量建筑，用灰空间连接，为创意工作者提供积极的交流互动空间，同时营造各自空间。
加
变
生活场景
建筑改造
灰瓦
望板
椽子
檩条
柱枋
围护
隔断
台明
主人卧房
观景步廊
2F
儿童娱乐
游客卧房
空间点散发
美食体验
1F
茶艺体验
游客卧房
通过山水格局与活动格局的解析，更好地提取文化空间单元。
参与热度
生态格局
肌理生长
三生共融

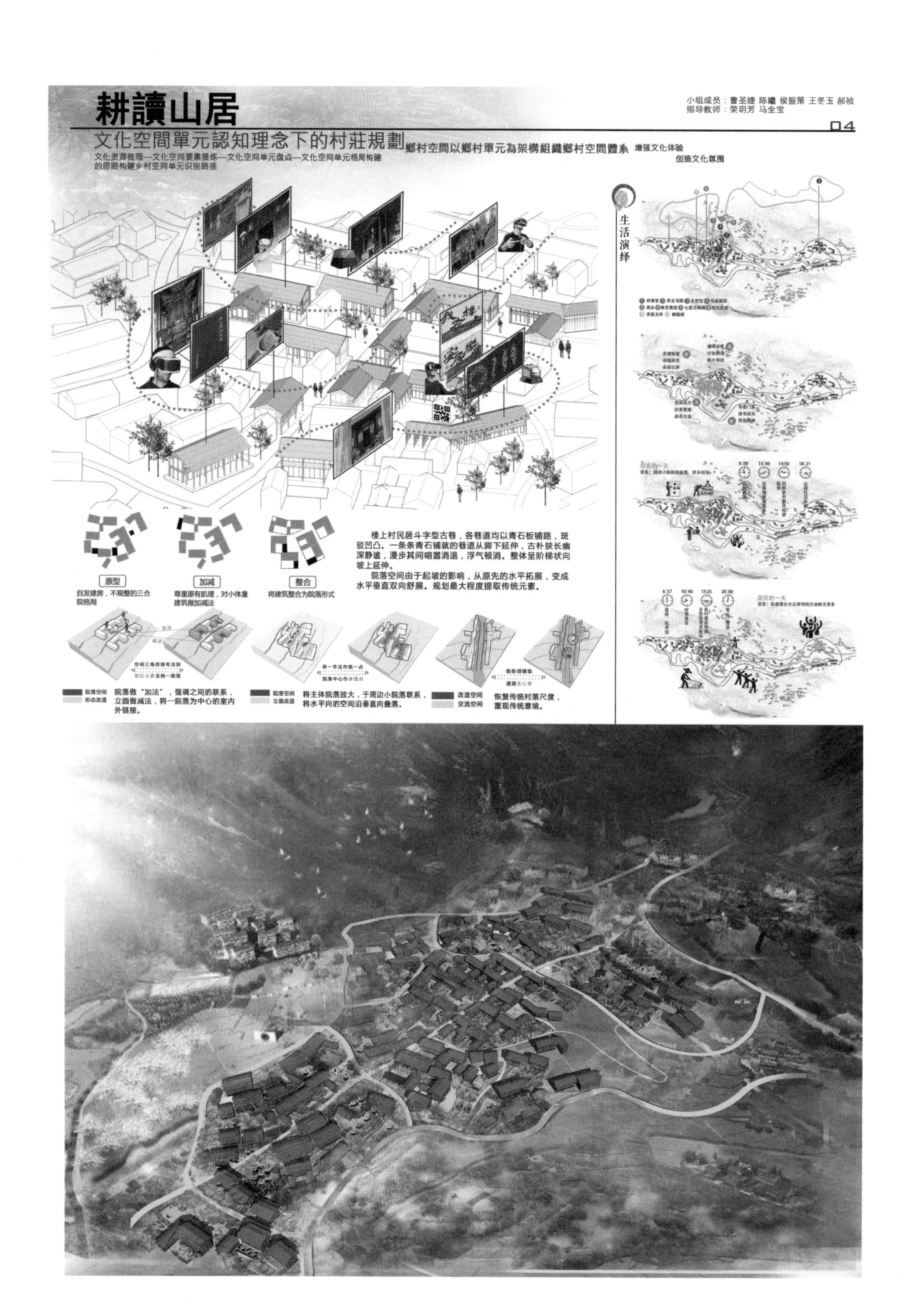
耕讀山居
文化空間單元認知理念下的村莊規劃
小组成员：曹圣婕 陈曦 侯振策 王冬玉 郝祯
指导教师：荣玥芳 马全宝
04
鄉村空間以鄉村單元為架構組織鄉村空間體系
增强文化体验
创造文化氛围
文化资源梳理—文化空间要素提炼—文化空间单元盘点—文化空间单元格局构建的思路构建乡村空间单元识别路径
生活演绎
原型
自发建房，不规整的三合院格局
加减
尊重原有肌理，对小体量建筑做加减法
整合
将建筑整合为院落形式
楼上村民居斗字型古巷，各巷道均以青石板铺路，斑驳凹凸。一条条青石铺就的巷道从脚下延伸，古朴狭长幽深静谧，漫步其间喧嚣消退，浮气顿消。整体呈阶梯状向坡上延伸。
院落空间由于起坡的影响，从原先的水平拓展，变成水平垂直双向舒展。规划最大程度提取传统元素。
院落空间
形态改造
院落做"加法"，强调之间的联系，立面做减法，将一院落为中心的室内外链接。
院落空间
立面改造
将主体院落放大，于周边小院落联系，将水平向的空间沿垂直直向叠落。
改造空间
交流空间
恢复传统村落尺度，重现传统意境。

# 立于农·兴于仓·成于育

全国三等奖

【参赛院校】 华南理工大学建筑学院

【参赛学生】

邓思华

陈杰灿

叶鸿任

朱佳学

谭玮婧

【指导老师】

叶　红

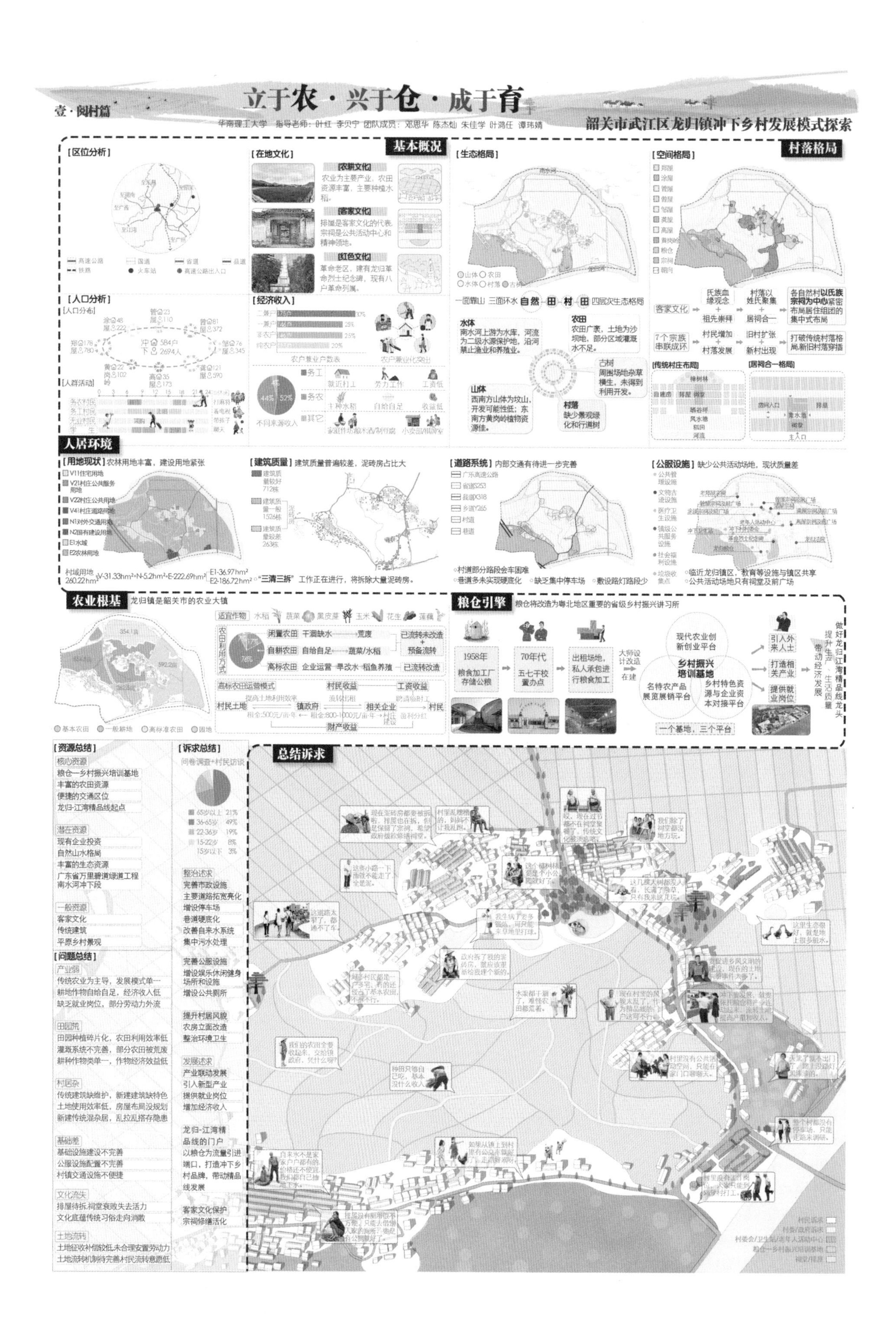

壹·阅村篇
立于农·兴于仓·成于育
韶关市武江区龙归镇冲下乡村发展模式探索
华南理工大学 指导老师：叶红 李贝宁 团队成员：邓思华 陈杰灿 朱佳学 叶鸿任 谭玮婧
基本概况
村落格局
人居环境
农业根基 龙归镇是韶关市的农业大镇
粮仓引擎 粮仓将改造为粤北地区重要的省级乡村振兴讲习所
总结诉求

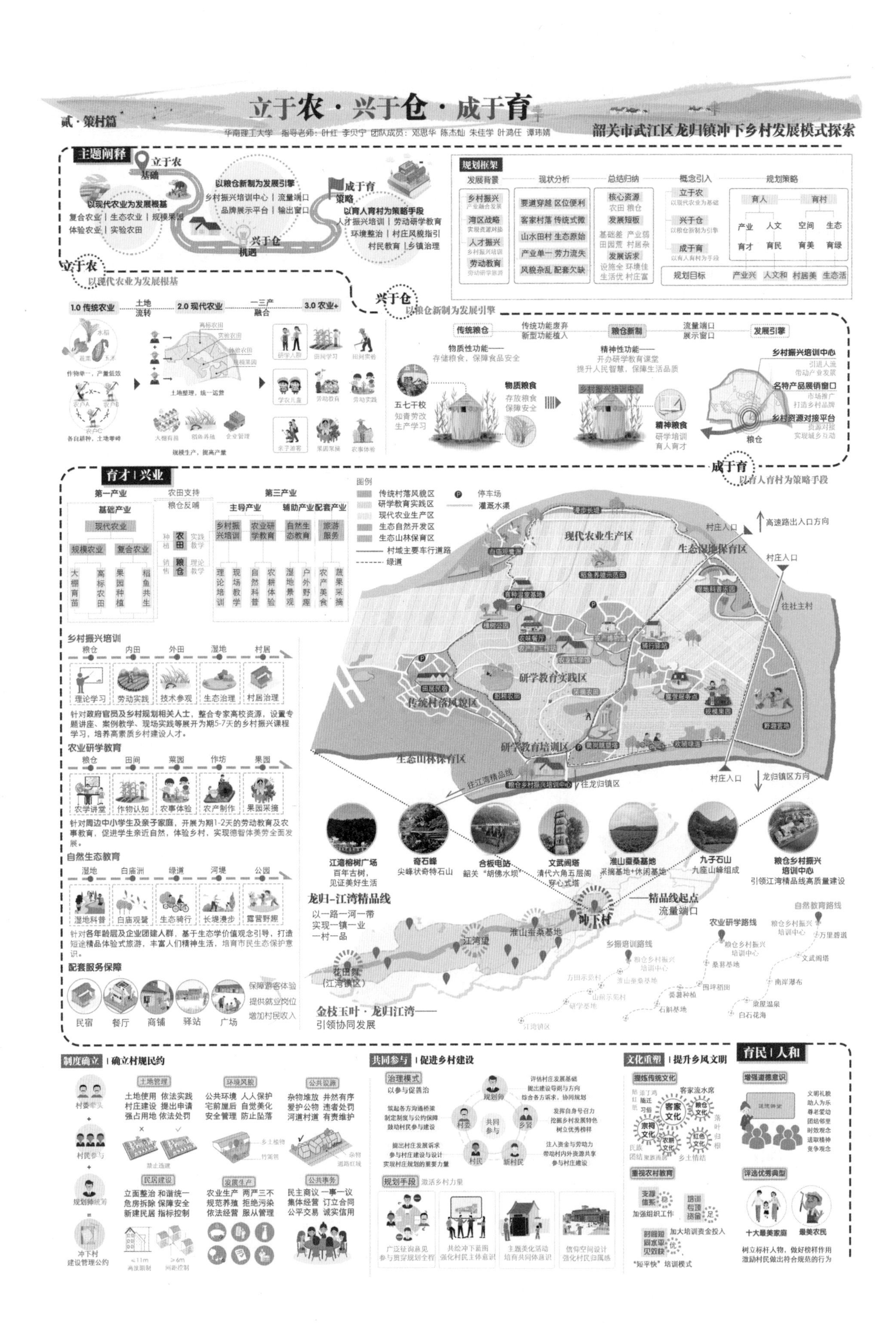
立于农·兴于仓·成于育
贰·策村篇
华南理工大学 指导老师：叶红 李贝宁 团队成员：邓思华 陈杰灿 朱佳学 叶鸿任 谭玮婧
韶关市武江区龙归镇冲下乡村发展模式探索
主题阐释
规划框架
立于农
以现代农业为发展根基
兴于仓
以粮仓新制为发展引擎
成于育
以育人育村为策略手段
育才 | 兴业
乡村振兴培训
农业研学教育
自然生态教育
配套服务保障
现代农业生产区
生态湿地保育区
研学教育实践区
传统村落风貌区
研学教育培训区
生态山林保育区
龙归-江湾精品线
金枝玉叶·龙归江湾——引领协同发展
冲下村
制度确立 | 确立村规民约
共同参与 | 促进乡村建设
文化重塑 | 提升乡风文明
育民 | 人和

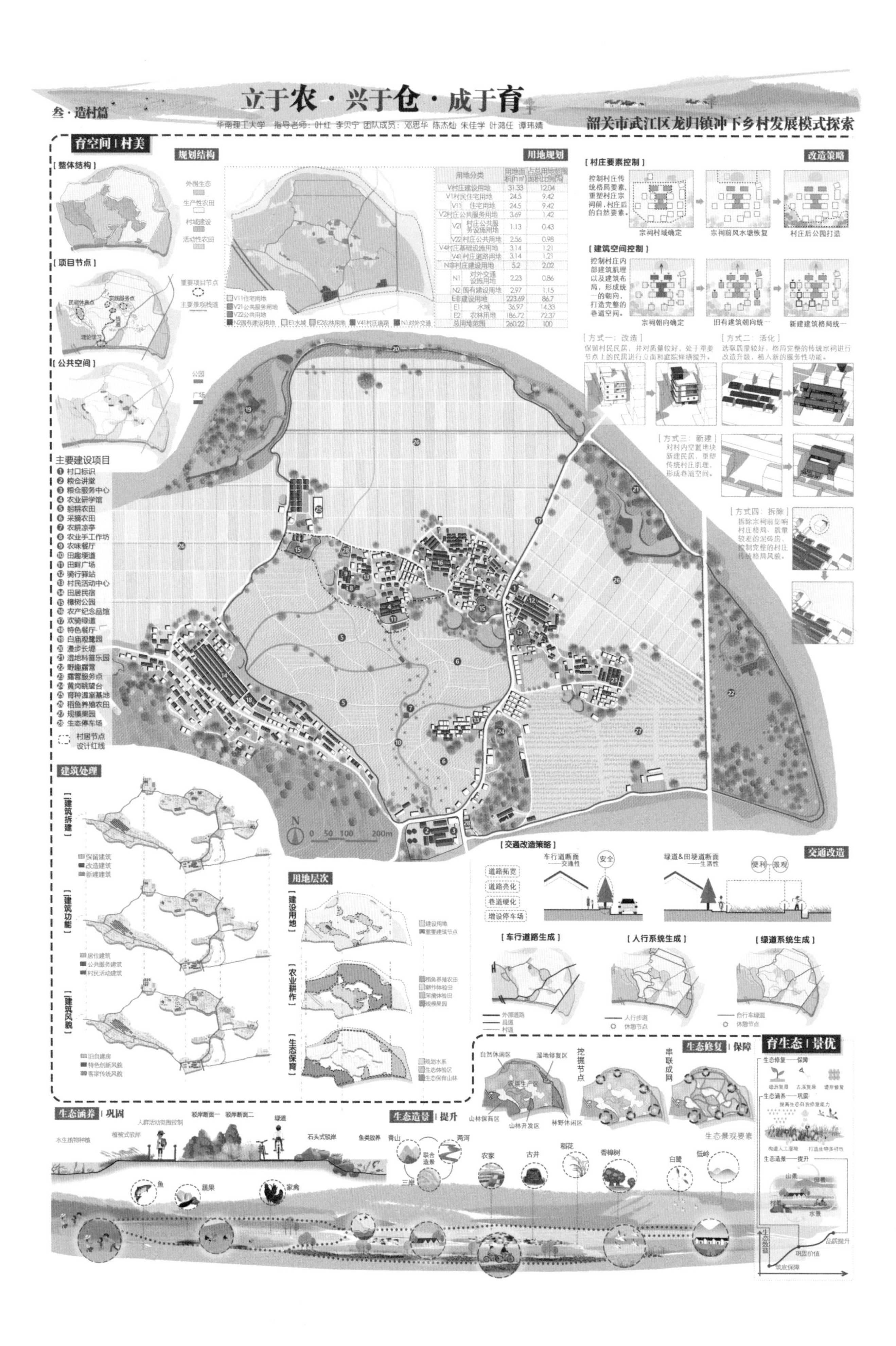


| 用地分类 | | 用地面积(h㎡) | 占总用地范围面积比例(%) |
|---|---|---|---|
| V村庄建设用地 | | 31.33 | 12.04 |
| V1村民住宅用地 | | 24.5 | 9.42 |
| V11 | 住宅用地 | 24.5 | 9.42 |
| V2村庄公共服务用地 | | 3.69 | 1.42 |
| V21 | 村庄公共服务设施用地 | 1.13 | 0.43 |
| V22 | 村庄公共用地 | 2.56 | 0.98 |
| V4村庄基础设施用地 | | 3.14 | 1.21 |
| V41 | 村庄道路用地 | 3.14 | 1.21 |
| N非村庄建设用地 | | 5.2 | 2.02 |
| N1 | 对外交通设施用地 | 2.23 | 0.86 |
| N2 | 国有建设用地 | 2.97 | 1.15 |
| E非建设用地 | | 223.69 | 86.7 |
| E1 | 水域 | 36.97 | 14.33 |
| E2 | 农林用地 | 186.72 | 72.37 |
| 总用地范围 | | 260.22 | 100 |

立于农·兴于仓·成于育
肆·营村篇
华南理工大学 指导老师：叶红 李贝宁 团队成员：邓思华 陈杰灿 朱佳学 叶鸿任 谭玮婧
韶关市武江区龙归镇冲下乡村发展模式探索
重点空间营建
总平面图
公共空间 | 场景再现
[村庄入口]
融合特色民居展现村容村貌，同时承载村口服务区的功能。
定位：风貌展示与宣传
规划人群：游客
活动：村口服务站，拍照打卡
[农味餐厅]
提取村内客家祠堂的元素，进行特色的建筑空间营造。
定位：农味品尝与体验
规划人群：游客
活动：流水席会，农家风味
[村民活动中心]
打造客民共融的活动中心，促进村民游客的交流互动。
定位：运动休闲与活动聚会
规划人群：游客、村民
活动：音乐会，联谊等活动
[农学祠堂]
以祠堂为载体的农耕展示，结合手工作坊等农事体验。
定位：农事展示与实践体验
规划人群：游客
活动：农事讲堂、农耕体验
区域 | 功能分区
乡土生活居住区
客村互动交融区
研学培训服务区
路径 | 交通分析
游客流线
村民流线
游客集集点
村民集集点
主要人流方向
节点 | 重要节点
村民活动节点
游客活动节点
活动节点
景观节点
界面 | 环村界面
民居改造
我希望房子漂漂亮亮的
造价不要太高，要耐用
我希望能有地方堆放杂物
灶台和柴火堆放在家外面
我希望能有地方养鸡种菜
还有地方喝喝茶聊聊天
窗户要多一点，房子太暗了
想房子变美的邹大妈
有意愿在楼下开个小卖部
有特色的房子当然喜欢啦
但太贵的房子我造不起
屋前能停放摩托车和单车
希望周边环境变好一点
准备建新屋的曾叔叔
希望新房子能大点
最好能有个庭院种菜
考虑过把自家改成民宿
不希望花太多钱
希望带着孙子逛公园
同样准备建房的梁婶婶
我想去公园玩
我喜欢打篮球
下雨天土路不好走
路上经常有车很危险
晚上村里没有路灯
希望能留点晒谷的地方
希望村子更好的邓爷爷
[民居建造指引]
[自建房改造]
现状
空间
造价
材质
[新建房指引]
概念
功能
造价
材质
[公共空间设计]
池塘恢复活化
植被适量种植
公共空间打造
古树保护修复
增设游径节点
[宗祠前广场处理]
[樟树公园打造处理]

# 十里三溪，醉美查济

全国三等奖

【参赛院校】 合肥工业大学建筑与艺术学院

【参赛学生】

薛珊珊　柯 鑫　张 坤

柳照娟　白冬梅　彭筱雪

【指导老师】

张 泉

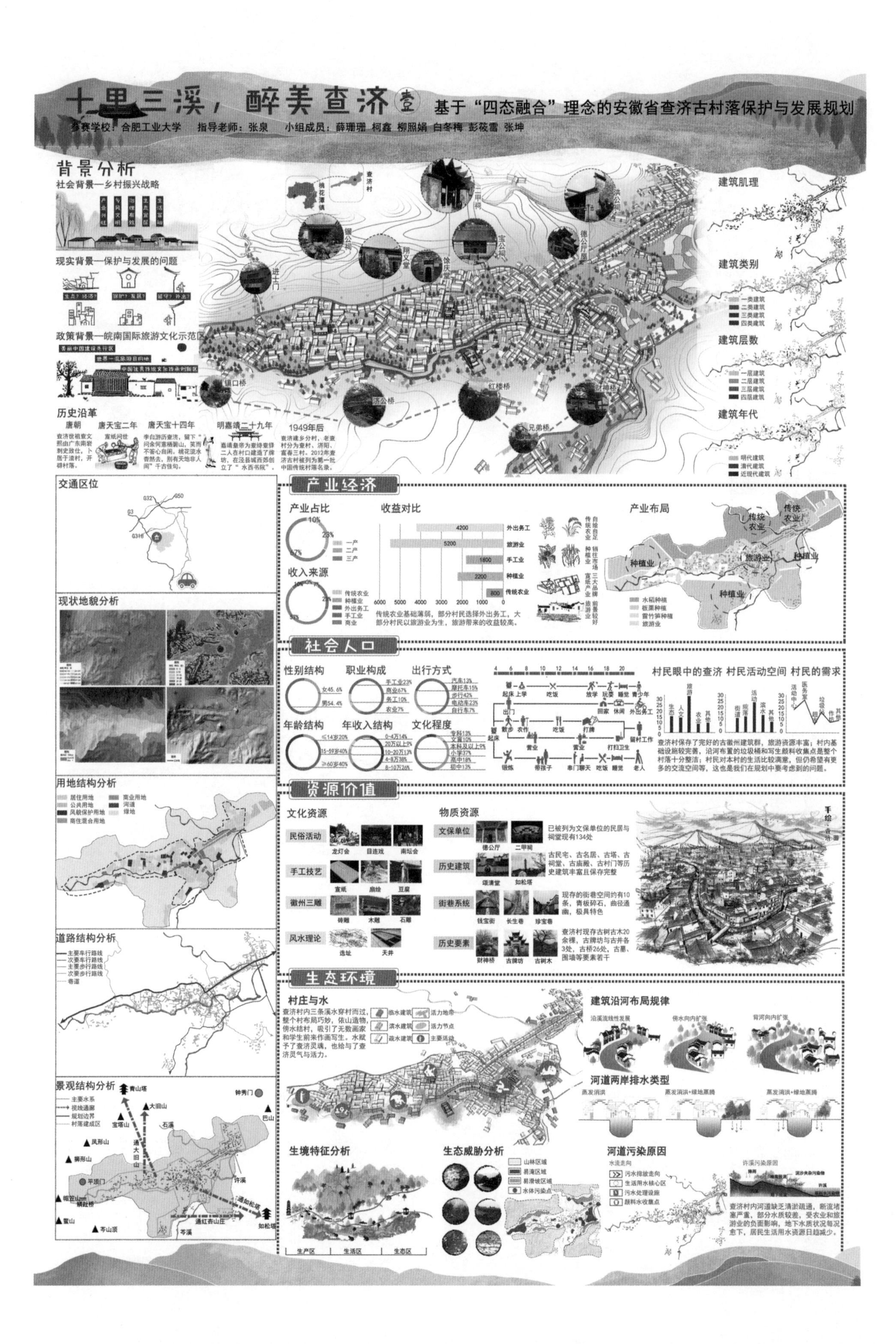

十里三溪，醉美查济 壹 基于“四态融合”理念的安徽省查济古村落保护与发展规划
参赛学校：合肥工业大学 指导老师：张泉 小组成员：薛珊珊 柯鑫 柳照娟 白冬梅 彭筱雪 张坤
背景分析
社会背景—乡村振兴战略
现实背景—保护与发展的问题
政策背景—皖南国际旅游文化示范区
历史沿革
建筑肌理
建筑类别
建筑层数
建筑年代
交通区位
现状地貌分析
用地结构分析
道路结构分析
景观结构分析
产业经济
产业占比
收益对比
收入来源
产业布局
传统农业基础薄弱，部分村民选择外出务工，大部分村民以旅游业为生，旅游带来的收益较高。
社会人口
性别结构
职业构成
出行方式
年龄结构
年收入结构
文化程度
村民眼中的查济 村民活动空间 村民的需求
查济村保存了完好的古徽州建筑群，旅游资源丰富；村内基础设施较完善，沿河布置的垃圾桶和写生颜料收集点是整个村落十分整洁；村民对本村的生活比较满意，但仍希望有更多的交流空间等，这也是我们在规划中要考虑到的问题。
资源价值
文化资源
物质资源
生态环境
村庄与水
查济村内三条溪水穿村而过，整个村布局巧妙，依山造物，傍水结村，吸引了无数画家和学生前来作画写生。水赋予了查济灵魂，也给与了查济灵气与活力。
建筑沿河布局规律
河道两岸排水类型
生境特征分析
生态威胁分析
河道污染原因
查济村内河道缺乏清淤疏通，断流堵塞严重，部分水质较差，受农业和旅游业的负面影响，地下水质状况每况愈下，居民生活用水资源日益减少。

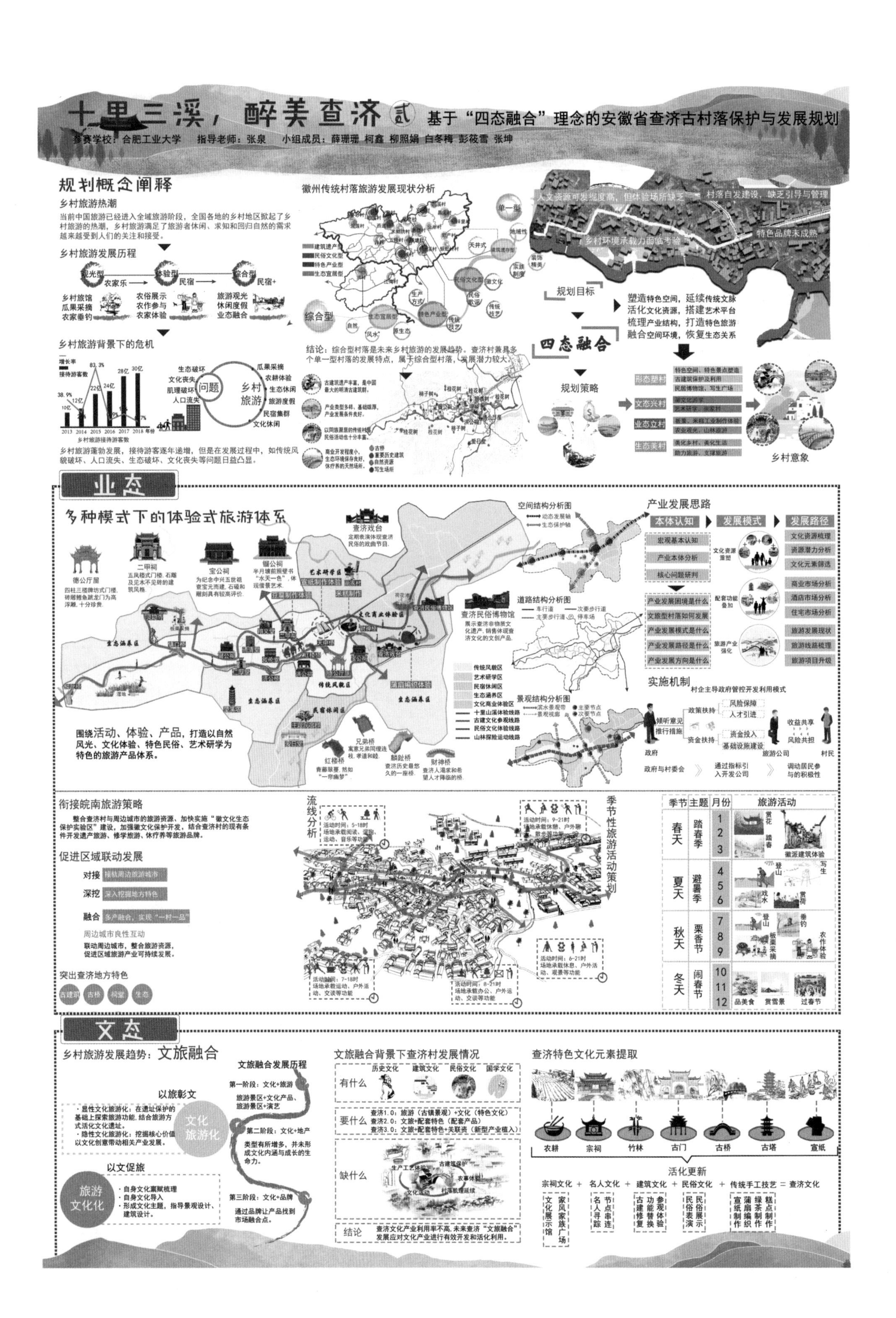
十里三溪，醉美查济 贰 基于“四态融合”理念的安徽省查济古村落保护与发展规划
参赛学校：合肥工业大学 指导老师：张泉 小组成员：薛珊珊 柯鑫 柳照娟 白冬梅 彭筱雪 张坤
规划概念阐释
乡村旅游热潮
当前中国旅游已经进入全域旅游阶段，全国各地的乡村地区掀起了乡村旅游的热潮，乡村旅游满足了旅游者休闲、求知和回归自然的需求越来越受到人们的关注和接受。
乡村旅游发展历程
乡村旅游背景下的危机
乡村旅游蓬勃发展，接待游客逐年递增，但是在发展过程中，如传统风貌破坏、人口流失、生态破坏、文化丧失等问题日益凸显。
徽州传统村落旅游发展现状分析
结论：综合型村落是未来乡村旅游的发展趋势。查济村兼具多个单一型村落的发展特点，属于综合型村落，发展潜力较大。
人文资源可发掘度高，但体验场所缺乏
村落自发建设，缺乏引导与管理
乡村环境承载力面临考验
特色品牌未成熟
规划目标
塑造特色空间，延续传统文脉
活化文化资源，搭建艺术平台
梳理产业结构，打造特色旅游
融合空间环境，恢复生态关系
四态融合
规划策略
形态塑村
文态兴村
业态立村
生态美村
乡村意象
业态
多种模式下的体验式旅游体系
围绕活动、体验、产品，打造以自然风光、文化体验、特色民俗、艺术研学为特色的旅游产品体系。
产业发展思路
本体认知
发展模式
发展路径
实施机制
村企主导政府管控开发利用模式
街接皖南旅游策略
整合查济村与周边城市的旅游资源、加快实施“徽文化生态保护实验区”建设，加强徽文化保护开发，结合查济村的现有条件开发遗产旅游、修学旅游、休疗养等旅游品牌。
促进区域联动发展
突出查济地方特色
流线分析
季节性旅游活动策划
文态
乡村旅游发展趋势：文旅融合
文旅融合发展历程
以旅彰文
以文促旅
文旅融合背景下查济村发展情况
有什么
要什么
缺什么
结论 查济文化产业利用率不高，未来查济“文旅融合”发展应对文化产业进行有效开发和活化利用。
查济特色文化元素提取
活化更新
宗祠文化 + 名人文化 + 建筑文化 + 民俗文化 + 传统手工技艺 = 查济文化

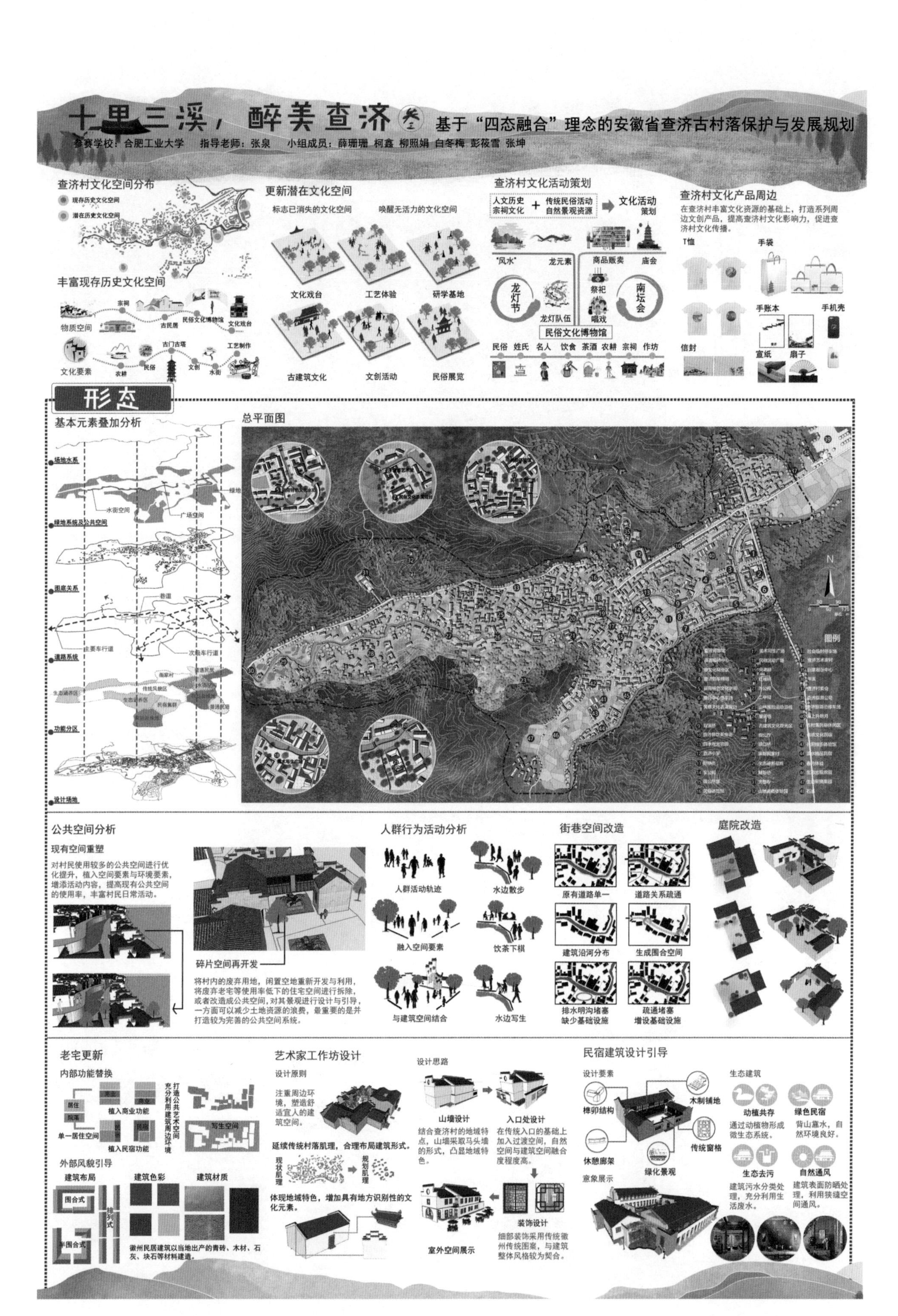
十里三溪，醉美查济
基于“四态融合”理念的安徽省查济古村落保护与发展规划
参赛学校：合肥工业大学 指导老师：张泉 小组成员：薛珊珊 柯鑫 柳照娟 白冬梅 彭筱雪 张坤
查济村文化空间分布
现存历史文化空间
潜在历史文化空间
更新潜在文化空间
标志已消失的文化空间
唤醒无活力的文化空间
文化戏台
工艺体验
研学基地
古建筑文化
文创活动
民俗展览
查济村文化活动策划
人文历史 宗祠文化
传统民俗活动 自然景观资源
文化活动策划
“风水”
龙元素
商品贩卖
庙会
龙灯节
祭祀
南坛会
龙灯队伍
唱戏
民俗文化博物馆
民俗 姓氏 名人 饮食 茶酒 农耕 宗祠 作坊
查济村文化产品周边
在查济村丰富文化资源的基础上，打造系列周边文创产品，提高查济村文化影响力，促进查济村文化传播。
T恤
手袋
手账本
手机壳
信封
宣纸
扇子
丰富现存历史文化空间
物质空间
宗祠
古民居
民俗文化博物馆
文化戏台
文化要素
古门古塔
工艺制作
农耕
民俗
文创
水街
形态
基本元素叠加分析
场地水系
水街空间
广场空间
绿地
绿地系统及公共空间
图底关系
道路系统
主要车行道
次要车行道
功能分区
设计场地
总平面图
图例
公共空间分析
现有空间重塑
对村民使用较多的公共空间进行优化提升，植入空间要素与环境要素，增添活动内容，提高现有公共空间的使用率，丰富村民日常活动。
碎片空间再开发
将村内的废弃用地，闲置空地重新开发与利用，将废弃老宅等使用率低下的住宅空间进行拆除，或者改造成公共空间，对其景观进行设计与引导，一方面可以减少土地资源的浪费，最重要的是并打造较为完善的公共空间系统。
人群行为活动分析
人群活动轨迹
水边散步
融入空间要素
饮茶下棋
与建筑空间结合
水边写生
街巷空间改造
原有道路单一
道路关系疏通
建筑沿河分布
生成围合空间
排水明沟堵塞 缺少基础设施
疏通堵塞 增设基础设施
庭院改造
老宅更新
内部功能替换
居住
院落
单一居住空间
植入商业功能
植入民宿功能
打造公共艺术空间 充分利用建筑周边环境
写生空间
外部风貌引导
建筑布局
建筑色彩
建筑材质
围合式
排列式
半围合式
徽州民居建筑以当地出产的青砖、木材、石灰、块石等材料建造。
艺术家工作坊设计
设计原则
注重周边环境，塑造舒适宜人的建筑空间。
延续传统村落肌理，合理布局建筑形式。
现状肌理
规划肌理
体现地域特色，增加具有地方识别性的文化元素。
设计思路
山墙设计
结合查济村的地域特点，山墙采取马头墙的形式，凸显地域特色。
入口处设计
在传统入口的基础上加入过渡空间，自然空间与建筑空间融合度程度高。
装饰设计
细部装饰采用传统徽州传统图案，与建筑整体风格较为契合。
室外空间展示
民宿建筑设计引导
设计要素
榫卯结构
木制铺地
传统窗格
休憩廊架
绿化景观
意象展示
生态建筑
动植共存
通过动植物形成微生态系统。
绿色民宿
背山靠水，自然环境良好。
生态去污
建筑污水分类处理，充分利用生活废水。
自然通风
建筑表面防晒处理，利用狭缝空间通风。

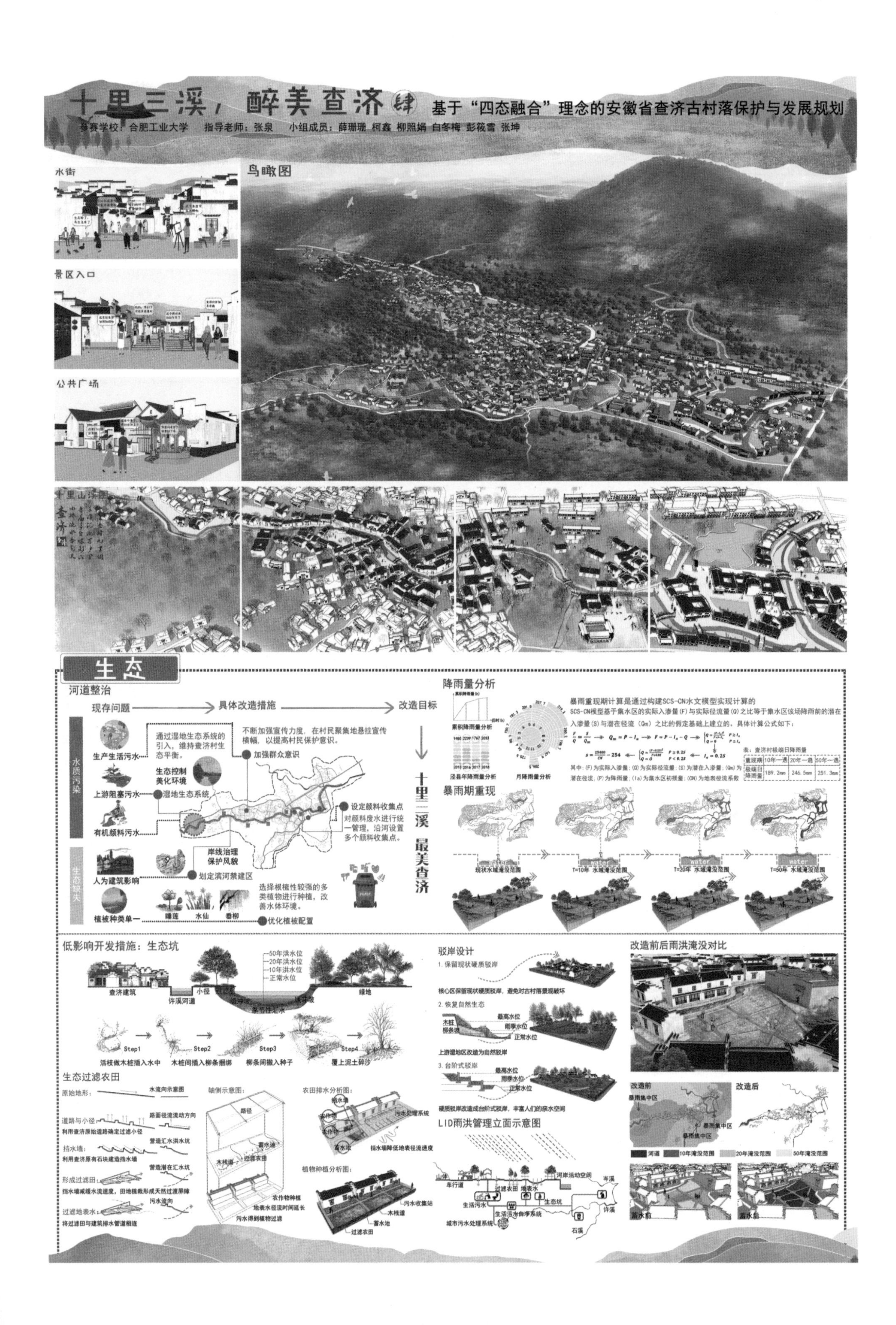
十里三溪，醉美查济 肆 基于“四态融合”理念的安徽省查济古村落保护与发展规划
参赛学校：合肥工业大学 指导老师：张泉 小组成员：薛珊珊 柯鑫 柳照娟 白冬梅 彭筱雪 张坤
水街
景区入口
公共广场
鸟瞰图
生态
河道整治
现存问题
具体改造措施
改造目标
水质污染
生产生活污水
上游阻塞污水
有机颜料污水
通过湿地生态系统的引入，维持查济村生态平衡。
生态控制美化环境
湿地生态系统
不断加强宣传力度，在村民聚集地悬挂宣传横幅，以提高村民保护意识。
加强群众意识
设定颜料收集点
对颜料废水进行统一管理，沿河设置多个颜料收集点。
生态缺失
人为建筑影响
植被种类单一
岸线治理保护风貌
划定滨河禁建区
选择根植性较强的多类植物进行种植，改善水体环境。
睡莲
水仙
垂柳
优化植被配置
十里三溪 最美查济
降雨量分析
累积降雨量分析
泾县年降雨量分析
月降雨量分析
暴雨重现期计算是通过构建SCS-CN水文模型实现计算的
SCS-CN模型基于集水区的实际入渗量(F)与实际径流量(Q)之比等于集水区该场降雨前的潜在入渗量(S)与潜在径流(Qm)之比的假定基础上建立的。具体计算公式如下：
表：查济村极端日降雨量
重现期 10年一遇 20年一遇 50年一遇
极端日降雨量 189.2mm 246.5mm 251.3mm
暴雨期重现
现状水域淹没范围
T=10年 水域淹没范围
T=20年 水域淹没范围
T=50年 水域淹没范围
低影响开发措施：生态坑
50年洪水位
20年洪水位
10年洪水位
正常水位
查济建筑
许溪河道
小径
绿地
季节性汇水
Step1 活枝做木桩插入水中
Step2 木桩间插入柳条捆绑
Step3 柳条间撒入种子
Step4 覆上泥土碎沙
生态过滤农田
原始地形
水流向示意图
道路与小径
利用查济原始道路确定过滤小径
路面径流流动方向
挡水墙
利用查济原有石块建造挡水墙
营造汇水洪水坑
形成过滤田
营造潜在汇水坑
过滤地表水
将过滤田与建筑排水管道相连
污水流向
轴侧示意图
路径
蓄水池
过滤农田
农田排水分析图
污水处理系统
挡水墙降低地表径流速度
植物种植分析图
农作物种植
地表水径流时间延长
污水得到植物过滤
污水收集站
木栈道
蓄水池
过滤农田
驳岸设计
1. 保留现状硬质驳岸
核心区保留现状硬质驳岸，避免对古村落景观破坏
2. 恢复自然生态
最高水位
雨季水位
正常水位
上游湿地区改造为自然驳岸
3. 台阶式驳岸
硬质驳岸改造成台阶式驳岸，丰富人们的亲水空间
LID雨洪管理立面示意图
山体
车行道
过滤农田
地表水
河岸活动空间
岑溪
生活污水
生态坑
生活污水自净系统
城市污水处理系统
许溪
石溪
改造前后雨洪淹没对比
改造前
改造后
暴雨集中区
河道
10年淹没范围
20年淹没范围
50年淹没范围
蓄水前
蓄水后

# 周而复始　生生不息

全国三等奖

【参赛院校】　重庆大学建筑城规学院

【参赛学生】

王　浩　　郭小仪　　陈多多

李宇韬　　吴佳泽　　钟秉知

【指导老师】

肖　竞　　闫水玉

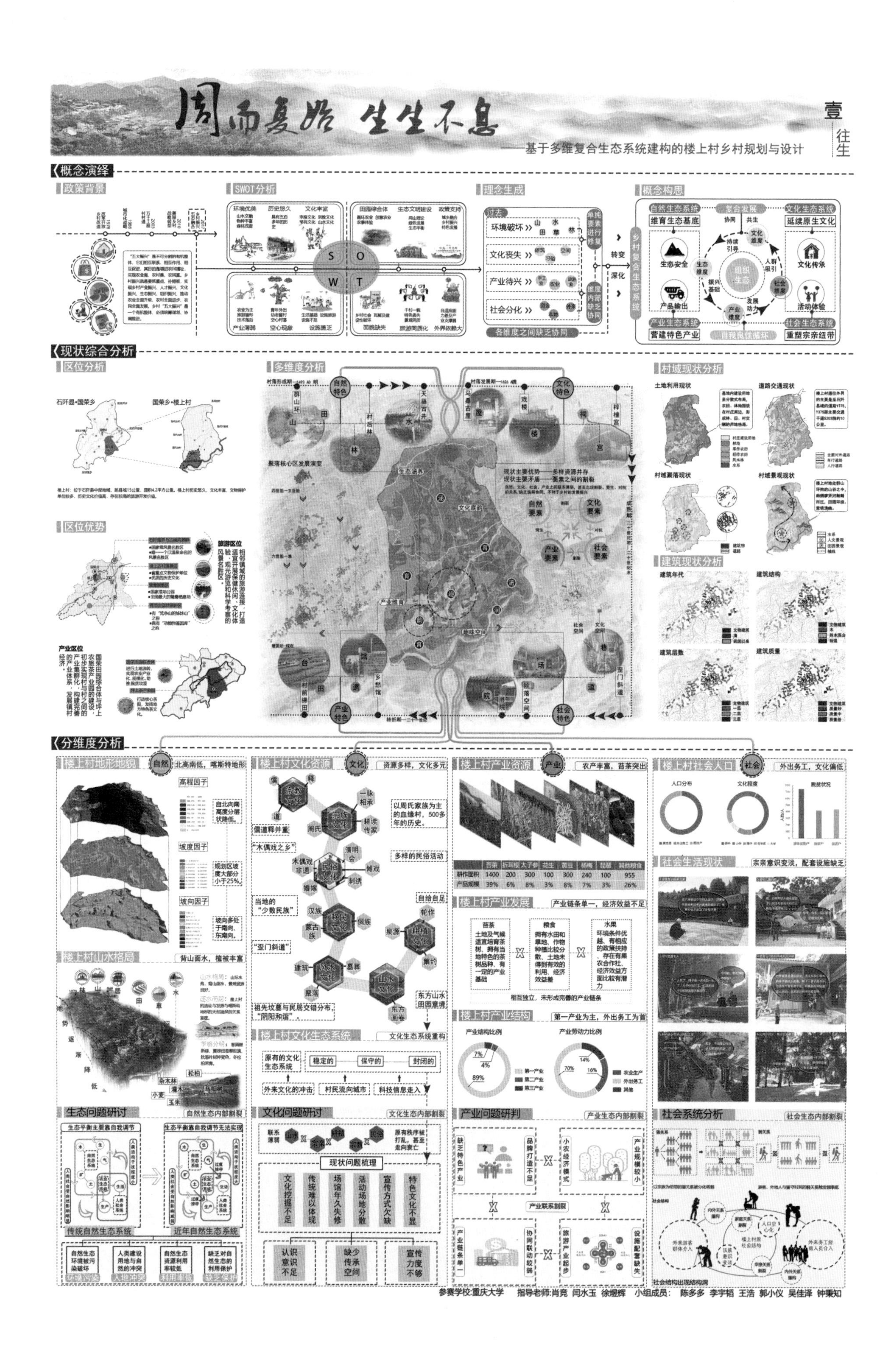


|  | 苔茶 | 折耳根 | 太子参 | 花生 | 黄豆 | 杨梅 | 枇杷 | 其他粮食 |
|---|---|---|---|---|---|---|---|---|
| 耕作面积 | 1400 | 200 | 300 | 100 | 300 | 240 | 100 | 955 |
| 产品规模 | 39% | 6% | 8% | 3% | 8% | 7% | 3% | 26% |

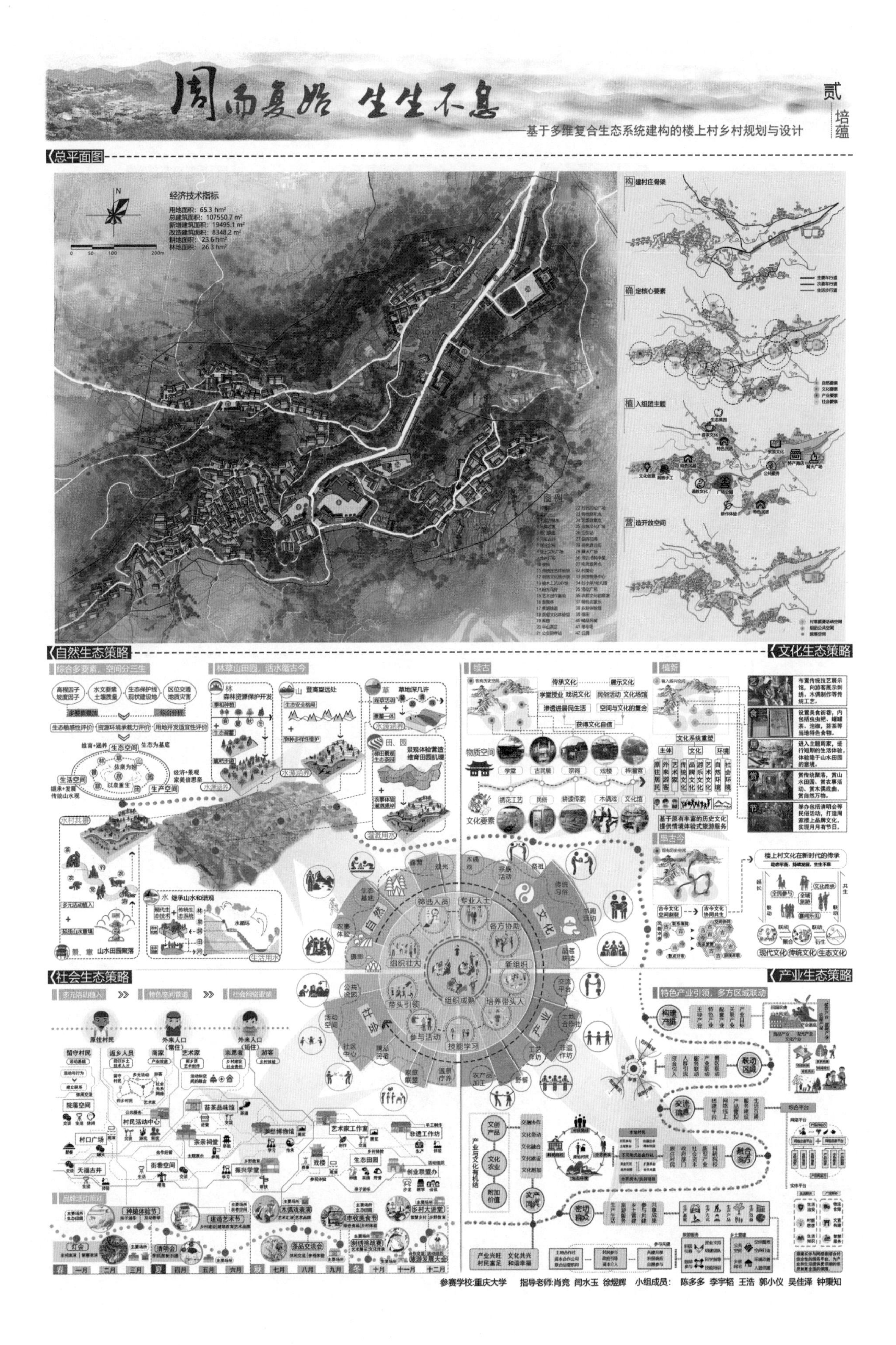
周而复始 生生不息
——基于多维复合生态系统建构的楼上村乡村规划与设计
贰 培蕴
总平面图
经济技术指标
自然生态策略
文化生态策略
社会生态策略
产业生态策略
参赛学校:重庆大学 指导老师:肖竞 闫水玉 徐煜辉 小组成员: 陈多多 李宇韬 王浩 郭小仪 吴佳泽 钟秉知

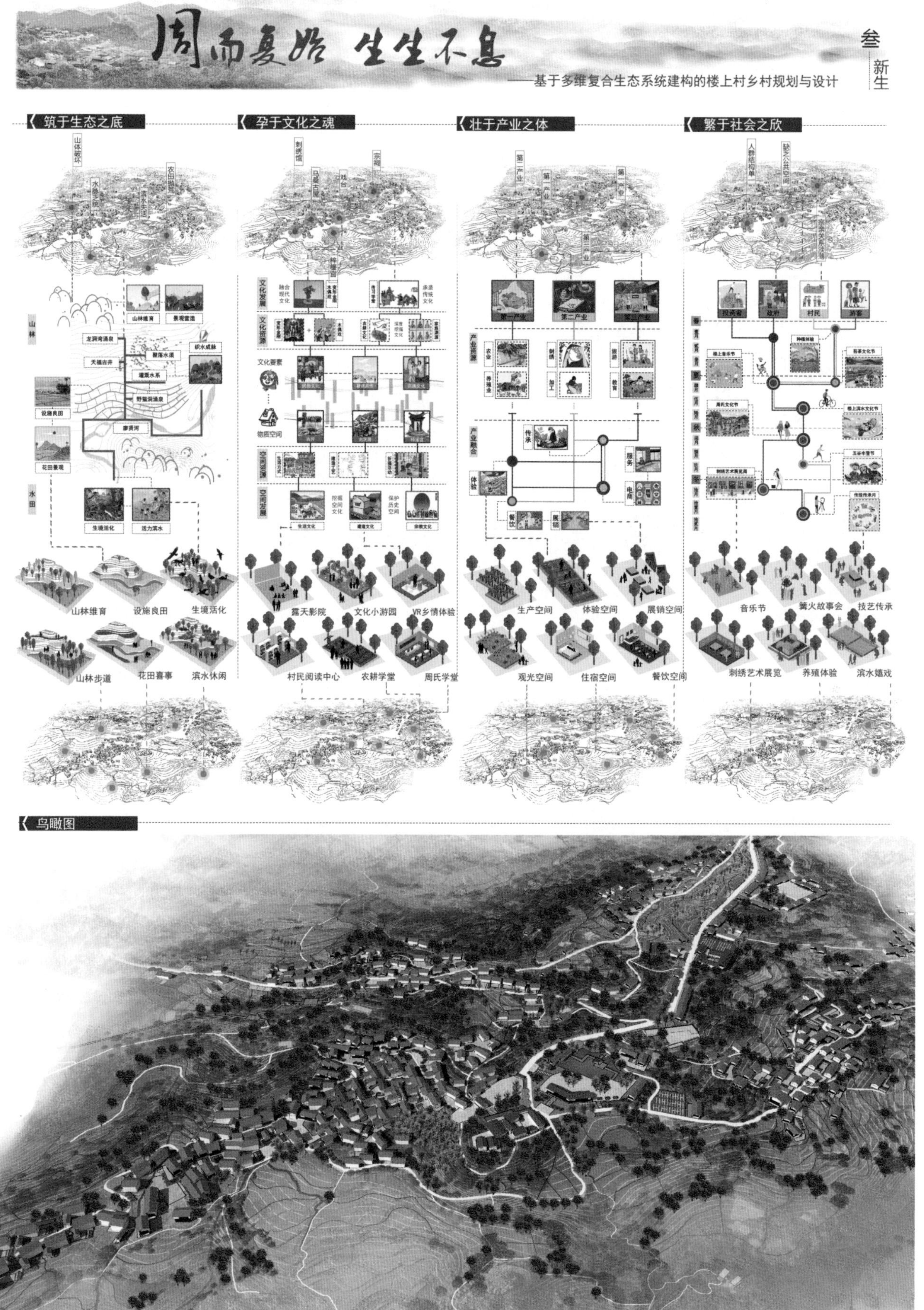


参赛学校:重庆大学 指导老师:肖竞 闫水玉 徐煜辉 小组成员: 陈多多 李宇韬 王浩 郭小仪 吴佳泽 钟秉知

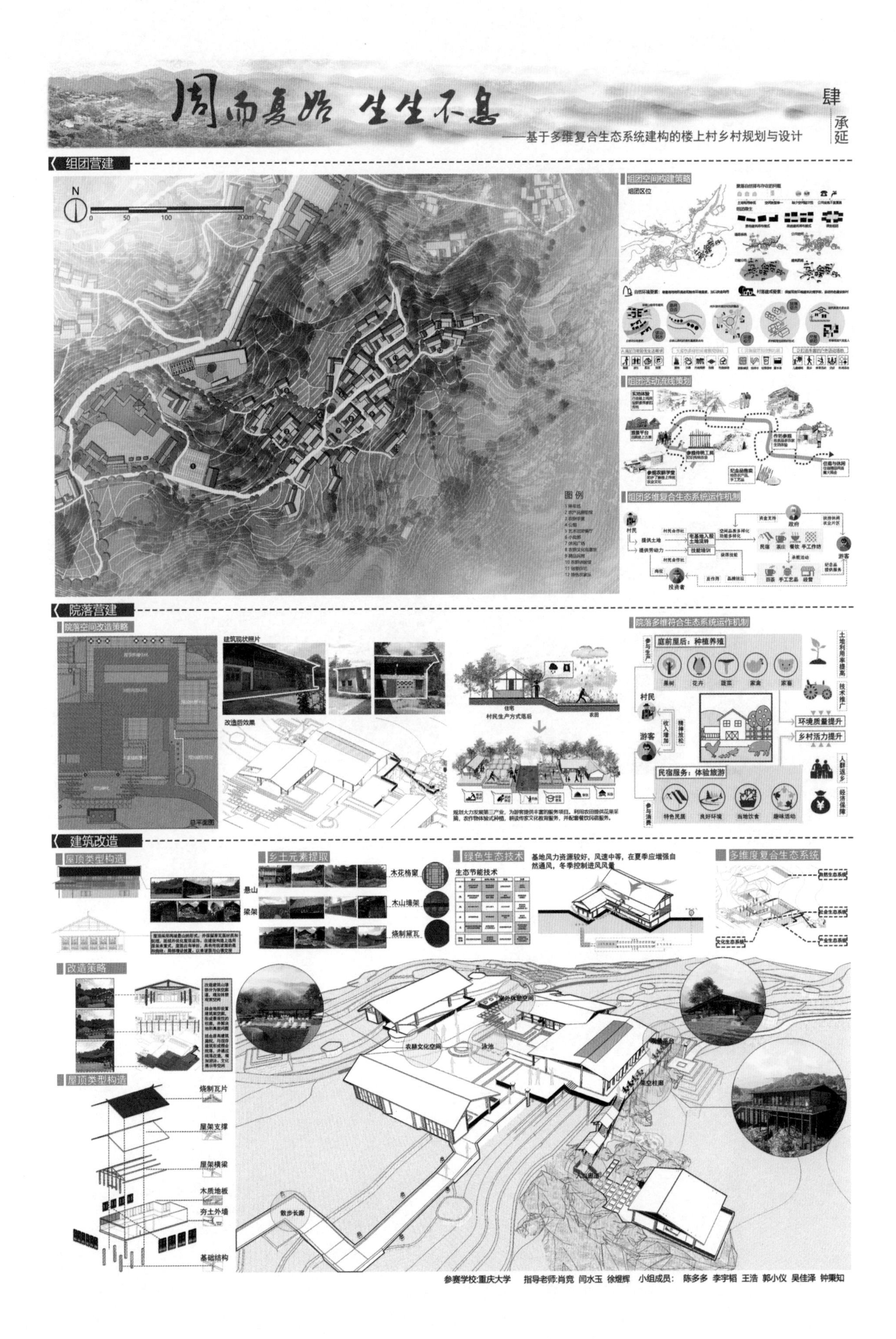
周而复始 生生不息
——基于多维复合生态系统建构的楼上村乡村规划与设计
肆 承延
组团营建
组团空间构建策略
组团活动流线策划
组团多维复合生态系统运作机制
院落营建
院落空间改造策略
建筑现状照片
改造后效果
院落多维符合生态系统运作机制
庭前屋后：种植养殖
民宿服务：体验旅游
环境质量提升
乡村活力提升
建筑改造
屋顶类型构造
乡土元素提取
木花格窗
木山墙架
烧制篾瓦
绿色生态技术
基地风力资源较好，风速中等，在夏季应增强自然通风，冬季控制进风风量
生态节能技术
多维度复合生态系统
改造策略
烧制瓦片
屋架支撑
屋架横梁
木质地板
夯土外墙
基础结构
农耕文化空间
泳池
散步长廊
参赛学校:重庆大学 指导老师:肖竞 闫水玉 徐煜辉 小组成员：陈多多 李宇韬 王浩 郭小仪 吴佳泽 钟秉知

# 乡以优犹　民以悠游

全国三等奖

【参赛院校】　安徽建筑大学建筑与规划学院

【参赛学生】

穆恬恬

徐国栋

苏海生

汪　俊

王泽昊

陈彦霖

【指导老师】

马　明

杨新刚

## 居民访谈与调查问卷

"我们村历史悠久，现在的龙井村是由原来的龙井、集星两村在2004年合并而来的。这里有很多红色记忆，历史上也出现了以汪廷栢为代表的多位烈士，至今还保留部分汪家老屋。"

"如果村里搞旅游开发的话，应该会提高收入，但需要打好广告效应，我也挺像做民宿的村里蓝莓弄得不错，最好把荒地都种上，龙井山居建设不俗，还应加大宣传力度。"

"我们村青山环绕，生态环境良好。之前在"美丽乡村"的建设下，政府鼓励住房采用红色坡屋顶，白墙；但还有一些老旧的建筑。拆除旱厕、兴建水厕、增设垃圾箱等措施让环境更好了。"

"村里有卫生院，但形同虚设；农家村屋活动室在村部，我们也不怎么去，唯十的小学也荒废了，大家更愿意去镇上念书，公交车不方便都是自已开车者骑车去。"

"我们村大部分年轻人都在外打工，家里大部分田地都承包出去给大公司种植蓝莓，村民也会在蓝莓地务工补贴些家用。更重要是村里面的文化需要保护！"

调查问卷针对龙井村村民，发放80份，有效57份。龙井村现辖30个村民组，853户3117人。实际在村中居住村民较少，多为老年人和儿童。调查问卷的内容分为三个方面：

（1）村民家庭基本情况（2）村民对村庄现状评价及生活情况的调查（3）村民对乡村建设的愿景与期望

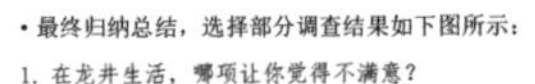

· 最终归纳总结，选择部分调查结果如下图所示：

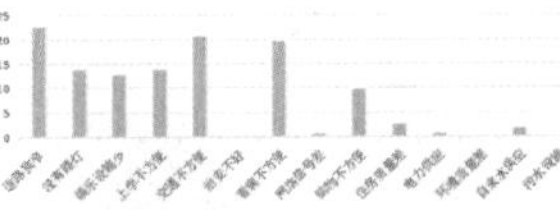


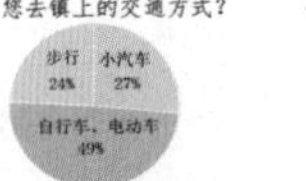

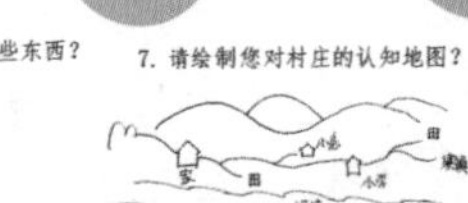


（选取某一位村民所画展示）简单反映了龙井村山水生态格局。

有助于对村落意象的认知

在对村民的调查中我们发现，村民对公共交通的不便有较大意见，对医疗、教育购物、娱乐有较大需求，反映了路灯需要普及以及水质需要提高。了解到村民对未来旅游发展抱有信心，大部分人也愿意继续留在家乡并且重视对传统文化和民俗文化的传承。

## 龙井村规划思考

### 规划思考①—对龙井困与优的思考

思龙井发展之困：

①村庄发展内外动力不足

②山水田园格局需要梳理

③产业延伸融合乏力

④人居品质需要进一步加强

⑥乡村价值亟待唤醒

拾龙井发展之优

①生态之优—龙潭映水，良田美景，桃源意象

②产业之优—百亩茶桑，千亩蓝莓，以宿为营

③人文环境之优—民风淳朴，人文荟萃，美丽乡村

### 规划思考②—对乡村价值的考量

龙井村建筑风貌的多样化、对马头墙的乱用、设施堆砌化布置以及对乡土文化、红色文化的疏远、似乎让乡村失了魂，摆脱乡村发展的衰败与异化，让乡村的山、乡村的水、乡村的建筑、乡村的生产、乡村的生活、乡村的文化归于乡村的特质。莫让发展成为乡村渐行渐远的借口！

以乡村价值为导向梳理龙井村的特质，在乡村发展更优的同时更要注重乡村犹在乡土价值、人文价值、生态价值、农业价值。

①对龙井乡土文化、乡村特色、乡村生活的自信与坚持，对乡村不古不洋风貌的反思

②土地流转后仍要坚持农业的价值与乡村自给自足的田园经济，同时多方面促进村庄产业发展与延伸

③对龙井山水生态格局的保护与重塑，对于龙井龙潭意象的梳理

### 规划思考③—龙井自身对于旅游发展的诉求

深刻体会到龙井村对于旅游发展的诉求，但是旅游不是光靠修建民宿就可以带动的！需要多方面的带动与支持！

基于龙井村为旅游准备的发展基础思龙井发展之困，以困促优，发展的过程中不忘乡村犹在的价值，以犹促优，乡村与城市各美其美，以**龙井之优促乡村旅游发展**，共绘龙井乡民生活悠然、游客乐游之图景。

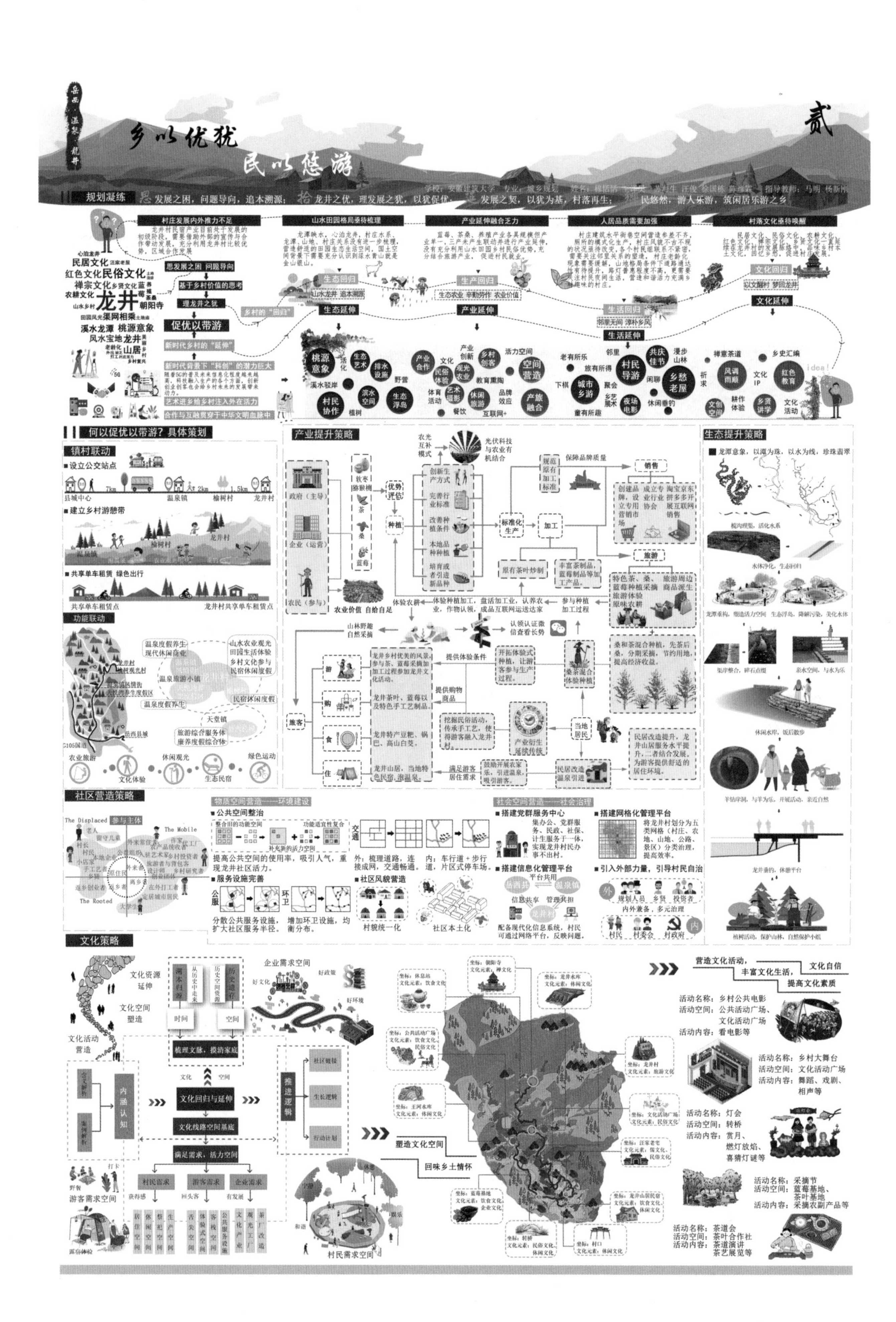

乡以优犹
民以悠游
贰
规划凝练
发展之困，问题导向，追本溯源；龙井之优，理发展之犹，以犹促优
发展之契，以犹为基，村落再生；民悠然，游人乐游，筑闲居乐游之乡
村庄发展内外推力不足
山水田园格局亟待梳理
产业延伸融合乏力
人居品质需要加强
村落文化亟待唤醒
龙井
思发展之困 问题导向
基于乡村价值的思考
理龙井之犹
促优以带游
生态回归
产业回归
生活回归
文化回归
生态延伸
产业延伸
生活延伸
文化延伸
何以促优以带游？具体策划
镇村联动
设立公交站点
建立乡村游憩带
共享单车租赁 绿色出行
功能联动
产业提升策略
生态提升策略
社区营造策略
物质空间营造——环境建设
社会空间营造——社会治理
公共空间整治
服务设施完善
社区风貌营造
搭建党群服务中心
搭建网格化管理平台
搭建信息化管理平台
引入外部力量，引导村民自治
文化策略
文化回归与延伸
文化线路空间基底
满足需求，活力空间
塑造文化空间
回味乡土情怀
营造文化活动，丰富文化生活，提高文化素质
文化自信
活动名称：乡村公共电影
活动名称：乡村大舞台
活动名称：灯会
活动名称：采摘节
活动名称：茶道会

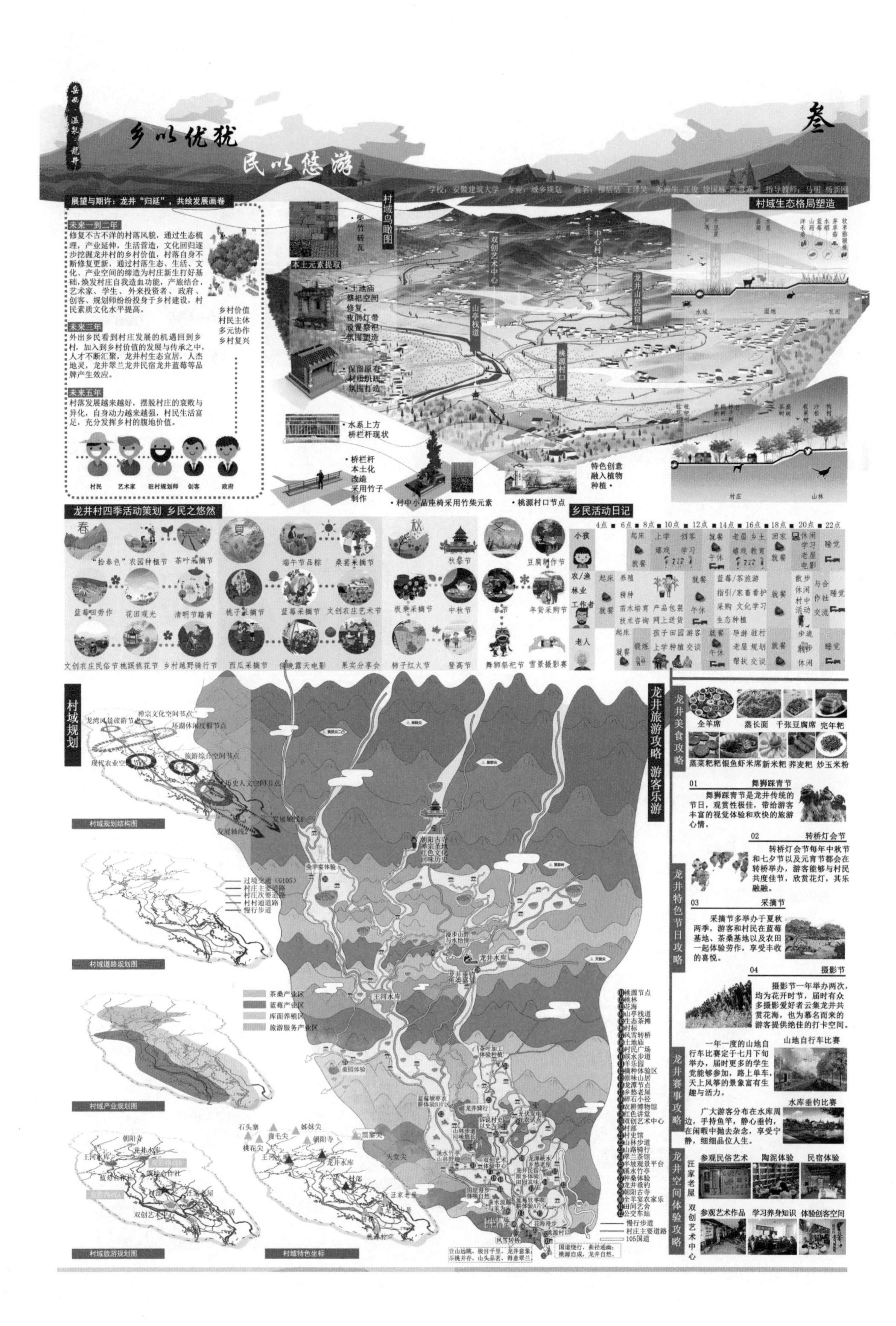
乡以优犹
民以悠游
叁
展望与期许：龙井"归延"，共绘发展画卷
未来一到二年
修复不古不洋的村落风貌，通过生态梳理，产业延伸，生活营造，文化回归逐步挖掘龙井村的乡村价值，村落自身不断修复更新，通过村落生态、生活、文化、产业空间的缔造为村庄新生打好基础，焕发村庄自我造血功能，产旅结合，艺术家、学生、外来投资者、政府、创客、规划师纷纷投身于乡村建设，村民素质文化水平提高。
未来三年
外出乡民看到村庄发展的机遇回到乡村，加入到乡村价值的发展与传承之中，人才不断汇聚，龙井村生态宜居，人杰地灵，龙井翠兰龙井民宿龙井蓝莓等品牌产生效应。
未来五年
村落发展越来越好，摆脱村庄的衰败与异化，自身动力越来越强，村民生活富足，充分发挥乡村的腹地价值。
乡村价值
村民主体
多元协作
乡村复兴
村民 艺术家 驻村规划师 创客 政府
村域鸟瞰图
本土元素提取
土地庙祭祀空间修复。夜间灯带设置祭祀氛围塑造
保留原有村庄肌理氛围打造
水系上方桥栏杆现状
桥栏杆本土化改造采用竹子制作
村中小品座椅采用竹柴元素
桃源村口节点
特色创意融入植物种植
双创艺术中心
中心村
龙井山居民宿
山亭栈道
桃源村口
村域生态格局塑造
水域 湿地 农田
村庄 山林
龙井村四季活动策划 乡民之悠然
春 夏 秋 冬
"拾春色"农园种植节 茶叶采摘节 端午节品粽 桑葚采摘节 秋黍节 豆腐制作节
蓝莓田劳作 花田观光 清明节踏青 桃子采摘节 蓝莓采摘节 文创农庄艺术节 板栗采摘节 中秋节 春节 年货采购节
文创农庄民俗节 桃蹊桃花节 乡村越野骑行节 西瓜采摘节 傍晚露天电影 果实分享会 柿子红火节 登高节 舞狮祭祀节 雪景摄影赛
乡民活动日记
4点 6点 8点 10点 12点 14点 16点 18点 20点 22点
小孩 农/渔林业工作者 老人
村域规划
禅宗文化空间节点
龙湾风景旅游节点
环湖休闲度假节点
现代农业空间
旅游综合空间节点
历史人文空间节点
发展轴线
村域规划结构图
过境交通（G105）
村庄主要道路
村庄次要道路
村村通道路
慢行步道
村域道路规划图
茶桑产业区
蓝莓产业区
库面养殖区
旅游服务产业区
村域产业规划图
村域旅游规划图
村域特色坐标
朝阳古寺
龙井水库
王河水库
天堂尖
龙井旅游攻略 游客乐游
龙井美食攻略
全羊席 蒸长面 千张豆腐席 完年粑
蒸菜粑粑 银鱼虾米席 新米粑 荞麦粑 炒玉米粉
龙井特色节日攻略
01 舞狮踩青节
舞狮踩青节是龙井传统的节日，观赏性极佳，带给游客丰富的视觉体验和欢快的旅游心情。
02 转桥灯会节
转桥灯会节每年中秋节和七夕节以及元宵节都会在转桥举办，游客能够与村民共度佳节，欣赏花灯，其乐融融。
03 采摘节
采摘节多举办于夏秋两季，游客和村民在蓝莓基地、茶桑基地以及农田一起体验劳作，享受丰收的喜悦。
04 摄影节
摄影节一年举办两次，均为花开时节，届时有众多摄影爱好者云集龙井共赏花海，也为慕名而来的游客提供绝佳的打卡空间。
龙井赛事攻略
山地自行车比赛
一年一度的山地自行车比赛定于七月下旬举办，届时更多的学生党能够参加，路上单车，天上风筝的景象富有生趣与活力。
水库垂钓比赛
广大游客分布在水库周边，手持鱼竿，静心垂钓，在闲暇中抛去杂念，享受宁静，细细品位人生。
龙井空间体验攻略
汪家老屋
参观民俗艺术 陶泥体验 民宿体验
双创艺术中心
参观艺术作品 学习养身知识 体验创客空间

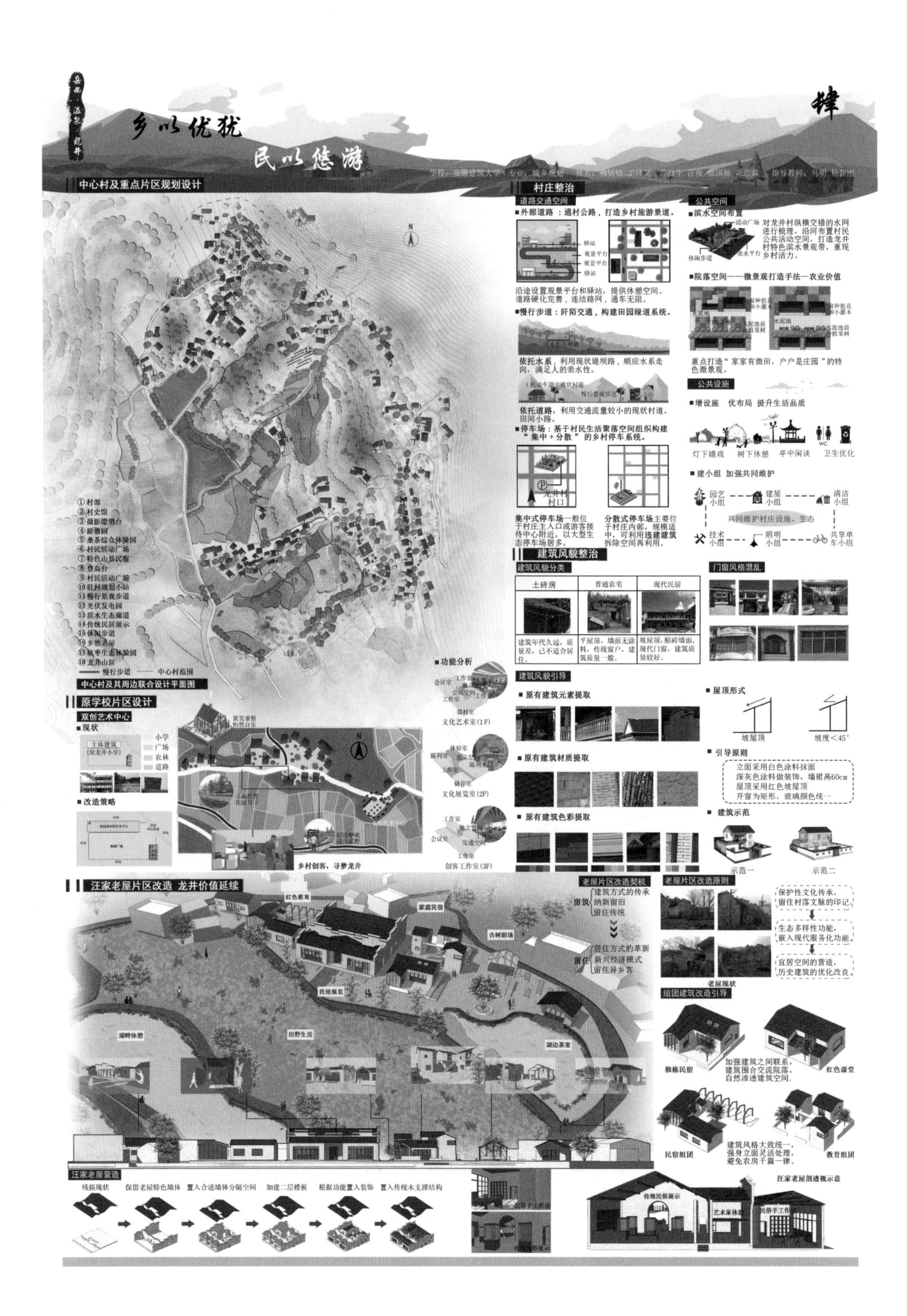
乡以优犹
民以悠游
中心村及重点片区规划设计
村庄整治
道路交通空间
■外部道路：通村公路，打造乡村旅游景道。
沿途设置观景平台和驿站，提供休憩空间。道路硬化完善，连结路网，通车无阻。
■慢行步道：阡陌交通，构建田园绿道系统。
依托水系，利用现状堤坝路，顺应水系走向，满足人的亲水性。
依托道路，利用交通流量较小的现状村道、田间小路。
■停车场：基于村民生活聚落空间组织构建"集中+分散"的乡村停车系统。
集中式停车场一般位于村庄主入口或游客接待中心附近，以大型生态停车场居多。
分散式停车场主要位于村庄内部，规模适中，可利用违建建筑拆除空间再利用。
公共空间
■滨水空间布置
对龙井村纵横交错的水网进行梳理，沿河布置村民公共活动空间，打造龙井村特色滨水景观带，重现乡村活力。
■院落空间——微景观打造手法—农业价值
重点打造"家家有微田，户户是庄园"的特色微景观。
公共设施
■增设施 优布局 提升生活品质
灯下嬉戏 树下休憩 亭中闲谈 卫生优化
■建小组 加强共同维护
园艺小组 建屋小组 清洁小组 技术小组 照明小组 共享单车小组
共同维护村庄设施、生态
①村部
②村史馆
③摄影瞭望台
④新墨园
⑤桑茶综合体验园
⑥村民活动广场
⑦特色山景民宿
⑧登高台
⑨村民活动广场
⑩驻村规划小站
⑪慢行景观步道
⑫光伏发电园
⑬滨水生态廊道
⑭传统民居展示
⑮休闲步道
⑯乡愁老屋
⑰秋枣生态体验园
⑱龙井山居
慢行步道 中心村范围
中心村及其周边联合设计平面图
建筑风貌整治
建筑风貌分类
土砖房 普通农宅 现代民居
建筑年代久远，质量差，已不适合居住。
平屋顶，墙面无涂料，传统窗户，建筑质量一般。
坡屋顶，贴砖墙面，现代门窗，建筑质量较好。
门窗风格混乱
建筑风貌引导
■原有建筑元素提取
■原有建筑材质提取
■原有建筑色彩提取
■屋顶形式
坡屋顶 坡度＜45°
■引导原则
立面采用白色涂料抹面
深灰色涂料做装饰，墙裙高60cm
屋顶采用红色坡屋顶
开窗为矩形，玻璃颜色统一
■建筑示范
示范一 示范二
原学校片区设计
双创艺术中心
■现状
■改造策略
■功能分析
文化艺术室(1F)
文化展览室(2F)
创客工作室(3F)
乡村创客，寻梦龙井
汪家老屋片区改造 龙井价值延续
红色教育 家庭民宿 古树剧场 民俗展览 湖畔休憩 田野生活 湖边茶室
老屋片区改造契机
留筑 建筑方式的传承 纳新留旧 留住传统
留住 居住方式的革新 新兴经济模式 留住异乡客
老屋片区改造原则
保护性文化传承，留住村落文脉的印记。
生态多样性功能，嵌入现代服务化功能。
宜居空间的营造，历史建筑的优化改良。
老屋现状
组团建筑改造引导
独栋民宿 红色课堂
加强建筑之间联系，建筑围合交流院落，自然渗透建筑空间。
民宿组团 教育组团
建筑风格大致统一，强身立面灵活处理，避免农房千篇一律。
汪家老屋营造
残损现状 保留老屋特色墙体 置入合适墙体分隔空间 加建二层楼板 根据功能置入装饰 置入传统木支撑结构
汪家老屋剖透视示意
传统民俗展示 艺术家休憩 民俗手工作坊

# 寻乡入微

全国三等奖

【参赛院校】 苏州科技大学建筑与城市规划学院

【参赛学生】

张艺林　王沛颖　陈美华

郑坤仪　陈勐勐　吴若禹

【指导老师】

刘宇舒　张振龙

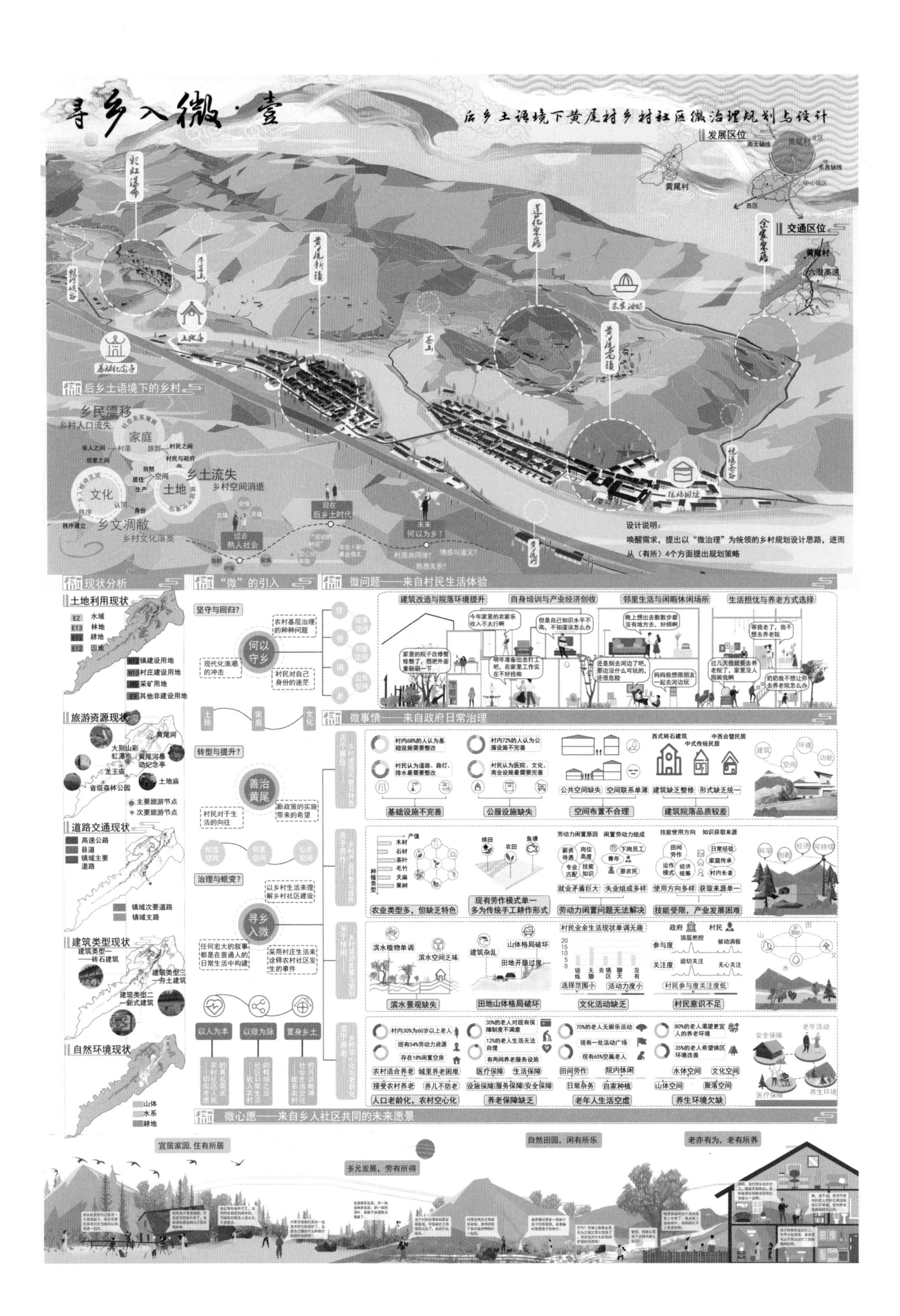
寻乡入微·壹
后乡土语境下黄尾村乡村社区微治理规划与设计
发展区位
交通区位
黄尾村
后乡土语境下的乡村
乡民漂移
乡村人口流失
家庭
乡土流失
乡村空间消逝
文化
土地
乡文凋敝
乡村文化落赏
过去
熟人社会
现在
后乡土时代
未来
何以为乡?
设计说明:
唤醒需求，提出以“微治理”为统领的乡村规划设计思路，进而从（有所）4个方面提出规划策略
现状分析
土地利用现状
旅游资源现状
道路交通现状
建筑类型现状
自然环境现状
“微”的引入
坚守与回归?
何以守乡
转型与提升?
善治黄尾
治理与蜕变?
寻乡入微
以人为本
以微为脉
置身乡土
微问题——来自村民生活体验
建筑改造与院落环境提升
自身培训与产业经济创收
邻里生活与闲暇休闲场所
生活担忧与养老方式选择
微事情——来自政府日常治理
基础设施不完善
公服设施缺失
空间布置不合理
建筑院落品质较差
农业类型多，但缺乏特色
现有劳作模式单一 多为传统手工耕作形式
劳动力闲置问题无法解决
技能受限，产业发展困难
滨水景观缺失
田地山体格局破坏
文化活动缺乏
村民意识不足
人口老龄化，农村空心化
养老保障缺乏
老年人生活空虚
养生环境欠缺
微心愿——来自乡人社区共同的未来愿景
宜居家园，住有所居
多元发展，劳有所得
自然田园，闲有所乐
老亦有为，老有所养

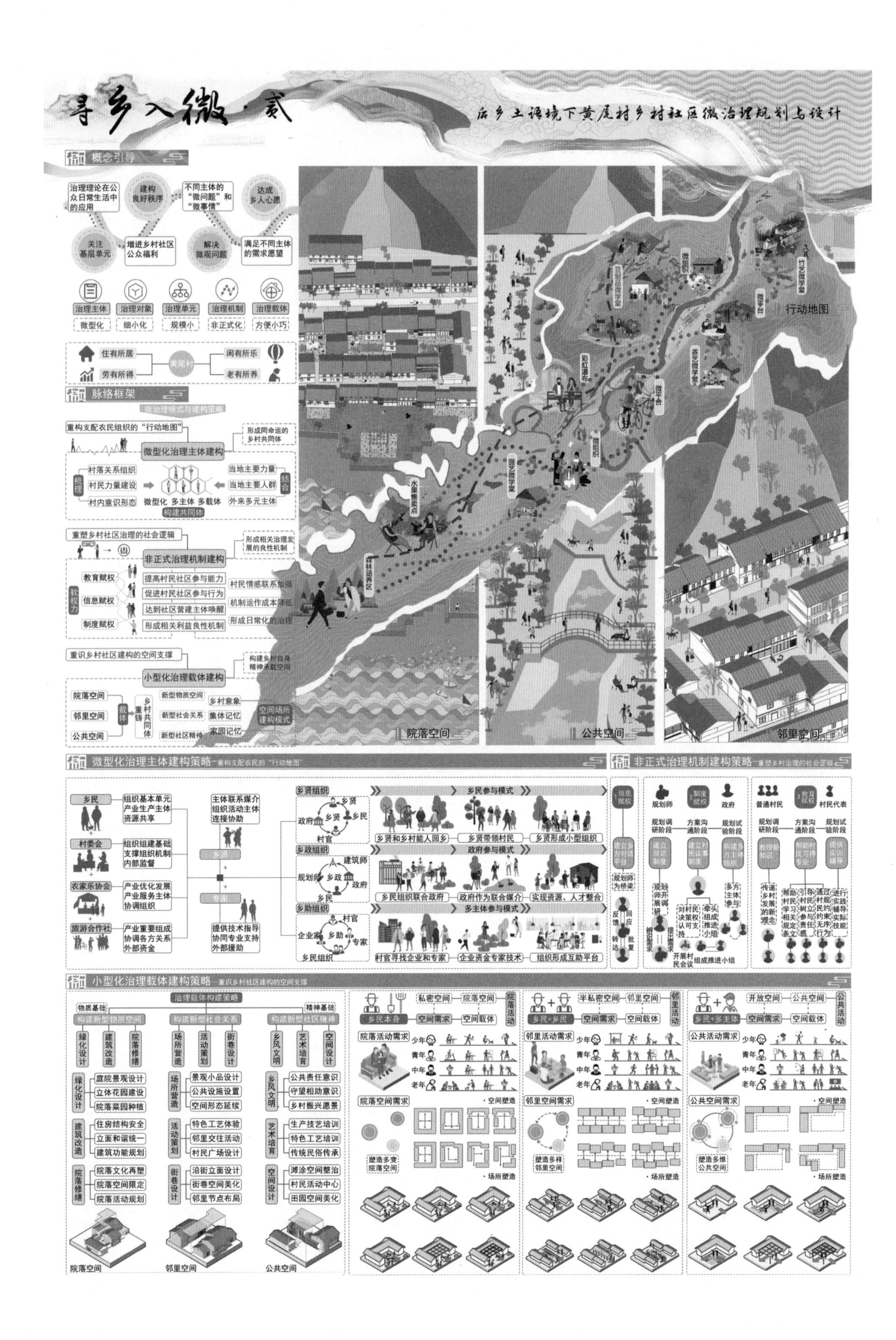
寻乡入微·贰
后乡土语境下黄尾村乡村社区微治理规划与设计
概念引导
脉络框架
微型化治理主体建构
非正式治理机制建构
小型化治理载体建构
行动地图
院落空间
公共空间
邻里空间
微型化治理主体建构策略—重构支配农民的"行动地图"
非正式治理机制建构策略—重塑乡村治理的社会逻辑
小型化治理载体建构策略—重识乡村社区建构的空间支撑

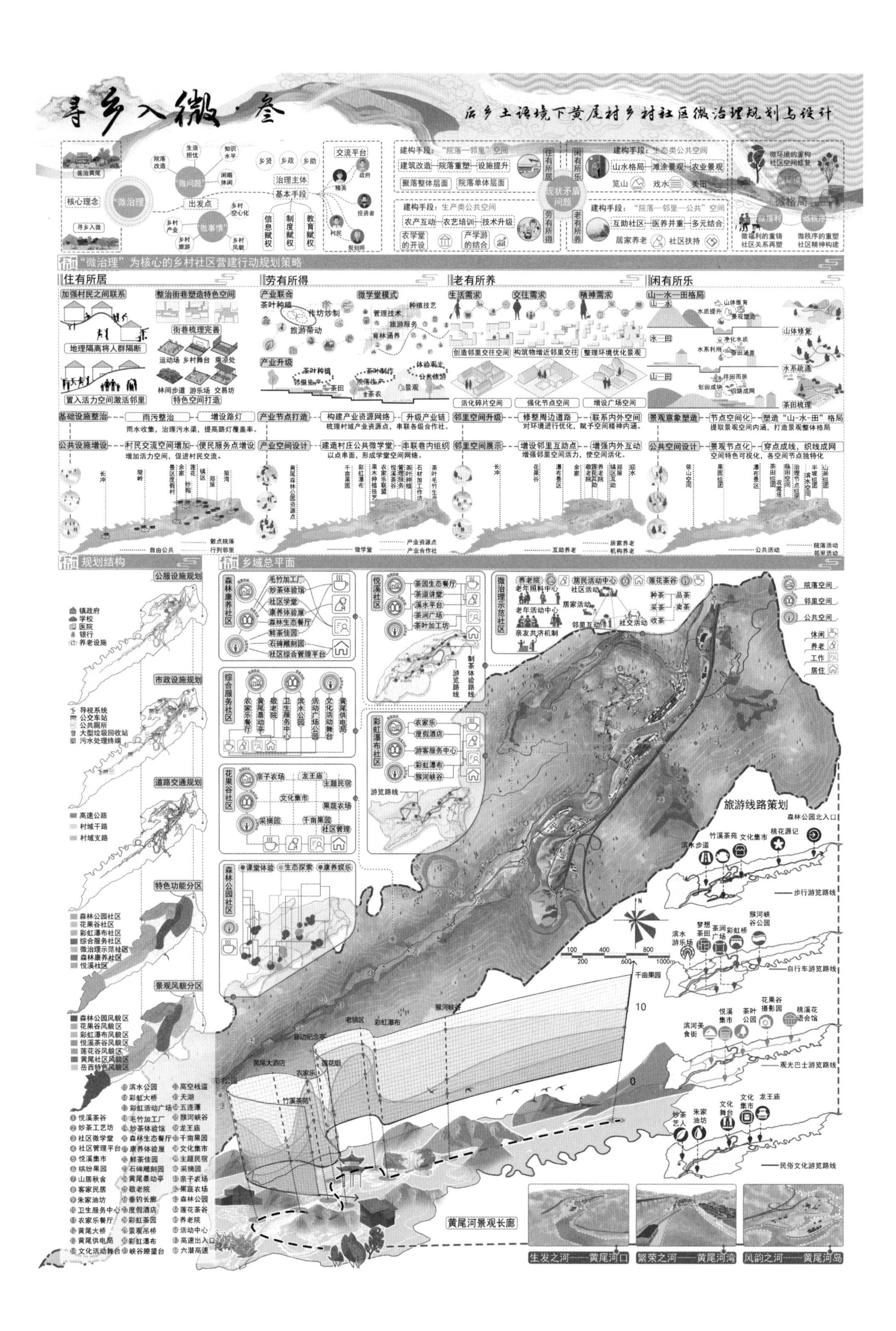
寻乡入微·叁
后乡土语境下黄尾村乡村社区微治理规划与设计
"微治理"为核心的乡村社区营建行动规划策略
住有所居
劳有所得
老有所养
闲有所乐
规划结构
乡域总平面
旅游线路策划
黄尾河景观长廊
生发之河——黄尾河口
繁荣之河——黄尾河湾
风韵之河——黄尾河岛

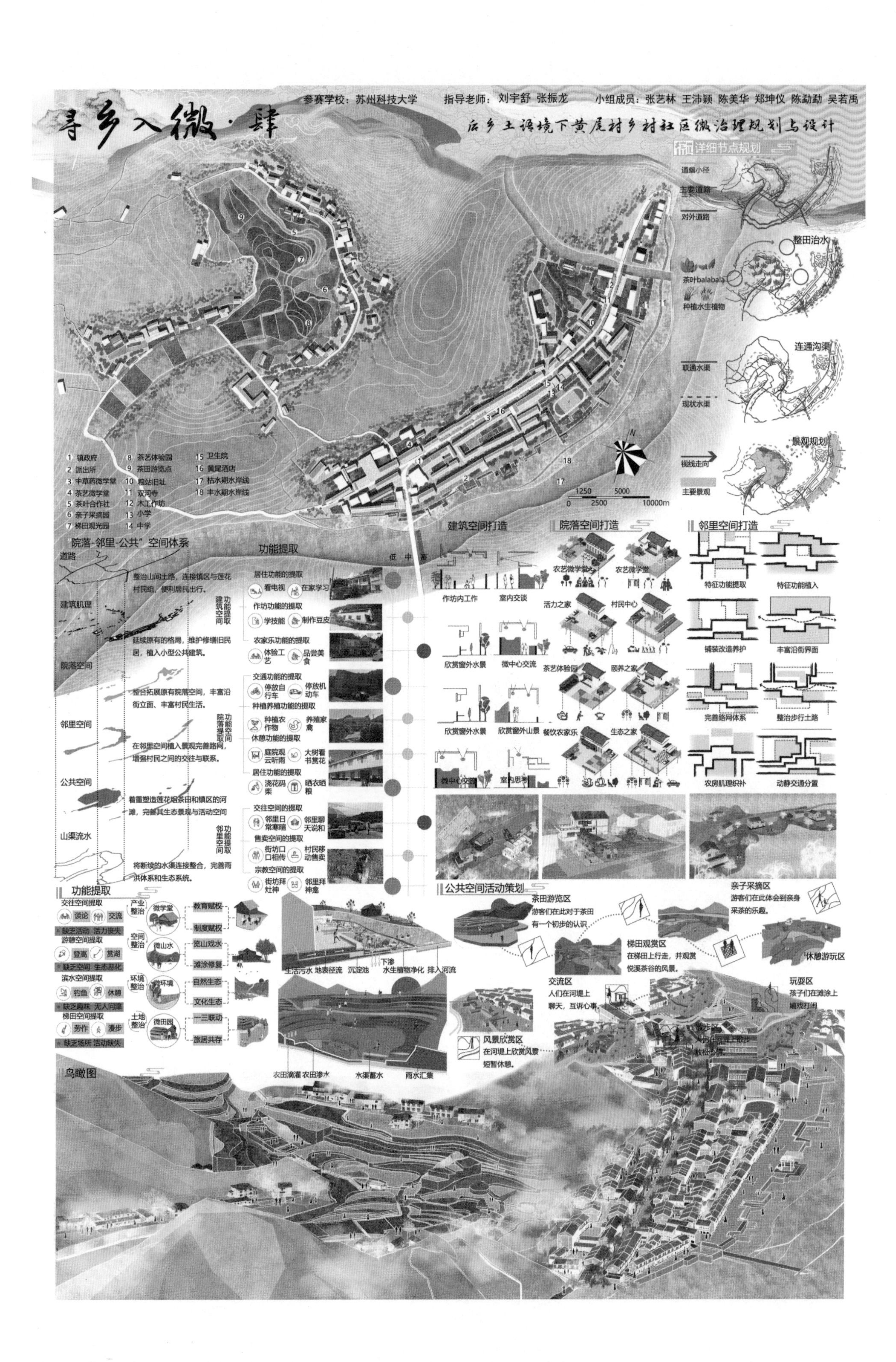
参赛学校：苏州科技大学 指导老师：刘宇舒 张振龙 小组成员：张艺林 王沛颖 陈美华 郑坤仪 陈勐勐 吴若禹
寻乡入微·肆
后乡土语境下黄尾村乡村社区微治理规划与设计
详细节点规划
整田治水
连通沟渠
景观规划
1 镇政府
2 派出所
3 中草药微学堂
4 茶艺微学堂
5 茶叶合作社
6 亲子采摘园
7 梯田观光园
8 茶艺体验园
9 茶田游览点
10 驿站旧址
11 双河寺
12 木工作坊
13 小学
14 中学
15 卫生院
16 黄尾酒店
17 枯水期水岸线
18 丰水期水岸线
"院落-邻里-公共"空间体系
功能提取
建筑空间打造
院落空间打造
邻里空间打造
公共空间活动策划
鸟瞰图
茶田游览区
亲子采摘区
梯田观赏区
休憩游玩区
交流区
玩耍区
风景欣赏区

# 水漾田居　乐创 cool 存

全国三等奖

【参赛院校】　苏州科技大学建筑与城市规划学院

【参赛学生】

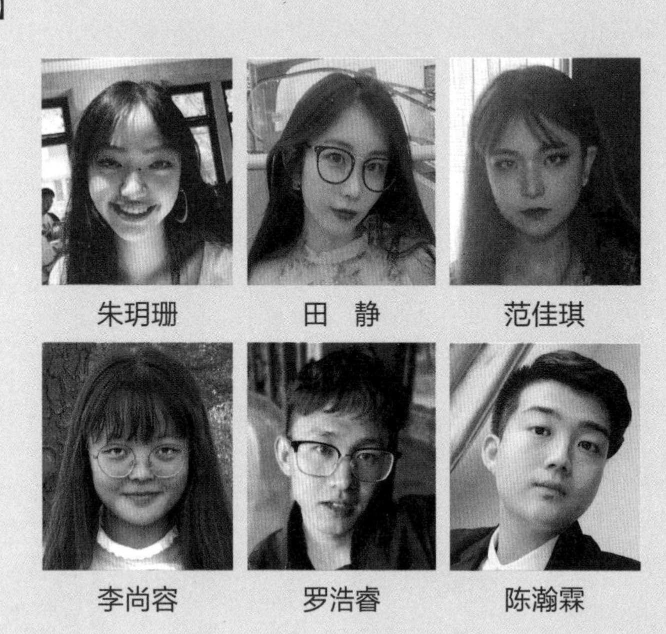

朱玥珊　　田　静　　范佳琪

李尚容　　罗浩睿　　陈瀚霖

【指导老师】

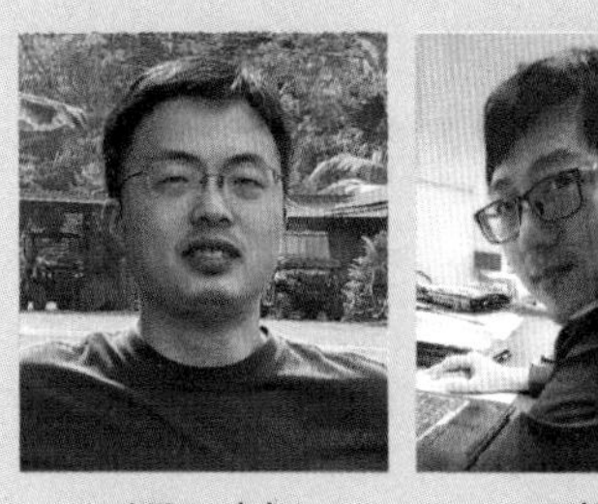

潘　斌　　王振宇

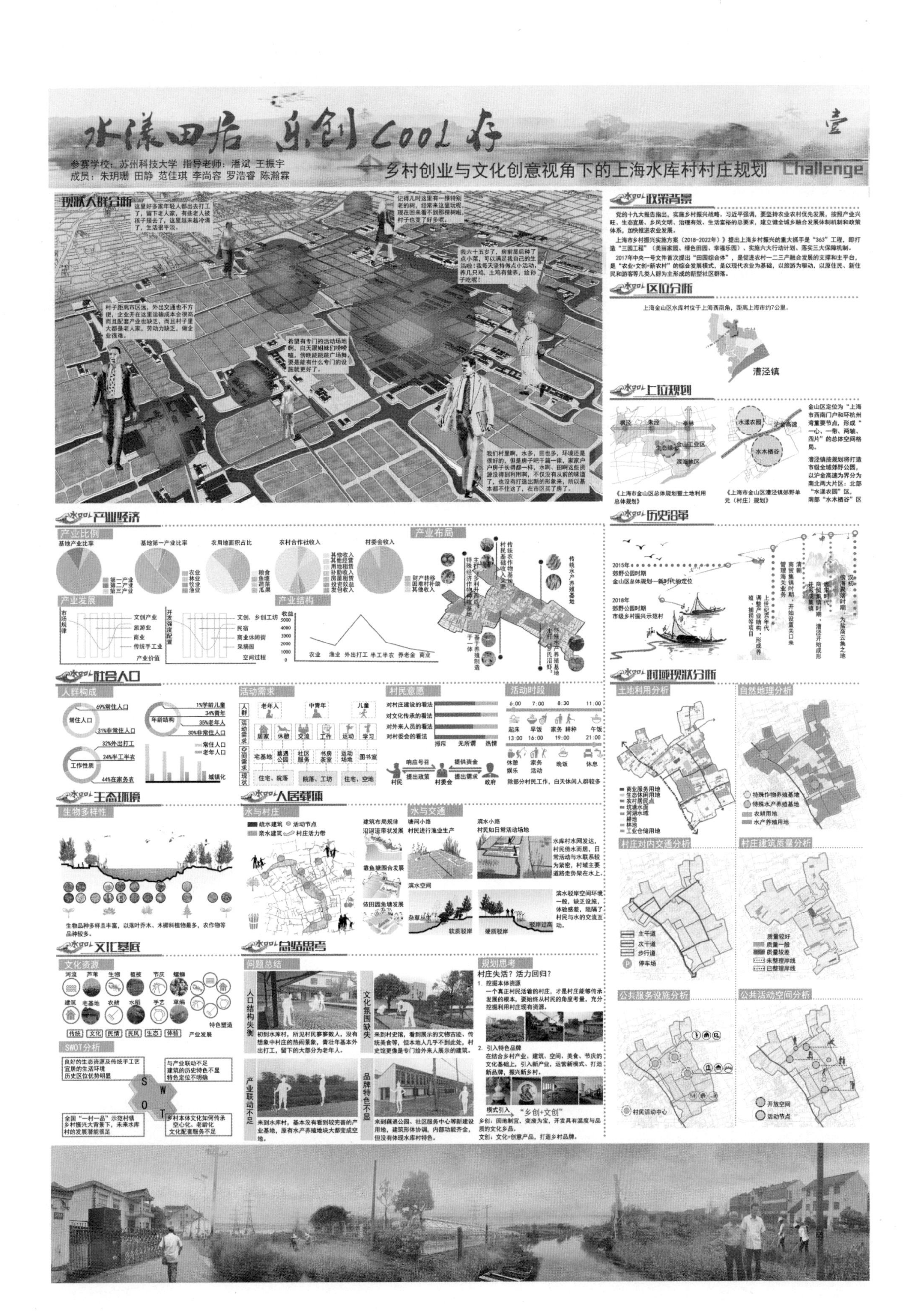
水漾田居 乡创Cool存
壹
参赛学校：苏州科技大学 指导老师：潘斌 王振宇
成员：朱玥珊 田静 范佳琪 李尚容 罗浩睿 陈瀚霖
乡村创业与文化创意视角下的上海水库村村庄规划 Challenge
现状人群分析
政策背景
区位分析
上海金山区水库村位于上海西南角，距离上海市约7公里。
漕泾镇
上位规划
产业经济
历史沿革
社会人口
村域现状分析
生态环境
人居载体
文化基底
总结思考
村庄失活？活力回归？
"乡创+文创"

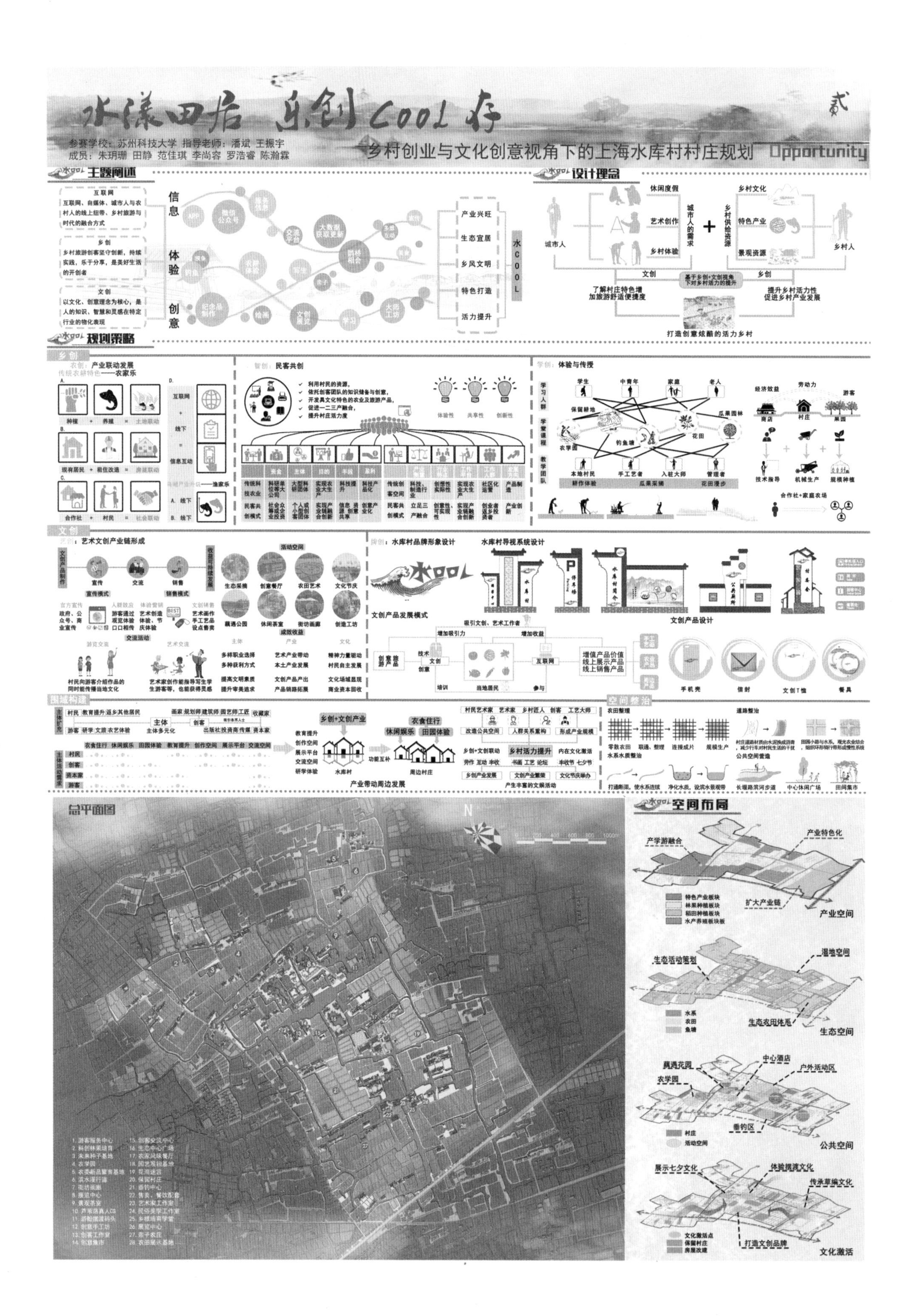
水漾田居 乐创COOL存
参赛学校：苏州科技大学 指导老师：潘斌 王振宇
成员：朱玥珊 田静 范佳琪 李尚容 罗浩睿 陈瀚霖
——乡村创业与文化创意视角下的上海水库村村庄规划
Opportunity
主题阐述
设计理念
规划策略
乡创
文创
圈域构建
空间整治
总平面图
空间布局
产业空间
生态空间
公共空间
文化激活

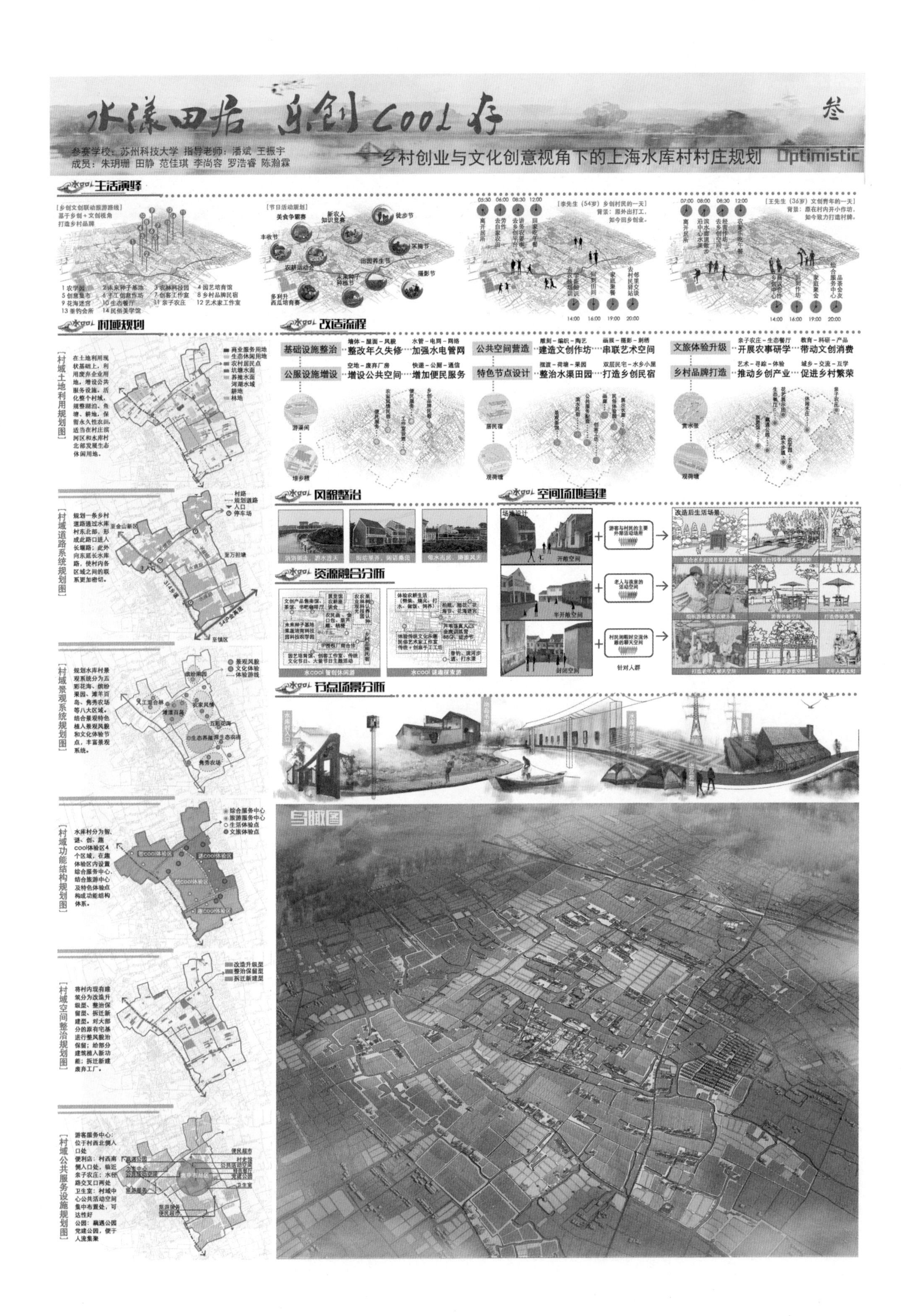
水漾田居 乡创Cool存
叁
参赛学校：苏州科技大学 指导老师：潘斌 王振宇
成员：朱玥珊 田静 范佳琪 李尚容 罗浩睿 陈瀚霖
乡村创业与文化创意视角下的上海水库村村庄规划
Optimistic
生活演绎
村域规划
改造流程
风貌整治
空间场地营建
资源融合分析
节点场景分析
鸟瞰图
基础设施整治
公服设施增设
公共空间营造
特色节点设计
文旅体验升级
乡村品牌打造
整改年久失修
加强水电管网
增设公共空间
增加便民服务
建造文创作坊
串联艺术空间
整治水渠田园
打造乡创民宿
开展农事研学
带动文创消费
推动乡创产业
促进乡村繁荣
村域土地利用规划图
村域道路系统规划图
村域景观系统规划图
村域功能结构规划图
村域空间整治规划图
村域公共服务设施规划图

水漾田居 乐创Cool存
肆
参赛学校：苏州科技大学 指导老师：潘斌 王振宇
成员：朱玥珊 田静 范佳琪 李尚容 罗浩睿 陈瀚霖
乡村创业与文化创意视角下的上海水库村村庄规划 Local
村庄鸟瞰图
【cool·智】
【cool·创】
【cool·岛】
【cool·趣】
【cool·迷】
中心节点平面图
建筑改造意向
艺术之家改造
休憩亭 传统构架 传统窗格
木制长廊 玻璃幕墙 铺装
艺术之家立面图
民宿改造
休闲设施 花坛 秋千
木板 瓷砖 石砖
民宿区立面图
道路改造
田+车道+田
河+绿化+路
建筑+路+棚
河+平台+路
田+路+建筑
塘+路+塘
田+绿道+路
塘+路+田
公共空间改造
空间连接
邻里空间 集市空间 邻里空间 创客空间
岛内空间 码头空间 街角空间 广场空间
建筑院落改造
创客工作室 民宿 展览 村史馆
村委会 创意手工坊 未来种子基地 创意商业区
景观空间改造
田+院+田
塘+绿化+水
水+岛+水
剖面图
乡创文创建筑改造
乡创产品室外培育
乡创产品温室培育
乡创产品加工
文创体验制作
文创产品展示
文创产品销售
乡创建筑改造
文创建筑改造
乡创文创景观改造
院落景观
公园景观
田野景观
乡创景观
文创景观

# 一曲淄水　戏说大店

全国三等奖

【参赛院校】　同济大学建筑与城市规划学院

【参赛学生】

王紫琪

孙宇轩

杨雅博

沈子艺

【指导老师】

彭震伟

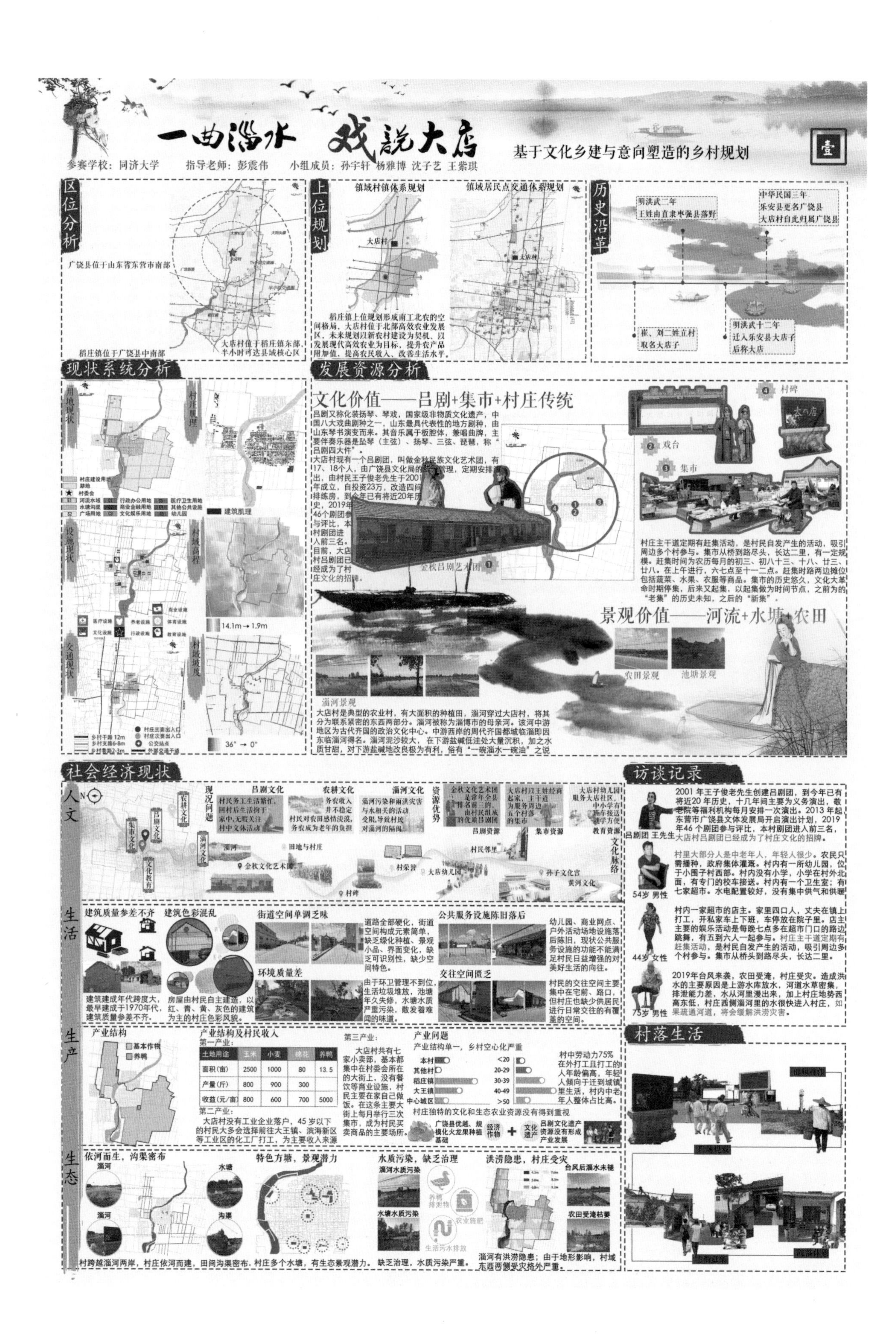
一曲淄水 戏说大店
基于文化乡建与意向塑造的乡村规划
壹
参赛学校：同济大学 指导老师：彭震伟 小组成员：孙宇轩 杨雅博 沈子艺 王紫琪
区位分析
广饶县位于山东省东营市南部
稻庄镇位于广饶县中南部
大店村位于稻庄镇东部，半小时可达县城核心区
上位规划
镇域村镇体系规划
镇域居民点交通体系规划
稻庄镇上位规划形成南工北农的空间格局，大店村位于北部高效农业发展区，未来规划以新农村建设为契机，以发展现代高效农业为目标，提升农产品附加值，提高农民收入、改善生活水平。
历史沿革
明洪武二年 王姓由直隶枣强县落野
中华民国三年 乐安县更名广饶县 大店村自此归属广饶县
崔、刘二姓立村 取名大店子
明洪武十二年 迁入乐安县大店子 后称大店
现状系统分析
发展资源分析
文化价值——吕剧+集市+村庄传统
景观价值——河流+水塘+农田
社会经济现状
访谈记录
2001年王子俊老先生创建吕剧团，到今年已有将近20年历史，十几年间主要为义务演出，敬老院等福利机构每月安排一次演出。2013年起，东营市广饶县文体发展局开启演出计划，2019年46个剧团参与评比，本村剧团进入前三名，大店村吕剧团已经成为了村庄文化的招牌。
村里大部分人是中老年人，年轻人很少。农民只需播种，政府集体灌溉。村内有一所幼儿园，位于小围子村西部。村内没有小学，小学在村外北面，有专门的校车接送。村内有一个卫生室；有七家超市。水电配置较好，没有集中供气和供暖。
村内一家超市的店主。家里四口人，丈夫在镇上打工，开私家车上下班，车停放在院子里。店主主要的娱乐活动是每晚七点多在超市门口的路边跳舞，有五到六人一起参与。村庄主干道定期有赶集活动，是村民自发产生的活动，吸引周边多个村参与。集市从桥头到路尽头，长达二里。
2019年台风来袭，农田受淹，村庄受灾。造成洪水的主要原因是上游水库放水，河道水草密集，排泄能力差，水从河里漫出来，加上村庄地势西高东低，村庄西侧淄河里的水很快进入村庄，如果疏通河道，将会缓解洪涝灾害。
村落生活
产业结构及村民收入
第一产业：
土地用途 玉米 小麦 棉花 养鸭
面积(亩) 2500 1000 80 13.5
产量(斤) 800 900 300
收益(元/亩) 800 600 700 5000
第二产业：
大店村没有工业企业落户，45岁以下的村民大多会选择前往大王镇、滨海新区等工业区的化工厂打工，为主要收入来源
第三产业：
大店村共有七家小卖部，基本都集中在村委会所在的大街上，没有餐饮等商业设施，村民主要在家自己做饭。在这条主要大街上每月举行三次集市，成为村民买卖商品的主要场所。
产业问题
产业结构单一，乡村空心化严重
村中劳动力75%在外打工且打工的人年龄偏高，年轻人倾向于迁到城镇里生活，村内中老年人整体占比高。
村庄独特的文化和生态农业资源没有得到重视
依河而生，沟渠密布
特色方塘，景观潜力
水质污染，缺乏治理
洪涝隐患，村庄受灾
村跨越淄河两岸，村庄依河而建，田间沟渠密布。村庄多个水塘，有生态景观潜力。缺乏治理，水质污染严重。
淄河有洪涝隐患；由于地形影响，村域东西两侧受灾格外严重。

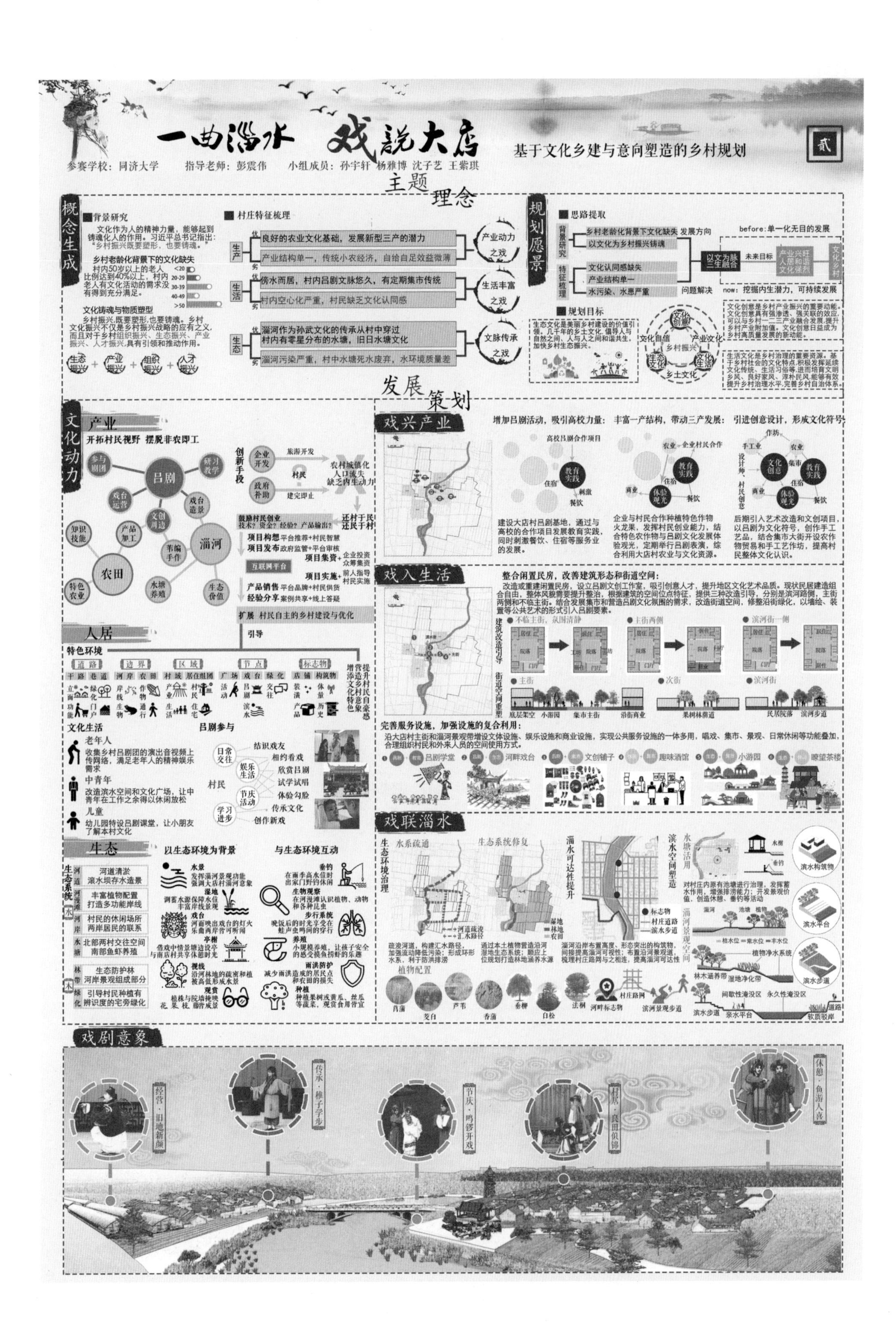
一曲淄水 戏说大店
基于文化乡建与意向塑造的乡村规划
参赛学校：同济大学 指导老师：彭震伟 小组成员：孙宇轩 杨雅博 沈子艺 王紫琪
主题理念
概念生成
规划愿景
发展策划
文化动力
戏兴产业
戏入生活
戏联淄水
戏剧意象

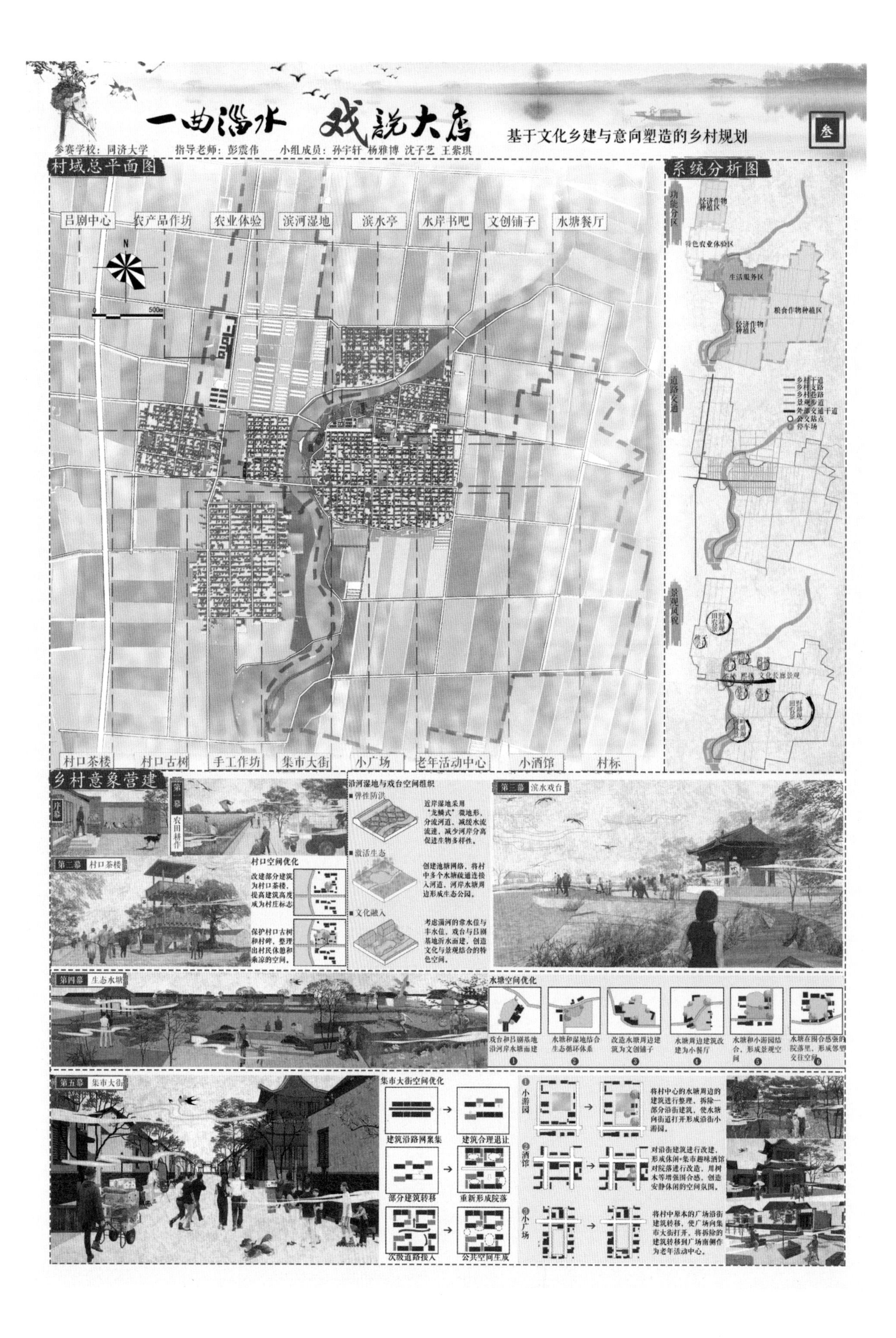
一曲潘水 戏说大店
基于文化乡建与意向塑造的乡村规划
叁
参赛学校：同济大学 指导老师：彭震伟 小组成员：孙宇轩 杨雅博 沈子艺 王紫琪
村域总平面图
吕剧中心
农产品作坊
农业体验
滨河湿地
滨水亭
水岸书吧
文创铺子
水塘餐厅
村口茶楼
村口古树
手工作坊
集市大街
小广场
老年活动中心
小酒馆
村标
系统分析图
功能分区
道路交通
景观风貌
乡村意象营建
沿河湿地与戏台空间组织
弹性防洪
近岸湿地采用"龙鳞式"微地形，分流河道，减缓水流流速，减少河岸分离促进生物多样性。
激活生态
创建池塘网络，将村中多个水塘疏通连接入河道，河岸水塘周边形成生态公园。
文化融入
考虑潘河的常水位与丰水位，戏台与吕剧基地沂水而建，创造文化与景观结合的特色空间。
第三幕 滨水戏台
第二幕 村口茶楼
村口空间优化
改建部分建筑为村口茶楼，提高建筑高度成为村庄标志
保护村口古树和村碑，整理出村民休憩和乘凉的空间。
第四幕 生态水塘
水塘空间优化
戏台和吕剧基地沿河岸水塘而建
水塘和湿地结合生态循环体系
改造水塘周边建筑为文创铺子
水塘周边建筑改建为小餐厅
水塘和小游园结合，形成景观空间
第五幕 集市大街
集市大街空间优化
建筑沿路网聚集
建筑合理退让
部分建筑转移
重新形成院落
次级道路接入
公共空间生成
小游园
将村中心的水塘周边的建筑进行整理，拆除一部分沿街建筑，使水塘向街道打开形成沿街小游园。
酒馆
对沿街建筑进行改建，形成休闲+集市趣味酒馆对院落进行改造，用树木等增强围合感，创造安静休闲的空间氛围。
小广场
将村中原本的广场沿街建筑转移，使广场向集市大街打开，将拆除的建筑转移到广场南侧作为老年活动中心。

一曲淄水 戏说大店
基于文化乡建与意向塑造的乡村规划
肆
参赛学校：同济大学 指导老师：彭震伟 小组成员：孙宇轩 杨雅博 沈子艺 王紫琪
居民点平面图
① 滨水戏台
② 吕剧艺术中心
③ 水岸书吧
④ 滨水亭
⑤ 沿河湿地
⑥ 文创铺子
⑦ 水塘餐厅
⑧ 小展馆
⑨ 村口铺子
⑩ 村口茶楼
⑪ 手工作坊
⑫ 村委会
⑬ 小广场
⑭ 老年活动中心
⑮ 小游园
⑯ 集市大街
⑰ 小酒馆
⑱ 村标
系统分析图
主要轴线
次要轴线
公共空间节点
规划结构
活动节点
新建建筑
留用建筑
改建建筑
建筑肌理
村庄主要道路
村庄次要道路
村庄巷路
道路梳理
规划时间轴
近期
中期
远期
吕剧元素融入公共空间景观
戏近人
政府主导戏剧节点建设
村民对吕剧有更多接触了解
村民对吕剧认同感加深
戏入心
村民主动参与吕剧文化活动
村民参与吕剧节点建设运营
吕剧吸引游客兴起旅游产业
戏兴村
戏剧艺术产业链形成、带动乡村振兴
村庄社会组织重构
吕剧研习的多方合作机制
广饶县政府
组织和协调者
制定高校和村委会合作的责任制度、监督研习基地的办学质量
吕剧学校
倡导和带动者
利用大店村的文化和生态资源优势，建立吕剧演戏基地，与高校合作，作为学生定期外出研习演出的场所和机构
吕剧学生
实施和参与者
积极融入到吕剧的传承活动中，和学生、机构和谐相处
吕剧协会
吕剧研习社
大店村村民
设计师和规划师
协调多方关系,指导村民和学生开展吕剧相关活动,引导吕剧基地的建设和后期的维护
居民点鸟瞰图
滨水戏台-吕剧艺术中心
水塘餐厅-文创铺子
村口铺子-村口茶楼
村委会-老年活动中心-游园-广场
手工作坊

# 第三部分

# 乡村建设调研及发展策划竞赛单元

- 2019 年全国高等院校大学生乡村规划方案竞赛乡村建设调研及发展策划竞赛单元评优组评语
- 2019 年全国高等院校大学生乡村规划方案竞赛乡村建设调研及发展策划竞赛单元评委名单
- 2019 年全国高等院校大学生乡村规划方案竞赛乡村建设调研及发展策划竞赛单元决赛获奖名单
- 2019 年全国高等院校大学生乡村规划方案竞赛乡村建设调研及发展策划竞赛单元获奖作品

# 2019年全国高等院校大学生乡村规划方案竞赛乡村建设调研及发展策划竞赛单元评优组评语

但文红

中国城市规划学会乡村规划与建设学术委员会委员

贵州师范大学教授

2019 年大学生乡村规划方案竞赛乡村建设调研及发展策划单元决赛评优组组长

## 1. 总体情况

2019 年度全国高等院校大学生乡村规划方案竞赛乡村建设调研及发展策划单元决赛阶段，共有 34 个作品入围，评审专家组经过逆序淘汰、优选投票和评议环节后，评选出各等次奖项，最终结果为一等奖空缺、二等奖 3 名、三等奖 3 名、优秀奖 4 名。

## 2. 闪光点

“把理论学习和实践活动”有机结合的实践教学活动。

第一，“问道”乡村：到“村”入“户”开展调查，通过座谈、访谈了解当地政府、村干部和村民的不同意见，从产业结构、经济收入、生活习惯、基础设施、公共服务等方面对村落进行“描述”，对村落的文化、生态、特色农业、旅游资源等特别关注。

第二，“激活”乡村:引“新”筑“业”进行发展策划，引进“新经济、新模式、新契机”，发展城郊村、旅游村、电商村、养老村、游学村、特色产业村等，在“村域”实现一二三产业的融合，激活乡村的经济要素。

第三，“道法”乡村:延“文”续“脉”重视乡村文化传承与保护。每一个调研报告，都能够感受到同学们对“村落传统文化”保护的关注，给出的策划方案都有对传统文化的活化利用，从调研报告的题目就可以感受到“村落传统”的文脉延续。

### 3. 探究点

第一，调查的“深”与“浅”。为村落发展策划做的调查工作，需要把村落的基本情况讲清楚。

通常包括：人口（年龄、性别、文化结构）、劳动力（务工和务农）、土地（耕地、林地等）、主要生计和人均收入、特色产业、特色资源（一般问村里的会计，都可以回答），这些都需要用具体的数据来支撑。

其次：基础设施与公共服务情况，有哪些？运行状况如何？运行成本如何负担？

再者，已实施的农业、旅游、公共基础设施建设项目的情况，都应该调查，学习“失败是成功之母”的经验。

参赛的报告，根据村落的不同条件，“深”“浅”不一，评委们选择了2个报告代表着调查的“深度”。评委们普遍感觉，同学们的调查“深度”不够，定性的“现象”描述较多，定量的“数据”支撑较少，一些报告看不到村落的基本信息，甚至有“脸谱化”的感受。

第二，问题的“全”与“真”。同学们梳理村落存在的问题能力很强，比如交通不便、村民外出务工比例高、垃圾围村、人口素质不高、公共服务投入不足、资源利用不充分等，感觉村落就是“问题库”，有“全方位”的问题。在此基础上，能凝练“真问题”的报告不突出。缺少对问题逐一分析“现象—成因—影响—解决路径”，从利益相关者“关切”的程度，把政策之内、村民（政府、资本）迫切需求、一定期限能解决的问题，凝练成“真”问题。政策分析、产业分析、市场分析、投资分析等也应当与对“真”问题的凝练结合在一起，从“真问题”的原因入手，提出解决的依据和路径。对近期不具备条件解决的“问题”，要说清楚原因，提出引导性建议，鼓励村落寻求“自主”解决的方案。

第三，愿景的“远”与目标的“近”。在当下城市化和逆城市化共同作用下，村落的“愿景”多样（元）化，每一个人都可能有村落未来的“愿景”，报告中提出来的产业的、生态的、建设的、空间布局的等各种策划大多属于“愿景”，对于这个“愿景”何时能实现、谁来实现、如何实现却“语焉不详”，有一种“远”的“距离感”。中国的村落大多数历史悠久，是一个“文化有机体”，有解决村落社会发展问题正式和非正式的“内化”规则，合理和有效地利用这些规则，将“远”愿景，细化为村落利益相关者经过努力能实现的“近”目标，需要更多的思考和不同专业背景同学的通力合作。比如“共同缔造”值得大家借鉴。

第四，逻辑的“顺”与“乱”。从村落调查开始，到提出“发展策划”方案，是一个“高级思维”的过程，是“利益相关方对未来达成初步共识”的过程，具有强烈的“内在相互关联性、一致性和整体性”，需要从村落基本信息分析开始，综合兼顾村落发展利益相关者的诉求，描绘村落发展的“愿景”，凝练近期能解决的“真问题”和“近期目标”，提出实现目标的可行策略。有的报告做得好，比如以柚子为主题，发展策划逻辑清晰，得到评委的一致肯定。有些报告内容很多，细细看主线不明确，有明显的“中药铺子”的痕迹，问题不突出，目标不凝聚，把一个村落“撑”得满满的。有些报告甚至有前后描述不一致的地方，还有出现错别字的现象等。

第五，方法的“取”与“用”。关于如何开展村落调查，有很多的“范式”，人类学的、经济学的、生态学的、文化学的、发展学的，同学们的报告中都有借鉴的影子，访谈、座谈等采用比较多，而“问题树”“目标树”“重要性排队”等用得比较少。有的报告分析是在明确的理论指导下展开的，比如叙事理论；有的报告聚焦村落的某一要素展开分析，比如木偶、文化旅游等，都有可取之处。

第六，村落的“个性”与“共性”;第七，乡村的“富饶”与“贫困”;等，从探究学习、实践教育出发，同学们可以进一步思考提升。

总之，竞赛为同学们提供了“理论抽象—实践感知”到“理论具象—实践真知”再到“理论提升—实践创新”的成长平台，通过参与这次竞赛，感受到“论道”乡村的“愿景”并不遥远。

祝贺竞赛圆满成功，预祝明年大家取得更丰硕的成果！

# 2019年全国高等院校大学生乡村规划方案竞赛

## 乡村建设调研及发展策划竞赛单元评委名单

| 序号 | 姓名 | 工作单位 | 职务 |
|---|---|---|---|
| 1 | 但文红 | 贵州师范大学 | 教授 |
| 2 | 周安伟 | 海南省旅游和文化广电体育厅 | 总规划师 |
| 3 | 陈　荣 | 上海麦塔城市规划设计有限公司 | 董事长、总经理 |
| 4 | 陈前虎 | 浙江工业大学设计与建筑学院 | 执行院长、教授 |
| 5 | 王世福 | 华南理工大学建筑学院 | 副院长、教授 |

# 2019年全国高等院校大学生乡村规划方案竞赛

## 乡村建设调研及发展策划竞赛单元决赛获奖名单

| 评优意见 | 序号 | 方案名称 | 院校名称 | 参赛学生 | 指导老师 |
|---|---|---|---|---|---|
| 二等奖 | 28-Z296 | 寻旧 · 融新 | 广州大学建筑与城市规划学院 | 李柔美 苏艺寒 王秀金 金嘉俊 朱健飞 梁敏德 | 郭晓莹 扈 媛 |
| 二等奖 | 26-Z102 | 多元协同 · 柚导共生 | 厦门大学建筑与土木工程学院 | 尚小钰 陈潆馨 沈 洁 汪瑜娇 尤天宇 杨舒阳 | 王量量 镇列评 |
| 二等奖 | 11-Q09 | 流联古今 | 南京大学建筑与城市规划学院 | 兰 青 毛 茗 陈兆亨 蔡诗瑜 陈 洁 陈怡安 | 罗震东 申明锐 |
| 三等奖 | 10-Q06 | 上新了！楼上 | 华中科技大学建筑与城市规划学院 | 刘晨阳 万 舸 况 易 郑天铭 | 黄亚平 单卓然 |
| 三等奖 | 05-J07 | 循序叠合 | 苏州科技大学建筑与城市规划学院 | 孙海烨 王灏丞 郑冠宇 刘家瑜 梁 冰 赵 越 | 王振宇 蒋灵德 |
| 三等奖 | 07-J14 | 砂聚药缘 人熙窑乡 | 山东建筑大学建筑城规学院 | 付晓荻 兰文尧 刘泽慧 刘笑寒 尹御山 季文昊 | 齐慧峰 段文婷 |
| 优秀奖 | 33-Z429 | 雄安气韵，水淀共生 | 天津大学建筑学院 | 张一凡 牛迎香 湛玉赛 孙一涵 张吉钊 | 侯 鑫 王 绚 |
| 优秀奖 | 12-Q24 | 以戏为引，铸楼上之魂 | 贵州大学建筑与城市规划学院 | 杨 迪 黄榛崃 朱睿东 郜 凤 吴 蔚 | 赵爱克 杜 佳 |
| 优秀奖 | 21-Y38 | 客家排屋作新“客” | 西北大学城市与环境学院 | 梁 凡 冯盼盼 强靖淇 芮盼盼 雷若男 安泽浩 | 董 欣 惠怡安 |
| 优秀奖 | 25-Z81 | 一树山花游冶来 | 苏州科技大学商学院、建筑与城市规划学院 | 陈 晞 刘 艳 周 璇 赵若君 曹少楠 张一轩 | 孙佼佼 潘 斌 |

说明：因为出版篇幅有限，故只刊登二、三等奖获奖作品，一等奖空缺。

2019年全国高等院校大学生乡村规划方案竞赛

# 乡村建设调研及发展策划竞赛单元获奖作品

# 寻旧 · 融新

全国二等奖

【参赛院校】 广州大学建筑与城市规划学院

【参赛学生】

李柔美　苏艺寒　王秀金

金嘉俊　朱健飞　梁敏德

【指导老师】

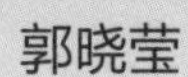

郭晓莹　扈　媛

# 方案介绍

## 一、背景研究

当今广州市城市化发展迅速，不少农村并入城市，但在此之中也有位于城市边缘的农村保留下来，这些农村被称为“城郊村”。

虽然城郊村大多发展情况一般，但它们却能不被城市吞并，这在很大程度上说明其具备保留的意义与价值。此外，广州市城郊村本身也极具研究价值，其与城市的关系，以及城郊村个体的特殊性等都有待我们去一探究竟。

海傍村各方面与广州市城郊村的特点都较为契合，可作为广州市城郊村的一个典型；海傍村十分具备石碁镇当地特色，可作为石碁镇村落代表。

通过研究海傍村，为广州市城郊村以及石碁镇农村发展探索出新的发展方向和道路。

## 二、初识海傍

海傍村是广州市里典型的“城边村”，它位于番禺区石碁镇，拥有优良的自然环境，村庄有大量水体，基于此形成了具有特色的龙舟文化。

它正处在城区边缘，虽然其本身为农村，但毗邻广州亚运村，并且村内有地铁四号线站点，优越的交通条件和地理区位使其能直接且充分享受到城市资源。

村庄内部经济生产发展情况一般，以农业为主，工业为辅。

## 三、探寻海傍

结合海傍村现状分析以及其城郊村的特点，我们选择从海傍村村民生活方式解构、海傍村与城市的关系两点出发，对海傍村价值进行挖掘，进而得出海傍村在文化、生活、生态、社会、经济五方面的价值。通过以上的深层剖析，为我们之后策略的提出，提供方向上的依据与指导。

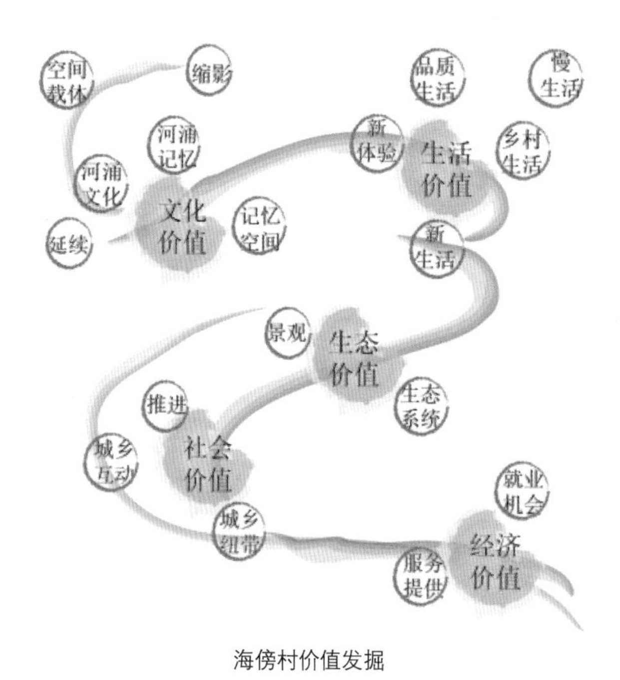


海傍村价值发掘

## 四、策略海傍

根据对海傍村充分的了解与认知，我们对海傍村做出了规划愿景，并为之今后的发展提出了策略，分别为生产、生活、生态、文化四个方面，策略内容总体涵盖海傍村的发展需求和现存问题，为海傍村未来发展指明方向与方法。

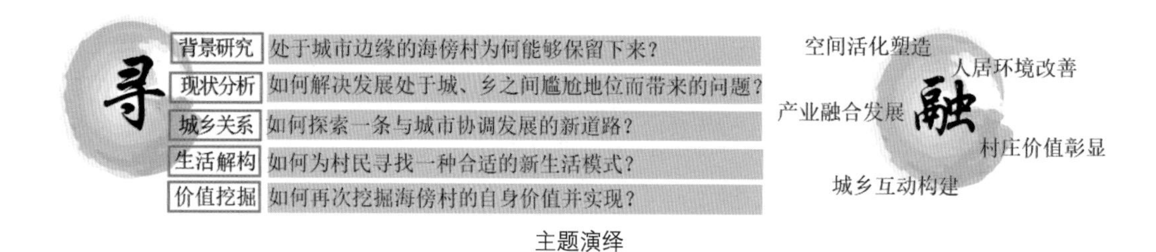


主题演绎

### 1. 生产策略

产业方面，对海傍村的三产做出了不同的发展要求，分别为“明确立足之根，优化传统农业结构”“强大支撑之干，加强农产品精深加工”以及“发展延伸之叶，推进创意休闲农业”，并在此之中推动三产联动，实现产业有机整合，达到集约土地，提升空间的效果，最后得以从中获得生活、经济、生态三方面的价值。

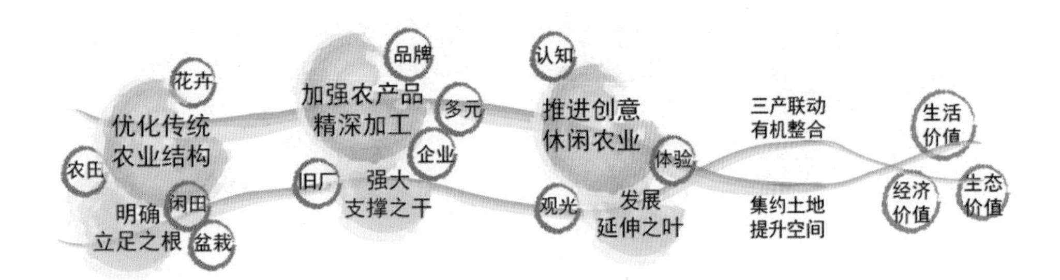


## 2. 生活策略

通过对居民生活方式分析、空间形态的阶段分析，得出村民生活的新模式。由此对海傍村的生活空间提出改进策略：溯乡泮水，承脉织新。在适当保留传统生活方式的前提下，以当前生活方式为主，从生活空间出发，从宏观、中观、微观三个方面提出七大方面的内容，对海傍村生活空间进行总体改善。

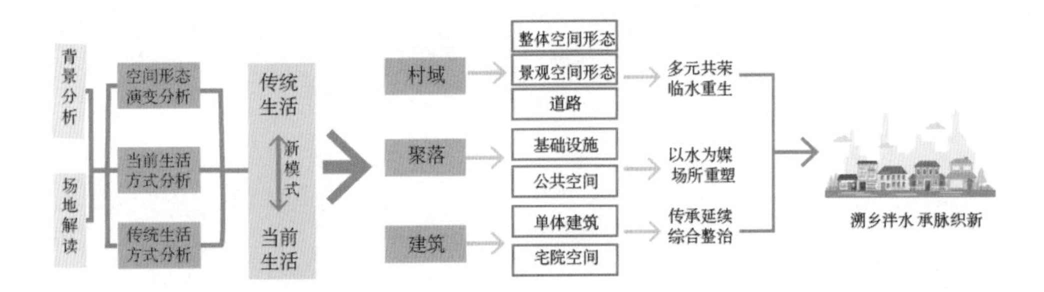


## 3. 生态策略

主要针对村庄内河涌污染和环境脏乱两大生态环境问题进行较为详细的策划，达到村容村貌改善、生态环境优化的目的。

## 4. 文化策略

根据海傍村文化特色、村庄现状以及十九大精神要求，提出六点策略内容：

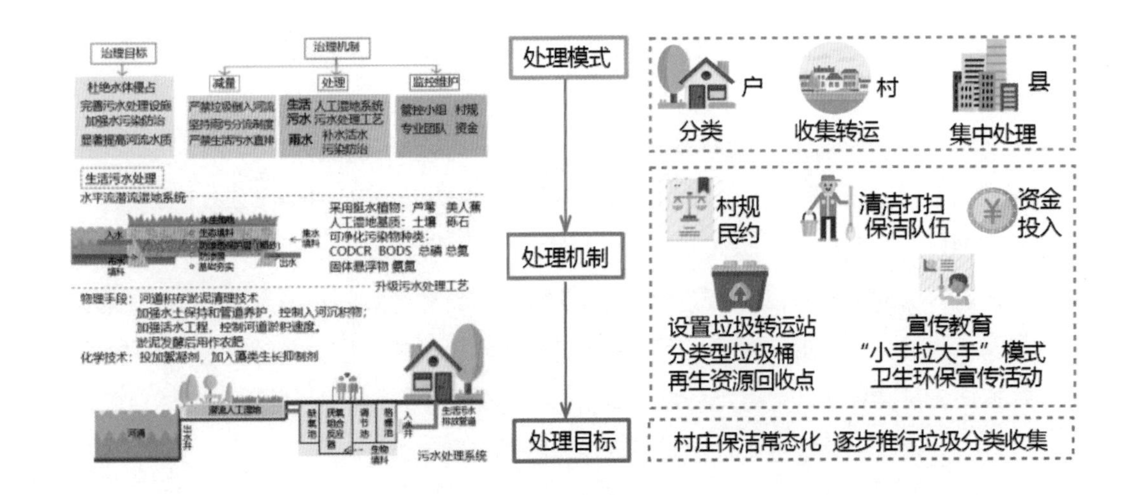

理解乡村精神、构建文化组织、

建设农村文化、塑造水乡韵味、

弘扬水乡文化、复兴水乡习俗。

各点内容各有侧重，但又相辅相成，组合在一起形成完整的海傍村文化策略。

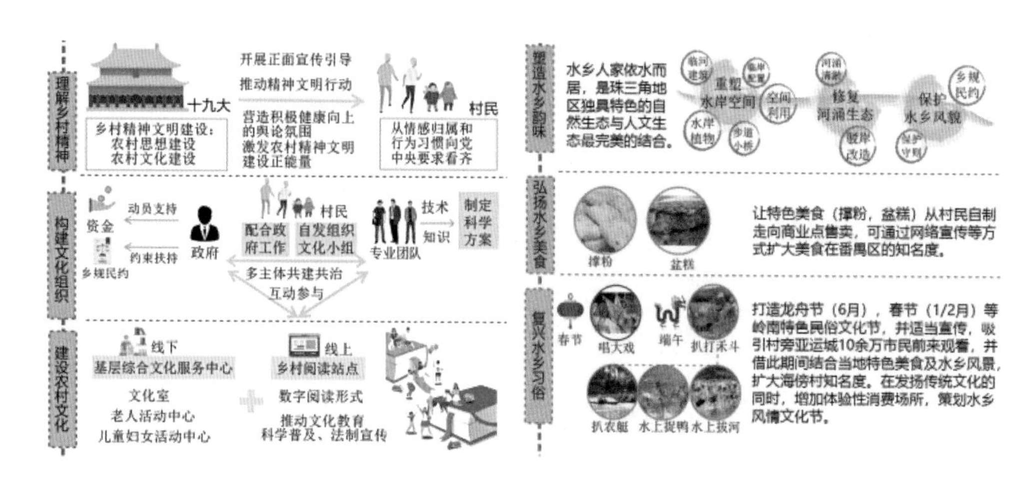


## 五、可行性分析

### 1. 生产可行性

对于村庄的产业发展，当地政府是支持态度，而企业与村民也渴求村庄经济产业发展，从而增加收入。

因此，政府、企业、村民三方可共同努力，以村民为发展主力，企业为重要助力，政府为强大后盾，开展一系列的村庄产业发展建设。

### 2. 生活可行性

对海傍村的生活空间进行改善，是符合村民的生活意愿与需求的，村民对此是支持的且具备一定的热情，可发动村民共同参与。凭借海傍村优良的自然资源基础，可以塑造出良好的景观以及空间。

### 3. 生态可行性

河涌是岭南水乡的重要肌理，也是村庄文化的重要载体以及村民的活动空间，因此进行河涌治理势在必行。河涌治理具备技术可行性，并且有政府的资金支持，治理的开展是切实可行的。

### 4. 文化可行性

对村庄文化进行保护、发掘和发展是符合十九大精神的，也是有利于维系和凝聚人心的纽带。

海傍村具备一定的文化底蕴和基础，策略的实施是切实可行的，也具有较高的可操作性。

策略所需的成本主要在于线上宣传和维持项目，总成本投入不大，但长此以往却能有良好的效益，如增加村庄收入、改善环境等、维系村民感情、建设精神家园等。

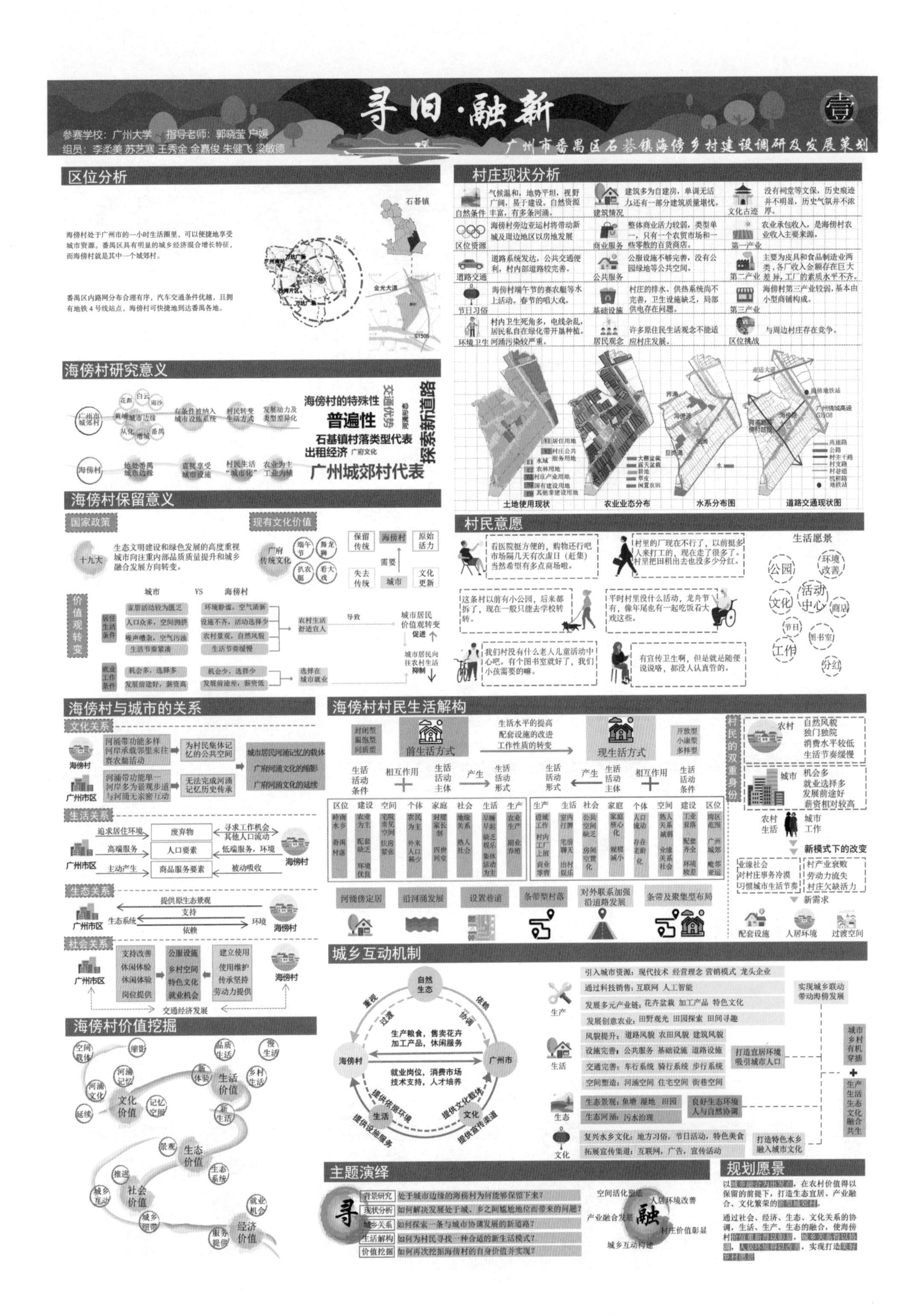
寻旧·融新
参赛学校：广州大学 指导老师：郭晓莹 户媛
组员：李柔美 苏艺寒 王秀金 金嘉俊 朱健飞 梁敏德
广州市番禺区石碁镇海傍乡村建设调研及发展策划
区位分析
海傍村处于广州市的一小时生活圈里，可以便捷地享受城市资源。番禺区具有明显的城乡经济混合增长特征，而海傍村就是其中一个城郊村。
番禺区内路网分布合理有序，汽车交通条件优越，且拥有地铁4号线站点，海傍村可快捷地到达番禺各地。
村庄现状分析
海傍村研究意义
海傍村保留意义
村民意愿
海傍村与城市的关系
海傍村村民生活解构
城乡互动机制
海傍村价值挖掘
主题演绎
规划愿景

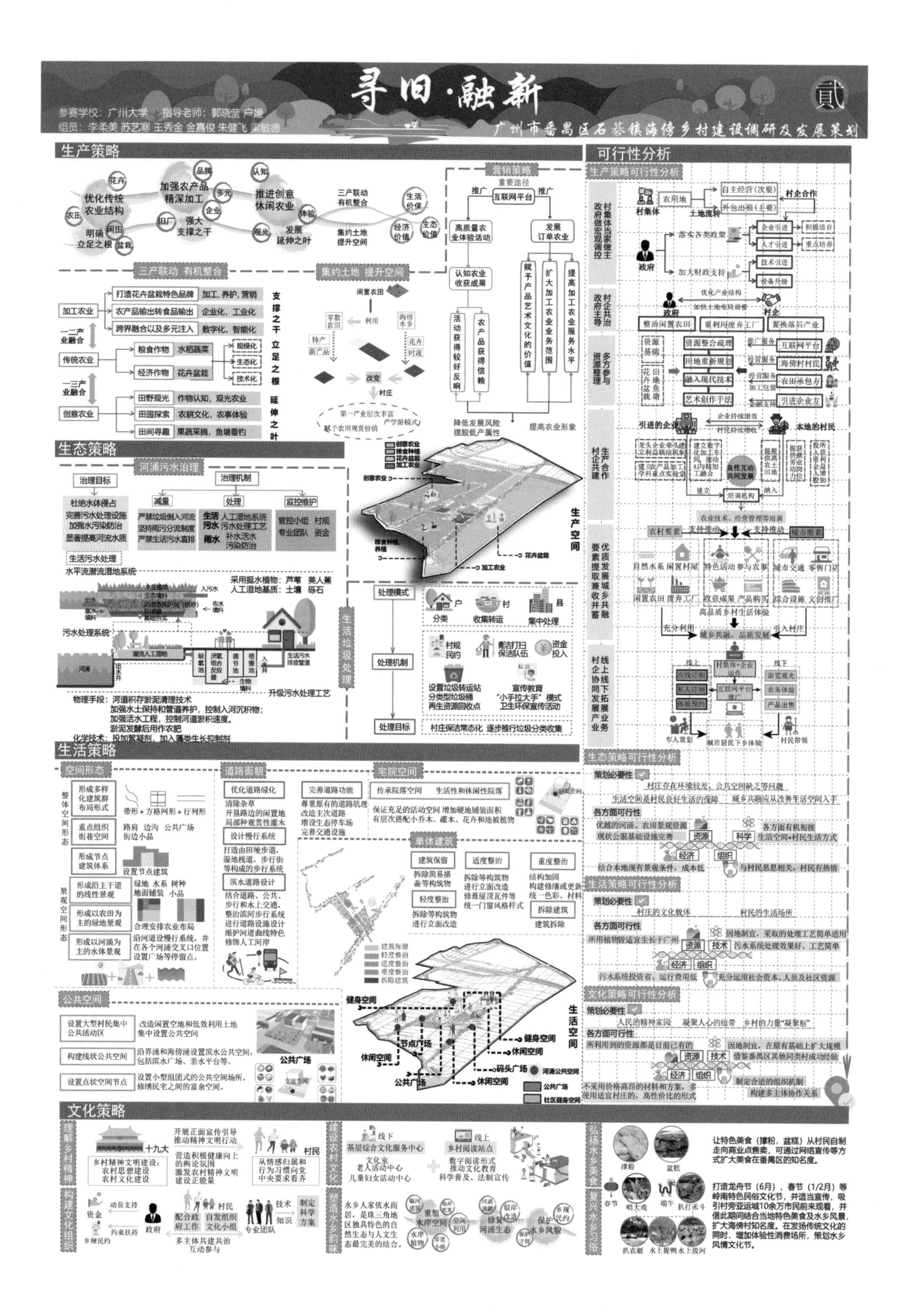
寻旧·融新
贰
参赛学校：广州大学 指导老师：郭晓莹 卢媛
组员：李柔美 苏艺寒 王秀金 金嘉俊 朱健飞 梁敏德
广州市番禺区石碁镇海傍乡村建设调研及发展策划
生产策略
可行性分析
三产联动 有机整合
集约土地 提升空间
生态策略
河涌污水治理
生活策略
空间形态
道路面貌
宅院空间
单体建筑
公共空间
文化策略
生产策略可行性分析
生态策略可行性分析
生活策略可行性分析
文化策略可行性分析
让特色美食（撑粉，盆糕）从村民自制走向商业点售卖，可通过网络宣传等方式扩大美食在番禺区的知名度。
打造龙舟节（6月），春节（1/2月）等岭南特色民俗文化节，并适当宣传，吸引村旁亚运城10余万市民前来观看，并借此期间结合当地特色美食及水乡风景，扩大海傍村知名度。在发扬传统文化的同时，增加体验性消费场所，策划水乡风情文化节。

# 策划建议书

**摘要：**通过实地调查、访谈等方式调查海傍村现状，研究广州地区典型城郊村生存模式，并探讨海傍村未来发展方向。该策划致力于寻找、挖掘并弘扬农村价值，构建友好城乡关系格局。在生产方面，形成城乡融合，产业联动体系;在生活方面，丰富村民活动空间，增加村民互动，营造活力村庄;在生态方面，改善并维护农村生态环境；在文化方面，弘扬广府河涌文化和民俗活动，提升村民精神文明。

**关键词：**城郊村；美丽乡村；城乡融合；产业联动；广府河涌文化

## 目 录

# 1 研究背景

## 1.1 研究目的

### 1.1.1 海傍村研究意义

（1）海傍村区位特殊

1）广州市层面

基地位于广州市番禺区南部，与南沙区相邻，是广州市发展粤港澳大湾区的重要部分。海傍村处于广州市的半小时生活圈里，可以便捷地享受着市中心的资源，如设施（白云机场、广州南站、大学城等）、就业机会（工厂）。

在广州城市化的过程中，番禺区大部分村庄分布在广州市城郊地区，它们存在于城市向乡村过渡的地带，该地带是城乡要素逐渐过渡、彼此渗透、功能互补而形成的特殊区域，具有明显的城乡经济混合增长特征。

**小结：海傍村是广州市众多城郊村中的一个。**

广州地区河网密布，广府人的生活、贸易和文化活动，都与河涌密切相关，如赛龙舟、沿水而居、水上划船、水里捕鱼抓虾等，因此，水文化成为广府的重要文化及特色景观。

**小结：海傍村沿水而居，至今保留有赛龙艇、捕鱼等水生活习惯习俗，所以它也是广府水文化，水乡景观的重要部分。**

2）番禺区层面

番禺区层面，附近的大学城给海傍村提供高等教育；市桥的产业、资金、劳动力集聚效应可以为海傍村带来产业发展的机遇；亚运城吸引的房地产业、旅游业及人才资金的流动，不仅会为海傍村带来人口，也为海傍村带来向外发展的机遇；亚运城是展示广州形象的一面窗口，海傍村可以借势宣传自己的文化形象；离莲花港 8.6km，可以通过水陆直通九龙、香港，成为广州发展粤港澳大湾区的重要位置；京珠高速公路和地铁 4 号线，使海傍村可以快速便捷地到达广州各区。

**小结：海傍村地处番禺区，由于便捷的快速路和地铁，享受着周边的设施福利，但是周边的农家乐竞争较大。番禺区的生态景观少，而海傍村有大片的基本农田，可以为城市提供较大面积的生态景观。**

3）石碁镇层面

石碁镇各村的主要经济模式为“出租经济”，辅以农业及低端制作工业。各村产业同质化，竞争差异小；在皮革工业方面，塱边村、石碁村和海傍村形成同类竞争。

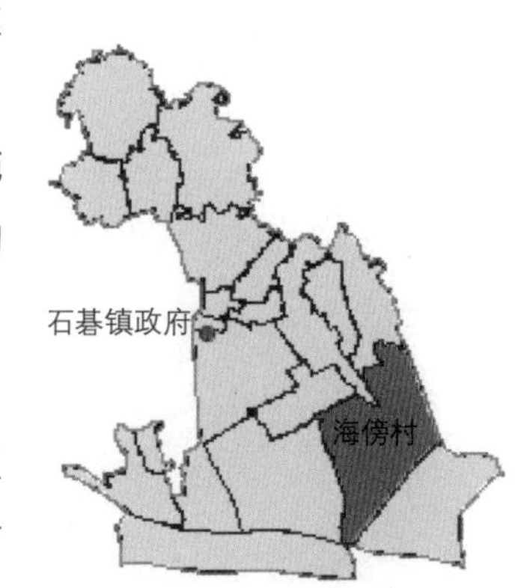

图 1-1 海傍村区位

海傍村和石碁村集体收入与主要产业对比　　表 1-1

| 村名 | 集体收入（万元） | 集体纯收入（万元） | 主要收入来源 | 主要产业 |
| --- | --- | --- | --- | --- |
| 石碁村 | 1391 | 871 | 厂房、商铺以及土地出租的租金收入 | 厂房（主要经营项目有皮具、纸品、机械、玻璃制品、运动玩具、制衣等）、商铺出租 |
| 海傍村 | 750 | | 主要有厂房、土地出租 | 农工商（工业主要以生产皮具制品为主） |

（表格数据时间：2009 年）

**小结：海傍村的经济模式也是这种“出租经济”，这种产值较低的发展模式很大程度上制约了乡村经济发展。**

（2）海傍村是广州市城郊村代表

广州市城郊村的特点：广州市城郊村普遍存在于白云、番禺、黄埔、花都、南沙、从化、增城七区，呈面状和廊道复合型空间分布。随着广州新型城镇化和城乡经济统筹的顺利进行，广州市城郊村因区位、交通、重大设施、重点项目等条件的影响，得以接受城镇规划区或产业园区的辐射和带动，有条件被纳入基础设施和公共服务设施服务系统，村庄非农产业占据一定比例，村民生产生活方式开始向城镇居民转变。

由于城郊村类型及人口的复杂，产业多样化，发展动力复杂等因素，加之城郊村所处区位不同且所在区域的经济发展程度不同，致使城郊村呈现出发展动力及发展类型的差异化。

目前，海傍村有地铁 4 号线地铁站点，还有广州绕城高速，东临亚运城，南与南沙区相近，具有很好的交通、地理区位。村内大量人口向外打工，村内产业三产都有发展。

海傍村作为广州市城郊村的代表，通过研究海傍村的乡村规划，为广州市城郊村探索一条新发展道路。

（3）海傍村是石碁镇村落类型代表

海傍村所处地区石碁镇，以“出租经济”为主要经济发展模式，落后的发展模式在一定程度上制约了石碁镇各村的发展，而且海傍村的河涌形态、居民布局、建筑风格和广州其他地区的不一样。

通过对海傍村的研究，探索一条符合石碁镇地方特色的乡村发展道路。

### 1.1.2　海傍村保留意义

（1）国家政策

1）十九大提出城市要向注重追求质量提升和城乡融合发展转变

党的十九大报告作出中国特色社会主义进入新时代的判断，对新时期我国城市群发展具有重要的指导价值：人民对美好生活的新期待应该成为新时代城市群发展的新追求。具体而言：一是应由注重追求数量扩张向注重追求质量提升转变；二是应由注重追求自发发展向注重追求统一规划转变；三是应由注重追求城市自我发展向注重追求大中小城市协同发展和城乡融合发展转变；四是应由注重追求经济产出向注重追求经济、社会、环境以及人的全面发展转变。

党的十九大报告指出新时代全面提升中国城市群发展质量的关键，第一步要注重发挥聚集效应。城市群发展要坚持集约发展、节约发展、紧凑发展、集中发展、集聚发展和集群发展，确保“质量第一、效益优先”。

**小结：十九大报告表明广州开始主动停止向外发展的步伐，开始重视城市内部的品质提升，开始向城乡融合方向发展，说明海傍村在未来不会被城市化。**

2）十九大提出对于生态文明建设和绿色发展的高度重视

党的十九大报告指出：“建设生态文明是中华民族永续发展的千年大计。必须树立和践行绿水青山就是金山银山的理念，坚持节约资源和保护环境的基本国策，像对待生命一样对待生态环境，统筹山水林田湖草系统治理，实行最严格的生态环境保护制度，形成绿色发展方式和生活方式，坚定走生产发展、生活富裕、生态良好的文明发展道路，建设美丽中国，为人民创造良好生产生活环境，为全球生态安全作出贡献。”

**小结：十九大报告对于生态文明建设和绿色发展的高度重视，表明海傍村的生态文明建设和绿色发展将迎来新的战略和机遇。**

（2）价值观转变

当今随着城市化进程迅速发展，大量农村户口人士以不同方式进入城市就业和居住，长时间生活在此，有的人甚至选择将农村户口转为城镇户口，“真正”成为一个城市居民。这样的现象很明显地体现出了城市具备强大的吸引力，使农民争相前往。然而现在出现了与之相对的情况，即部分城市居民在不同程度上展现出对农村的向往，城市居民在空闲时间去农村游玩已是常态，还有人会选择在农村居住，“返乡生活”的现象屡见不鲜。

不过城市居民对农村的向往，在实际行为上的表现主要还是以去农村游玩为主，因为城市的就业工作条件明显优于农村，真正地“返乡生活”显然不现实，所以只能通过体验乡村生活来放松自我，将农村作为身心的“避风港”。同时考虑到城市居民在时间上的“紧缺”，城市边缘地区的农村往往就成为城市居民前去游玩的首选之地。

**小结：因为农村居住环境相比城市更具有优势且城市居民在居住生活的价值观上发生了转变，当今城市居民对农村产生向往。海傍村正是符合城市居民需求类型的农村，有成为城市居民前去休闲放松的农村的潜力，具备被保护以及进一步发展的价值。**

（3）现有文化价值

1）番禺是水乡，河网众多，端午龙舟在番禺民间经久不衰。在番禺，每年端午节期间各地均有组织赛龙、拜祭和走亲访友活动，并约俗形成三大龙船会，每年各乡按约定从农历五月初一起，轮流聚集比赛，吃“龙船饭”，场面热闹。

扒农艇也是海傍村民间文化特色活动之一，有着浓郁的水乡风情，深受村民喜爱。每年的端午节期间，为了丰富村民的业余活动，海傍村二十多年来持续举办农艇赛。

2）番禺民间喜庆活动舞龙狮相当普遍，遇有农历新年和重要的乡会巡游的日子，更是各方乡村的龙狮、凤舞、鳌鱼舞交替出场。海傍村不定时会有舞狮等表演。

3）粤剧，又称“广府大戏”，是以粤方言演唱的广东地方传统戏曲剧种，既与传统的戏曲文化一脉相承，又具有浓郁的岭南文化特色。在春节期间，海傍村会有传统粤剧演出，演出高潮迭起，精彩纷呈，会获得村民的连声称赞。

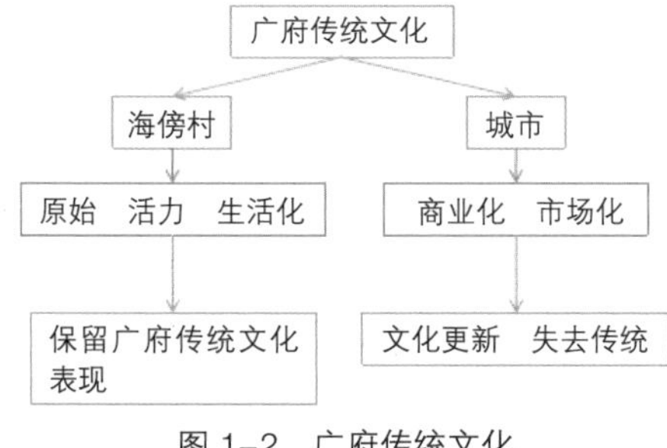

图1-2 广府传统文化

**小结：海傍村现有的文化属于传统广府文化，在城市中已经逐渐消失。城市中所展示的广府文化大多数已经成为商业活动的一部分，精美又华丽的城市表演失去了广府文化的原汁原味。而海傍村原始富有活力的文化活动保留住广府传统文化表现，是城市中所缺失的，也是城市居民所向往的。这是海傍村需要被保留的文化意义。**

## 1.2 相关规划

### 1.2.1 《广州市国土空间总体规划（2018—2035）》草案

推动富民兴村产业发展，加快构建现代农业产业体系，推动农村一二三产业融合发展。重点打造北部生态农业、中部都市田园农业、南部水乡特色农业融合发展带。

建设美丽宜居岭南乡村，加强岭南特色传统村落保护与活化利用。开展农村人居环境综合整治，加强农村基础设施建设，完善农村社区公共服务配套。推进“千村示范、万村整治”工程乡村绿化美化亮化行动和乡村大地景观行动。

### 1.2.2 《广州市土地利用总体规划（2006—2020）》

（1）土地利用指导：建设用地集约化，农用地利用方式逐步向都市型农业转变。

（2）土地利用方式：逐渐向多方向、多层次、全面化发展，市场化土地利用特征日趋显著。

（3）土地利用战略：倡导土地复合利用。大力推进土地生产功能复合、生产与旅游功能复合、生产与生态功能复合利用，协调土地利用各种功能关系，变单一功能的土地使用形态为多功能的土地复合利用形态，提高土地特别是农用地的综合利用效率，实现土地利用的功能协调。

（4）城乡生产与绿色空间：与生态网络结合，根据现代农业、特色农业和生态农业的发展潜力，发挥农用地的生产、生态、景观和间隔功能，塑造多样化绿色生态空间。

（5）积极发展以岭南特色水果、名优花卉、休闲农业以及农产品加工流通为主的都市型现代农业。

（6）鼓励农用地流转，促进农用地规模经营。注重农用地规模经营与都市型农业产业化经营相结合。

（7）探索广州特色环境友好型土地利用模式，保护耕地和基本农田，建设城田友好田园城市。

#### 1.2.3 《广州番禺区城乡更新总体规划（2015—2035）》

（1）产业发展引导：引导产业高端化、低碳化、集群化和国际化发展。

（2）产业策略：政策配套，转型升级。有计划有步骤地把零散分布低效工业园改造成布局合理、配套完善的现代产业功能区。以“政府引导，企业主导”的方式，充分依靠市场的力量推动产业升级。

#### 1.2.4 石碁镇村庄布点规划

海傍村属于边缘发展村，位于布点规划确定的生态农业功能片区。

## 2 基本情况

### 2.1 规划范围

规划范围为海傍村行政辖区范围，总面积 560.67hm$^2$。海傍村位于石碁镇东南面，距离镇政府约 4km，与其相邻的自然村东南与低涌村相连，西边与前锋村为邻，北接南浦村，西南与大刀沙村隔市桥水道相望。

图 2-1 海傍村规划范围图

### 2.2 村庄概况

#### 2.2.1 历史沿革概况

海傍村原属石碁村，土地改革运动时始独立建制。因村在大海（即今市桥水道）之傍，故名海傍。

#### 2.2.2 自然概况

海傍村为南亚热带海洋性季风气候，日照充足，温湿多雨。多年平均气温为 21.8℃，年均日照在 2000~2100h，多年平均降水量 1650mm。村域地势平坦，水网密布，除了作为村界的旦岗涌、南浦涌、旧窖涌以外，村内还分布有官涌、大界涌、海傍涌、邦口涌四条涌。村内种植条件良好，出产水稻、甘蔗、塘鱼，以及香蕉等各种特色产品。

### 2.2.3 人口与社会经济概况

（1）人口现状：2018年，海傍村在册户籍人口4258人，共1835户，户籍人口与2010年相比多了587人。村内非户籍人口4965人，非户籍人口与户籍人口比例约为1：1，非户籍人口合计占总人口的53.83%以上。

（2）社会经济概况：海傍村经济收入以农业承包收入和物业承包收入为主，2012年农业承包收入为829万元，物业承包收入为492万元。从海傍村各产业的对比上来看，农业是海傍村重要的经济收入来源。

# 3 海傍村与城市的关系

## 3.1 社会、经济、生态、文化关系分析

### 3.1.1 社会关系

由于2012年的亚运会，海傍村从二元结构向城乡一元结合的转变加快，海傍村从广州城市远郊逐步形成了现今广州市区城郊村的独特区位。

城乡之间典型的社会关系在海傍这一城郊村得到了更充分的体现：广州为海傍的教育文化事业给予支持，海傍村特有的水乡民风也会对亚运城居民形成潜移默化的影响，亚运城居民还可以分享水乡独有的爬龙舟传统，在精神层面进行交流。

而类似于农民工、二元户籍带来的权利不平等城乡社会关系的问题却在海傍村得到了一定的解决。由于经济、交通等多方面的发展，海傍村之于市中心的可达性大幅度提高，本地居民得以在工作前后完成市中心与村之间的当日来回。而村中大部分的基本农田也通过承包出租的形式为村民提供了一定的经济收入。

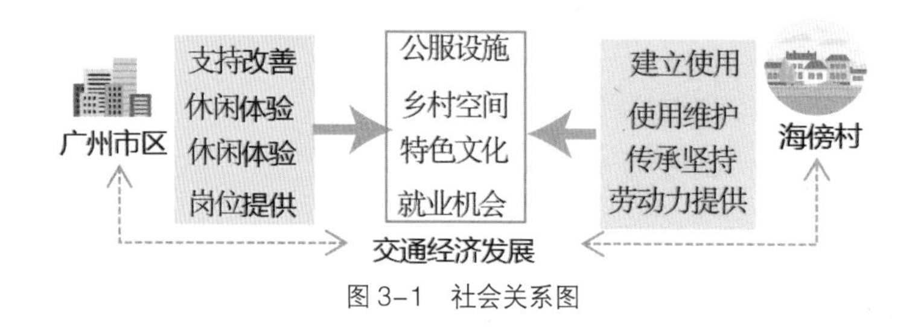


图3-1 社会关系图

### 3.1.2 经济关系

根据上述描述可得知，海傍村处于城乡一元结合的进程中，而海傍村与广州市区之间的经济关系也由二元经济体系转向经济一体化。这一理论下的动态视角分为三点：人口要素的流动、商品服务要

素的流动以及废弃物的流动。从这三方面综合分析海傍村，可以体现经济要素在广州市区与海傍村之间的合理流动以及伴生的产业部门结构演化。

（1）人口要素流动：现阶段，海傍村人口总体以低收入外来务工人口流出、部分城市人口流入为主。由于受到政策、区位变动的多方面影响，2012 年以来海傍村以集约型为主的工厂逐步转移，海傍村二产收缩，村内就业岗位建设，导致部分外来务工的流出。而外包的一产由于基本农田、经济链的稳定存在，以一产为生计的外来务工没有受到太大的影响。

同时，随着整体国民价值观念的改变，少量广州城市人口开始向海傍村迁移，以寻求更舒适的居住环境。

（2）商品服务要素流动：相对海傍村而言，广州市中心是各类高端服务的供给方，如好的医疗条件、好的教育环境。海傍村则反过来为城市提供农产品以及其他一些低端服务。商品和服务要素在城乡间的流动一方面使得海傍村能够接受城市的辐射，获得享受城市生活的机会，如便捷的通信、丰富的娱乐活动等。另一方面，广州市区获得了来自海傍村的源源不断的盆栽种植供给以及低端服务支持，因此也能促进自身的发展壮大。此外，除了向海傍村提供农产品以外，海傍村所拥有的独特河涌肌理有成为优美自然环境的潜力，从而成为城市居民旅游休闲的目的地。

（3）废弃物流动：废弃物作为经济发展过程中不可避免的副产品，可以视为负的经济要素，它在城乡间的流动也深刻影响着城乡经济关系的均衡。对此，许多学者已经予以了证实，如 Marshall et al.（1997）、Satterthwaite（1997）就提出，城市工业部门，如火电站、冶炼厂以及数以万计的机动车辆所排放的废气最终会诱发酸雨的形成，破坏土壤以及河流生态系统，进而损害严重依赖这些自然资源的农业、畜牧业以及渔业。相对前两个要素而言，废弃物流动更加具有普遍性，是属于广大农村经济关系中存在的一个特征性不高的要素。

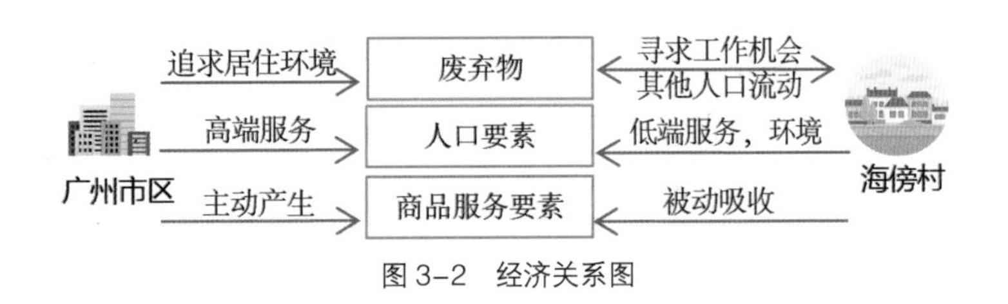

图 3-2 经济关系图

### 3.1.3 生态关系

（1）海傍村为周围城市提供较为原生态的景观。海傍村处于城市的边缘地带，高楼后面就是水网密布的乡野，大片绿色农田给人一种十分开阔的视野，这是在寸金寸土的城市中不可能存在的。

（2）海傍村周围的城市需要其支持而得以持续。城市和村庄的大气、水及各种物质流都是相互贯通的，城乡的生态环境和生态平衡也是相互依存的，农村生态环境的好与坏将严重影响整个区域甚

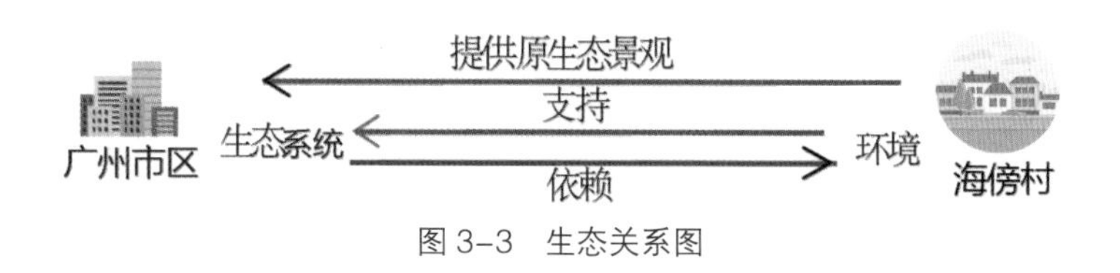

图 3-3 生态关系图

至城市整体功能的发挥和整体景观的效果。

### 3.1.4 文化关系

广州因水而生也因水而兴，对于广州人而言，河涌充斥着共同记忆，是纪念性空间，是叙事的媒体，与河涌有关的记忆也是广州市民城市生活中的重要组成部分。但随着城市发展，河涌已经不再充当之前的角色。在城市中，河涌多转变为一种景观性的绿色资产，在城市里，无法完成关于河涌记忆的历史传承。

在海傍村里，村民傍水而居，形成非常鲜明的"住宅包围河涌"的居住特点，河涌带功能多样，河涌两岸承载着村民间的邻里来往活动和交通，是生活气息最浓郁的地方。除此之外，海傍村一直传承的赛农艇活动，更是使河涌成为一个具有村民集体记忆的公共空间。村民在日常生活中与河涌之间的联系依然紧密、村民与河涌的互动依然存在。

海傍村的河涌是广州河涌文化的一个缩影，也是一种延续。

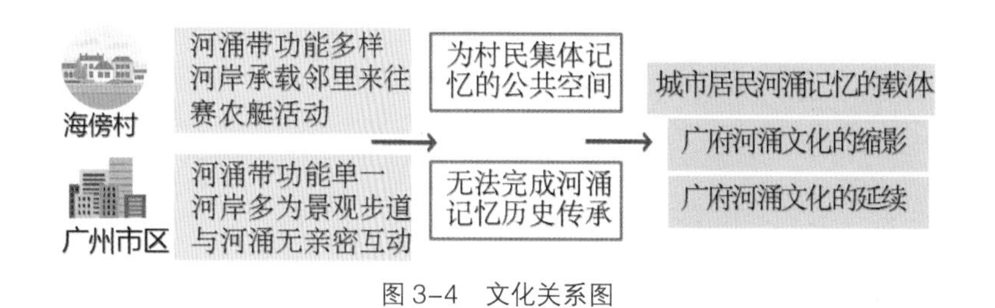

图 3-4 文化关系图

## 3.2 海傍村潜在价值挖掘

### 3.2.1 社会价值

城市和农村作为两个既有区别又有联系的空间个体，既可以作为两个独立的经济主体，也可以作为两个独立的社会主体。从发达国家城乡发展的历程和我国的实际国情来看，城市和农村的合作，即实现城市和农村的融合发展是大势所趋，是符合客观规律的。这既是广州和类似于海傍村的城郊村未来的发展目标，也是实现二者更快更好发展的手段。因此，我们认为城乡社会互动关系应该是指城市和乡村作为两个主体，由于二者间的特征差异会产生各种资源的调剂余缺。

因此我们就应该推进城乡之间互动，促使城市和农村都朝着对各自有利的方向发展。

### 3.2.2 经济价值

凭借自身得天独厚的资源优势，海傍村有机会可观的非农就业机会，极大提高了当地农村居民的收入水平，从而使得这些地方成为沟通农业与高端旅游服务业，进而沟通乡村和城市的重要纽带。

海傍村凭借优良的生态人文环境完全可以成为高端商品和服务的提供者。

### 3.2.3 生活价值

海傍村由于优越的地理位置和乡村的环境面貌，能成为城市居民寻求另一种生活方式的生活空间。

乡村新鲜的空气、优美的景观、宜人的居住环境，自给自足的生产及慢节奏的生活方式恰好符合“城市病”下人们探索的新价值追求。随着人们对生活的质量追求，城市居民的生活方式可能会向乡村的生活方式转变。

### 3.2.4 生态价值

海傍村为周围城市提供原生态的生态景观，带给城市居民不一样的身心体验。此外，海傍村是城市生态系统得以维持的重要部分。

### 3.2.5 文化价值

海傍村是广州河涌文化的空间载体，亦是城市居民对河涌记忆的一个缩影载体。通过对物质空间的保留和当地村民的传承，实现河涌文化的延续，也能成为城市居民寻找历史记忆的空间。

# 4 海傍村内部现状分析

## 4.1 自然条件分析

### 4.1.1 地形地貌

（1）现状：海傍村坐落于珠江三角洲平原番禺冲缺三角洲，地势平坦。本区地面平坦，由北、西北向东南降低；区域内主要是沙田，还有围田和少量岗地。

（2）分析：海傍村因地势平坦，水网分布较密集，适宜耕作。

### 4.1.2 水系

（1）现状：海傍村河涌交错，主要河流有邦口涌、旦岗涌、低涌、界涌、市桥水道和海傍涌，分别位于村庄北部、西部、西南部、北部、南部和东南部。

（2）分析：海傍村水资源丰富，充分利用水资源可对村庄产业（农业、工业、旅游业等产业）发展产生巨大推力；海傍村内河涌交错分布，景色优美惬意。

### 4.1.3 气候

（1）现状：海傍村为南亚热带海洋性季风气候，气温受偏南季候风影响，暖湿多雨，光照充足，无霜期长。多年平均气温为21.8℃，年均日照在2000~2100h，多年平均降水量1650mm。

（2）分析：海傍村气候条件良好，全年降雨充足，风向、湿度、日照时间、气温较稳定，适宜发展农业以及居住。

### 4.1.4 自然资源

（1）土地资源：平原地形，农田多为耕地。

（2）水资源：村内河涌多，分别为界涌与海傍涌。现状尚未进行水质整治，临河用地被居民利用为主。

（3）气候资源：南亚热带海洋性季风气候，气温受偏南季候风影响，暖湿多雨，光照充足，无霜期长。

（4）生物资源（动植物资源）：水稻、甘蔗、芭蕉、花卉、竹林、蔬菜。

图4-1 植物资源

## 4.2 文化资源

### 4.2.1 现状

海傍村所处的番禺区是岭南文化的重要发源地和“海上丝绸之路”起点之一，岭南建筑、岭南画派、粤剧曲艺、广东音乐等广府文化和鳌鱼舞、飘色、乞巧、醒狮等民间艺术源远流长。

海傍村所属的石碁镇是文明古镇，文化历史源远流长，底蕴丰厚，教育资源丰富，教育传统浓郁。

海傍村具有赛农艇的习俗，是民间文化特色活动之一，有着浓郁的沙田水乡风情，深受村民喜爱。长期以来，该村的水上体育运动十分活跃，村民根据水乡的特定环境举办了水上拔河、扒打禾斗、水上捉鸭等多项别具特色的水上活动，但赛农艇习俗并未对外推广。海傍村的特色美食有盆糕、撑粉。

#### 4.2.2 分析

海傍村处在的番禺区和石碁镇，有浓厚的当地特色文化氛围和底蕴，有发展文化旅游的强大基础；海傍村有赛农艇的特色习俗和特色美食，但知名度不够高，只是村庄内部较为知名，对外推广有利于增加村庄吸引力，推动村庄旅游业发展。

### 4.3 历史沿革

#### 4.3.1 海傍村历史沿革

清光绪年间，属番禺县沙湾巡检司同安社石碁村。民国时期，属番禺县第一区同安乡。1950 年，属番禺二区同安乡。1953 年，属番禺四区（1955 年秋改称“石碁区”）海傍乡。1957 年，属番禺县石碁乡。1958 年 9 月，属番禺人民公社石碁团。1959 年 3 月，属番顺县石碁公社；1959 年 6 月，属番禺县石碁公社。1984 年，属番禺县石碁区。1987 年，属番禺县石碁镇。1992 年，属番禺市石碁镇。2000 年，属广州市番禺区石碁镇至今。

#### 4.3.2 分析

海傍村所处的石碁镇和番禺区，具有深厚的历史背景和底蕴；海傍村历史相较番禺区和石碁镇来说较短，但仍有一定的历史底蕴。

### 4.4 人居环境

#### 4.4.1 居民点分布特征

（1）现状：居住用地多数为村民自建房，少量为新建居住小区，整体建设情况及设施配套水平一般。海傍村居民点主要分两部分：一部分位于村中心地带，呈集中式分布；另一部分位于河涌两侧，沿涌线性分布。

（2）分析：不同居民点分布特征具有较大差异，形成了不同的空间形态，且不同区域的居民点形象上不统一而导致了割裂感，不利于海傍村塑造明确清晰、辨识度高的村庄形象。

### 4.4.2 村庄建筑

（1）现状

（2）分析：①村庄内的建筑风貌差距较大，不利于村庄形象的塑造；②建筑大部分比较旧，部分翻新过，部分是在原地重建，只有安置房是统一新建的，居住类建筑的质量参差不齐，在河涌两旁的建筑明显较破旧，很多外面没有饰面，一些年代比较久远，少数是原地重建。

村庄建筑现状　　表4-1

| 类型 | 图片 | 建设情况 |
|---|---|---|
| 居住建筑 |  | 钢筋混凝土建筑，一般3~6层。房屋前带小庭院。建筑较新 |
| 居住建筑 |  | 砖房，一般2~4层。建筑较旧 |
| 居住建筑 |  | 砖房，2~3层，未装饰外墙，建筑较为简陋 |
| 居住建筑 |  | 统一建设的居住区，较为崭新，风格统一，较为美观 |
| 居住建筑或其他（厨房、厕所或车库） |   | 滨涌，1层，基本都是砖房，铁皮屋顶，少量木质建筑，建筑质量较差 |
| 工业建筑 |  | 钢筋混凝土建筑，一般3~4层，建筑有翻新过，看起来比较整洁干净 |
| 工业建筑 |  | 铁皮房和钢筋混凝土建筑，2~3层，这类工厂的建筑比较破旧，有搭建的铁皮棚和铁皮房 |

### 4.4.3 特色空间

（1）河涌概况

1）地理位置

海傍村河涌共有四条。

第一条：位于海傍村西部自北向南流向沙湾水道的界涌。

第二条：从海傍村北部呈“C”字形流向界涌的邦口涌。

第三条：从海傍村南部呈“L”字形流向界涌的低涌。

第四条：位于海傍村中部呈“I”字形流向界涌的旦岗涌。

2）基本信息：海傍村四条河涌总长度约 4000m，宽度在 12~26m 之间，河涌总面积为 2.18hm$^2$。其分布见河涌位置图。主要挑选海傍村中部两段自东向西流向的河涌进行深入研究。

（2）河涌平面

河涌平面上主要分为四部分，分别为涌、滨涌带、道路和居住建筑，大部分情况下四者处于平行状态，局部存在节点，即滨涌带和道路结合在一起。

图 4-2　河涌位置图

（3）景观风貌分析

1）河涌空间形态：三条河涌与中间的南北向道路组合形成一个“王”字形布局；水、田园、村落一体，三要素相融相生，互为脉络；建筑依河或夹河修建，形成线形水乡。

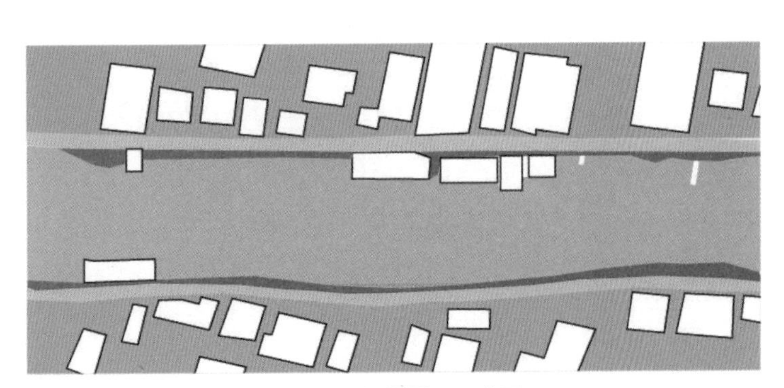

图 4-3　河涌平面示意图

建筑群序列排列形成的空间形态：建筑群按一个较为统一的韵律铺展，整体上强调以水为脉，形成带状线性空间。

2）河涌景观的各组成要素：临河建筑、驳岸埠头、桑基鱼塘、大树林木。它们具有连续性极强的空间关系，共同形成空间开敞、树木葱茏、连续多变的水道景观。

临河步道一侧的民居等乡土建筑组成的建筑群也是体现水乡特色的重要载体。

（4）河涌现状问题分析

1）生态环境遭到破坏：生活污水直接排放到河涌且垃圾乱扔使得附近水域遭到污染，水质恶化，严重损伤了水乡村落的特色风貌。过高密度建筑的开发严重压迫滨水绿地空间，使得原本自然的滨水环境完全变成人工铺砖的环境，这对滨水生态系统和生物过程的连续性造成了毁灭性的破坏。

2）河涌环境存在安全隐患：滨河带的临水建筑多为私人搭建的房屋，房屋质量差，破败，存在居住安全隐患。村民喜欢用灶台烧柴火煮饭，木柴堆积在河涌边既影响滨河风貌又存在消防安全隐患。

滨河区域设置有几个供电站点，且周围缺乏维护和警示标识，存在安全隐患。

岸边护栏破损或没有设置维护设施，对小孩子来说存在水域安全隐患。

3）土地使用混乱：由于场所空间的复杂和混乱，一些用地功能与河段的位置和景观环境极不协调，对环境产生了不利影响，并直接影响到乡村的使用功能与景观面貌。

河岸违章建筑的存在，阻挡了河涌对面的视线走廊，使得休闲者难以感受到水边景观的公共性、愉悦氛围与情趣性。

由于历史的原因，滨水区形成了混杂的土地使用现状，滨水区缺乏绿地和相关娱乐和服务型设施用地，阻碍了公共活动的开展，难以形成与水体有机联系的滨河景观区。

4）道路通行能力差：河道两岸的联系较差，缺乏桥梁的连接；沿河民居密布，间隔较小，导致人很难通过居住区内部道路直接走到河岸，河道的通达性较差。

由于滨水区没有车行道与步行道的规划，没有形成完整的滨水景观步道系统。且滨水道路是单车道，路宽较窄，汽车通行困难，人车混行存在安全隐患。

5）绿化系统杂乱无章：绿化植物种类主要是竹林，少数的临水大树，剩下多是杂草灌木，由于缺乏整体设计种植，绿化缺乏序列感与美感，且岸边植被缺乏打理，枯枝烂叶散布，杂草丛生，表现出杂乱无章的景象。同时，由于绿化受乡村建设的局限，滨河两侧的绿地空间与河岸绿地的联系也不够密切，致使滨水绿化在乡村生活中对生态环境质量的改善作用没有充分发挥。

6）景观系统单调无趣：海傍村的滨水区景观现状多是随着乡村的建设发展自发形成的，缺乏整体组织，即缺乏系统、总体的构思和安排。同时由于河岸空间遭到违规构筑物的破坏，河涌整体景观遭到割裂，形成了整体单调、无趣的景观风貌。

滨水区景观缺乏整体性设计，沿岸植物种类混乱无序，路面铺砖缺乏设计，大部分是天然的土路和砂石，或者是没有变化的水泥硬质铺地。两岸建筑之间，地块之间割裂和孤立，缺乏有机联系。河涌入口缺乏标志点，场所的进入感和地区的门户特征不明显。

7）河涌管理缺失：河涌现状违法违规搭建的构筑物、向河涌排放废水、倾倒垃圾等行为均违反了《广州市水务管理规定》相关条例，但没有相关人员对这些违规行为进行处置。

由于农村青壮年的大量外出，河涌两侧的常住民主要是空巢老人和留守儿童，安全防范能力相对较差。同时因经费有限，在河涌两侧的道路上、路口普遍没有安装监控探头，这为犯罪事件和违法行为提供了有利的环境。

8）滨水氛围冷淡：滨水街区形成安静、狭窄、充满岭南水乡生活的气息。人群活动多是自家活动，人群交往较少。由于海傍村最近征地，附近居民警惕性高，连看家的狗子也很警惕，外来人行走在该滨水街道氛围有点紧张，本地居民会以异样的眼光看待来访者，或者上前警惕地询问来者目的。

9）公共空间缺失：公共空间私有化现象严重，比如河边违建房屋，私搭停车棚，建私人厕所等行为，既破坏了河涌空间的公共性，又打断了河涌景观的连续性和整体性。大量私人民房占据河涌沿岸空间，使得原本不宽的空间变得更加狭窄，而且影响居民接近河流，无法满足人们亲水、戏水的天性。

（5）分析总结

总体来说，滨涌带的功能多种多样，但作为公共空间的用途较少，多为私人的邻域，用木头或砖石，亦或是铁皮来搭建大棚，用于休憩、储存、停放车辆，甚至搭建房子进行居住，存在一定的安全隐患。除此之外，东西摆放杂乱，河涌岸并不整洁，河水也受到一定的污染。由于滨涌带的这种使用方法，河涌本身并没有得到充分的利用。

### 4.4.4 其他环境问题分析

（1）主要道路沿街建筑杂乱：目前村内的主要道路海涌路两侧建设较新，沿街建筑以三层、瓷砖饰面为主，由于建筑立面设计比较粗糙，且色调各异，因此沿街外立面延续性一般。另外，沿街还有大量的临时增建建筑，如棚架等，建设较为杂乱，影响了沿街的景观。

（2）安置房内环境有碍美观，涉及违建，存在安全隐患：村庄里海愉苑小区（安置房）也存在一定的环境问题。由于村民的生活观念和习惯，在迁入安置房时，将原有的村庄生活也带入了小区当中，许多居民会在建筑旁边搭建棚，用作储物、厨房，还有的居民会用绿化带的空间种植食物，甚至在路边搭建土灶烧柴做饭。

图 4-4 搭建小厨房

图 4-5 路边土灶

图 4-6 搭棚储物

村域土地利用现状一览表 表4-2

<table>
<tr><th rowspan="2">用地代码</th><th rowspan="2" colspan="2">用地名称</th><th>用地面积（hm²）</th><th>占总用地面积的比例（%）</th><th>人均村庄建设用地面积（m²/人）</th></tr>
<tr><th>现状</th><th>现状</th><th>现状</th></tr>
<tr><td rowspan="6">V</td><td colspan="2">村庄建设用地</td><td>53.8</td><td>9.57</td><td>58.33</td></tr>
<tr><td rowspan="5">其中</td><td>V1 居住用地</td><td>43.8</td><td>7.81</td><td>47.49</td></tr>
<tr><td>V2 村庄公共服务用地</td><td>3.3</td><td>0.58</td><td>3.57</td></tr>
<tr><td>V3 村庄产业用地</td><td>6.6</td><td>1.18</td><td>7.16</td></tr>
<tr><td>V4 村庄基础设施用地</td><td>0.1</td><td>0.002</td><td>0.11</td></tr>
<tr><td>V9 村庄其他建设用地</td><td>—</td><td>—</td><td>—</td></tr>
<tr><td rowspan="3">N</td><td colspan="2">非村庄建设用地</td><td>54.4</td><td>9.67</td><td>58.98</td></tr>
<tr><td rowspan="2">其中</td><td>N1 对外交通设施用地</td><td>3.7</td><td>0.65</td><td>4.01</td></tr>
<tr><td>N2 国有建设用地</td><td>50.7</td><td>9.02</td><td>54.97</td></tr>
<tr><td rowspan="4">E</td><td colspan="2">非建设用地</td><td>455.4</td><td>80.74</td><td>49.38</td></tr>
<tr><td rowspan="3">其中</td><td>E1 水域</td><td>61.6</td><td>10.99</td><td>66.79</td></tr>
<tr><td>E2 农林用地</td><td>390.8</td><td>69.69</td><td>42.37</td></tr>
<tr><td>E9 其他非建设用地</td><td>3</td><td>0.06</td><td>3.25</td></tr>
<tr><td colspan="3">总用地范围</td><td>560.7</td><td>100</td><td>—</td></tr>
</table>

注：2018年现状常住人口9223人（其中：户籍人口4258人）。
表中部分数据因四舍五入导致不闭合，非计算错误。

## 4.5 土地利用现状分析

### 4.5.1 用地构成

海傍村村域总用地面积为560.7hm$^2$。其中建设用地总面积为104.5hm$^2$，占村域总面积的18.6%，非建设用地总面积为456.2hm$^2$，占村域总面积的81.4%。

建设用地中国有建设用地为50.7hm$^2$，主要分布在村域东北部，主要包括商业服务设施用地、工业生产设施用地、居住用地以及未来发展用地。村庄建设用地53.8hm$^2$，主要分布在村域中西部。村庄建设用地主要包括居住用地、公共管理与公共服务设施用地、商业服务设施用地以及工业生产设施用地等。其中，居住用地面积为43.8hm$^2$，主要沿村内河涌分布；工业生产设施用地面积为6.6hm$^2$，主要分布在旧村内部。

村域非建设用地中水域面积为61.6hm$^2$，散布于村域内，包括河涌及池塘；农林用地390.8hm$^2$，主要分布在旧村西部和南部，包括基本农田289.21hm$^2$，主要分布在村域西部和南部。

### 4.5.2 土地利用现状

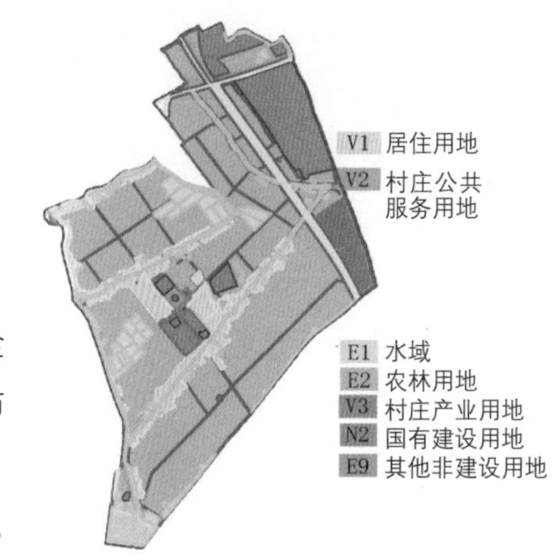

图 4-7 土地使用现状图

### 4.5.3 用地特征及存在问题

（1）现状用地特征分析

基地内的土地肌理空间特征明显，道路较合理。

现状公共管理与公共服务用地占建设总用地的 3.1%，全部是学校用地和政府用地，除了教育上满足需求之外，其他市政设施与公共服务设施严重不足，同时缺乏公共空间。

基地内 73.4% 的用地性质为非建设用地，存在大片农田。

工业用地较集中，紧临居住区域。基地内的村中心与河涌两边为主要居住地点。

（2）现状用地主要存在问题总结

1）耕地分布相对较多，建设用地较少，城镇化进程缓慢，工业基础落后，经济发展水平较低。

2）市政基础设施配套不够，难以适应未来发展。村内缺乏系统的消防、环卫设施。总的来说，服务水平低，如果村庄要继续发展的话，无法满足未来发展和人口增长的需求。

## 4.6 人口现状

### 4.6.1 人口构成

2018 年海傍村共 9223 人。户籍人口 4258 人，共 1835 户，户籍人口与 2010 年相比多了 587 人。另据村委会统计，村内非户籍人口 4965 人，非户籍人口与户籍人口比例约为 1：1，非户籍人口合计占总人口的 53.83%。

非户籍人口主要为周边工业企业的普通员工和从事商业服务业的员工，且呈逐年增长的趋势。

海傍村的户籍老年人口为 519 人，占总户籍人口 12.2%，比我国农村人口老龄化水平 15.4%低 3.2 个百分点，比全国的平均水平 13.26%低大约 1 个百分点。

海傍村存在有一定的老龄化，但其程度不算严重。

图 4-8 海傍村人口分布图

### 4.6.2 人口分布

海傍村人口分布在两个区域，共占地 42hm$^2$。第一个区域是沿村内河涌两岸居住，第二个区域是在村中心处聚集，而其他地区主要是工业、农业区域，基本没有人居住。总体来说，村内人口聚集性较强。

## 4.7 社会与经济发展

### 4.7.1 番禺区、石碁镇层面

（1）现状：番禺区位于广州中南部，地处珠三角和粤港澳大湾区的地理中心位置，总面积约530km$^2$，辖6镇10街，在番禺居住、工作、生活的人超过300万。近年来，番禺区积极融入“一带一路”以及粤港澳大湾区等发展战略，主动对接广深港澳科技创新走廊，紧紧围绕广州建设“三中心一体系”“三大国际战略枢纽”和国家创新中心城市的发展定位，深入实施创新驱动发展战略，加快构建高端高质高新现代产业新体系，坚持在发展中保障和改善民生，全面建设幸福美丽番禺。2017年，番禺区实现地区生产总值（GDP）1948.3亿元，增长8%。在2017年度及2018年度中国最具投资潜力百强区中均排名第五，在全国综合实力百强区中均排名第十。2017年，在整个番禺区中，石碁镇的地区生产总值排全区第七。第一产业排全区第二，第二产业排全区第五，第三产业排全区第九。GDP中工业增加值排全区第五，占总GDP中工业增加值的6.6%。

（2）分析：海傍村所在的石碁镇经济发展水平在番禺区中属于中等水平，第一产业是其发展优势。

### 4.7.2 海傍村层面

（1）海傍村经济收入情况

石碁镇海傍村2012年财政收入统计（元）　　表4-3

| 项目 | 总额度 | 项目分类 | 项目分额度 |
|---|---|---|---|
| 承包及上交收入 | 13223667.26 | 农业承包收入 | 8296419.92 |
| | | 物业承包收入 | 4927247.34 |
| 福利费收入 | 8122462.39 | 合作医疗 | 61230 |
| | | 计划生育 | 52000 |
| | | 五保困难户、军烈属 | 188431 |
| | | 学校 | 284700 |
| | | 幼儿园 | 1917093 |
| | | 治安 | 83230 |
| | | 路灯、清洁卫生 | 102174 |
| | | 其他福利性收入 | 5433604.39 |
| 其他收入 | 326172.69 | — | — |

续表

| 项目 | 总额度 | 项目分类 | 项目分额度 |
|---|---|---|---|
| 合计 | 21672302.34 | — | — |
| 村民人均纯收入 | 14423 | — | — |

分析：海傍村经济收入以农业承包收入和物业承包收入为主。农业是海傍村重要的经济收入来源。

（2）第二产业收入情况

1）现状

石碁镇海傍村第二产业收入情况（2019 年 1 月 ~2019 年 8 月） 表 4-4

| 收入项目 | 收入金额（元） | 收入项目 | 收入金额（元） |
|---|---|---|---|
| 潮域皮革公司 | 395964.00 | 仁德厂 | 106000.00 |
| 威生厂 | 225000.00 | 梁桂梅厂 | 411662.10 |
| 成亿食品厂 | 290753.12 | 陈芬厂 | 201160.00 |
| 国颖皮具厂 | 54862.95 | 朱冬梅厂 | 27000.00 |
| 有能皮具厂 | 14934.08 | | |
| 长鸿皮具厂 | 45399.96 | | |
| 周志强厂 | 6300.00 | | |

2）分析：海傍村的第二产业构成主要为皮具制造业和食品制造业两类，均为传统制造业，各厂收入金额存在巨大差异，工厂的素质水平参差不齐。

（3）重点项目

1）现状

石碁镇海傍村重点项目 表 4-5

| 项目名称 | 所在地块 | 面积 | 预期投资额（元） | 具体情况 |
|---|---|---|---|---|
| 海傍村经济发展预建设用地开发项目 | 由四块独立的宗地构成，位于番禺区石碁镇亚运南路以南、亚运源筑以西、地铁 4 号线海傍村站点东南面 | 187 亩 | 5 亿 | 对该项目将引进房地产开发商合作，建设一定规模的集零售、批发等功能于一体的大型商业综合服务业发展项目 |
| 海傍村的旧工业园改造项目 | 主要是海傍村海涌路两旁的工厂 | — | 5000 万 | 旧工业园的改造和扩建。同时加强招商，逐步引入高产值、高智能、低污染企业或行业 |
| 海傍市场升级改造项目 | 海傍市场原址，海涌路海傍村段 10 号 | — | 2500 万 | 建设一栋 4 层的大型商业综合体。规划第一层为干湿分离和生食熟食分区的肉菜市场，第二层为集服装、杂货、购物于一体的生活超市；第三层为停车场；第四层为餐饮食肆 |

目前存在三个重点项目，他们的落实将会是使海傍村面貌焕然一新的重要之举。

2）分析

**经济发展预建设用地开发项目**

该项目能有效扩大海傍村经济规模和实现政府税收，提升村民收入。该项目不仅服务于海傍村的居民，所发展的商业也将重点辐射规划有 20 万人口的亚运城社区。除此之外，商业的兴旺也将带来人气的兴旺，同时也将带动周边经济、生活环境的改善，这对促进整个大城的活力和板块价值都有着重要的意义。

**旧工业园改造项目**

该改造项目对于海傍村来说也是意义重大的。产业转型升级，是海傍村发展的重要一环，该项目中加强招商，逐步引入高产值、高智能、低污染企业或行业，逐步引入金融科技等轻资产类企业，在追求 GDP 的同时，创造青山绿水。

**市场升级改造**

该项目将提升海傍村的生活服务功能，大力改善居民的生活条件。

## 4.8 业态分布

### 4.8.1 农业业态分布

（1）农业现状分布

农林用地 390.8hm$^2$，占总用地的 69.7%，分布在村四周，包括基本农田 289.21hm$^2$，主要分布在村域西部和南部。2012 年底，海傍村农业总收益为 829 万元，其中以农业承包为主，主要种植花卉、草坪以及部分阴生植物等。

（2）农产品分布图

（3）农业现状分析

1）基本情况：盆栽（大棚加露天）加草皮约占总农林用地的 56.2%，采用农业承包的方式，是海傍村农业收入的主要来源。村内耕地主要提供给本村人种植，产出粮食基本贩卖于本地村民。废弃农田较多，部分原因在于高速公路的修建使得其两侧的农田难以使用。

图 4-9　农业现状分布图

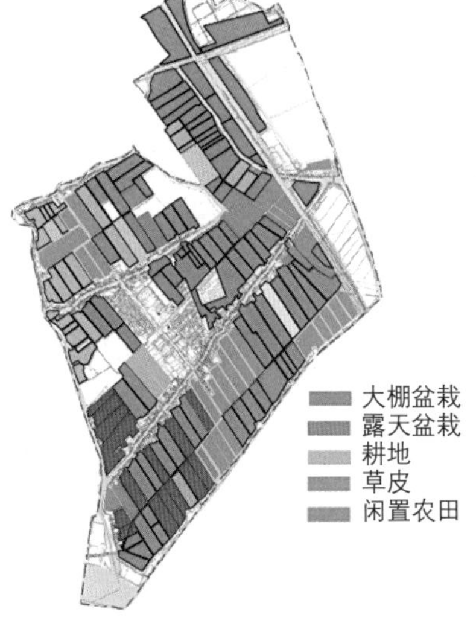


图 4-10　农产品分布图

2）存在问题：农田未得到充分利用、各种类型用地较分散、现状农林用地产生价值较低。

### 4.8.2 商业业态分布

（1）商业现状分布

（2）商业现状分析

1）基本情况：基地外的商业有一个大型商业综合体，离村只有 10min 左右车程。其他小型商业服务点规模较小，只能服务店面附近的人群。海傍村内海涌路与亚运大道交汇处有一家中型的海傍超市以及海傍市场，沿海涌路有数家其他零售商店与一家快递点，以及一定数量的餐饮、农家乐，沿街分布的还有部分理发店、裁缝店等生活服务类商业。它们分布的地方都有一个共同特点：交通便利、人流集中、社区氛围浓厚。

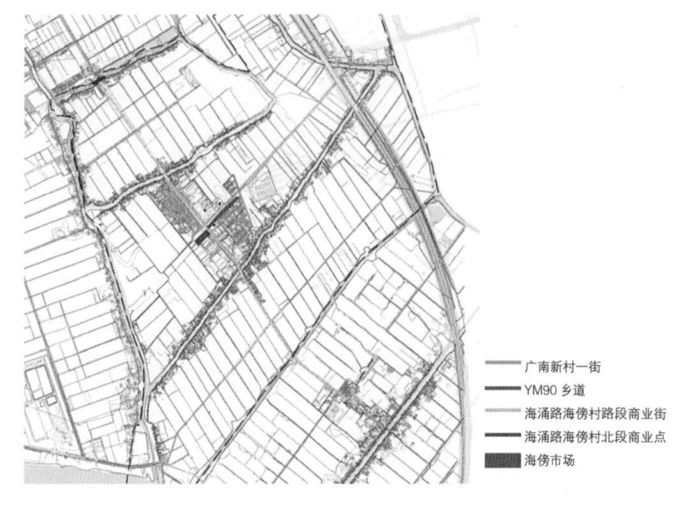

图 4-11 商业现状分布图

正在建设中的地铁旁的商贸项目为包括永北村在内的周边区域提供了或即将提供一定量的就业岗位，包括保安、建筑工人等，吸引了在本村的户籍人口和外来人口前往就业，对本村经济也形成很大影响。

图 4-12 工业现状分布图

2）存在问题：由于村内主要是以当地村民为主，所以消费者数量少、购买力较弱。大部分店铺是商住结合式（底层商业），且规模小，门店陈旧，装饰单一。商业类型较单一，服务范围小。基地整体商业氛围不浓厚。

### 4.8.3 工业业态分布

（1）工业现状分布

（2）工业现状分析

1）基本情况：海傍村共有24家落户工业企业，以皮具厂、机械电子制造公司、建材公司为主，还有部分食品厂、玩具厂。

基地工厂较多，占地面积较大，基本集中在三大区域，大部分工厂规模都不是很大。少部分工厂有一定规模，经过完整的设计，有完善的安保设施，有设计的绿化景观，建筑外观整齐正规，一般为4~5层。多数工厂一般为1~3层，铁棚加混凝土墙，外观整齐干净，规模较小。从噪声方面，工厂目前对周边基本不造成影响。

据目前调研得知，受政策影响，高密度工厂的成本（环保成本及工人社会保障成本等）升高，村内工厂规模整体下降，外来务工流动人口从2012年1万多流失到近期4000左右。

2）存在问题：基地内的工厂占地大、种类丰富，但是由于自身产业的落后导致的人口短暂性的流失，大多数工厂开始衰败。

## 4.9 交通现状

### 4.9.1 对外交通

（1）地铁

1）现状：海傍村地铁站"海傍站"线路为4号线，4号线主要连接广州市的番禺区、海珠区、天河区，起于黄村站，止于南沙客运站。

2）分析：由于海傍地铁站的存在，海傍村的对外交通十分方便。

（2）公路

1）现状：番禺区内部交通快速路主要为新化快速和南沙港快速，南大干线在建中。公路和省道均较多，总体形成"两纵两横"高速公路和"两环、九连接、五放射"快速路的高等级道路网。

2）分析：对海傍村的外部交通主要分析了广州—番禺区范围内的地铁、公路交通情况。从广州市的角度看，广州市地铁由21条铁路组成，为全国一流地铁系统，通过穿越基地的地铁4号线，基地可通过公共交通快捷地到广州的任何一处，2022年的地铁18号线开通后更是可以乘地铁直达澳门。从番禺区角度看，番禺区内多条高速和数条省道使得番禺与广州其他区，如天河、南沙，都可紧密相连，特别是广州环城高速。

整体而言，海傍村的外部交通相对于其他村子而言十分优越，海傍村所处城市广州，交通便利性程度高，四通八达。优越的交通，是吸引产业、经济发展的重要因素之一。

## 4.9.2 对内交通现状

（1）道路现状

村内道路系统尚未成体系，部分旧村村路建设质量一般，且未能满足消防安全的要求。主要村路为海涌路和海傍大道，海涌路红线宽度 8~16m 不等，海傍路红线宽度约 6m。另有若干村路连通村内各生产队；红线宽度 4~6m 之间。沿河涌的路基本已经硬底化，红线宽度约为 2~4m。

除外部公路和高速路外，将村内道路分为村主干道、支路、巷道、机耕路四种类型。海傍村道路网结构为方格网式，具体表现为村内主干道和支路横平竖直，主干道和支路交叉口基本为垂直十字交叉。村内机耕路也有较好规划，基本为方格网式。

图 4-13 道路系统现状图

海傍村北至市莲路（连接市桥街道与莲花山镇），南至河边机耕路，西至河边机耕路，东至京珠高速（连接北京和广州、珠海、香港、澳门等南部重要城市和地区）。村内主要交通方式有公交、步行、驾车等。

（2）公交系统

（3）步行系统

基地步行系统没有完整的体系，村内主干道、人行道质量良好，但支路没有人行道。基地内的主干道步行系统只能基本将基地内的主要活动空间和公交站点连接起来，但不能够良好地将整个基地的所有活动空间联系起来。

居民的日常购物主要集中在海涌路海傍村段上，主干道缺少相应的绿化景观，不利于人们的视觉感受，且由于路边停车问题，主干道宽度减少，加重了行人安全问题。

图 4-14 公交站分布图

村落内支路和巷道车行与人行混杂，步行道路密度高，通达度较高，由于建筑的退让距离不定，道路时宽时窄，形成交错的道路空间，并且由于村落内的建筑立面、建筑性质不同，道路两旁形成了别具一格的步行空间。

（4）对内交通分析

海傍村内道路等级系统基本完整，分为村内主干道、村内支路、巷道、机耕路。但基地的道路存在较多问题：

①支路、巷道的道路较为狭窄，道路宽度较为不合理。

②停车设施不足，村内主干道和支路路边停车问题严重，有较大安全隐患。

③慢行方面，支路以下道路为人车混行，人行道设置较少。

海傍村对内交通分析　　表4-6

| | |
|---|---|
| 现状 | 基地内的路网呈方格网状，道路等级系统较完善。同时拥有地铁、公路两种对外交通类型 |
| 优势 | 1. 公共交通系统较完善，基本满足出现需求<br>2. 拥有通往天河区、番禺区、南沙区的地铁站 |
| 劣势 | 1. 道路宽度设置不合理<br>2. 人行道和非机动车道的缺失，存在安全隐患，导致人车混行十分危险<br>3. 很多地方没有设置停车场，导致车辆随意停放路边 |

## 4.10 公共服务设施

### 4.10.1 公共服务设施

（1）现状

（2）分析：①海傍村内现状公共服务设施配套相对齐全，较为集中，但部分公共服务设施的服务半径无法覆盖全村，未能满足所有村民的要求，存在公共服务设施数量不足的问题，部分公共服务设施数量有待增加；公共建筑质量较好，但建设标准仍有待提高。②村内的文体设施以及公园等公共活动空间的建设数量不足，在未来发展建设中有待增加，并且对于已有的设施需要有所完善。

图4-15　公服设施分布图

### 4.10.2 市政设施

（1）现状：海傍村内的市政设施种类相对齐全，排水、给水、供电、燃气、环卫五种主要的市政设施均有，但是部分设施在数量和质量上有所欠缺，需要去改善。

（2）分析：①村庄内主要使用罐装燃气，未铺设管道燃气，燃气供应水平较为落后。

②村庄的工厂生产所需供电存在一些问题，有待改进。

③村庄的环境卫生设施数量不足，且设施质量较差，有待加强和改善。

④村庄局部地区供电存在问题，需要加强建设。

## 4.11 群众意愿

经过与村支部和村委会接洽及村庄实地调研，并结合村民深入访谈的反馈信息得出如下结论。

### 4.11.1 住房情况

①村落建筑物质量一般，部分建筑比较破旧，还有部分乱搭建和临时搭建建筑。

②原本居住在亚运城的村民回迁至海愉苑内。

③海愉苑（安置房）内存在不少闲置、无人居住的房子。

④老人普遍不愿卖房，不愿搬离出村子。

### 4.11.2 公共服务

①部分公共服务设施，如村卫生所、村肉菜市场、沿街商业设施等的建筑破旧，建设标准较低，有待提高。

②供村民活动的公共绿地、广场等公共空间很缺乏（特别是老年人和小孩的活动空间）。

③文体设施缺乏，数量需要增加。

④村庄内的幼儿园和小学学位紧缺，外地人的孩子难以入学，并且教学质量有待提高。中学距离海傍村较远，上学不太方便。

⑤村庄的医疗设施和商业设施能满足需求，较为便利。

### 4.11.3 基础设施

①现状无集中污水处理，生活污水直接排放到河涌，缺乏截污、排污和污水处理设施，河涌、水体等的水质较差。

②公交车站站点设施简陋，且公交车班次不足。

③部分村道的宽度、路面质量不能满足使用要求。

④路灯等街道家具、设施缺乏，且村庄的主要道路上无交通指示灯，不利于交通安全。

⑤没有专门的社会停车场，道路乱停车现象严重。

⑥局部供电存在问题。

⑦天然气管道没有普及，村民主要是柴火煮饭，少部分采用煤气罐，但价钱较贵，还有少部分使用电器煮饭。

⑧消防用水目前水压不够，农业生产用水少部分生产队出现问题，居民生活用水基本满足需求。

#### 4.11.4 产业就业

①村庄的主要产业为第一产业，以农业为主，还有一定规模的第二产业，为外来企业入驻的工厂。

②村庄内就业的吸引力不足，村民大多外出工作。

③村庄劳动人口流失，导致工厂经营运作情况不佳，希望在工业发展上着力增加第二产业的吸引力，为年轻人提供就业机会。

#### 4.11.5 城乡迁移

①大部分未经历搬迁的村民对于村庄的居住环境满意，不愿意搬迁。

②少部分村民原意搬迁到村外。

③大多数已回迁的村民更愿意生活在原本的住处（亚运城）。

#### 4.11.6 土地利用

农田归属于村庄，但村庄对农田使用没有安排，村民无法使用。

#### 4.11.7 村容村貌

①卫生死角比较多；陈旧广告牌、电线等各种线路比较凌乱。

②部分住宅院落建设杂乱，影响了村庄整洁。

③虽然村里有进行卫生宣传，但是还是有人往河涌内丢垃圾，河涌肮脏不整洁。

#### 4.11.8 生活愿景

①分红能有所提高。

②社会福利有所欠缺，本地村民没感觉到有福利，外地人没有社会福利，希望社会福利能更好。

③加强、完善村庄的基础设施和公共服务设施的建设，特别是文体设施方面的建设（增加村庄内的公共活动空间）和完善垃圾收集、污水处理、公厕等市政设施建设。

④发展村庄产业，增加村庄内的就业吸引力和就业机会。

## 4.12 SWOT 分析

| S： | W： |
|---|---|
| 地理区位：位于粤港澳大湾区，亚运城旁边。周围地区具有经济优势，地理位置优越。<br>道路交通：道路系统发达，公共交通便利，村内部道路较完善。<br>自然条件：气候温和，地势平坦，视野广阔，易于建设。自然资源，有多条河涌。<br>节日习俗：海傍村龙舟节的赛农艇等水上活动。<br>外部资源：海傍村旁边的亚运城将带动广州新城及周边地区以房地产业、酒店业、旅游业为主的产业发展。<br>空间塑造：如何充分利用河涌两岸的空间，梳理村庄肌理与形态特征，塑造成新时代水乡，建立和谐宜居的空间形态。 | 环境卫生：河涌污染较严重。<br>文化古迹：没有祠堂等文保，历史痕迹并不明显，文化气氛并不浓厚。<br>公共服务：公服设施不够完善，没有公园、绿地等公共空间。<br>建筑情况：建筑多为自建房，单调无活力，还有一部分建筑质量堪忧。<br>商业服务：整体商业活力较弱，类型单一，只有一个农贸市场和一些零散的百货商店。<br>产业情况：海傍村产业单一薄弱，主要收入为房屋出租和农田出租。<br>基础设施：村庄的排水、供热系统尚不完善，卫生设施缺乏，局部供电存在问题。<br>村容村貌：村内卫生死角多，电线杂乱，居民私自在绿化带开垦种植。<br>居民观念：许多原住民生活观念不能适应村庄发展。<br>产业落后：基地存在部分产值较低的产业。 |
| O：<br>国家政策：国家美丽乡村计划。<br>区域政策：粤港澳大湾区经济发展趋势。<br>区域战略：建设以战略性新兴产业为引领、现代服务业为主导、先进制造业为支撑、都市型现代农业为补充的综合型现代产业体系。 | T：<br>区位挑战：与周边村庄存在竞争。 |

# 5 海傍村村民生活解构

## 5.1 海傍村村民生活方式

生活活动形式是生活活动条件和生活活动主体相互作用的结果，它外显为一定的生活活动状态、模式及样式，使生活方式具有可见性和固定性。在海傍村的生活活动条件和生活活动主体的作用下，海傍村的生活活动形式形成了一定的模式。

### 5.1.1 以往的生活方式

（1）依涌而居：过去的海傍村，以自给自足的农业经济为主，商品经济不发达，主要依靠河涌生活。道路不完善，主要是土路，交通要依靠河涌来满足生活生产的需要。

（2）封建家长制：旧社会的家庭以封建家长制为核心，以“三纲五常”等伦理道德为规范。一般来说，等级比较森严。其家庭结构讲究“四世同堂”“五世同居”，规模比较庞大。

（3）室外空间利用：以往村民日常聊天、晒太阳、种花种菜、打牌下棋多喜欢在宅前、院子、檐下、门道下等室外空间。这些半公共空间和公共空间可以满足他们的社会交往需求。

### 5.1.2 现今生活方式

（1）城市工作，农村居住：由于海傍位于广州的城郊且毗邻亚运城，村民的工作类型和娱乐方式也相应改变。部分村民的生活活动形式主要表现为白天进城工作，晚上回村休息，生活行为和生产行为在不同的空间进行。工业的出现改变了以前主要从事农业生产的海傍村村民的生产行为。

（2）交通便捷，出行顺畅：由于交通便捷，人们的出行范围较大，村落在发展建设过程中新建的房屋纷纷搬到过境道路两旁便于日常的出行，良好的交通条件对生活空间的选址产生了较大的影响。

（3）空间缺乏，私人占用：由于海傍村生活活动条件中的公共空间的缺乏，村民的娱乐、社会需求得不到满足。因此村民自宅前通常会占用其他空间，满足停车、储物、孩子们玩耍、老人们晒太阳、妇女们聊天的需求。河涌边的居民宅基地不够的，因为自身需求得不到满足，违规占用河涌用地用来停车、聊天等。

### 5.1.3 生活方式的转变

根据对海傍村乡村生活方式的调研和研究发现，乡村生活方式既有传承也有演变。随着生活条件、生活主体的改变，生活活动的形式也发生了较大的改变。

（1）从封闭型向开放型的转变。

过去的海傍村传统的劳动生活多年不变，一般不需要外出，交通需求较少，依靠河涌基本能解决生活生产。而随着经济发展，成为城郊村后，人口流动，思想观念解放，以及科技产品的应用，封闭的传统乡村社会被彻底打破。人们的生活范围也不再仅仅局限在村落附近，孩子们到城市里求学，年轻人们到城市里工作。

（2）从温饱型向小康型的转变。

随着生活水平的提升，村民有了追求更高生活质量的经济基础，不再只满足于基本的生活消费，已从纯物质消费开始过渡到关注精神消费和服务消费。越来越多的农民走进各种娱乐和公共服务场所，追求精神上的愉悦和享受各种服务带来的心理满足。

（3）从同质性向多样性的转变。

过去农村人口的同质性很强，民族、职业和地域构成比较单一，不同的社会群体由于各自的生活环境、经济条件、受教育程度和社会关系类似，决定了他们的生活方式也类似，而如今家家的情况都不一样，有的以种地为主，有的以经商为主，有的在外打工，还有的家里只有年迈的父母和小孩，生活方式多样化。

## 5.2 海傍村空间形态

海傍村内主要有三条东西向河涌，两条南北向河涌，内部有池塘、鱼塘，村庄大部土地为农林用地。

三条东西向河涌与一条南北向干道（955 乡道）组成一个“王”字，形成海傍村的主要骨架。居民点主要分布在河涌两岸，形成带状的格局，其余居民点分布在干道两侧。

### 5.2.1 空间形态格局

海傍村的空间格局主要为条带形聚落，主要分布在河道沿岸、交通枢纽地带，沿等高线和道路两侧形成条带形的空间布局形式，有利于生产生活及交通运输。

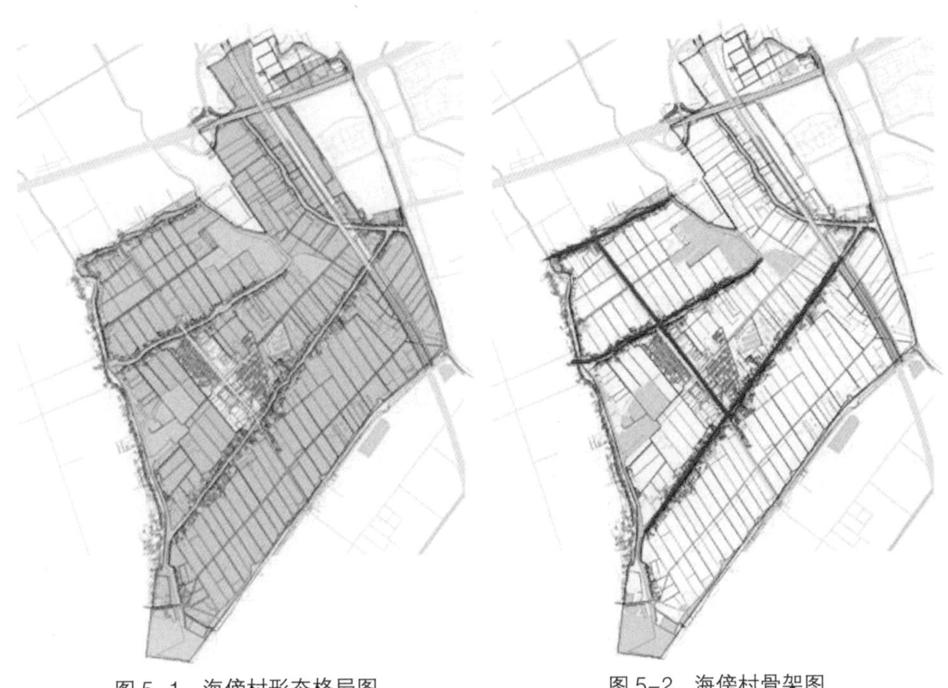

图 5-1 海傍村形态格局图　　图 5-2 海傍村骨架图

### 5.2.2 空间形态体系

海傍村的空间形态可以通过“点线面”来解释。点，主要指建筑；线，为构成海傍村骨架的河涌和主干街巷；面，为海傍村整体空间。建筑呈点状沿街巷、水系发展，道路、水系呈线状发展，将建筑划分为各个区块，由主干街巷、水系将各个区块串联起来，起到由“点”到“线”到“面”的作用，使村落成为整体空间。

### 5.2.3 空间形态发展

海傍村的空间形态主要通过两阶段形成。第一阶段是沿河涌发展时期，这一时期由于交通需求，为了最大程度利用河流进行交通通行，海傍村沿河涌线性发展。第二阶段为沿主干道发展时期，道路交通发展后，村落主要沿道路发展，但沿河涌的建筑肌理仍保留下来。

海傍村空间形态发展

表5-1

| 时期 | 村落整体形态 | 发展布局 | 平面形态类型 | 成因 |
|---|---|---|---|---|
| 成为城郊村之前 | 随着河流流向并肩发展，形成与河流流向结合的条带形聚落 | 受河流航道的用地限制，村落范围逐渐沿河涌形态发展 | 功能型平面（因为生活生产的需求而形成的平面） | 为了最大程度利用河流进行农业生产，成为村落聚集点 |
| 成为城郊村之后 | 集中于道路两侧的组团式发展＋上时期的条带形形态＝“王”字形平面布局 | 受对外联系的需求影响，主要沿道路发展 | 具象型平面（受到道路等影响而形成，表现为某一种容易识别的图形）＋功能型平面 | 陆上交通取代水上交通，村落形态主要受道路影响 |

## 5.3 生活方式与空间形态关系分析

### 5.3.1 外出工作的生活、生产行为导致建筑沿主要交通线发展

20世纪，河涌作为连接村内的交通要道，海傍村的空间形态主要沿河涌发展。道路转变为主要交通线后，由于道路交通便捷，人们的出行范围较大，村落在发展建设过程中新建的房屋纷纷搬到过境道路两旁便于日常的出行，良好的交通条件对生活空间的选址产生了较大的影响。

### 5.3.2 为满足生活起居行为的需求而产生的宅前空间

由于公共空间不足导致村民占用道路、河涌等空地作为宅前空间，空间形态上表现为街道空间和河涌空间被压缩。

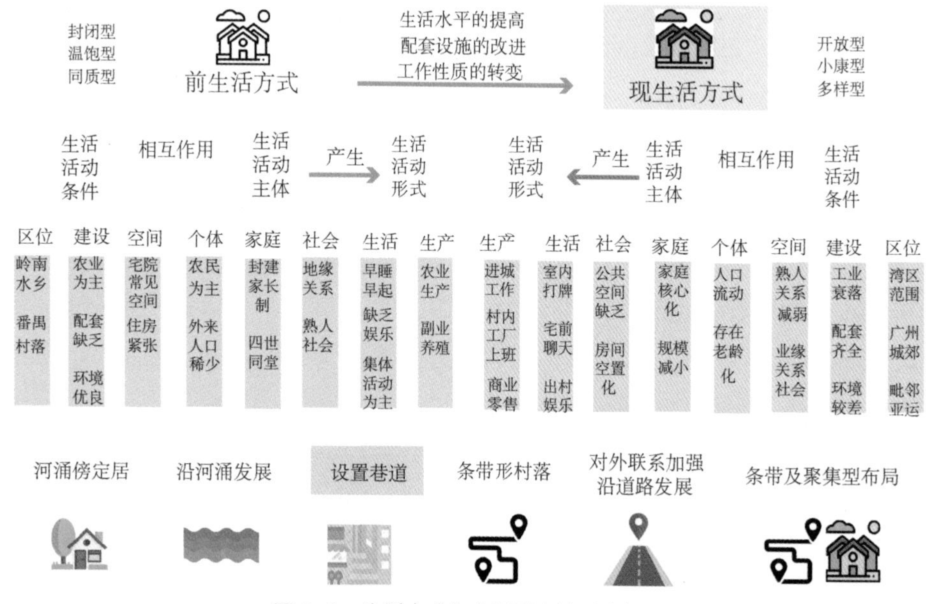


图5-3　生活方式与空间形态关系分析图

### 5.3.3 为满足村民沟通交流和交通需求设置的巷道

巷道是串联各个建筑，促进村民沟通交流的媒介。熟人社会时家家户户串门聊天，因此设置巷道方便村落内各家各户的连接，同时又能满足交通需求。在空间形态上，巷道是村落的重要构成要素，在村落发展中会合理改造巷道。

## 5.4 海傍村村民的双重身份

总的来看，海傍村这类处于城郊地区的农村，在城市扩张和空间重构的过程中，“居住—就业”空间关系逐渐由“职住合一”向“职住分离”演变。农村村民往往会进入城市工作，过上了和城镇居民一样的“早出晚归”的生活，农民在“居住—就业”空间关系上的变化使他们获得了双重身份——工作时是城镇的一份子，家居时是农村的一份子，身份随着农民所处的空间而来回切换。

### 5.4.1 城区与海傍居住对比

（1）村内居住较优：独门独院，适应使用灶台、饲养家禽、进行小型耕种等农村生活方式，家居生活十分丰富。生活较静谧，空气清新，保有较多的自然风貌，风景优美。土地属于村集体，拥有可永久居住的宅基地。配套设施不完善，商业、文化等活动少。消费水平较低。人与人之间较为亲近。生活节奏缓慢，事物发展缓慢。

（2）城市居住较劣：多高层住宅，居住拥挤，且居所主要用于休憩，家居生活较为单一。易出现噪声污染等环境问题，空气污染严重，缺乏自然景观。房价高昂，居住权七十年，且村民难以适应公寓式住宅生活方式。配套设施完善且更优质，商业、文化等活动多。消费水平高。人口拥挤，存在交通问题，人与人之间距离感强。生活节奏紧凑，事物发展迅速。

### 5.4.2 城区与海傍就业对比

（1）村内就业较劣：就业机会少、选择少，发展前途差，薪资目前相对较低。

（2）城市就业较优：就业机会多、选择少，发展前途好，薪资目前相对较高。

### 5.4.3 城市工作、农村生活的新模式

所谓新模式，主要指由于海傍村位于广州城郊，海傍村民在双重身份下带来的全新的生活方式——城市工作、农村生活，而这种生活方式与以前的农耕生活完全不同。

（1）新模式下的改变

①村内白天人少，基本剩下老人、小孩和外地来村的打工者，村庄欠缺活力。

②村的主要功能转变为休憩生活，以人居为主。

③村内劳动力流失，难以发展自身产业。

④村民对村庄事务冷漠，村委会难以召集村民协商村内集体经济发展。

⑤村民之间的交流减少。

⑥村民更多地接触到城市文化，习惯城市的生活节奏与模式。

（2）这种新模式下需要的新空间

1）创造良好人居环境：塑造公共空间：加强村民之间的公共活动交流（空间吸引力）、增加村民户外活动的选择（空间数量）、提升户外活动的质量（空间舒适度）。生态修复与环境保护：提升村民生活环境质量。文化空间塑造：加强村民对村庄的归属感和认同感。

2）基本配套设施完善：提高村民生活质量，为村民提供便利（临近市区有高层次配套设施）。

3）设立城乡过渡空间：避免城乡间的空间氛围有太大落差。

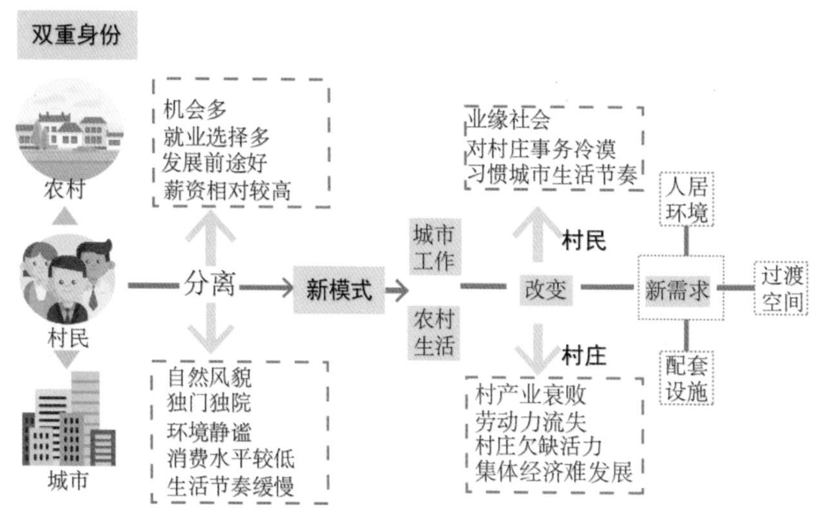


图5-4 双重身份中的新模式

# 6 规划目标与定位

## 6.1 总体框架

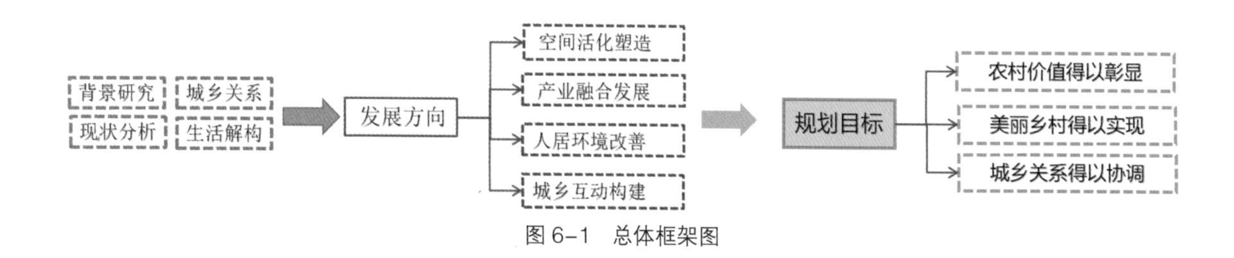


图6-1 总体框架图

## 6.2 目标定位与发展方向

### 6.2.1 定位

以城乡融合为出发点，在农村价值得以保留的前提下，打造生态宜居、产业融合、文化繁荣的新型城郊村。

### 6.2.2 目标

通过社会、经济、生态、文化关系的协调，生活、生产、生态的融合，使海傍村价值重新得以彰显，城乡关系得以协调，人居环境得以改善，实现打造美好乡村的愿景。

### 6.2.3 发展方向

（1）通过村庄生产空间、生态空间、生活空间、文化空间活化及塑造，实现村庄空间形态多样化，空间发展有序化。

（2）通过村庄一二三产业融合发展，实现村庄经济持续健康发展。

（3）通过村庄人居环境改善，实现人际关系和谐，形成良好村庄氛围。

（4）通过加强城乡二者间互动构建，实现城乡资源共建共享、优势互补。

# 7 城乡互动机制

## 7.1 城乡互动

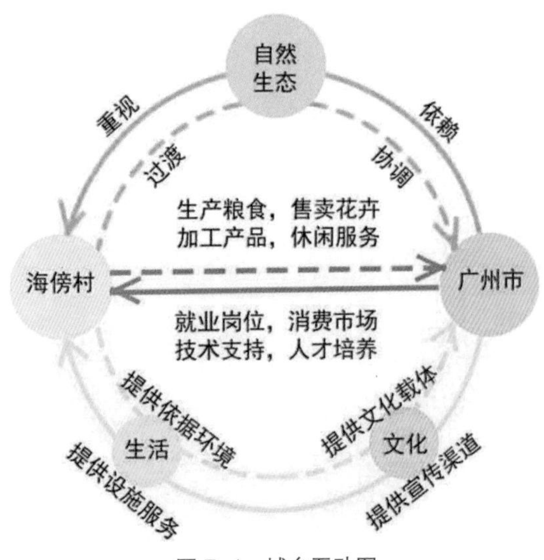


图 7-1 城乡互动图

## 7.2 互动策略框架

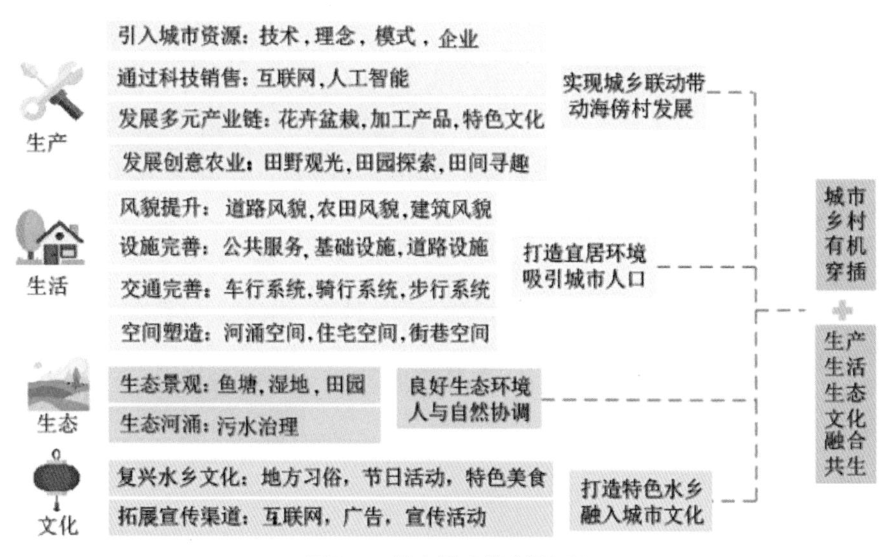


图 7-2　城乡互动策略框架图

# 8　生产策略

## 8.1　三产联动 有机整合

### 8.1.1　明确立足之根：优化传统农业结构

海傍村目前 70% 的土地为农用地，村干部和村民需明确海傍村的立足之本为农业。村里的农用地 56.2% 以外包的形式流转出去，进行花卉盆栽养植，12.2% 的农用地种植粮食作物，根据目前的农业结构现状，提出优化传统农业结构这个发展方向，为三产融合打下厚实的基础。优化方向有三，生态化、技术化和规模化。

（1）向生态农业方向优化。在选种上全部选择绿色有机稻种，在施肥上全部施用有机肥，在防病虫害上实行生物质诱化剂，采用稻田养鸭、养鱼、养蟹等先进生产方式，种植绿色、有机水稻，打造优质高效农业。

（2）注入现代农业技术。使用现代化农业机械，育苗、插秧、施肥、收获全程机械化，现代农业的种植模式节约 15% 的生产成本，提高 18% 的单产。构建物联网溯源系统，实现以网络管理为主、人工管理为辅的现代农业管理方式，为育苗、插秧、收获、仓储一系列的生产环节提供安全保障。

（3）实现农业经营规模生产。农业效率不高、竞争力不强，很重要的原因是农业经营的土地规模过小，制约了农业效率的提高。村民通过集体经济组织和合作社组织的功能，探索双层经营的实现形式，因地制宜，完全可以实现农业经营的规模生产。通过组织农民，农民自己参与管理和发展的方式，不单农业生产实现规模集约化，村庄社区的土地整体功能性也得到保持和合理利用。

### 8.1.2 强大支撑之干：加强农产品精深加工

以农业提质增效为出发点，积极发展农产品初加工和精深加工，着力拓展农业产业链、价值链，拓宽村民增收渠道。此策略共提出三个精深加工方向。

（1）打造花卉盆栽特色品牌。充分利用海傍村的花卉盆栽资源，引入经营理念、生产方式、营销模式等现代要素，工作坊对其进行进一步的养护、包装与销售，大力推动花卉盆栽特色品牌建设，提升农业生产效益，促进农民增收。

（2）农产品输出转食品输出。引入精深加工企业，加工企业依靠科学技术，牢固树立质量、诚信、品牌发展理念，建设全程质量控制、清洁生产和可追溯体系，生产开发安全优质、营养健康、绿色生态的各类食品及加工品。

（3）跨界融合以及多元注入。互联网的进入使农产品的加工和渠道乃至管理端都发生翻天覆地的变化。建立数字化加工车间，推动互联网、大数据、人工智能和农产品精深加工深度融合。

### 8.1.3 发展延伸之叶：推进创意休闲农业

创意休闲农业是农民创业创新的重要途径，是当前促进农民增收的新亮点。推动农业、渔业与教育、文化、康养等产业深度融合，让农民充分参与和受益。

此策略共分为三个模块，田野观光、田园探索和田间寻趣。

（1）田野观光包括作物认知和观光农业，充分发掘海傍村原生态的生态景观，实现其生态价值。

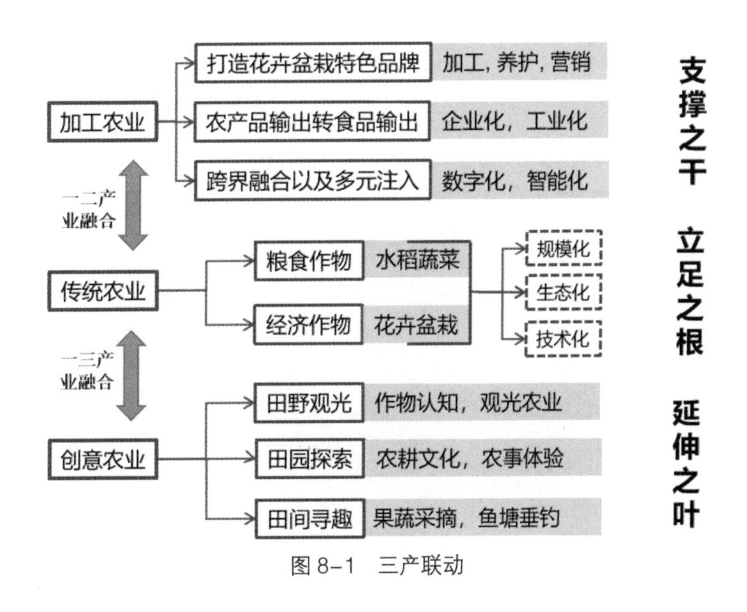


图 8-1 三产联动

（2）田园探索包括农耕文化和农事体验。采取教育空间模式，聚焦岭南农耕文化传播理念，打造田园“探索空间”，便于周围城市居民到此探索学习传统播种、养殖等农事文化，赋予产业空间较强的文化教育意义。以建设集生态、休闲、种植、养殖、科普、体验等功能于一体的现代休闲农场，村集体经济增长方式，增加了村民收入。

（3）田间寻趣包括果蔬采摘、鱼塘垂钓等活动，让产业空间能成为周围城市居民体验慢节奏、乡村生活方式的空间，使海傍村的生活价值能够得到实现。

## 8.2 集约土地 提升空间

### 8.2.1 闲田新生

海傍村在村落北侧有少量零散农田，东侧原海傍水乡有一定量的闲置农田，由于未找到合适的外包企业，此类农田多数被杂草覆盖。就此，结合海傍村落原有产业，可形成具有产学游特色的农业观光区。

对于面积较大的原海傍村水乡用地，可根据不同时节，结合海傍村原有的绿植养植形成不同的花卉观赏体验，如2~3月可观赏油菜花，在3月后种植其他花卉或时令蔬菜。丰富村落绿植种类的同时拓宽一产的售卖渠道。

而考虑到海傍村北侧少量的闲置农田其所具有的观赏价值较低，可由政府支持，种植特产与新型农产品，以提升种植技术为主，观赏价值为辅。

### 8.2.2 旧厂重造

受到经济全球化、国家政策等多方面的影响，海傍村原有的部分集约型工厂已经搬迁。这一现状导致海傍村第二产业近年来持续衰退。

基于这一现状，海傍村可以利用现已废弃的工厂，围绕龙舟、花卉种植这两大特色进行外企融资，从而实现村落文化、农业、工业的产业联动。

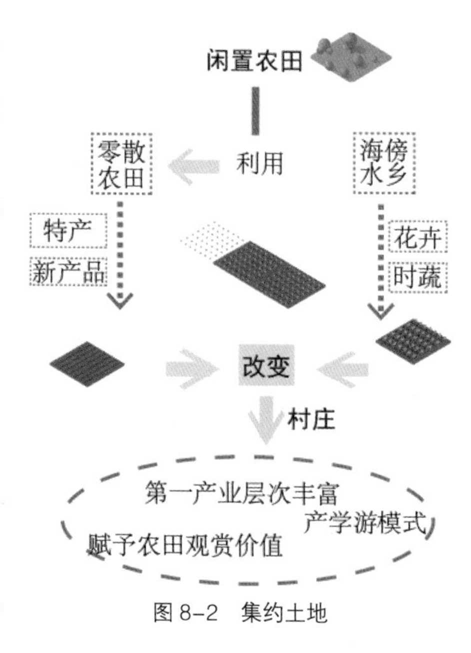

图8-2 集约土地

## 8.3 营销策略

（1）以互联网平台作为重要宣传途径，将村庄特色农产品进行高效推广，从而获得更多的订单量和知名度。

（2）当农产品获得一定知名度时，可凭依互联网平台进一步发展线上农产品的私人订制加工，发展“订单农业”，扩大加工农业的业务范围，提高加工农业的服务水平，赋予农产品全新的艺术和文化价值，产生更大的产品吸引力。

（3）同时，在互联网平台上开放线下农业体验活动预约，使人们有机会在农务体验中对村庄农产品种植、收获、加工等流程有更多了解认知，同时收获自己的劳动成果，注重打造高质量体验，从而获得较好反响，有利于村庄加工农业和创意农业推广，也让农产品购买者对产品质量产生信赖，吸引更多消费者。

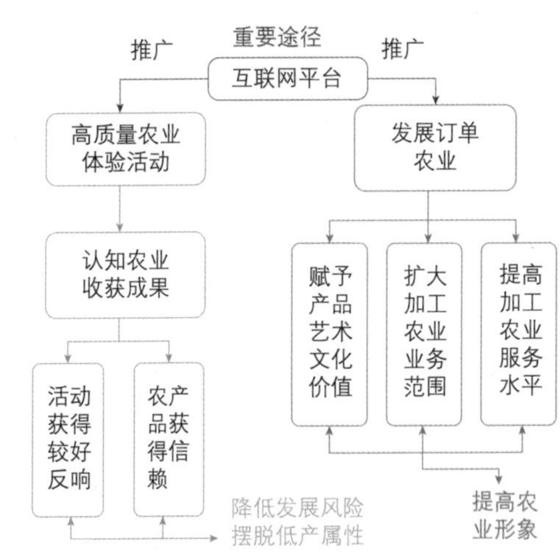


图 8–3 营销策略思路图

（4）通过推出由传统农业延伸而出的特色服务业务——农务体验和“订单农业”，优化丰富农业发展结构、形成新的发展方向，使农业发展有更多“新花样”，以此降低农业发展过程中的风险，并且提高农业形象，使其摆脱“低产”属性。

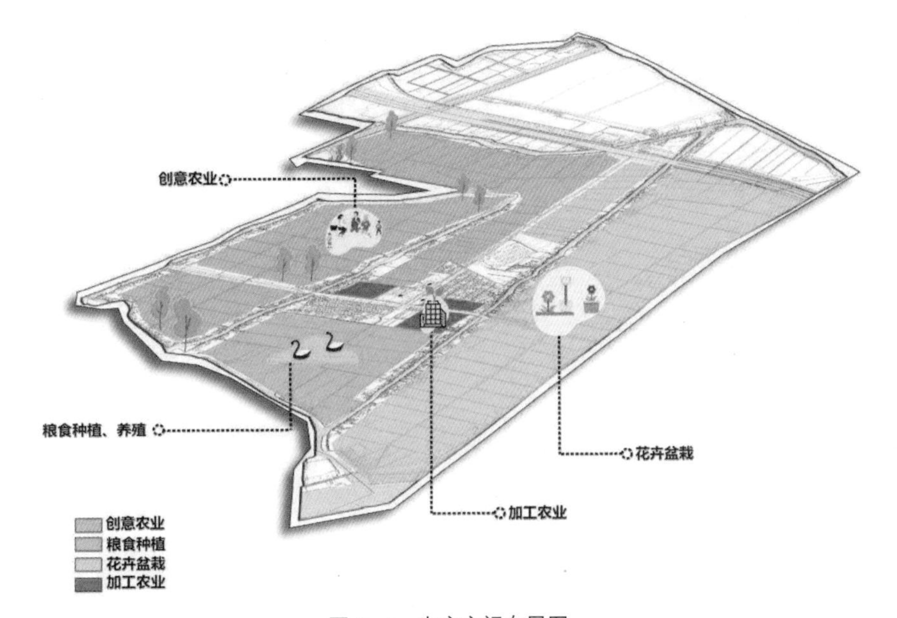


图 8–4 生产空间布局图

# 9 生活策略

## 9.1 生活策略框架

通过对居民生活方式分析、空间形态的阶段分析，得出村民生活的新模式。在适当保留传统生活方式的前提下，以当前生活方式为主，从生活空间出发，从宏观、中观、微观三个方面提出七个方面的内容，对海傍村生活空间进行总体改善。

海傍村的生活空间提出改进策略：溯乡洋水，承脉织新。

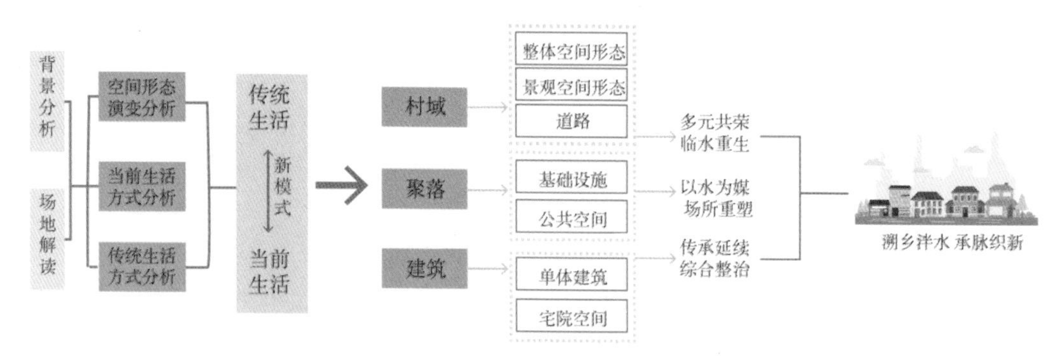


图9-1 生活策略设计框架图

## 9.2 形成整体空间形态

空间形态设计从整体空间、街巷空间、节点空间体现对功能、对自然环境的呼应。在具体的空间形态设计时，从整体空间、街巷空间、节点空间三个层次进行，结合自然进行整体策划。

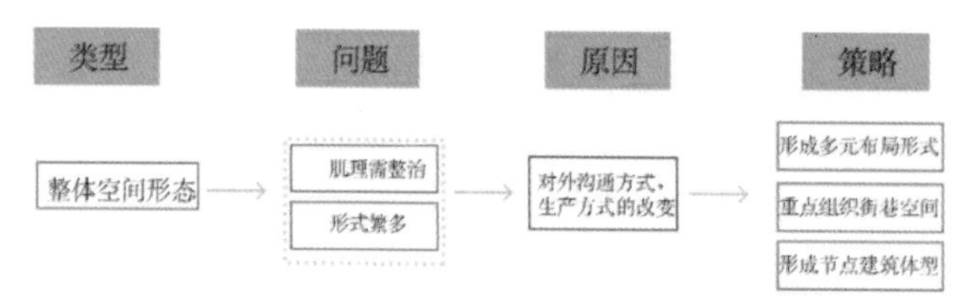


图9-2 整体空间形态设计框架图

### 9.2.1 形成以带形、方格网形、行列形相结合的建筑群布局形式

结合海傍村的特殊空间形态，在河涌旁主要吸取传统聚落的空间肌理与布局方式的同时，完善现状方格网形、行列形的建筑空间形态。形成了以带形、方格网形、行列形相结合的建筑群布局形式，体现了建筑空间与环境的最佳适应。

### 9.2.2 重点组织街巷空间

注重环境品质，通过路肩、边沟、公共广场、街边小品等方面的改造，加强街道空间的可亲近性与独特性。

### 9.2.3 形成节点建筑体系，加强空间识别性与引导性

节点建筑，形式区别于一般建筑，往往可以增强空间的识别性与引导性。

## 9.3 形成景观空间形态

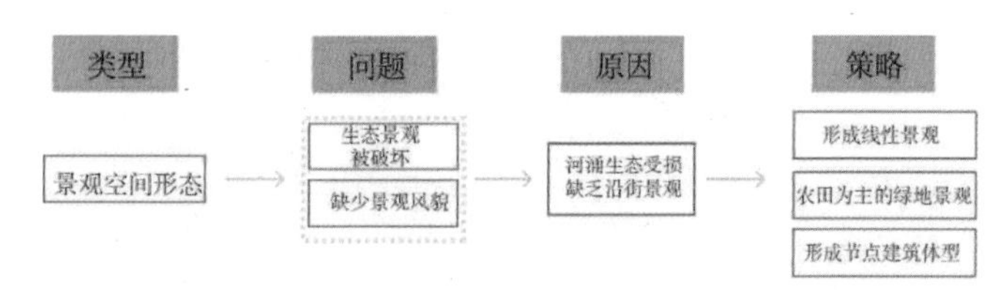


图 9–3 景观空间形态设计框架图

### 9.3.1 形成沿主干道的线性景观

海傍村东西、南北各有一条主干道，这两条道路的空间组织直接影响着海傍村给人的第一印象，也影响着海傍村入口的景观。对主干道的设计包括绿地、水系、树种、小品、地面铺装等。

（1）现状东西主干道：海傍路（交通性路段）

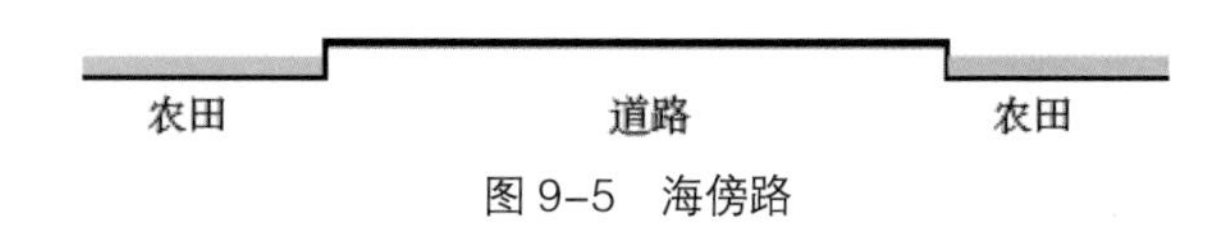


图 9–5 海傍路

图 9–4 沿主干道线性景观

· 道路两侧的景观单一。

建议：农田两边种植高乔木和乔木，丰富植被层次、种类、色彩。

（2）现状南北向主干道：海涌路（中间段为生活性道路）

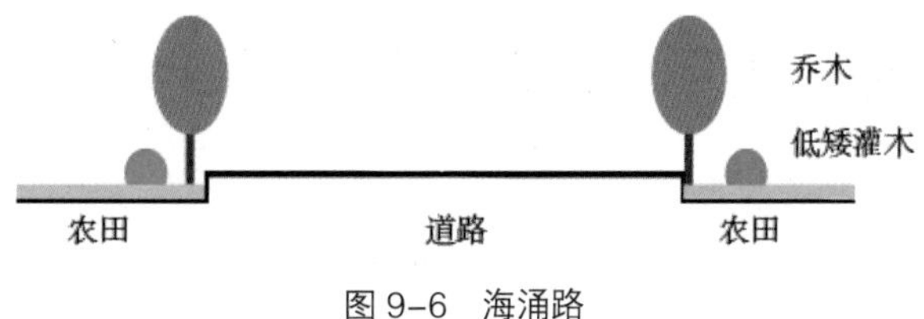


图 9–6 海涌路

· 道路两侧景观单一，都是行道树

建议：沿线设计景观节点，如广场；设计雕塑小品，摆放多种类型的休息桌椅，丰富路灯、垃圾桶、标志等的设计，营造商业街氛围。

### 9.3.2 以农田为主的绿地景观

农田是农村第一产业的主要场所，同时也是农村风貌的重要景观要素，通过合理安排农业布局，形成优美的农村农耕景观。

图 9-7 以农田为主的绿地景观

### 9.3.3 以河涌为主的水体景观

沿河道两侧设置慢行系统，并在各个河涌交叉口位置设置码头及广场等慢行交通系统的停留点，满足社区居民的出行和日常休闲游憩的需求。

广场周围设置休闲桌椅、景观雕塑、室外休闲设施、报刊书亭、小型商业零售等公共设施，形成滨水开敞空间，为居民提供户外休闲游憩的场所。

图 9-8 以河涌为主的水体景观

## 9.4 提升道路面貌

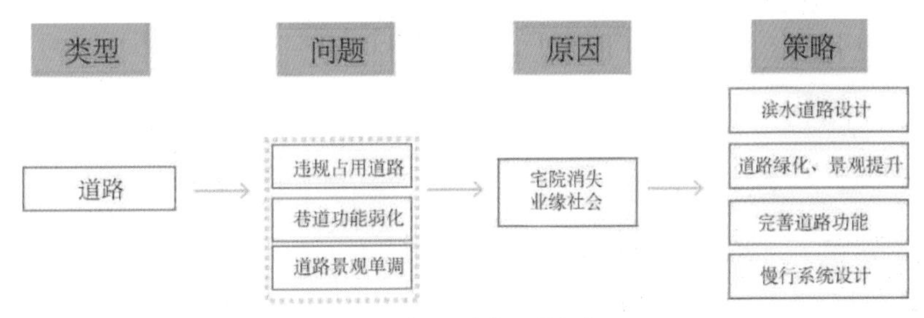


图 9-9 提升道路面貌框架图

### 9.4.1 道路绿化、景观提升

清除道路两侧的杂草、杂物，对路边的闲置地进行开垦，种上瓜果蔬菜，局部地方可围上竹篱笆，营造乡村特色景观。局部种植牵牛花、月季等观赏性植物，提升场地景观品质。

完善道路广告、招牌、标志、人行道铺面、道路设施小品及路灯、垃圾箱等，以便提升整体道路视觉景观环境品质。

图 9-10 人行道铺砖

图 9-11 道路小品

图 9-12 路灯

图 9-13 垃圾箱

对于部分宅基巷道，可以结合院落围墙，强化绿化景观，进行环境品质营造，成为具有特色的村庄小巷。

图 9-14　巷道

### 9.4.2　完善道路功能

村内主次道路遵循现有道路网格局，尊重原有的道路肌理，对村庄内主次道路进行相应的改造提升。同时增设生态停车场；完善交通设施，结合既有绿化空地做临时停车场地。

图 9-15　生态停车场

图 9-16　公交站

### 9.4.3 慢行系统设计

慢行交通除了利用现状道路和街巷打造乡野自行车系统外，在村庄内打造出由田埂步道、湿地栈道、步行街等多种步行设施构成的步行系统；此外，营造出亲水平台、文化广场等步行空间节点。

图 9-17 田埂步道

图 9-18 湿地栈道

图 9-19 步行街

图 9-20 文化广场

### 9.4.4 河涌岸线

整治滨河步行系统，设计滨水步行道，设计护岸、台阶、照明等设施。在设计上还要维护河道平面曲线特色，利用绿化对人工河岸进行修饰，保持河道与自然的协调，同时保护历史环境，并通过滨河广场、运动场、散步道、树林、硬地的设计提供供村民使用的滨水道路系统。

结合河段的实际情况，把道路交通、公共交通、站点、步行交通、水上交通及码头有机结合起来，增强河道的可达性。

图 9-21 河涌岸线

加强水体与周边绿地和服务性设施的联系，便以村民最大限度地接近水面。

图 9-22 亲水平台

## 9.5 公共空间塑造

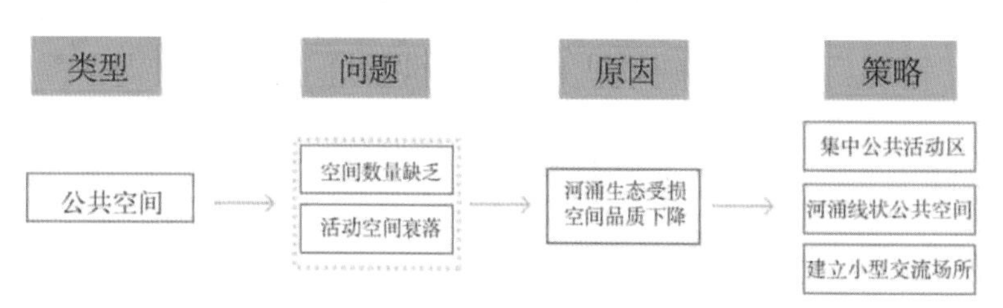


图 9-23 公共空间塑造框架图

### 9.5.1 设置村民集中公共活动区，增加村民交流沟通

对海傍村闲置空地和低效利用土地进行适当改造，集中设置公共空间，集约化利用土地，既可作为大型活动时的村民集中活动区，也可作为村民日常交流处。

### 9.5.2 线状公共空间的构建

沿海傍村的界涌和海傍涌两侧空地及闲置地设置滨水公共空间，包括滨水广场、亲水平台等。同时沿河道两侧设置慢行系统，并设置码头及广场等慢行交通系统的停留点，满足社区居民的出行和日常休闲游憩的需求。

### 9.5.3 设置点状空间节点，创造小型村民交流场所

在村落的布局基础上，设置小型组团式的公共空间场所。民宅之间的富裕空间，可对其进行修缮，作为公共型的院落空间，增强村民对乡村生活的归属感，让村民回归院落生活。

## 9.6 宅院空间改进

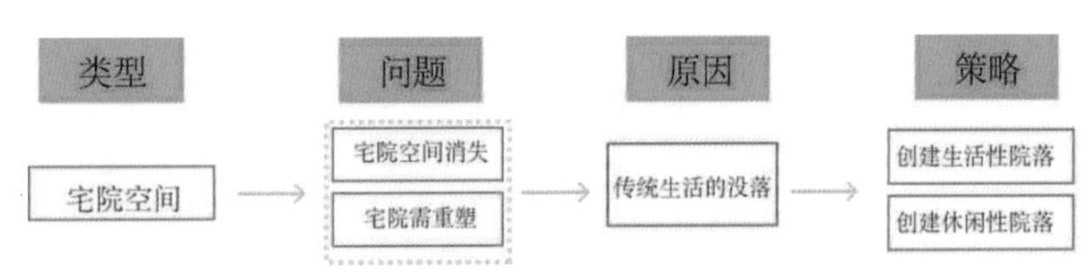


图 9-24 宅院空间改进框架图

院落空间是宅院空间的灵魂，是与城市集合住宅最明显的区别。院落空间在传统中既满足了生活中交通、休息、活动、宴请客人等功能，也满足了生产中劳动、晾晒、储藏、养殖种植等功能。但由于生活方式的转变，院落空间现在主要用途为停车、储物等。宅院空间必须进行改造升级以适应新的生活方式。

传统院落空间向生活性和休闲性院落转变：由于是提供人为活动的场所，为保证充足的活动空间，其硬地铺装面积应较大，同时在植物配置上通过小乔木、灌木、花卉和地被植物的搭配以给人亲近自然的感觉。

## 9.7 建筑整治

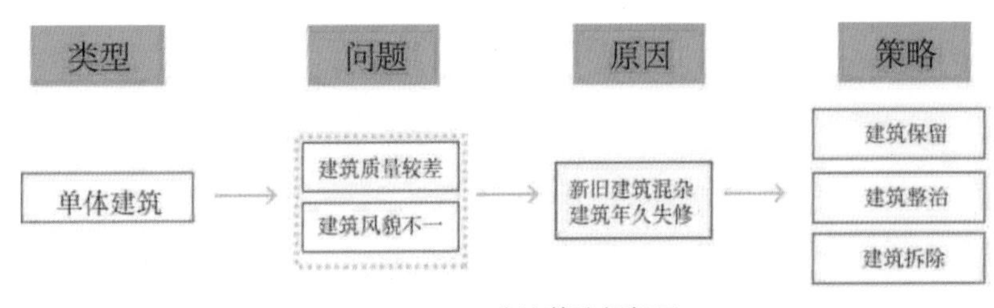


图 9-25 建筑整治框架图

### 9.7.1 建筑保留

对建筑主体采取完全保留的方式，拆除现状影响建筑外观的简易搭盖等构筑物，屋顶局部平屋顶改坡屋顶，采用统一门窗样式，合理硬化房屋周边空地，增加绿色植物，美化环境。

图 9-26 现状建筑质量分布图

### 9.7.2 轻度整治

对建筑主体采取完全保留的方式，拆除现状影响建筑外观的简易搭盖等构筑物，屋顶平改坡，按照新建筑立面装修样式对裸房进行立面改造，并统一门窗样式。

### 9.7.3 适度整治

保留建筑主体，拆除现状影响建筑外观的简易搭盖等构筑物，屋顶瓦件等保留原有做法重新修葺，灰白重新粉刷墙面，统一对门窗样式、房前空地进行硬化。

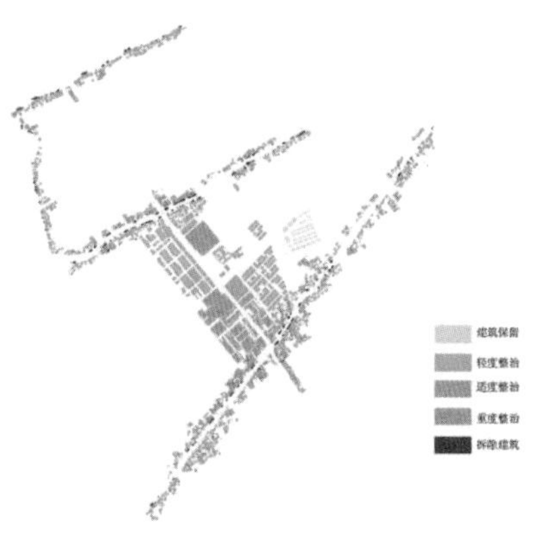


图 9-27 建筑整治图

### 9.7.4 重度整治

保留建筑主体，保留建筑原有风貌，采取结构加固、构建修缮或更新等方式进行整治；建筑色彩、建筑材料等应延续传统风格。

### 9.7.5 建筑拆除

对建筑结构不稳定、建筑构建陈旧、修复成本过大的建筑予以拆除。

# 10 生态策略

## 10.1 生活垃圾处理

**1. 处理目标**

村庄保洁常态化，逐步推行垃圾分类收集。

**2. 处理模式**

户分类，村收集，乡转运，县集中处理。

**3. 处理机制**

（1）设置基础设施：在村内的垃圾收集处设置一个再生资源回收点。垃圾桶设置规范化，合理化。

为响应国家垃圾分类的呼吁，建议使用正规分类型垃圾桶。

（2）聘请专业团队：雇佣清洁打扫保洁队伍。

（3）监督约束机制：制定相关村规民约，可适当加入惩罚措施（如罚款等）。

（4）资金投入机制。

（5）宣传教育机制：加大学校教育：采用“小手拉大手”模式，培养好下一代人的卫生环保意识。加大宣传力度：真实有效进行卫生环保宣传活动。可举办相关小比赛，鼓励村民多了解，多参与。

**4. 生活垃圾处理总体框架**

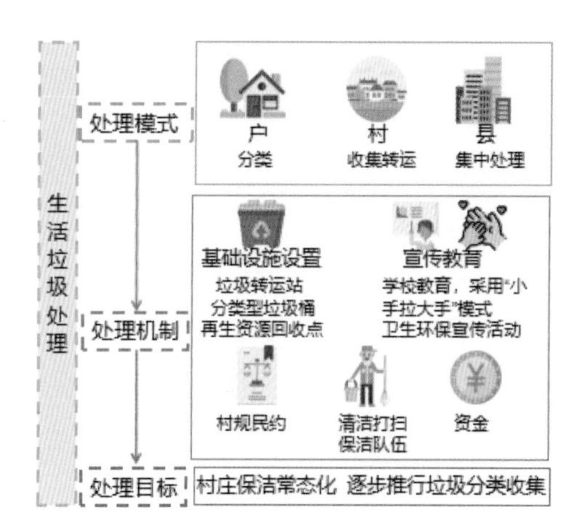


图 10-1 生活垃圾处理总体框架图

## 10.2 河涌污水治理

**1. 治理目标**

杜绝水体侵占，打通部分河道，基本理顺水系；完善污水处理设施；加强水污染防治，改善河道水质；“死水变活水，污水变清水”。显著提高河流水质，完善滨水绿化，修复生态系统，改善两岸景观，“乡在水中，水在绿中，绿在乡中”，满足居民观赏水景观视觉需求。

**2. 治理机制**

（1）减量。河涌污染源控制：严禁垃圾倒入河流，严禁生活污水直排；坚持雨污分流制度，保证污水不下河，进入污水集中处理装置。

（2）处理。

1）生活污水

**地下污水处理系统：**因地制宜，污水集中化采集处理，建设污水处理系统。

图 10-2 地下污水处理系统图

**人工湿地系统：**系统建有一系列水平高差由高到低的植物池，池内设置填料，在上面种植特定的湿地植物。在污水的重力作用下依次通过阶梯式植物池，污染物质和营养物质被植物系统吸收或分解，使水质得到净化。人工湿地处理系统具有缓冲容量大、处理效果好、工艺简单、投

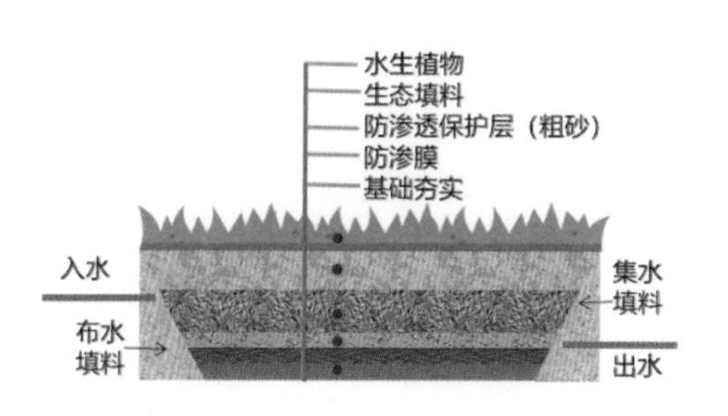


图 10-3 人工湿地系统图

资省、运行费用低等特点，非常适合中、小城镇的污水处理。具体见下：

采用水平流潜流湿地系统：

采用挺水植物系统：芦苇、美人蕉

人工湿地基质：土壤、砾石

可净化污染物种类：CODCR，BODS，总磷，总氮，固体悬浮物，氨氮

**升级污水处理工艺：**

物理手段：河道积存淤泥清理技术（加强水土保持和管道养护，控制入河沉积物；加强活水工程，控制河道淤积速度。河道淤积深度大于 0.8m 时，宜进行清淤，清淤后淤泥深度不大于 0.3m。河道主要采用机械清淤，必要时进行人工清淤。淤泥发酵后用作农肥）

化学技术：投加絮凝剂，加入藻类生长抑制剂。

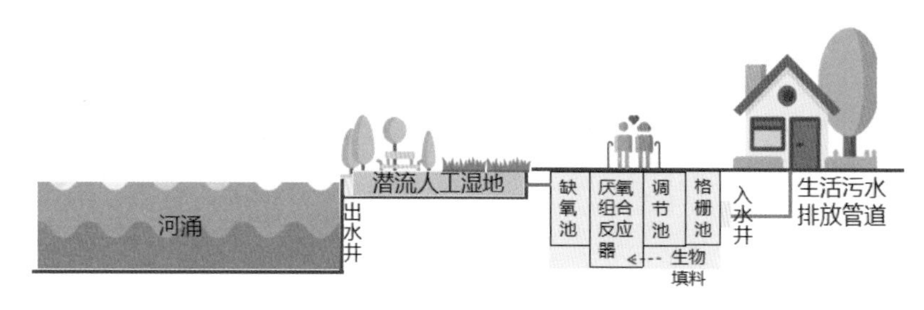


图 10-4　生活污水处理系统图

2）雨水

**污染防治：**

设置雨水收集系统，初期雨水经过简单处理处置后，大部分直接进入自然水体而不影响水体水质，保证后期雨水能大部分下河，解决河道的自然补水问题，提升环境容量，剩余部分经过污水管道系统进入污水厂与城市污水一并处理。

**雨水收集系统：**

雨水管道——截污管道——雨水弃流过滤装置——雨水自动过滤器——雨水蓄水模块——消毒处理——用水点（河涌、农田等）

（3）监控及维护

1）管控机制：建立污水治理和河涌综合整治专项工作领导小组，明确责任归属。制定相关村规约束村民。

2）资金机制

3）专业团队机制：定时聘请专业团队进行水质检测和调整治理方案。

### 3. 河涌污水治理总体框架

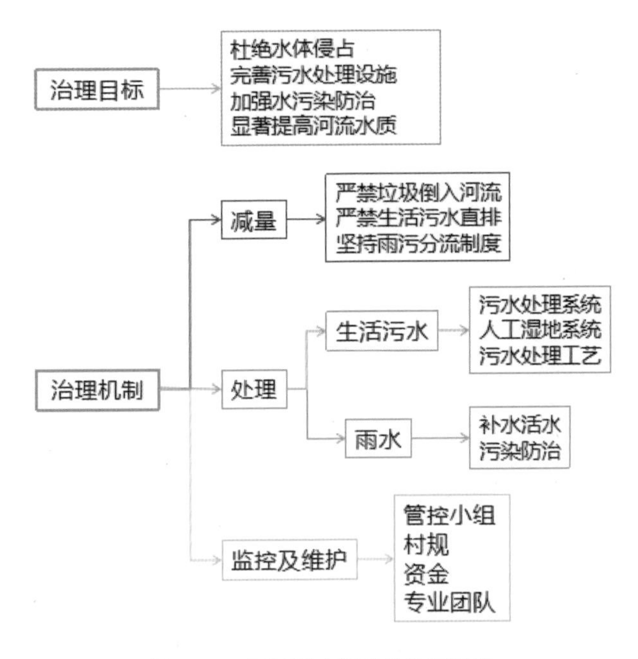


图 10-5 河涌污水治理总体框架图

# 11 文化策略

## 11.1 理解乡村精神

海傍村将紧紧围绕宣传贯彻党的十九大这条主线，大力营造积极健康向上的舆论氛围，在开展党内组织生活和各项重大民俗活动中，开展正面宣传引导，以激发农村精神文明建设正能量为出发点，推动精神文明行动，让村民从情感归属和行为习惯向党中央要求看齐。

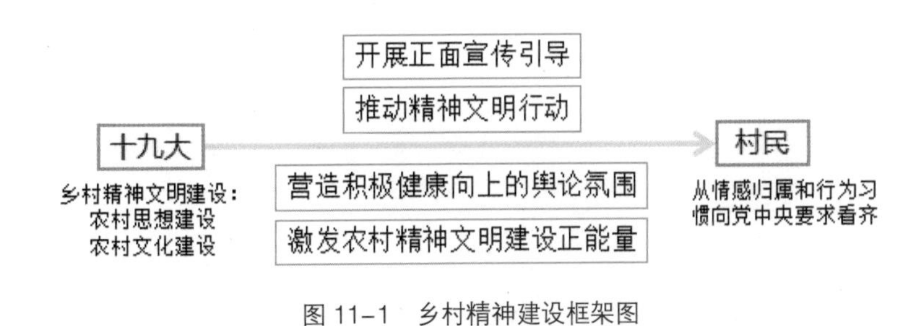


图 11-1 乡村精神建设框架图

## 11.2 建设农村文化

### 11.2.1 普及线下先进文化教育

大力推动农村先进文化创建及普及，推进基层综合文化服务中心全覆盖，充分发挥老人活动中心的作用，推动文化资源与教育、科学普及、法制宣传等对接整合与共建共享。实施先进文化及全民艺术普及计划，常态化开展各类主题文化活动。

### 11.2.2 建设线上文化教育站点

结合数字阅读形式，推广新形态智能化“乡村阅读”站点，增强现代文化气息。充分完善乡村公共文化终端服务平台，充分开展系列文化活动。

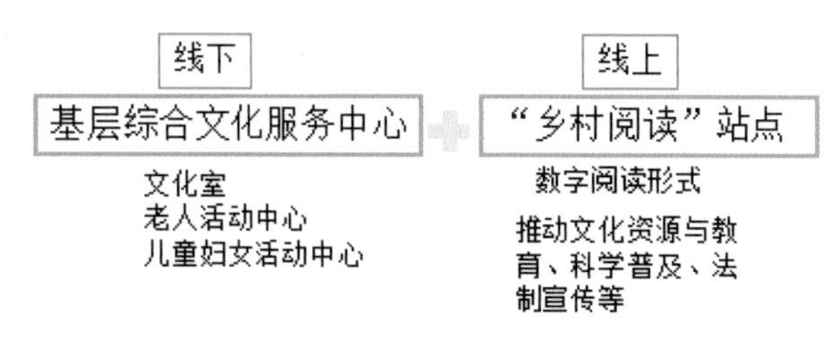


图 11-2 乡村文化建设框架图

## 11.3 塑造水乡韵味

水乡人家依水而居，是珠三角地区独具特色的自然生态与人文生态的完美结合。

海傍村可通过以下三种方式使水乡焕发出独特的光彩。

**1. 水岸空间重塑**

改造水乡河道景观的各组成要素（水乡河道景观的各组成要素:临河建筑、驳岸埠头、步道小桥、大树林木、岸边美人靠、河边戏台），使各方面色彩形制向传统岭南水乡风格靠近。

①统一临河建筑风格

②结合村民生活习惯和专业知识，在河涌适当部分建设桥梁，以便加强两岸沟通。

③完善临岸配置（如栏杆、路灯、垃圾桶等）。

④水岸植物景致化。将水岸植物改造成层次丰富、观赏性实用性俱备的水岸景观。

⑤空间利用规范化。不论是公用空间还是私有空间都需有管理。

**2. 河涌生态修复**

河涌清淤、驳岸改造等。

### 3. 水乡风貌保护

制定水乡风貌保护守则等乡规民约，并严格执行。

一橹一河，一河一景，茅舍、翠竹、蕉林，还有芭蕉和龙眼，水乡的风韵就在眼前掠过。

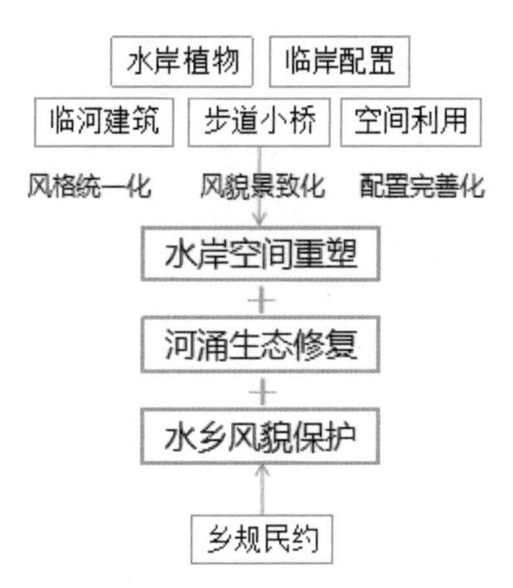


图 11-3 水乡韵味塑造框架图

## 11.4 弘扬水乡美食

先让特色美食（撑粉、盆糕）从村民自制走向商业点售卖，可通过网络宣传等方式扩大美食在番禺区的知名度。

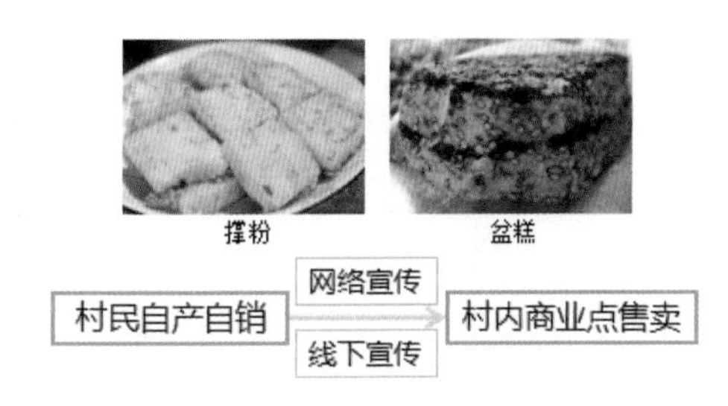


图 11-4 弘扬水乡美食

## 11.5 复兴水乡习俗

集中打造文化节日活动，打造龙舟节（6 月），春节（1/2 月）等岭南特色民俗文化节，并适当宣传，吸引村旁亚运城 10 余万市民前来观看，在此期间结合当地特色美食及水乡风景，扩大海傍村知名度。在发扬传统文化的同时，增加体验性消费场所，策划水乡风情文化节。

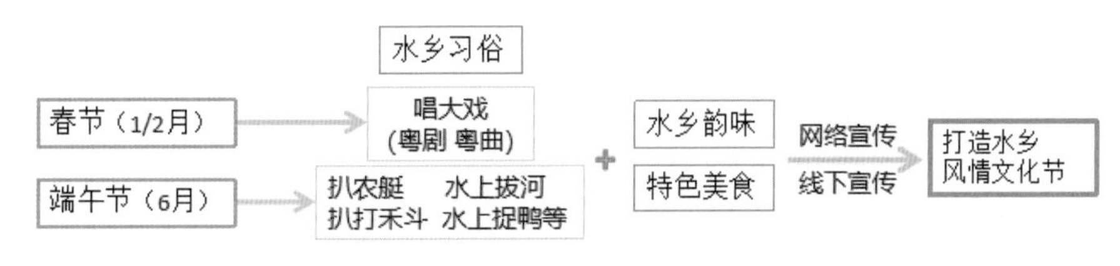


图 11-5 复兴水乡习俗

## 11.6 构建文化组织

政府扶持：加强基层文化领域人才队伍建设，继承创新好水乡文化文脉，加大乡村自然景观保护力度，整合、发扬粤曲、龙舟等文化资源特色，因地制宜培植繁荣本土特色。

村民配合：积极配合政府工作，爱护水乡环境，可自发在美食、农艇等方面形成有组织、有纪律的文化小组。

专业团队设计：因地制宜，根据海傍村河涌分布及两岸空间具体情况设计合理且美观舒适的水岸景致；设计地下污水处理系统，改善水质；制作多种方案指导政府及村民科学有效维护发展水乡文化。

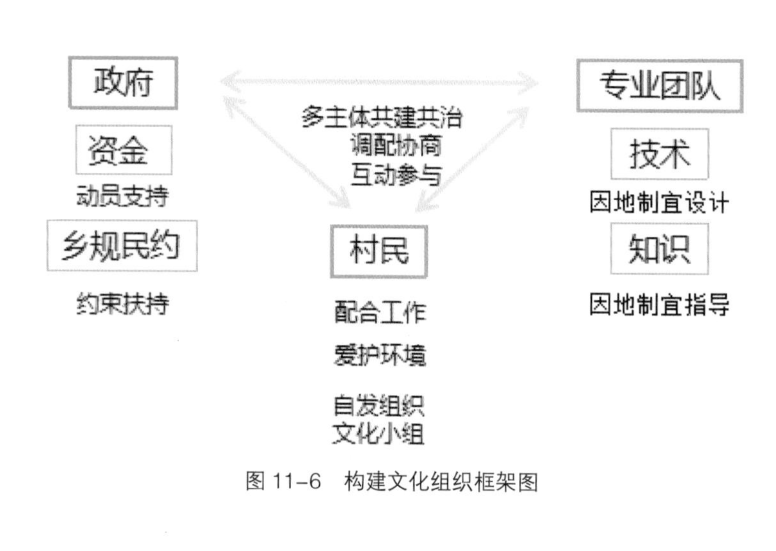


图 11-6　构建文化组织框架图

# 12　可行性分析

## 12.1　生产实施策略

### 12.1.1　政府宏观调控，村民当家做主

海傍村的发展、决策离不开海傍村的村民，村民的发展意愿才是村里发展意愿。在保证农民土地承包经营权不变和自愿流转的前提下，根据现状农田外包出租的情况进行调整，为农业规模化、品质化发展奠定坚实基础。

政府在政策和资金方面提供支持，对外引进农产品精深加工企业，并积极培育精深加工企业；对外引进涉农专业毕业生等人才，并对其进行重点培养；与此同时，引进先进农业技术，提升技术装备水平。在政府宏观调控和村集体的共同努力下，为一二三产业融合和以后加工农业的发展提供坚实后备力量。

### 12.1.2　政府主导，村企共治

在大力发展产业之前，还需扫清一些障碍。村集体和企业达成合作，与政府联手，对海傍村目前存在的产业和土地问题进行整治，优化产业结构，加快土地布局调整。具体为整治闲置的农田，对其

进行综合利用，为后面创意农业的发展提供物质空间。对于已搬出海傍村而废弃的旧工厂，对其进行改造利用，对于海傍村存在的落后产业进行置换，为第二产业提供更多的发展空间。

### 12.1.3 村企共建，生产合作

想要实现一二产业的融合，村集体和企业建立良好的生产合作关系是关键一步，只有做到利益共享、风险共担，才能形成双赢局面，为一二产业的融合发展铺上一条康庄大道。

引进的企业当中，龙头企业采取兼并重组、股份合作、资产转让等形式，牵头建立利益联结机制；建立数字化加工车间，推动互联网、大数据、人工智能和农产品精深加工深度融合，使该产业数字化、智能化，提高产出，增加效益。建立农产品加工实验室，研发多种精深加工农产品类型，提升吸引力。

海傍村村民方面，村民脱离土地后，可优先到村内的加工企业工作，企业方面获得了劳动力，村民同时也获得了工作岗位。除此之外，有条件的村民可以出资入股，为自己增加额外收益。

企业可搭建培训平台，不仅为企业内部工作人员培训，也可将农业企业、合作社等经营主体纳入培训机构范围，依托其开展农业技术、经营管理等培训。

### 12.1.4 资源整理，多方参与

实现一三产业的融合，要对现有资源进行整合梳理，对农用地进行重新规划，并且融入现代技术和运用艺术创作手法。通过多方参与的模式，共同发展创意产业。互联网平台提供推广服务，海傍村村民提供经营服务，农田承包方提供经营服务和加工包装，企业方提供资金支持。

### 12.1.5 村企协同，线上线下拓展业务

村集体与企业合作，以互联网平台推广为基础，发展线上和线下业务。线上业务主要为农产品的在线订购和私人订制，以及接受农村体验活动的预约，由企业专业人士进行管理；线下业务主要为接待游客在村庄游览观光、进行农务体验，以及推销农产品，由经过专业培训的海傍村村民带领游客。在城市居民下乡体验活动的运营中，企业也有专人进行体验策划，确保游客的游玩体验良好，打造优质下乡体验感受。

### 12.1.6 要素提取兼收并蓄，优质发展城乡共融

将农村要素和城市要素进行要素提取，并对提取出来的农村要素进行充分利用，城市要素则引入村庄，二者合一，形成城乡共融。同时，二者提取出来的要素也能支持推动乡村生活体验的发展，实现体验活动高品质发展，让高品质的乡村生活体验活动成为城乡共融的助力之一。上述三者共同发力，最终实现城乡共融，品质发展。

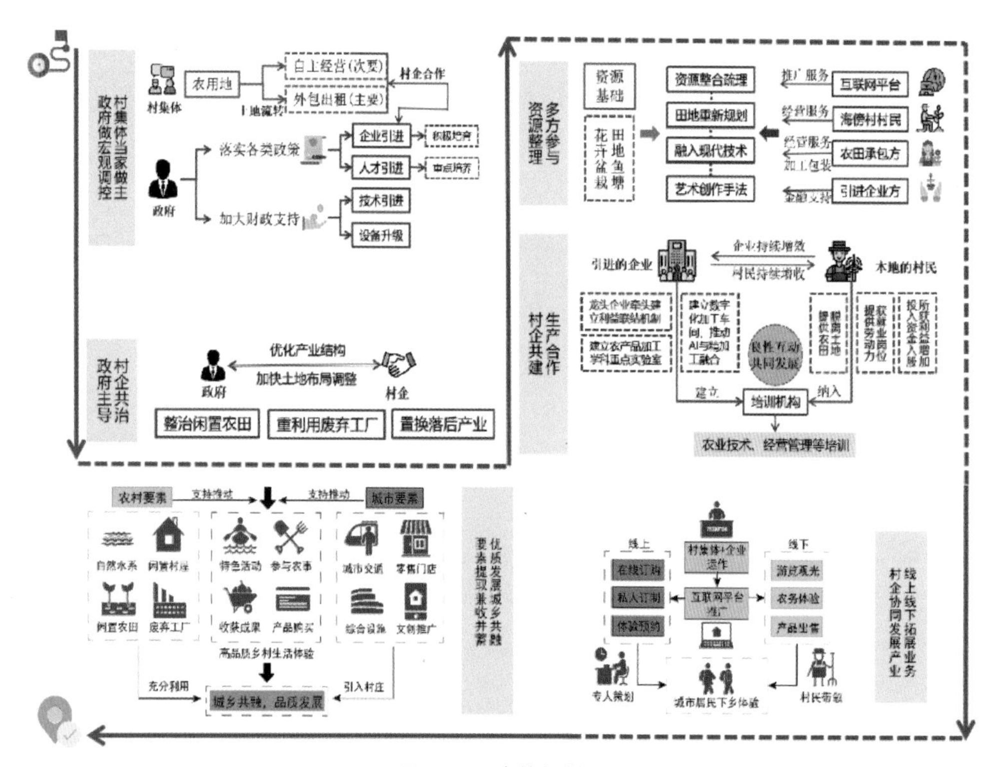

图 12-1　实施机制图

## 12.2　生活实施策略

### 1. 策划必要性

生活空间是建设海傍村的基础，通过重建生活空间来打造能吸引人还能留得住人的场所。海傍村目前的生活空间存在如环境较差、公共空间缺乏、景观风貌单调等多方面的问题，村民难以享受到与附近城市居民同等便利的生活服务。城乡共荣应从改善生活空间入手，既可以提升村民的生活水平，又可以提升农村人振兴乡村的信心。

### 2. 资源可行性

海傍村的现状基础设施较为完善，基础市政设施基本齐全。同时海傍村道路通达性良好，且拥有优越的水资源（河涌），对于公共空间和景观的塑造有一定的基础。

### 3. 科学可行性

海傍村的生活空间策略，从海傍村的生活空间现状和村民生活方式出发，确定了对生活空间三个层面的改善，明确了生活空间改善结构，在现状的基础上，提出增加公共空间、改善景观风貌等。对各个方面进行有机衔接，规划较为科学。

### 4. 经济可行性

景观面貌改造都是结合本地现有景观条件及植被进行的，可以降低造价成本。

#### 5. 组织可行性

生活方面的策划都是与村民息息相关的，可以发动村民一起改造。

#### 6. 小结

生活实施策略从宏观、中观、微观三个方面进行不同层次的空间整治和完善，其包括整体形态、公共空间、建筑空间等多个方面。通过鼓励村民积极性、政府引导、社会促进等多个方面的带动，完成生活空间的重新塑造。

## 12.3 生态实施策略

#### 1. 策划必要性

河涌作为岭南水乡的重要肌理，代表着村庄的文化载体、村民的生活场所，是广府水乡不可或缺的一部分。作为海傍村中如此重要的一部分，河涌现状的治理显得尤为重要。而治理也并非一次性的整合改善，而是长时间的可持续的河涌生态保持。

#### 2. 资源可行性

策略中所提及芦苇、美人蕉皆适宜生长于广州，且在作为挺水植物的同时还具有一定的观赏价值，易于操作的同时可以美化环境。

#### 3. 技术可行性

人工湿地处理系统具有缓冲容量大、处理效果好、工艺简单、投资省、运行费用低等特点，非常适合中、小城镇的污水处理。而海傍三条河涌距离居民楼的距离较短，可采取的处理工艺较为简单，人工湿地处理系统的特征与之相匹配，运用这一技术不仅可以达到排放标准，还减小了资金投入和技术难度。

#### 4. 经济可行性

由于河涌现状的排放、水质等问题，政府出资在近期对河涌进行整治，但尚未确定具体方案。在此基础上对河涌治理深层次的设计规划，能进一步改善治理并维持河涌的生态环境。

#### 5. 组织可行性

在海傍河涌综合整治工程完成之后，其后续的维护管理工作极为重要，关系到河涌生态能否持续恢复和最终复兴。策略中设计了河涌后期的生态管理，应充分运用社会资本、社区资源以及社会人员投入相关的维护管理工作，形成自上而下的管理机制，以保证此策略的执行。

#### 6. 小结

从实际情况来看，河涌是海傍居民日常最易接近和体验的自然物质特征，其生态环境的好坏与否，直接关系着村民的切身利益。其整治是一项涉及多方面的系统工程，包括景观、生态、市政、环境、社会以及经济文化，而各种制约因素也同时贯穿其中，河涌的景观生态重塑首先应理清相关因子的脉络，找准关键点，方能取得持久成功。

## 12.4 文化实施策略

### 1. 策略必要性

文化是人们的精神家园，是凝聚人心的纽带，是乡村的力量“凝聚枢”和发展“风向标”。挖掘现代文化基础的乡土文化，传播传统村落的优秀民俗文化，留住乡愁，显得尤为重要。而乡愁不仅要留住实物性的村落景观物象，还要挖掘维系村民情感的非物质文化。

### 2. 资源可行性

策略中所利用到的文化资源都是目前已有的，如美食、民俗等，所使用的场所也是，如河涌。没有任何空降资源，具有较高可操作性。

### 3. 技术可行性

对于民俗文化策略，海傍村在实施上因地制宜，在原有基础上扩大规模，强化宣传。且民俗文化策略在番禺区其他同类村中已有相似方案成功实施，在技术方面海傍村可适当借鉴其经验，使操作方面可行性提高。

河涌部分的改造略烦琐，但本策略因地制宜，从多方面细节入手，不采用价格高昂的材料和方案，多使用适宜村庄的、高性价比的形式，降低技术难度。

### 4. 经济可行性

成本：主要增加线上文化宣传成本，总成本投入不大。政府主要在实施前几年投资，可引进外来商家，完善鼓励机制，后期形成规模，可靠外来资金运行，政府负责管理。资金主要用于宣传、维持项目。

效益：策略目标是将海傍村文化活动和水乡景色做成长期项目，刚开始效益不明显，需要口碑积累和项目逐步完善。当形成长期项目后，会增加供应、创造就业、改善环境、提高人民生活等方面的效益，最重要的是维系村民情感，建立村民精神家园。

### 5. 组织可行性

该策略已制定合适的组织机制，合理的组织主体（政府）、合适的专业团队、村民，多主体建立良好的协作关系，保证项目顺利执行。

### 6. 小结

该分析从策略必要性进行了阐述，从资源、技术、经济、组织方面探讨了本策略是真实、有效、可执行的。

# 多元协同 · 柚导共生

全国二等奖

【参赛院校】 厦门大学建筑与土木工程学院

【参赛学生】

尚小钰　陈潆馨　沈　洁

汪瑜娇　尤天宇　杨舒阳

【指导老师】

王量量　镇列评

# 方案介绍

## 一、村庄发展政策、资源

### 1. 村庄感知

钟腾村位于福建省漳州市平和县往西26km处的霞寨镇西北部，距离霞寨镇7km。

村域总面积741hm$^2$，可供种植的林地面积大，产权归属明晰。溪水穿村而过，形成山、水、田、居的生态型发展格局。

村中一产主要为蜜柚种植，市场需求稳定、加工价值高；具有名种优势及品牌优势。

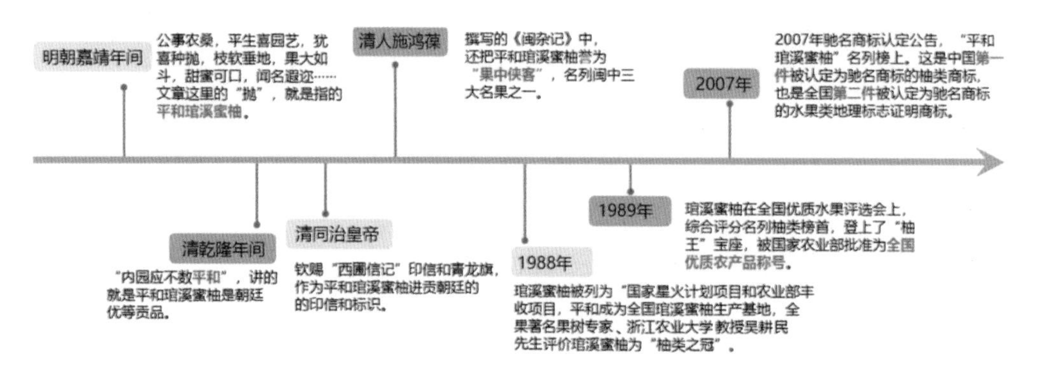


钟腾村文化历史资源丰富，包括黄氏宗亲文化、和福建唯一武榜眼相关的建筑文化、红色文化等。

村落属于四种村庄类型中典型的“集聚提升型”村，与大部分国内此类村庄具有相同发展条件及问题，具有较好的代表性和规划研究样本价值。

### 2. 政策解读

十九大报告中提出乡村振兴发展要求及“十三五”规划纲要提出“美丽乡村”战略，宣告广大村落发展的政策利好时代到来。福建省政府及漳州市政府分别出台相关政策支持乡村发展，钟腾村位列福建省百大美丽乡村示范村之一。

### 3. 问题小结

钟腾村现阶段发展产业问题突出，进一步加剧人口、空间及文化传承问题。

（1）产业问题

① 成熟期晚，滞销风险大

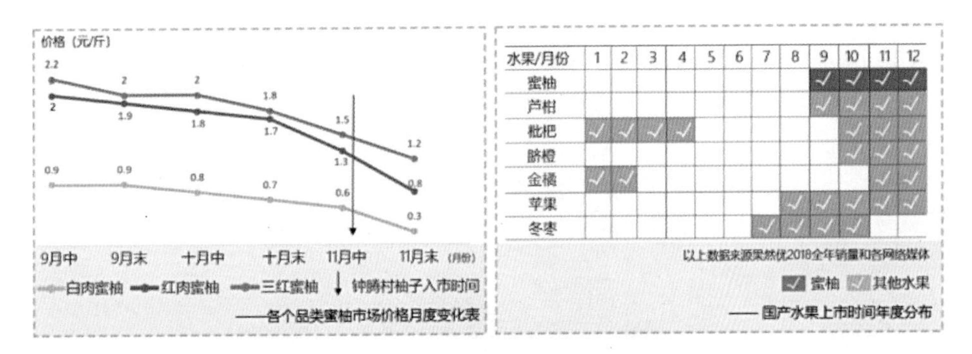


② 产业链条短，抗市场风险能力低

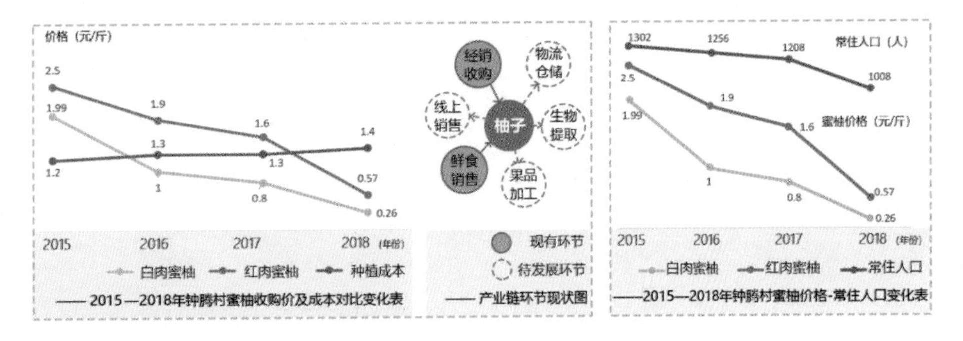


③ 高端生产要素集聚困难，专业人才稀缺

④ 配套设施滞后，产村分离问题突出

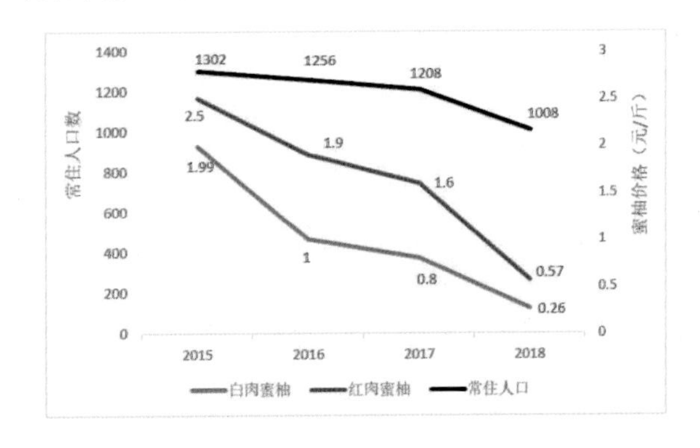

（2）人口问题

① 受教育程度低、职业稳定性差

② 人口流失趋势加剧

③ 缺乏生产、生活组织，凝聚力弱

（3）空间问题

① 山、水资源对人居环境改善作用弱

② 特色空间、闲置空间开放度低、活化程度低

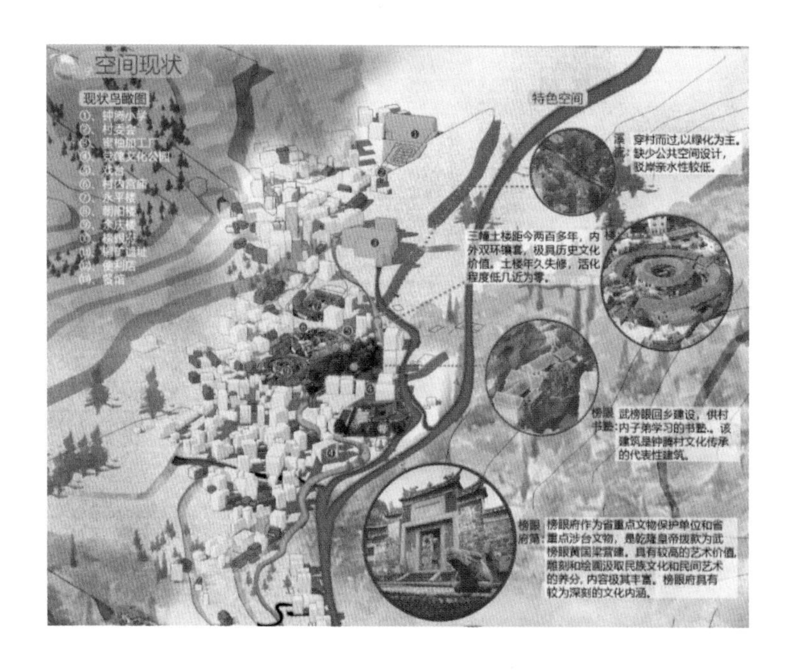

（4）文化传承问题

认同感强烈、认知度较低，活化利用能力缺乏。

## 二、策划、策略

### 1. 目标创立

以柚子种植为发展基点，精深加工产业为依托，休闲农业旅游为进阶的品牌农业特色村庄。

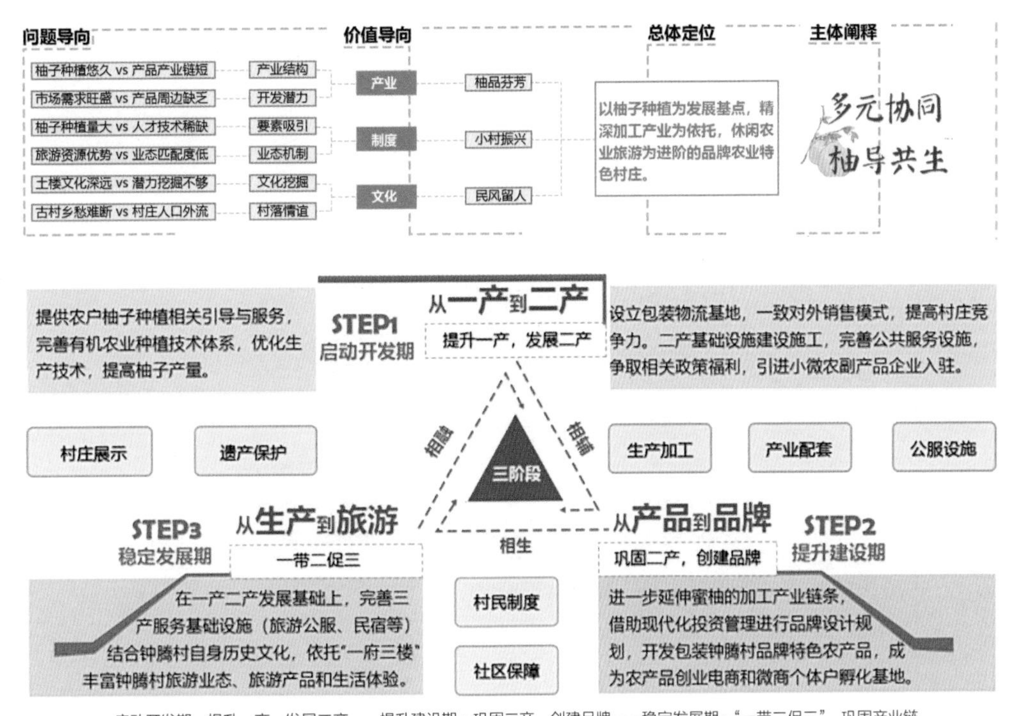


· 启动开发期：提升一产、发展二产——提升建设期：巩固二产、创建品牌——稳定发展期："一带二促三"，巩固产业链

### 2. 目标市场

| ■ 第一目标市场 | ■ 第二目标市场 | ■ 第三目标市场 |
| --- | --- | --- |
| 水果鲜食市场及柚子加工产品市场，国内外柚子及柚子产品需求消费者。 | 2h交通时间半径游客以及漳州周边家庭游、自驾游、旅行团等为主要对象。 | 全国其他地区感受蜜柚文化和土楼文化的旅游团、户外运动爱好者等为主要对象。 |

## 三、策划实施

### 1. 制度重建

从“内外运行机制”“乡约缔造”“土地流转”“项目机制”四个方面入手，来重新构建乡村制度，吸引人才、资金回流，对产业发展进行制度扶持。

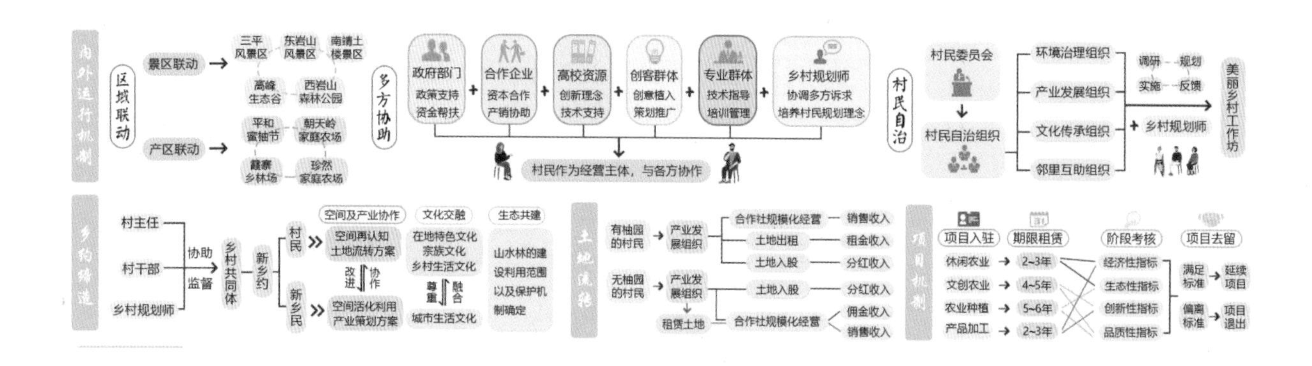


### 2. 产业设计

首先确定市场定位、发展定位及分期发展计划。

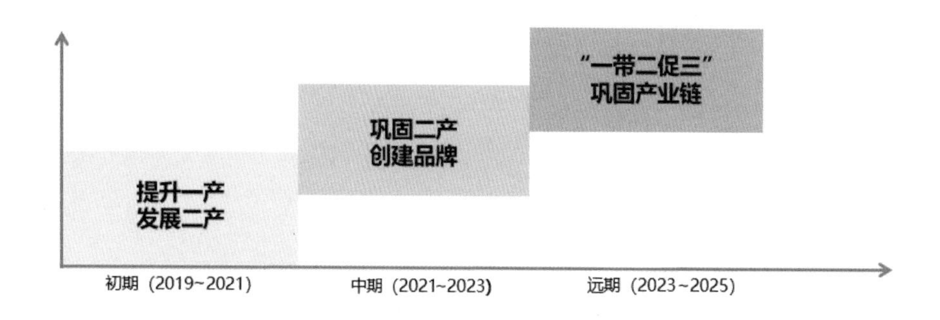


以蜜柚产业为核心，延伸五大领域（蜜柚种植、产品加工、仓储物流、销售、休闲旅游），融合“互联网 +”和“文化创意”，以创意农业为驱动实现三产融合，互为促进，聚集产业要素，推动钟腾村产业结构衍化，走出一条产出高效、产品安全、资源节约、环境友好的现代特色农业发展道路。

### 3. 空间设计

从“院落模式”“改造策略”“街巷空间整合”“建筑形式改造”四个方面入手，形成空间共联机制，打造环境舒适宜居的乡村环境。

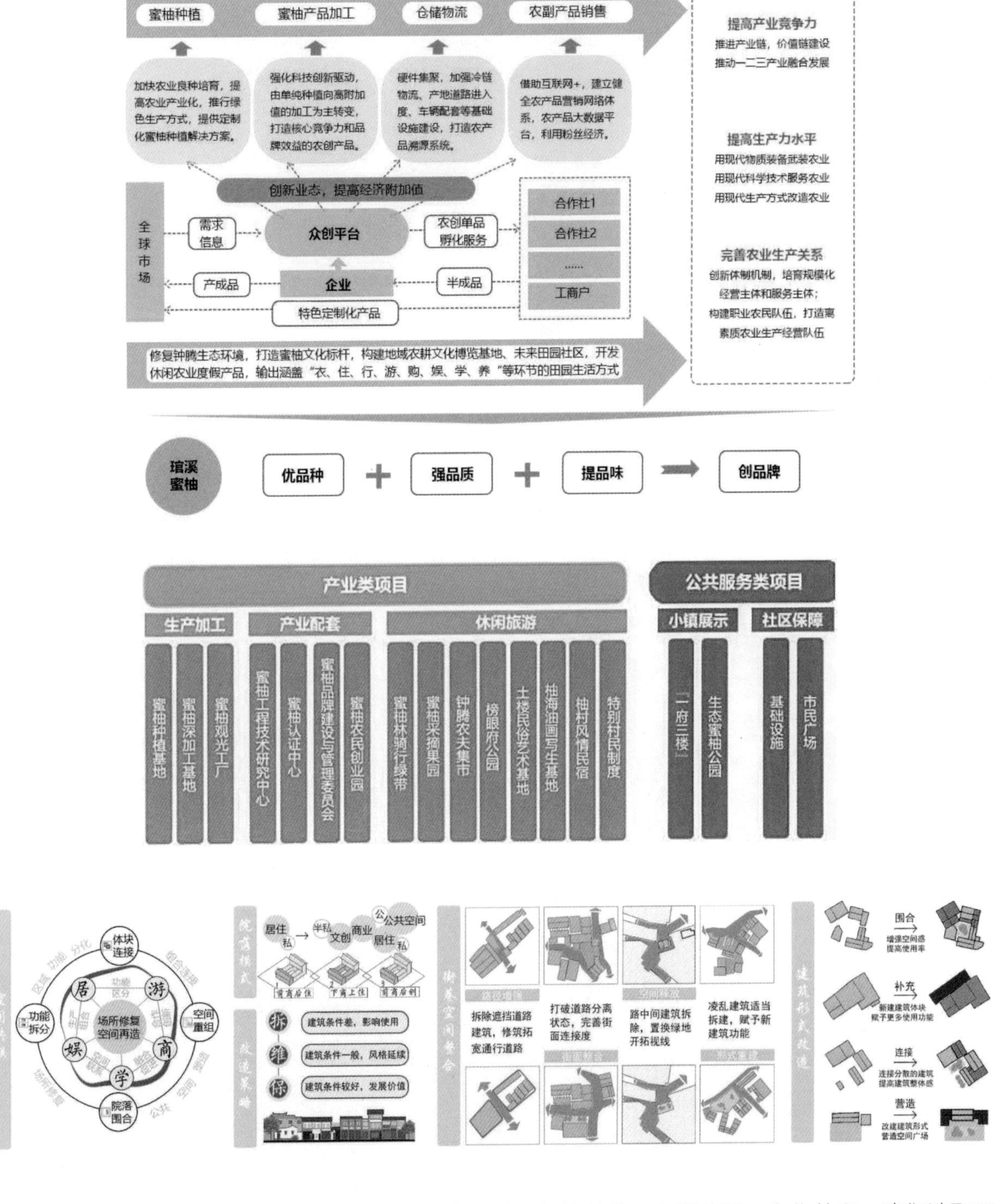


为实现乡村共生圈的四大共生要素，即社会共融、经济共荣、空间共联、文化共兴，我们选取了钟腾村的六个节点来逐步实现这四个要素的空间支撑，并完善公服配套以及市政设施，实现各主要节点的功能置入。

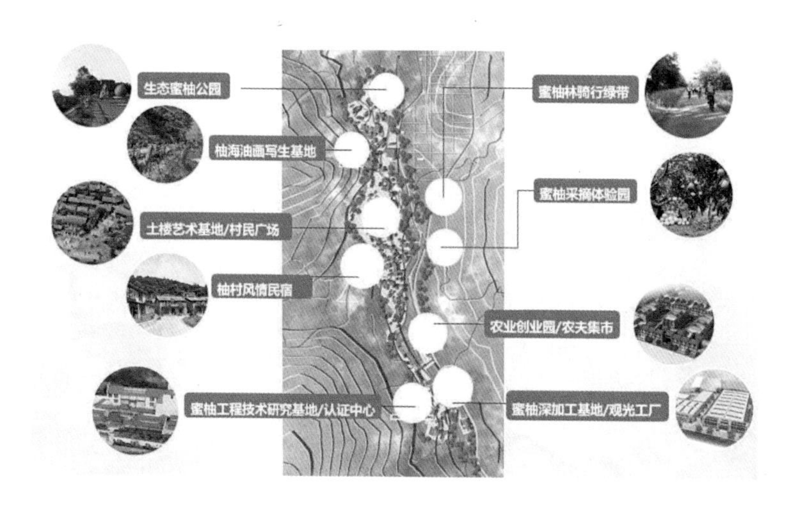


### 4. 活力提升

从“共同缔造坊、内容及目的”“多元文化共融”“文化推广”“活动策划”四个方面入手，来营造包容的文化氛围，促进邻里关系，从而传承和发展多元文化融合而成的钟腾新文化。

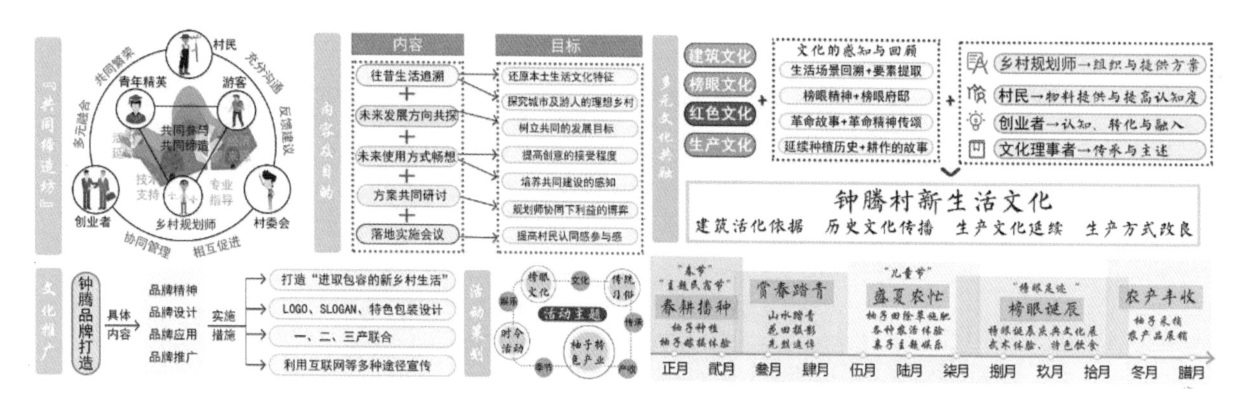


## 四、实施计划

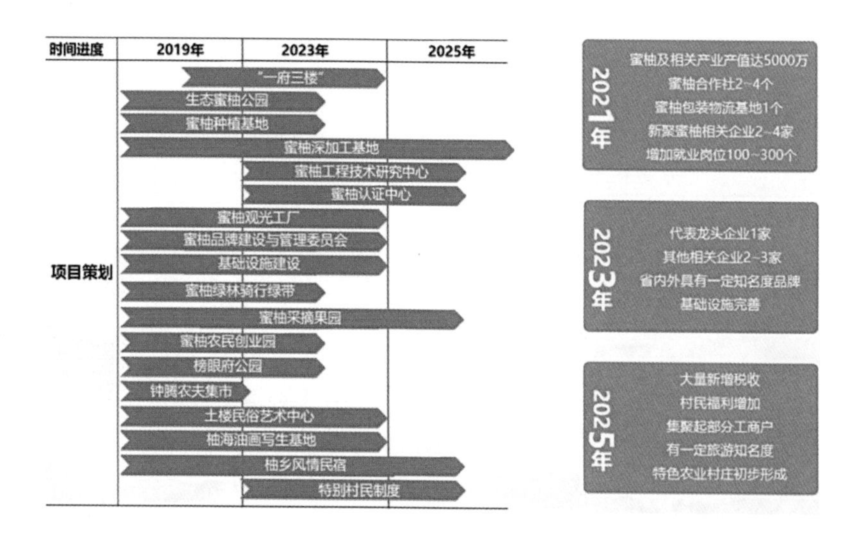

## 五、保障措施

### 1. 领导组织

■ 钟腾蜜柚特色农业村建设领导小组

■ 建设指挥部

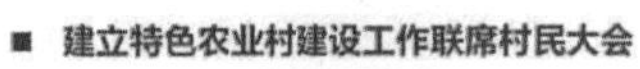

■ 建立特色农业村建设工作联席村民大会

### 2. 资金支持

■ 加强村庄发展财政支持

### 3. 人才支撑

■ **推动人才引进，完善人才保障**

村庄引进人才优先享受《平和县紧缺急需专业人才就业补贴暂行办法》所规定的各项政策，优先参评平和县优秀人才和优秀青年人才。对村庄急需的高端人才与特殊人才，实行“一人一议”。

积极做好各类人才在公共服务方面的保障，尤其是医疗和子女教育服务，安排人才子女进入平和县优质学校就读，并享受优质医疗资源。主动做好人才配偶工作调动安排，解决人才引进后顾之忧。

# 福建漳州平和县钟腾村村庄策划

## 多元协同·柚导共生 1

参赛学校名称：厦门大学　指导老师：王量量、韩列评　小组成员：尚小钰、陈潇馨、沈洁、汪瑜婷、尤天宇、杨舒阳

### 区位分析

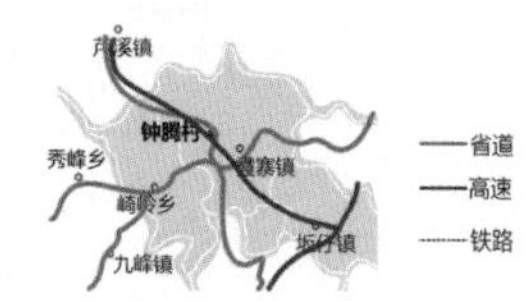


### 策划理念

协同进化理念：生物圈中种群与种群之间相互依赖且相互协调以形成稳定结构。→ 发展主体与主体之间、发展主体与发展要素相互依赖、促进，形成稳定的发展结构。

诱导共生：村庄发展主体：村民、外来创客、村委、游客等形成发展共同圈，实现村庄自生式发展。

制度重构 — 引入、引资
制度扶持 — 确保多元良好运行
产业升级 — 重构一二三产体系
空间改造 — 落实产业、公共空间
氛围营造 — 营造新钟腾生活文化

### 政策背景

十九大提出乡村振兴的发展要求，给乡村的发展带来了机遇。

部署宜居环境建设行动的工作
推进福建省美丽乡村建设，
发布《关于推进美丽乡村建设的指导意见》

千村整治 百村示范 | 一村一品 一村一页 | 三整治 三提升 | 五清楚 两特色

省财政预算安排4亿元，建设整治1000个村庄，打造100个以上美丽乡村示范。

《漳州市"富美乡村"规划工作（试点）实施方案》
创业增收生活美，科学规划布局美
村容整洁环境美、乡风文明身心美

生活富裕、环境优美、特色鲜明、民主和谐、三抓三比、十项竞赛

全市将131个村（含12个美丽示范村）纳入全省"千村整治、百村示范"工程，大力发展乡村。

### 资源条件

**产业基础**

| 种植品类 | 产量(万斤) | 产值(万元) |
|---|---|---|
| 白肉蜜柚40%<br>红肉蜜柚50%<br>其他品种10% | 3000 | 3800 |
| | 6(户均) | 1.1(人均收入) |

产业基础良好，农田面积大、林果产量高；村内95%林地用于蜜柚种植。村内种植品种—琯溪蜜柚为全国知名品种。市场占有率高。

**土地资源**

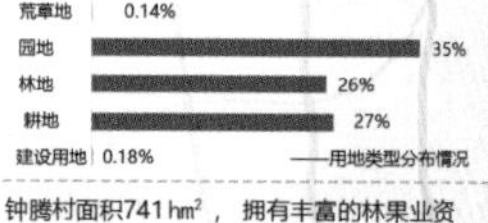


钟腾村面积741 hm²，拥有丰富的林果业资源。林地面积5000亩，园地面积4484.10亩，耕地面积3464.65亩，荒草地面积18.75亩。村庄主要居民点包括后坪、后门、章厝、径仔等八个小组，建设用地面积约16hm²。

**历史文化资源**

村内榜眼文化、红色文化浓厚，一府三楼，即榜眼府第、余庆楼、朝阳楼、永平楼，是钟腾村最珍贵的文化象征，具有较高的艺术价值观赏游玩价值。

### 市场条件

**产品需求**

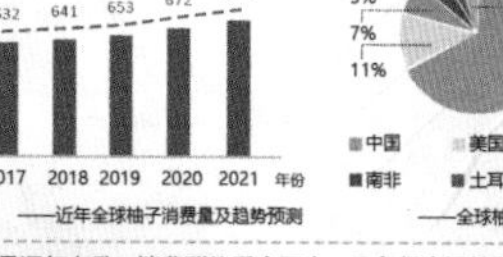


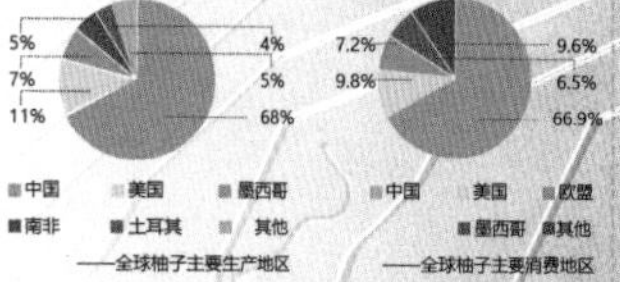


近年来，全球柚子的消费量逐年上升，消费群体受众面广，具有很广阔的种植前景。中国作为全球主要的柚子生产国家和消费国家，目前适宜种植区目前多在福建、广东、广西、浙江、云南、四川等地区，目前柚子产量还不能完全满足国内外的市场需求。

**药用价值**

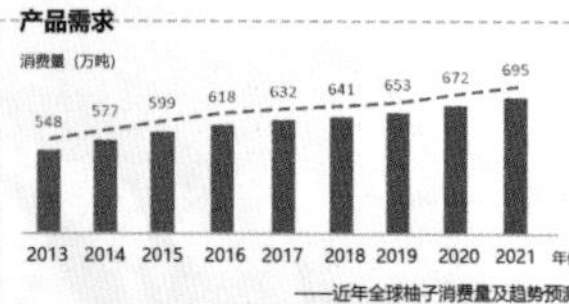


柚子是医学界公认的最具食疗效果的水果。随着人们养生观念越来越强，柚子认可度也越来越高。

**加工价值**

随着各种水果加工业的兴起和迅速发展，柚子加工业也被积极开发。柚子可以加工成柚汁、柚子酥、柚子茶、蜜柚酒、果醋、果胶、蜜饯以及各种以柚子皮为原料的香剂等多种产品。另外，柚子还广泛应用到美容行业及生物医药业。

### 产业条件

**品牌优势**

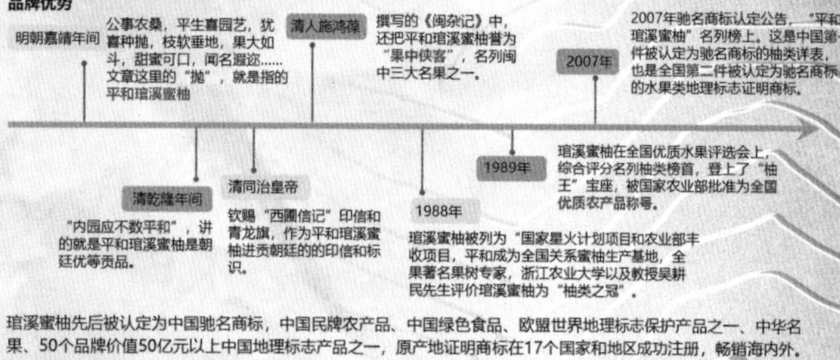

明朝嘉靖年间
公事农桑，平生喜园艺，扰喜种抛，枝软垂地，果大如斗，甜蜜可口，闻名遐迩……文章这里的"抛"，就是指的平和琯溪蜜柚
清人施鸿葆
撰写的《闽杂记》中，还把平和琯溪蜜柚誉为"果中侠客"，名列闽中三大名果之一。
2007年
2007年驰名商标认定公告，"平和琯溪蜜柚"名列榜上。这是中国第一件被认定为驰名商标的柚类详表，也是全国第二件被认定为驰名商标的水果类地理标志证明商标。
清乾隆年间
"内园应不数平和"，讲的就是平和琯溪蜜柚是朝廷优等贡品。
清同治皇帝
钦赐"西圃信记"印信和青龙旗，作为平和琯溪蜜柚进贡朝廷的印信和标识。
1988年
琯溪蜜柚被列为"国家星火计划项目和农业部丰收项目，平和成为全国关系蜜柚生产基地，全果著名果树专家，浙江农业大学以及教授吴耕民先生评价琯溪蜜柚为"柚类之冠"。
1989年
琯溪蜜柚在全国优质水果评选会上，综合评分名列柚类榜首，登上了"柚王"宝座，被国家农业部批准为全国优质农产品称号。


琯溪蜜柚先后被认定为中国驰名商标，中国民牌农产品、中国绿色食品、欧盟世界地理标志保护产品之一、中华名果、50个品牌价值50亿元以上中国地理标志产品之一，原产地证明商标在17个国家和地区成功注册，畅销海内外。

**产地优势**

钟腾村 = 丰富林果业资源 + 农村土地产权归属明晰 + 种植蜜柚历史悠久 + 蜜柚产量大，走在霞寨镇前列

钟腾村拥有丰富的林果业资源，可供种植的林地面积大，土地产权归属明晰。琯溪蜜柚产业是钟腾村特色农产业，在平和县霞寨镇前列。2010年全村蜜柚产量三千万斤以上，户均六万斤以上，2011年全村农业总产值达到3800万。

### 项目分布

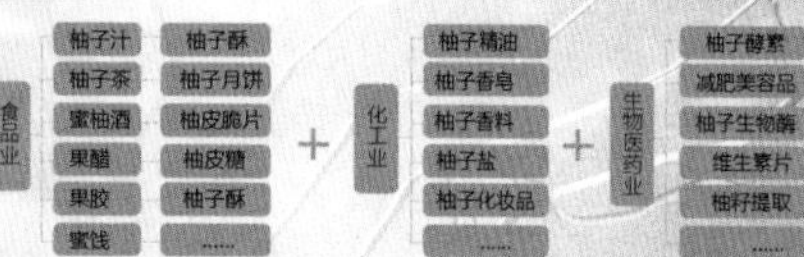

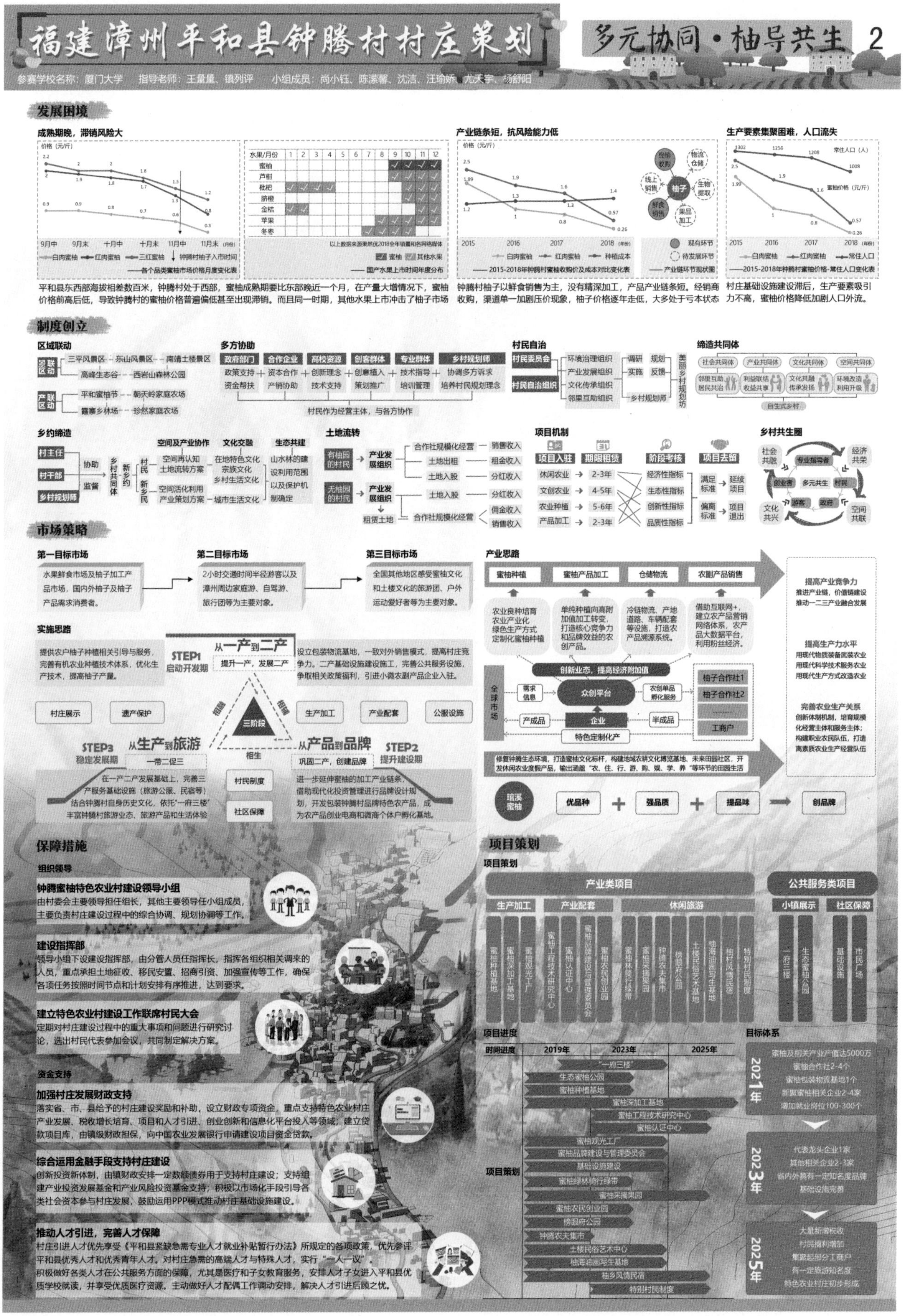

# 福建漳州平和县钟腾村村庄策划

## 多元协同·柚导共生 2

参赛学校名称：厦门大学　指导老师：王量量、镇列评　小组成员：尚小钰、陈潆馨、沈洁、汪瑜娇、尤天宇、杨舒阳

## 发展困境

**成熟期晚，滞销风险大**

各个品类蜜柚市场价格月度变化表（价格（元/斤）；9月中、9月末、十月中、十月末、11月中、11月末；白肉蜜柚、红肉蜜柚、三红蜜柚；钟腾村柚子入市时间）

国产水果上市时间年度分布

| 水果/月份 | 1 | 2 | 3 | 4 | 5 | 6 | 7 | 8 | 9 | 10 | 11 | 12 |
|---|---|---|---|---|---|---|---|---|---|---|---|---|
| 蜜柚 | | | | | | | | | √ | √ | √ | √ |
| 芦柑 | | | | | | | | | | √ | √ | √ |
| 枇杷 | | √ | √ | √ | √ | | | | | | | |
| 脐橙 | | | | | | | | | | | √ | √ |
| 金桔 | √ | √ | | | | | | | | | √ | √ |
| 苹果 | | | | | | | | √ | √ | √ | √ | √ |
| 冬枣 | | | | | | | √ | √ | √ | √ | | |

以上数据来源果然优2018全年销量和各网络媒体

平和县东西部海拔相差数百米，钟腾村处于西部，蜜柚成熟期要比东部晚近一个月，在产量大增情况下，蜜柚价格前高后低，导致钟腾村的蜜柚价格普遍偏低甚至出现滞销。而且同一时期，其他水果上市冲击了柚子市场

**产业链条短，抗风险能力低**

2015-2018年钟腾村蜜柚收购价及成本对比变化表（白肉蜜柚、红肉蜜柚、种植成本）

产业链环节现状图（柚子；物流仓储、经销收购、线上销售、生物提取、鲜食销售、果品加工；现有环节、待发展环节）

钟腾村柚子以鲜食销售为主，没有精深加工，产品产业链条短。经销商收购，渠道单一加剧压价现象，柚子价格逐年走低，大多处于亏本状态

**生产要素集聚困难，人口流失**

2015-2018年钟腾村蜜柚价格-常住人口变化表（常住人口（人）1302、1256、1208、1008；蜜柚价格（元/斤）；白肉蜜柚、红肉蜜柚、常住人口）

村庄基础设施建设滞后，生产要素吸引力不高，蜜柚价格降低加剧人口外流。

## 制度创立

**区域联动**

景联区动：三平风景区—东山风景区—南靖土楼景区；高峰生态谷—西岩山森林公园

产联区动：平和蜜柚节—朝天岭家庭农场；霞寨乡林场—谷然家庭农场

**多方协助**

政府部门：政策支持、资金帮扶；合作企业：资本合作、产销协助；高校资源：创新理念、技术支持；创客群体：创意植入、策划推广；专业群体：技术指导、培训管理；乡村规划师：协调多方诉求、培养村民规划理念

村民作为经营主体，与各方协作

**村民自治**

村民委员会、村民自治组织：环境治理组织、产业发展组织、文化传承组织、邻里互助组织；调研、实施、规划、反馈；乡村规划师；美丽乡村规划

**缔造共同体**

社会共同体：邻里互助 居民共治；产业共同体：利益联结 收益共享；文化共同体：文化共融 传承发扬；空间共同体：环境改造 利用升级；自生式乡村

**乡约缔造**

村主任、村干部、乡村规划师：协助、监督；乡村共同体；新乡约；村民、新乡民

空间及产业协作：空间再认知、土地流转方案；空间活化利用、产业策划方案

文化交融：在地特色文化、宗族文化、乡村生活文化；城市生活文化

生态共建：山水林的建设利用范围以及保护机制确定

**土地流转**

有柚园的村民→产业发展组织：合作社规模化经营—销售收入；土地出租—租金收入；土地入股—分红收入

无柚园的村民→产业发展组织：土地入股—分红收入；租赁土地—合作社规模化经营—佣金收入、销售收入

**项目机制**

项目入驻：休闲农业、文创农业、农业种植、产品加工

期限租赁：2-3年、4-5年、5-6年、2-3年

阶段考核：经济性指标、生态性指标、创新性指标、品质性指标

项目去留：满足标准—延续项目；偏离标准—项目退出

**乡村共生圈**

社会共融、经济共荣、文化共兴、空间共联；专业指导者、创业者、多元共生、村民、游客、政府

## 市场策略

**第一目标市场**

水果鲜食市场及柚子加工产品市场，国内外柚子及柚子产品需求消费者。

**第二目标市场**

2小时交通时间半径游客以及漳州周边家庭游、自驾游、旅行团等为主要对象。

**第三目标市场**

全国其他地区感受蜜柚文化和土楼文化的旅游团、户外运动爱好者等为主要对象。

**实施思路**

STEP1 启动开发期　从一产到二产　提升一产，发展二产

提供农户柚子种植相关引导与服务，完善有机农业种植技术体系，优化生产技术，提高柚子产量。

设立包装物流基地，一致对外销售模式，提高村庄竞争力。二产基础设施建设施工，完善公共服务设施，争取相关政策福利，引进小微农副产品企业入驻。

村庄展示、遗产保护；生产加工、产业配套、公服设施

三阶段：相融、衔接、相生

STEP3 稳定发展期　从生产到旅游　一带二促三

在一产二产发展基础上，完善三产服务基础设施（旅游公服、民宿等）结合钟腾村自身历史文化，依托“一府三楼”丰富钟腾村旅游业态、旅游产品和生活体验

村民制度、社区保障

STEP2 提升建设期　从产品到品牌　巩固二产，创建品牌

进一步延伸蜜柚的加工产业链条，借助现代化投资管理进行品牌设计规划，开发包装钟腾村品牌特色农产品，成为农产品创业电商和微商个体户孵化基地。

**产业思路**

蜜柚种植、蜜柚产品加工、仓储物流、农副产品销售

农业良种培育、农业产业化、绿色生产方式、定制化蜜柚种植

单纯种植向高附加值加工转变，打造核心竞争力和品牌效益的农创产品。

冷链物流、产地道路、车辆配套等设施，打造农产品溯源系统。

借助互联网+，建立农产品营销网络体系，农产品大数据平台，利用粉丝经济。

创新业态，提高经济附加值

全球市场；需求信息；众创平台；农创单品孵化服务；产成品；企业；半成品；特色定制化产；柚子合作社1、柚子合作社2、……、工商户

修复钟腾生态环境，打造蜜柚文化标杆，构建地域农耕文化博览基地、未来田园社区，开发休闲农业度假产品，输出涵盖“衣、住、行、游、购、娱、学、养”等环节的田园生活

琯溪蜜柚：优品种 + 强品质 + 提品味 → 创品牌

提高产业竞争力：推进产业链，价值链建设；推动一二三产业融合发展

提高生产力水平：用现代物质装备武装农业；用现代科学技术服务农业；用现代生产方式改造农业

完善农业生产关系：创新体制机制，培育规模化经营主体和服务主体；构建职业农民队伍，打造高素质农业生产经营队伍

## 保障措施

**组织领导**

**钟腾蜜柚特色农业村建设领导小组**

由村委会主要领导担任组长，其他主要领导任小组成员，主要负责村庄建设过程中的综合协调、规划协调等工作。

**建设指挥部**

领导小组下设建设指挥部，由分管人员任指挥长，指挥各组织相关调来的人员，重点承担土地征收、移民安置、招商引资、加强宣传等工作，确保各项任务按照时间节点和计划安排有序推进，达到要求。

**建立特色农业村建设工作联席村民大会**

定期对村庄建设过程中的重大事项和问题进行研究讨论，选出村民代表参加会议，共同制定解决方案。

**资金支持**

**加强村庄发展财政支持**

落实省、市、县给予的村庄建设奖励和补助，设立财政专项资金，重点支持特色农业村庄产业发展、税收增长培育、项目和人才引进、创业创新和信息化平台投入等领域；建立贷款项目库，由镇级财政担保，向中国农业发展银行申请建设项目资金贷款。

**综合运用金融手段支持村庄建设**

创新投资新体制，由镇财政安排一定数额债券用于支持村庄建设；支持组建产业投资发展基金和产业风险投资基金支持；积极以市场化手段引导各类社会资本参与村庄发展，鼓励运用PPP模式推动村庄基础设施建设。

**推动人才引进，完善人才保障**

村庄引进人才优先享受《平和县紧缺急需专业人才就业补贴暂行办法》所规定的各项政策，优先参评平和县优秀人才和优秀青年人才。对村庄急需的高端人才与特殊人才，实行“一人一议”。积极做好各类人才在公共服务方面的保障，尤其是医疗和子女教育服务，安排人才子女进入平和县优质学校就读，并享受优质医疗资源。主动做好人才配偶工作调动安排，解决人才引进后顾之忧。

## 项目策划

**项目策划**

产业类项目

- 生产加工：蜜柚种植基地、蜜柚深加工基地、蜜柚观光工厂
- 产业配套：蜜柚工程技术研究中心、蜜柚认证中心、蜜柚品牌建设与管理委员会、蜜柚农民创业园
- 休闲旅游：蜜柚林骑行绿带、蜜柚采摘果园、钟腾农夫集市、榜眼府公园、土楼民宿艺术中心、柚海油画写生基地、柚乡风情民宿、特别村民制度

公共服务类项目

- 小镇展示：一府三楼、生态蜜柚公园
- 社区保障：基础设施、市民广场

**项目进度**

时间进度：2019年、2023年、2025年

项目策划：“一府三楼”、生态蜜柚公园、蜜柚种植基地、蜜柚深加工基地、蜜柚工程技术研究中心、蜜柚认证中心、蜜柚观光工厂、蜜柚品牌建设与管理委员会、基础设施建设、蜜柚绿林骑行绿带、蜜柚采摘果园、蜜柚农民创业园、榜眼府公园、钟腾农夫集市、土楼民宿艺术中心、柚海油画写生基地、柚乡风情民宿、特别村民制度

**目标体系**

2021年：蜜柚及相关产业产值达5000万；蜜柚合作社2-4个；蜜柚包装物流基地1个；新增蜜柚相关企业2-4家；增加就业岗位100-300个

2023年：代表龙头企业1家；其他相关企业2-3家；省内外具有一定知名度品牌；基础设施完善

2025年：大量新增税收；村民福利增加；聚集起部分工商户；有一定旅游知名度；特色农业村庄初步形成

# 钟腾村报告及策划建议书

**摘要：**钟腾村目前发展上未能充分利用、活化其特色与价值，产业方面未充分考虑自身资源、限制与市场现状，发展主体缺乏市场素质及资本，发展规划缺乏实施论证。本建议书分别从策划背景、策划基础、策划策略以及策划实施四个方面，从问题出发对钟腾村产业、制度、空间等方面进行策划。基础上，钟腾村具有良好的区位条件、资源条件、市场条件以及产业发展条件，但存在许多发展困境；因此在策略上，从目标创立、制度创立、产业构建突围，达成以"多元协同，柚导共生"为总体定位，以高科技蜜柚种植农业为基础，精深加工产业为依托，休闲农业旅游为进阶的特色农业经营模式，发展品牌农业特色村庄。最后从项目实施计划、保障措施方面提出确保钟腾村策划实施的方案方法，增加策划可实施性。

**关键词：**钟腾村；产业；制度；乡村规划；可实施性；乡村共生圈；蜜柚产业

## 目 录

# 1 策划背景

## 1.1 政策解读

### 1.1.1 国家层面

十六届五中全会提出建设社会主义新农村任务要求:生产发展、生活宽裕、乡风文明、村容整洁、管理民主;2007年10月十七大提出推进社会主义新农村建设;2013年7月,中央提出“建设美丽乡村,是要给乡亲们造福,不能大拆大建,特别是古村落要保护好”;“十三五”规划纲要指出:加快建设美丽宜居乡村,加大传统村落和民居、民族特色村镇保护力度,传承乡村文明,建设田园牧歌、秀丽山水、和谐幸福的美丽宜居乡村。

### 1.1.2 福建层面

为贯彻落实福建省政府关于宜居环境建设行动的工作部署,推进福建省美丽乡村建设,省宜居办发布《关于推进美丽乡村建设的指导意见》,明确了目标任务是实施“千村整治、百村示范”工程,同时细化了“三整治、三提升”“五清楚、两特色”的建设标准,并打造“一村一品”“一村一业”特色产业。财政预算将安排4亿元,用于建设美丽乡村,计划2014年全省建设整治1000个村庄,打造100个以上美丽乡村示范。

### 1.1.3 漳州层面

漳州市按照市委、市政府的部署要求,将131个村(含12个美丽示范村)纳入全省“千村整治、百村示范”工程,并印发《漳州市“富美乡村”规划工作(试点)实施方案》,提出围绕“创业增收生活美、科学规划布局美、村容整洁环境美、乡风文明身心美”等四个“美”要求,规划宜居、宜业、宜游的漳州富美乡村,实现“生活富裕、环境优美、特色鲜明、民主和谐”的建设目标。

其中,围绕“再上新台阶、建设新福建”的中心任务,立足富美新漳州建设实际,吹响了乡村发展“三抓三比、十项竞赛”号角。开展“三抓三比,十项竞赛”,必须坚持工作抓重点,重点抓项目,在乡村发展中做到坚持中深化,深化中更好地坚持,促进经济平稳健康发展。必须进一步强化促发展的工作抓手,突出“抓招商比项目投资、抓生态比城乡环境,抓作风比营商环境”,通过开展“十项竞赛”,把乡村建设各项任务具体化、项目化,落实落细到位,确保完成发展目标任务。

## 1.2 上位解读

### 1.2.1 《平和县国民经济和社会发展第十三个五年规划纲要》(简称《纲要》)

《纲要》在构建的现代产业体系上，对于发展蜜柚产业提出相应要求：

(1)加快新型工业化进程

食品工业：蜜柚深加工产业。软包装：蜜柚套袋产业。

(2)加快农业现代化进程

做强做优蜜柚产业，建设现代农业保障体系。

(3)积极拓展现代服务业

加快发展旅游产业，加快发展生产性服务业，加快提升生活性服务业。

### 1.2.2 《平和县霞寨镇总体规划(2009—2030)》(简称《规划》)

霞寨镇目前要发挥县域中部重镇功能，完善配套设施，做大做强蜜柚产业，加快建设高峰生态谷旅游项目，提升高寨“柚达拉宫”、榜眼府旅游服务水平，建设成为平和县域中部商贸服务中心，以发展特色农业、生态休闲旅游业为主导的宜居城镇。《规划》提出钟腾村职能类型为农业型，是主要发展琯溪蜜柚种植的行政村。

### 1.2.3 平和县霞寨镇钟腾村村庄规划(2012—2030)

在钟腾村村域范围内结合现有资源，统筹各类生产要素，规划将钟腾村村庄性质定位成：以历史人文景观及现代生态旅游为主，特色农业为辅的生态中心村。村域功能结构布局规划形式为“一心、一轴、两片区”。“一心”是指土楼特色观光所在的主要居住区，作为村庄行政、旅游等公共服务中心，促进村庄农业、旅游等经济协调发展。“一轴”是指沿着省道309由南至北贯穿钟腾村，形成的村庄南北向发展轴。“两片区”是指村域范围内处于省道309两侧形成的北部生态旅游区和南部现代农林种植区。

### 1.2.4 上位规划总结

上位规划对钟腾村村落空间发展方向起先导作用，但未能深入挖掘古村落的特色与价值，梳理出保护的内容与重点，在村落的空间布局、传统肌理、街巷尺度、历史街区的建筑单体等各方面也未做出详细的保护整治措施。在产业方面，上位规划对产业发展方向有一定指引，但未能充分考虑钟腾村自身条件与市场现状，缺乏进一步产业发展的研究与实施论证。

# 2 策划基础

## 2.1 发展基础

### 2.1.1 区位条件

钟腾村位于福建省漳州市平和县往西 26km 处的霞寨镇西北部，距离霞寨镇 7km。东连龙海、漳浦，西邻广东大埔，南靠云霄、诏安县，北接永定、南靖县，素有“八县通衢”之称，村域总面积 741hm$^2$。

钟腾村紧邻省道 207 和 309，县道南霞线以及规划中的古武高速公路平和段，尤其是古武高速的开通，会使得钟腾村所在区域成为福建龙岩、永定经平和县通往广州、厦门、漳州、漳浦等地的交通节点。

### 2.1.2 资源条件

（1）人口资源

钟腾村下辖自然村 18 个，分别为寨后、大沓、凤尾、黄井岭、乾田湖、粗坑、余庆、亚贝、楼内、楼外、后门、后平、章厝、径仔、挖仔、桐树科、一联、赤竹坪。总户数为 665 户，户籍人口为 2344 人。

（2）土地资源

钟腾村面积 741hm$^2$，拥有丰富的林果业资源。其中，全村林地面积 5000 亩，园地面积 4484.10 亩，耕地面积 3464.65 亩，果园面积 4351.80 亩，荒草地面积 18.75 亩。村庄主要居民点位于村域东部，主要包括后坪、后门、章厝、径仔、粗坑、余庆楼、楼内、楼外八个小组，建设用地面积约 16hm$^2$。

（3）历史建筑资源

钟腾村最为重要的历史建筑为“一府三楼”（即榜眼府第、余庆楼、朝阳楼、永平楼）以及榜眼书塾。其中榜眼府第具有较高的艺术价值，采用木雕、砖雕、石雕、彩绘等艺术手法进行装饰，雕刻和绘画汲取民族文化和民间艺术的养分，内容极其丰富。“一府三楼”的格局，已成为钟腾村文化的象征。

图 2-1 钟腾村的“一府三楼”

### 2.1.3 市场条件

（1）产品需求

我国人口众多，根据市场调查报告显示，2015/2016年度，中国的柚子消费量为422万t，而预计未来柚子消费量将持续保持上升趋势，2021/2022年度将超过480万t。就我国而言，柚子适宜种植区目前多在福建、广东、广西、浙江、云南、四川等地区。柚子的受众面广，这些地区目前的柚子产量还不能完全满足国内的市场需求，因此柚子具有很广阔的种植前景。

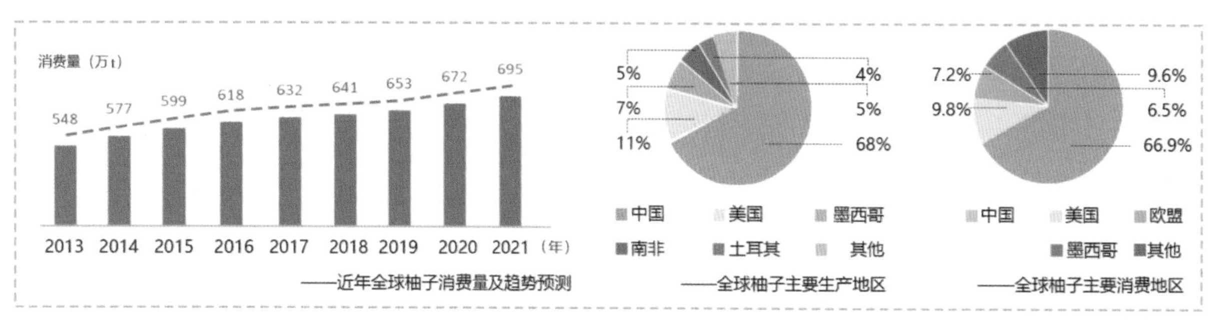


图2-2 柚子潜力分析图

（2）药用价值

柚子具有很高的药用价值，具有止咳平喘、清热化痰、健脾消食、解酒除烦的作用，是医学界公认的具有食疗效果的水果。近年来，随着人们的养生观念越来越强，柚子的认可度也越来越高。据德国数据统计网站statista发布的2018年全球水果消费数据，柚子成功进入世界最受欢迎的五大水果之列。

（3）加工价值

随着各种水果加工业的兴起和迅速发展，柚子加工业也被积极开发。柚子可以加工成柚子汁、柚子浓缩汁、柚子茶、蜜柚酒、果醋、果胶、蜜饯以及各种以柚子皮为原料的香剂等多种产品。另外，柚子还广泛应用到美容业。

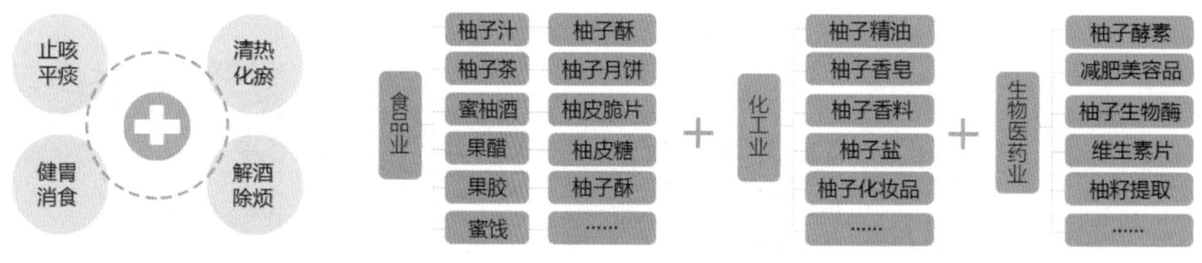


图2-3 药用价值和加工价值分析图

### 2.1.4 产业条件

（1）品牌优势

琯溪蜜柚先后被认定为中国驰名商标、中国名牌农产品、中国绿色食品、欧盟地理标志保护产品之一、中华名果、50 个品牌价值 50 亿元以上的中国地理标志产品之一，原产地证明商标在 17 个国家和地区成功注册，产品畅销海内外。

平和琯溪蜜柚享誉世界，全部种植面积已达到 60 万亩，产量突破 120 万 t。以“全球营销、布局市场”为理念，在全国大中城市建立了 2000 多个直销店，全国蜜柚营销网络基本布局到位，陆续打开欧盟、北美、俄罗斯、东南亚等国家和地区的市场出口，出口量逐年上升。琯溪蜜柚创下种植面积、产量、产值、品牌、市场份额、出口六个第一，素有“世界之柚”的称号，近年来，平和县各个乡镇村庄都在大力发展蜜柚产业。

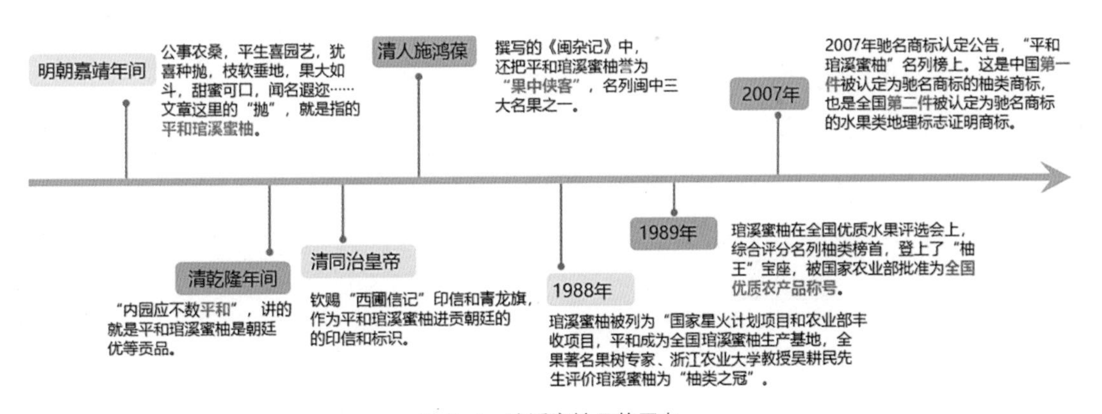
明朝嘉靖年间
公事农桑，平生喜园艺，犹喜种抛，枝软垂地，果大如斗，甜蜜可口，闻名遐迩……文章这里的“抛”，就是指的平和琯溪蜜柚。
清乾隆年间
“内园应不数平和”，讲的就是平和琯溪蜜柚是朝廷优等贡品。
清同治皇帝
钦赐“西圃信记”印信和青龙旗，作为平和琯溪蜜柚进贡朝廷的的印信和标识。
清人施鸿葆
撰写的《闽杂记》中，还把平和琯溪蜜柚誉为“果中侠客”，名列闽中三大名果之一。
1988年
琯溪蜜柚被列为“国家星火计划项目和农业部丰收项目，平和成为全国琯溪蜜柚生产基地，全果著名果树专家、浙江农业大学教授吴耕民先生评价琯溪蜜柚为“柚类之冠”。
1989年
琯溪蜜柚在全国优质水果评选会上，综合评分名列柚类榜首，登上了“柚王”宝座，被国家农业部批准为全国优质农产品称号。
2007年
2007年驰名商标认定公告，“平和琯溪蜜柚”名列榜上。这是中国第一件被认定为驰名商标的柚类商标，也是全国第二件被认定为驰名商标的水果类地理标志证明商标。

图 2-4 琯溪蜜柚品牌历史

（2）产地优势

钟腾村拥有丰富的林果业资源，全村林地面积 11152.35 亩，园林面积 4484.10 亩，耕地面积 3064.65 亩，果园面积 4351.80 亩。目前村庄土地没有流转，土地属于农户。可供种植的林地面积大，产权归属明晰。

琯溪蜜柚产业是钟腾村的特色农产业，走在平和县霞寨镇前列。2010 年全村蜜柚产量达三千万斤以上，户均六万斤以上，2011 年全村农业总产值达到 3800 万，村庄农民人均收入约 11000 元。

## 2.2 发展困境

### 2.2.1 产业问题

（1）成熟期晚，滞销风险大

由于平和县东西部海拔相差数百米，近年来种植蜜柚农户增加，处于西部的钟腾村每年蜜柚成熟期通常要比东部地区晚近一个月的时间，在产量大增的情况下，蜜柚价格就会呈现前高后低的走势（表 2-1），导致钟腾村蜜柚价格普遍偏低甚至出现滞销。加上目前全国各地有 11 个省、市引入福建平和当地蜜柚品种种植，且以平和蜜柚的牌子提前上市，导致钟腾村柚子成熟的时候，市场已积压大量蜜柚，价格走低，收购价被进一步拉低，品种优势丧失。另一方面，进入 11 月份，蜜柚替代品——柑橘、脐橙全面登场，对柚子的市场产生更大压力，后期柚子价格便更加低迷。

地区柚子价格对比表

表 2-1

| 村庄 | 地区 | 柚子成熟时间 | 柚子单价（元/斤） |
|---|---|---|---|
| 厝邱村 | 东部 | 8 月底 ~9 月初 | 1.5~1.8 |
| 钟腾村 | 西部 | 10 月 ~11 月 | 0.3~1.1 |

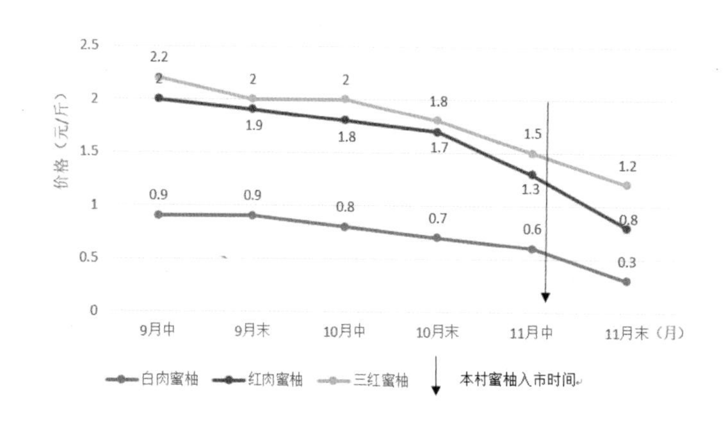


图 2-5 各品类蜜柚市场价格月度变化图

（2）产业链条短，抗市场风险能力低

柚子具有极高的综合利用价值，经过深加工，柚子的附加值可增加 8 倍。但是钟腾村的柚子基本以鲜食销售为主，没有精深加工，柚子产品产业链条短。加上钟腾村原本种植作物蜜柚品种就较为

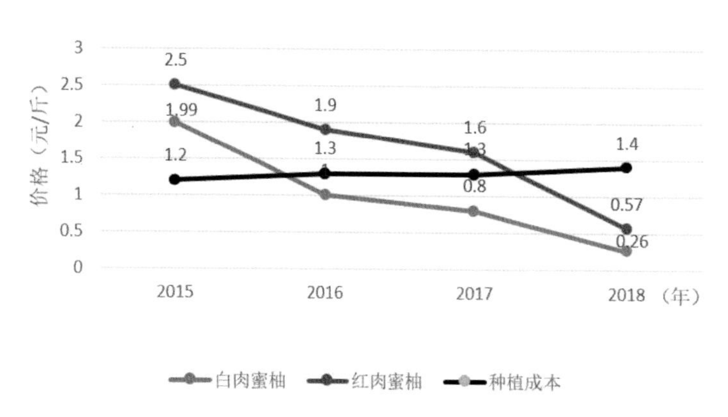


图 2-6 2015~2018 年钟腾村蜜柚被收购价变化图

单一，与周边村庄无差异性，且多为经销商收购。为了避免滞销，村里许多农户会争先恐后地把自家柚子卖出，加剧收购商压价现象，柚子价格逐年走低。近两年，村民对于低价现状缺乏良好的应对措施，而蜜柚种植成本短期降低的可能性小，因此大多处于亏本状态。

（3）高端生产要素集聚困难，专业人才稀缺

村庄产业发展离不开生产要素的支撑，但目前村庄基础设施建设较为滞后，全村经济社会发展相对较慢，产业基础薄弱，导致对村外的人才、资金、技术、信息等高端生产要素的吸引力不强。另外，本地人口流失现象严重，蜜柚连年价格降低，进一步加剧村内人口外流趋势。同时，现有从事蜜柚行业的人员素质参差不齐，村民没有相关的农学教育机构帮助种植柚子，种柚子方法一般是通过村民之间的相互交流以及村民自购种柚子的书籍参考，缺少高级蜜柚种植及加工科技人才及培训，制约了村庄的产业发展，阻碍了村庄产业向价值链的终端环节延伸。

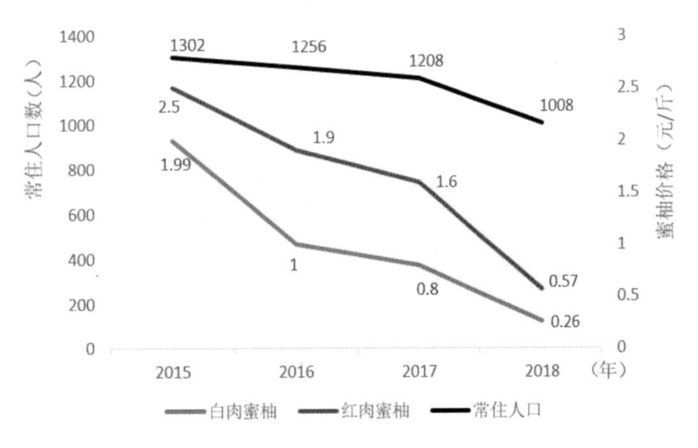


图 2-7 2015~2018 年钟腾村蜜柚价格—常住人口变化

（4）配套设施滞后，产村分离问题突出

种植蜜柚与蜜柚产业以及衍生服务产业是未来钟腾村重要的衍生发展方向，但目前村庄整体区域尚属于未开发区域，市政基础设施配套不足，二产资源与旅游资源均未有效开发。导致村庄承载产业发展能力较弱，村庄应具备的社区功能、企业功能、旅游功能和文化传承功能均有待提升，产村分离的问题较为突出。

### 2.2.2 人口问题

（1）受教育程度低，职业稳定性低

从目前钟腾村的人口结构来看，外出务工人口占了 27.8%，留下来的常住人口中，老年人口和青少年人口占比 42%，有较强劳动力的人口占比 32%，较弱劳动力人口占比 26%。此外，留下来

的常住人口的教育水平在小学及以下程度的人数近一半，有初中教育水平的人数近 1/3。在这样的比例结构下，钟腾村劳动力人口从目前上看还是比较充足的，但受教育水平较低，在采访中，这类人群也表示出了柚子如果再亏本的话就会考虑外出打工了。

（2）人口流失趋势加剧、空心化趋势明显

因此，钟腾村目前在人口上面临的比较严峻的问题就是如何吸引劳动力回流，避免乡村空心化的趋势，以及如何让村里现有不同年龄层次的人都可以参与到村庄的发展建设和活化中。

（3）缺乏生产、生活组织，凝聚力弱

目前，钟腾村留下来的人群之间还是处于缺乏组织的阶段，各户个体都是独立的社会关系，人与人之间没有建立起共同的组织关系。不管是在产业发展上，还是在村庄建设上，整个村庄仅有村委会这一管理组织，缺少乡村发展形成社会共同体所需要的制度以及内部组织小组。同时也缺少促进村庄产业发展、生态保护相关的制度条约。

图 2-8　人口及组织问题总结示意图

# 3　策划策略

## 3.1　案例借鉴

### 3.1.1　法国格拉斯——农业产业化乡村

（1）案例概况

格拉斯（Grasse）位于法国东南部，其特殊的气候非常适合花卉种植，再加上地区人文和产业偏好，村庄重点产业逐渐偏向花卉种植及香水工业。花卉种植业包括茉莉、月下香、玫瑰、水仙、风信子、紫罗兰、康乃馨及薰衣草等众多品种，其香精成为众多香水趋之若鹜的理由。

（2）产业转型

在格拉斯的发展历程中，有两次重要的转型：第一次是工匠们积极抓住市场机遇，从手工皮手套生产转向了香精、香水的生产；第二次是随着本地原材料成本的提高，转向国际化采购原材料，而本地更多的转向旅游业等第三产业，以获得更高的价值。

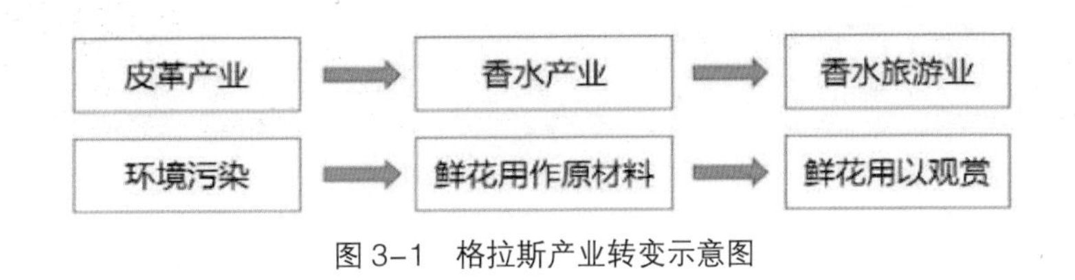


图 3-1 格拉斯产业转变示意图

（3）鲜花产业链

格拉斯以绿色农业为基础，大力发展花卉种植业，进一步以新型工业为主导，转向香精、香水等农业副产品的生产，最后升级至以旅游为主的现代服务业作为支撑，形成格拉斯的特色产业链。

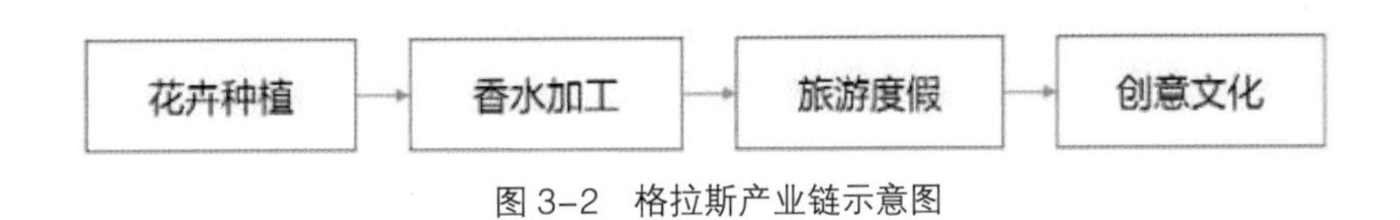


图 3-2 格拉斯产业链示意图

### 3.1.2 西湖乌龙茶村——集聚创新平台

（1）案例概况

西湖区乌龙茶村，是传统西湖龙井茶产业区域，素有“万担茶乡”之称。通过 3~5 年的努力，村庄建设成为全国“茶产业、茶文化、茶生活”的集聚创新平台，高端民宿集聚区，成为杭州西湖、西溪湿地之后的又一个金名片。

（2）产业定位

利用自身农业种植优势，以龙井茶叶种植为依托，大力发展龙井茶文化产业，同时衍生出一系列现代服务业新产业链，成为全国知名的西湖龙井茶集散地和具有茶文化竞争力的村镇。

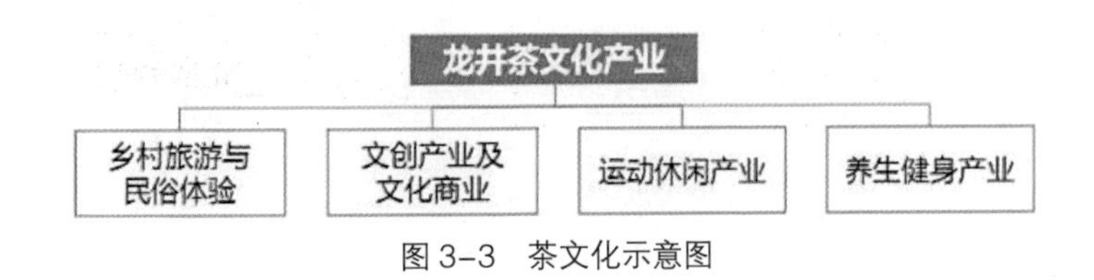


图 3-3 茶文化示意图

（3）功能划分

在产业定位基础上，利用自身自然资源条件与规划发展，设立了文创艺术集聚区、养生健身度假区、茶园风光观赏区、茶叶交易集散区、茶文化体验区、茶乡民俗体验区以及户外运动休闲区。将产业链上的环节落实到空间中，相辅相成。

图3-4　乌龙茶村功能分区图

## 3.2　目标创立

### 3.2.1　发展定位

依托坚实的蜜柚农业基础、深厚的人文历史底蕴和优越的自然生态环境，以“多元协同，柚导共生”为总体定位，创建以高科技农业为基础，精深加工产业为依托，休闲农业旅游为进阶的钟腾村特色农业经营模式，发展科学研究、文化创意、商务贸易、旅游休闲为一体的品牌农业特色村庄。

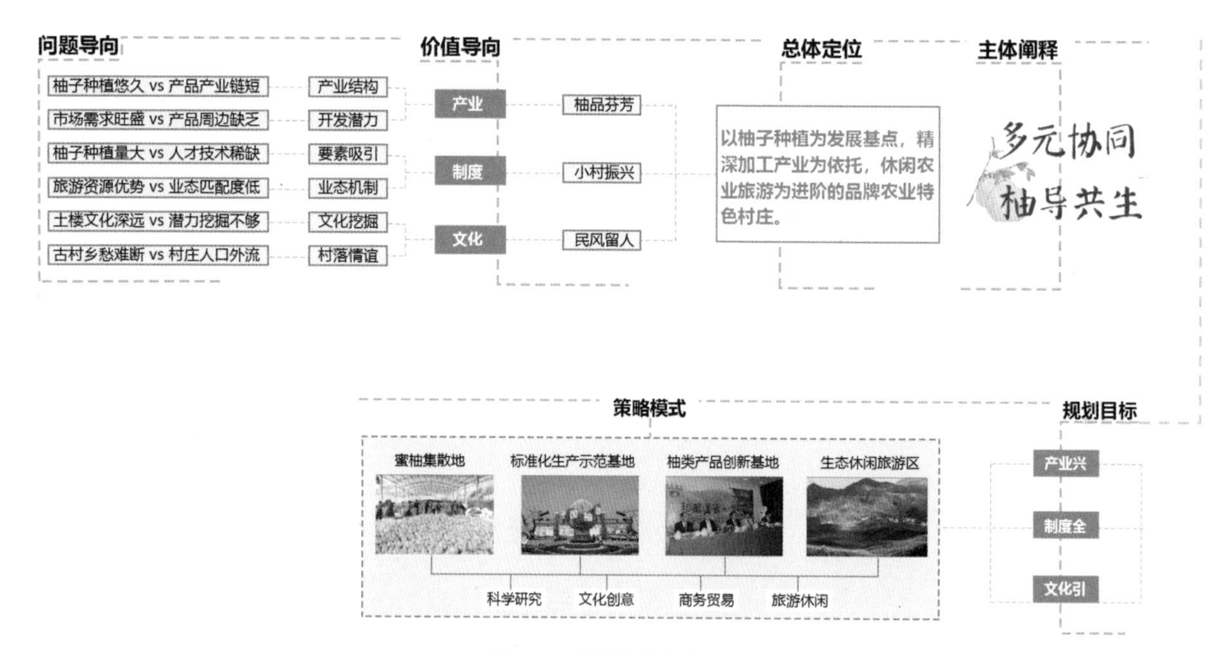


图3-5　发展定位示意图

### 3.2.2 市场定位

钟腾村特色农业村庄主要目标市场分为三类：

（1）第一目标市场：水果鲜食市场及柚子加工产品市场，国内外柚子及柚子产品需求消费者为主要对象。

（2）第二目标市场：2h 交通时间半径游客以及漳州周边城市家庭游、自驾游、旅行团、拓展团、互联网社群组织等为主要对象。

（3）第三目标市场：全国其他地区感受蜜柚文化和土楼文化的旅游团、户外运动爱好者等为主要对象。

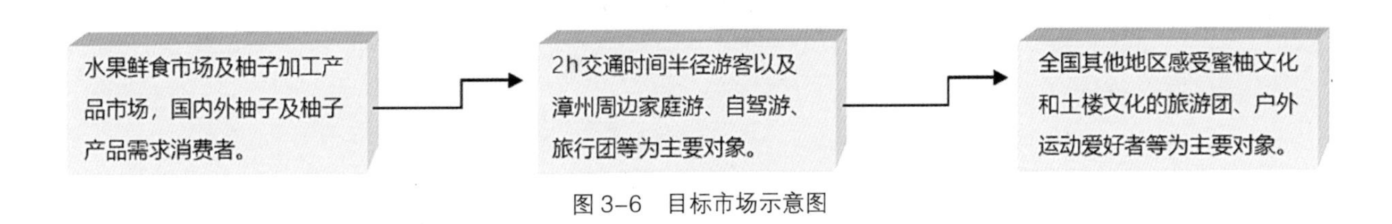


图 3–6 目标市场示意图

### 3.2.3 创建思路

钟腾村特色农业村庄发展目标可以分三步创建。

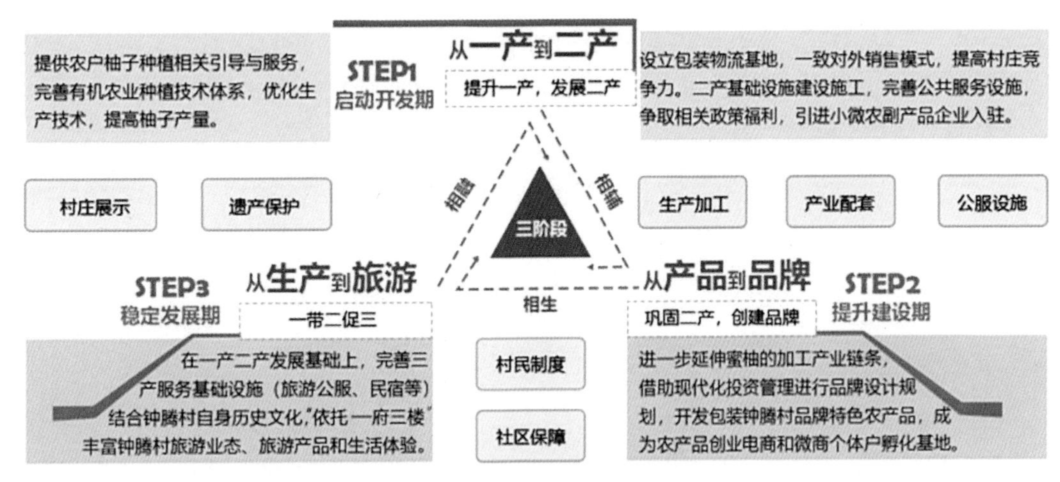


图 3–7 产业构建示意图

（1）第一步，启动开发期。提供农户柚子种植相关引导与服务，完善有机农业种植技术体系，从良种选育、栽培管理、科学施肥等环节入手，优化生产技术，严格按照无公害农产品种植要求，标准化、规范化种植蜜柚，提高柚子产量。建立村庄柚子合作社，以合作社为单位集中收购柚子，设立包装物流基地，一致对外销售模式，提高村庄竞争力，提高农户种植收入。村庄二产基础设施建设施工，完善公共服务设施，争取相关政策福利，引进小微农副产品企业入驻。

（2）第二步：提升建设期。依托小微农副产品企业，以蜜柚功能性食品的精深加工和副产物的综合利用为发展方向，探索蜜柚生物工程技术创新体系，开发生产蜜柚饮料、蜜柚酒、蜜柚茶、蜜柚化妆品和蜜柚保健食品等，进一步延伸蜜柚的加工产业链条。借助现代化投资管理进行品牌设计规划，成为农产品创业电商和微商个体户的孵化基地。将健康、绿色、有机蜜柚及相关衍生产品开发包装成钟腾村品牌特色农产品，通过“互联网 +”让优质深山原生态农产品走向高端市场，开发蜜柚全新产业升级道路。

（3）第三步：稳定发展期。在一产二产发展基础上，完善三产服务基础设施（旅游公服、民宿等），以“一带二促三”模式，以农业为基础，工业为辅助，带动旅游业发展，开展蜜柚徒步线路旅行、蜜柚观光工厂、蜜柚产品体验中心，同时结合钟腾村自身历史文化，依托“一府三楼”，丰富钟腾村旅游业态和生活体验，打造特色旅游产品。

### 3.2.4 目标体系

至 2021 年：蜜柚及相关产业产值达 5000 万元，开展蜜柚合作社 2~4 个，建立蜜柚包装物流基地 1 个，新聚蜜柚相关企业 2~4 家，增加就业岗位 100~300 个。通过钟腾村特色农业村庄建设，延伸蜜柚产业链，推进蜜柚产业结构转型发展，实现农民增产增收、蜜柚物畅价扬，为村庄经济发展探索可持续发展道路。

至 2023 年：村庄产业集聚水平显著提高，发展代表龙头企业 1 家，其他相关企业 2~3 家，新增就业岗位明显增加，功能配套设施基本完善，培育出在省内外具有一定知名度和市场占有率的特色蜜柚品牌，同时品牌周边产品完善。

至 2025 年：村庄有大量新增税收，村民福利增加，集聚起部分工商户，依托蜜柚旅游业吸引游客增加，有一定旅游知名度。钟腾村蜜柚品牌及周边产品知名度显著提升，成为国内知名特色农业村庄。

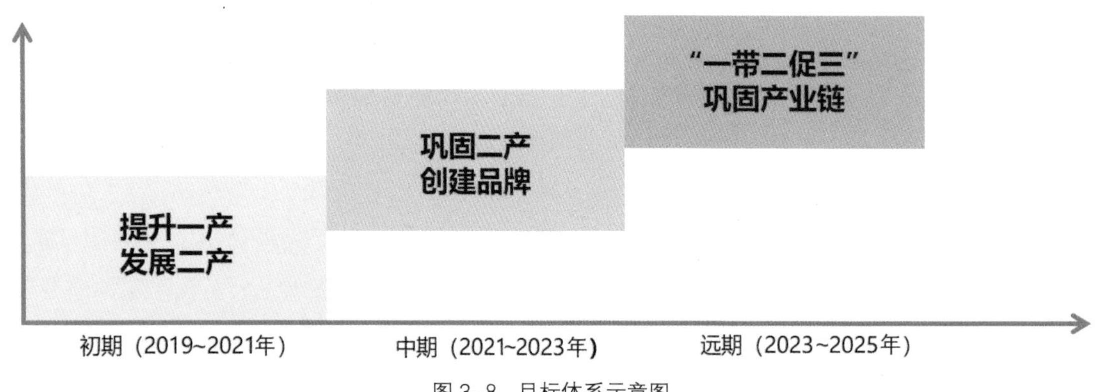


图 3-8 目标体系示意图

## 3.3 制度创立

### 3.3.1 内外运行机制

（1）区域联动

利用钟腾村周边景区及产区资源，进行区域性联动发展。

（2）多方协助

加强政府部门、合作企业、高校资源的合作，吸引创客群体、专业群体以及乡村规划师，以村民作为经营主体，多方协作促进村庄发展。

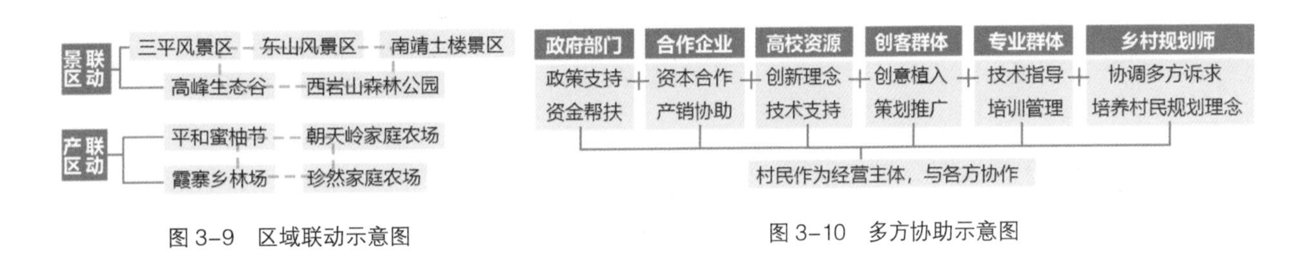


图 3-9 区域联动示意图

图 3-10 多方协助示意图

（3）村民自治

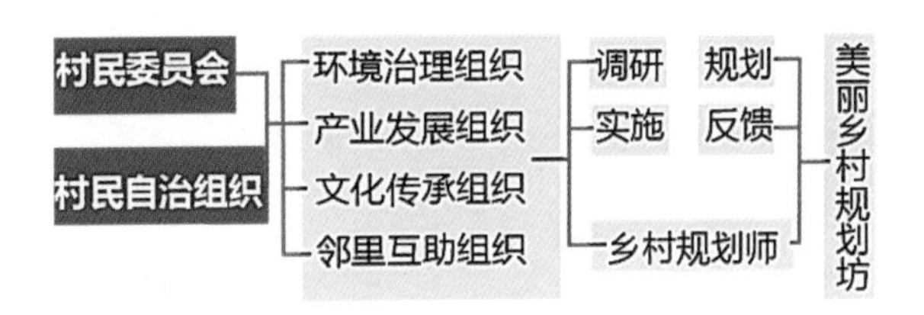


图 3-11 村民自治示意图

协同村民委员会与村民自治组织，以环境治理、产业发展、文化传承、邻里互助为主题，共同创建美丽乡村规划坊。

### 3.3.2 乡约缔造

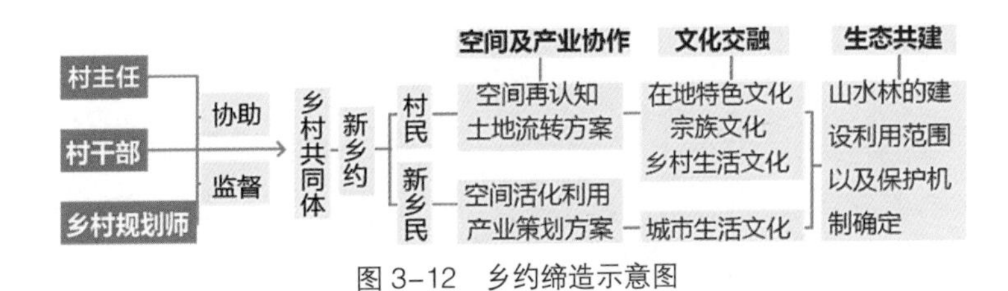


图 3-12 乡约缔造示意图

联合村主任、村干部以及乡村规划师三方关系，协助和监督乡村共同体，从空间及产业协作、文化交融、生态共建三个方面，共同缔造乡村新约定。

### 3.3.3 土地流转

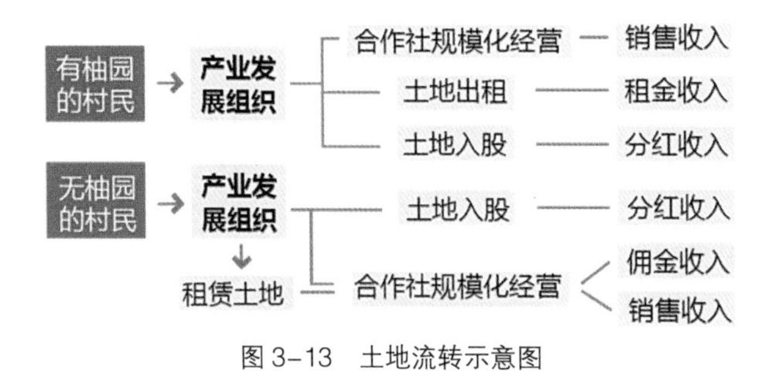


图3-13 土地流转示意图

利用土地流转的不同模式，将有柚园的村民与无柚园的村民结合起来，提高村民收入，增加村民福利。

### 3.3.4 项目机制

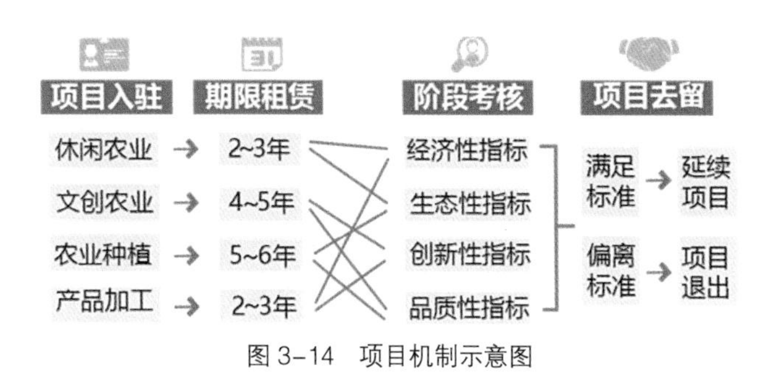


图3-14 项目机制示意图

通过项目入驻、期限租赁、阶段考核、项目去留四个方面，给休闲农业、文创农业、农业种植、产业加工不同类型的项目加以考核和区分，留下适合钟腾村发展的项目。

## 3.4 产业构建

### 3.4.1 蜜柚产业链延伸

以蜜柚产业为核心，延伸五大领域（蜜柚种植、产品加工、仓储物流、销售、休闲旅游），融合“互联网+”和“文化创意”，以创意农业为驱动实现三产融合，互为促进，聚集产业要素，推动钟腾村产业结构衍化，走出一条产出高效、产品安全、资源节约、环境友好的现代特色农业发展道路。

### 3.4.2 蜜柚品牌农业建设

积极实施钟腾村农业品牌战略，增品种，强品质，提品味，创品牌，大力推进蜜柚标准化建设、文化内涵挖掘，营销渠道和方式创新、科技体系支撑、金融支持以及知识产权保护，形成完整的品牌战略路线图，进而推动钟腾村农业转型和现代农业发展。

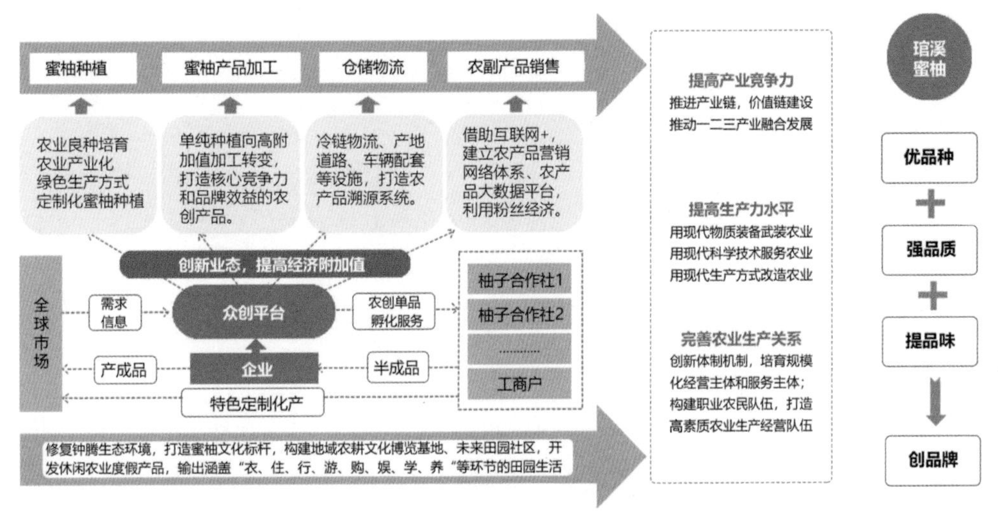


图 3-15 钟腾村蜜柚产业发展思路图

# 4 策划实施

## 4.1 实施计划

### 4.1.1 项目策划

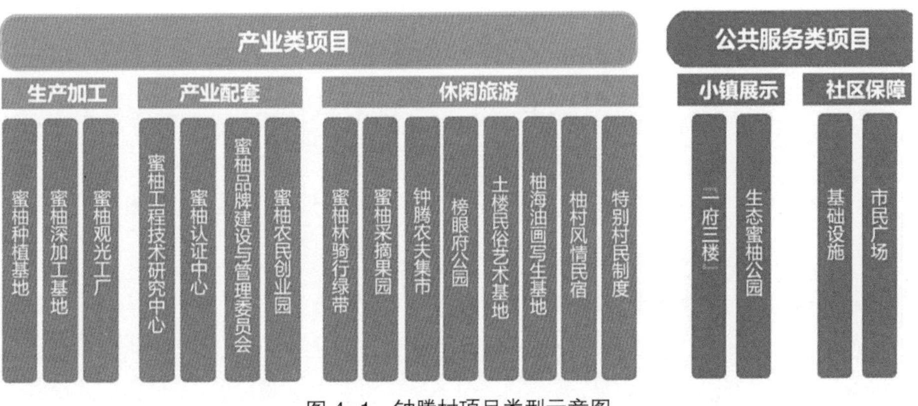


图 4-1 钟腾村项目类型示意图

（1）蜜柚种植基地

1）有机农业种植：完善有机农业种植技术体系，从良种选育、栽培管理、科学施肥等环节入手优化生产技术，严格按照无公害产品种植要求，标准化、规范化种植蜜柚。

2）苗木繁育：培育三红蜜柚苗，金橘蜜柚苗、黄肉蜜柚苗、红心蜜柚苗，及经营各系列品种蜜柚嫁接枝条、蜜柚种子小苗的批发销售，推动良种培育产业化。

3）示范推广：将示范成果辐射推广到全村乃至全镇，带动蜜柚标准化管理水平，从而有效提升琯溪蜜柚产品质量安全水平和市场竞争力，促进蜜柚产业可持续发展。

（2）蜜柚深加工基地

1）饮料、食品类加工基地：如蜜柚汁、蜂蜜柚子茶、蜜柚果酱、蜜柚果脯、蜜柚含片等产品。

2）化工类产品研发和生产基地：如洗发水等洗护用品、蜜柚啫喱、化妆水等绿色化妆品。

3）生物医药类产品研发及生产基地：如减肥药、保健品等。

配套设施：配套冷储保鲜库、废物处理车间、纸箱包装生产线和运输车队等。

（3）蜜柚观光工厂

1）观光中心：以“旅游＋工业”的模式，把加工车间的墙壁用透明玻璃制作，将蜜柚加工制作的全过程进行展示，完成文化长廊、蜜柚加工生产线等主体观光区域的建设，供游客参观、游览、休憩。

2）体验中心：采用体验参与的方式展示蜜柚饮料、果脯等深加工产品，让游客参与到制作中，塑造健康、高品质的蜜柚产品形象。

（4）蜜柚工程技术研究中心

1）蜜柚研发交流中心：推动蜜柚企业与科研院校合作建立产学研基地，推动科研成果转化，定期开展蜜柚研发交流会，建立学生实训基地，推动蜜柚产业的发展。

2）产品研发中心：以蜜柚功能性食品的精深加工和副产物的综合利用为发展方向，探索蜜柚生物工程创新体系，开发生产蜜柚饮料、蜜柚酒、蜜柚茶、蜜柚化妆品和蜜柚保健品等，进一步延伸蜜柚加工产业链条。

3）技术研究中心：推进农业机械化、优化山地丘陵灌溉一体化系统；研究高效低毒低残留农药、生物农药和先进施药技术；加快资源高效利用的绿色品种选育，培育高产、高效、优质等突破性蜜柚新品种；开展无农药蜜柚种植关键技术、生物多样性利用技术研发。

（5）蜜柚认证中心

1）食品认证中心：对村域内符合标准认证的产品贴上“琯溪蜜柚（钟腾）”认证标签，打造食品安全产业高端名片，打响钟腾村蜜柚安全品牌。

2）食品安全可追溯平台：设置农产品质量安全监测部门，对入库农产品进行严格的抽样调查和来源审查，对园区内企业建立从入库到出库、物流全流程的食品安全可追溯体系，保障“从农田到市场”全流程中的食品安全。消费者只需要通过扫描农产品包装上的二维码就可以知道产品的生产过程、生产的具体果园、果园的具体负责人、何时采摘、何时包装、何时运输等信息。

（6）钟腾蜜柚品牌建设与管理委员会

由政府牵头、专家支持、果农自愿加入协会，构建“协会推动、部门联动、企业主动、社会促动”的农产品品牌建设长效机制，把农业产前、产中、产后各个环节纳入标准生产和标准管理的轨道，通过专业化运作协助钟腾蜜柚品牌化发展。

1）优化品牌兴农的顶层设计，制定品牌创建规划，完善工作机制，出台激励政策，助推农业品牌创建。

2）完善标准体系，提供定制化蜜柚种植解决方案，实施标准化生产，保障质量，指导农户科学规划、科学发展、科学管理。将千家万户的小生产与千变万化的大市场进行有机衔接，推进钟腾蜜柚产业规模化、标准化发展。

3）抓好农资监管，严格管理使用琯溪蜜柚农产品地理标志，制定细则和规范，开展市场打假，从源头上保障品质，维护品牌声誉。

4）创优钟腾琯溪蜜柚品牌营销模式，发展电子商务、直销配送、农超对接等新型营销模式，构筑钟腾琯溪蜜柚国内外宣传网络，扩大品牌美誉和影响力。

（7）蜜柚农民创业园

1）农业创客孵化器：依托微小农副产品企业，借助现代化投资管理进行品牌设计规划，成为农产品创业电商和微商个体户的孵化基地。

2）蜜柚优品电商平台：将健康、绿色、有机蜜柚及相关衍生产品开发包装成品牌特色农产品，通过“互联网 +”让优质深山原生态蜜柚走向高端市场，开发蜜柚全新产业升级道路。

（8）蜜柚林骑行绿带

1）钟腾蜜柚自行车道：建设 8km 以蜜柚绿林骑行为主题的自行车道，打造骑行文化品牌。蜜柚徒步区：建设蜜柚林徒步步道，丰富景区户外运动设施。

2）沿途布置蔬果采摘体验区、浪漫竹林区、绿道烧烤驿站、乡野生态农场等区域，让游客在乡野中观赏、游览、采摘和游玩，提供多样性乡村生活体验。

（9）蜜柚采摘果园

1）钟腾生态蜜柚公园：建设以采摘、游玩、观光、销售为一体的观光采摘园，配套基础设施建设，提供亲手摘柚、鲜榨柚汁、调配饮品或制作果酱服务，吸引亲子家庭客群，丰富采摘乐趣。

2）蜜柚博物馆：分成琯溪蜜柚发展史、中国蜜柚发展史、蜜柚科普知识、蜜柚与健康、蜜柚系列产品体验等五个展区，全面展示钟腾的独特产业文化。

（10）钟腾农夫基地

1）金融服务平台：设立农业创业发展基金，农村蜜柚合作社，设立政、企、农、银共同参与的信贷机制，创新蜜柚信贷产品，积极开发“蜜柚贷”产品，以“金融 + 孵化”助推创意农业发展。

2）钟腾蜜柚农创论坛：通过举办茶话会、邀请讲座、农创比赛等形式，引进省内外优秀农业创客，分享农创故事，为农民、企业提供免费的创业培训，对接创业资源。

（11）榜眼府公园

在榜眼府建筑基础上，展现原有的历史文化，可通过主题化、乐园化打造结合现代光影技术的榜眼文化之旅。

（12）土楼民俗艺术基地

依托朝阳楼、永平楼、余庆楼三大土楼，充分挖掘土楼文化内涵和历史背景，丰富土楼旅游业态和生活体验，打造土楼民俗文化馆、土特产专营店、土楼文创产品展销、土楼名人堂、土楼文化交流基地、土楼文化演出等土楼系列文化特色旅游产品。

（13）柚海油画写生基地

融合高山景观、绿色柚海生态景观、“一府三楼”历史遗迹、革命老区红色记忆等元素，配合当地特色民居和生态环境，打造成为省内外特色油画写生基地，配套相关服务设施。

（14）柚村风情民宿

通过民宿建设指导方案，统一标准化、精细化、品牌化的管理。鼓励村民自主经营家庭旅馆、农家餐馆、生态农庄等业态，统一外观风格、灯标 LOGO 和景观设计，盘活钟腾村闲置资源，组建监督管理团队，对民宿个体经营者提供培训、品质监督、平台宣传、菜品创新等服务。

（15）特别村民制度

建立面向国内外粉丝在线申请的制度，让蜜柚忠实爱好者感受像村民一样的待遇，为粉丝寄去村民的住民票和特色产品，给粉丝讲述钟腾村的故事。粉丝出示住民票，随时可以进入村庄游玩，通过持续互动，让粉丝成为钟腾村的一员。

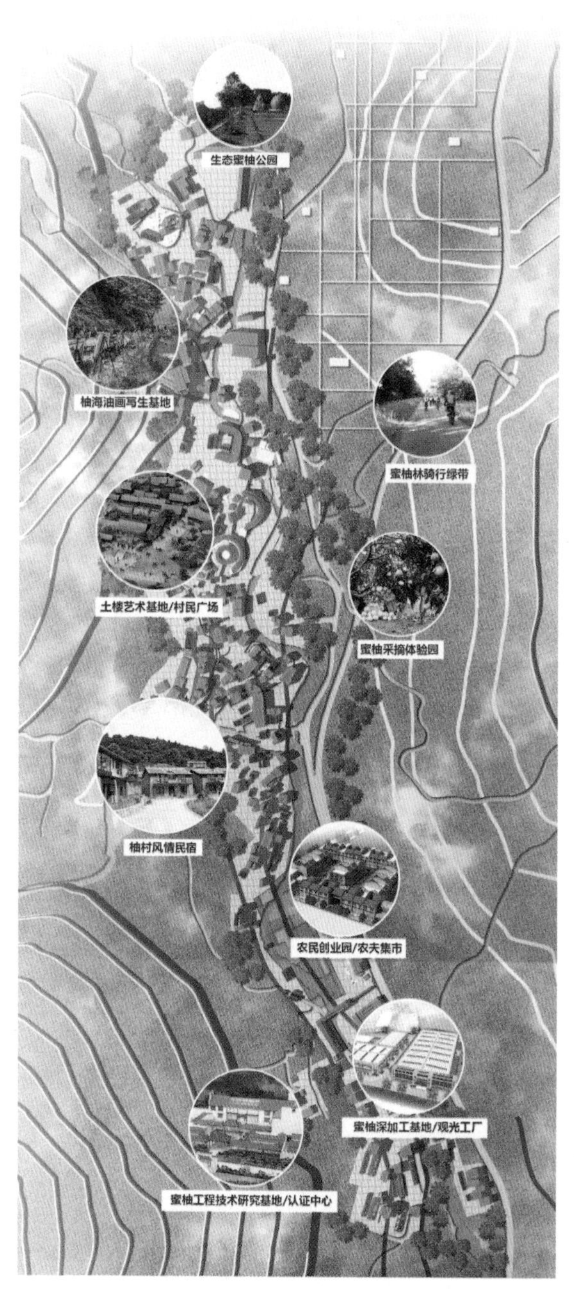


图 4-2 钟腾村项目分布示意图

## 4.1.2 项目布局

### 4.1.3 项目进度

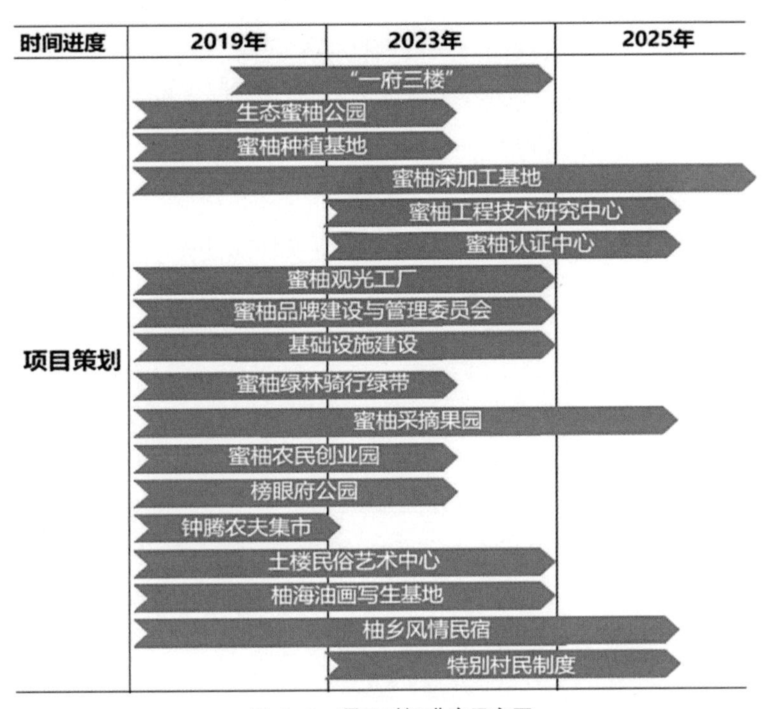


图 4-3 项目时间进度示意图

## 4.2 保障措施

### 4.2.1 组织领导

（1）组建钟腾蜜柚特色农业村建设领导小组

由村委会主要领导担任组长，其他领导任小组成员，主要负责村庄建设过程中的综合协调、规划协调等工作。

（2）建设指挥部

领导小组下设建设指挥部，由分管人员任指挥长，指挥各相关组织调来的人员，重点承担土地征收、移民安置、招商引资、加强宣传等工作，确保各项任务按照时间节点和计划安排有序推进，达到要求。

（3）建立特色农业村建设工作联席村民大会

定期对村庄建设过程中的重大事项和问题进行研究讨论，选出村民代表参加会议，共同制定解决方案。

#### 4.2.2 资金支持

（1）加强村庄发展财政支持

落实省、市、县给予的村庄建设奖励和补助，设立财政专项资金，重点支持特色农业村庄产业发展、税收增长培育、项目和人才引进、创业创新和信息化平台投入等领域；建立贷款项目库，由镇级财政担保，向中国农业发展银行申请建设项目资金贷款。

（2）综合运用金融手段支持村庄建设

创新投资新体制，由镇财政安排一定数额债券用于支持村庄建设；支持组建产业投资发展基金和产业风险投资基金；积极以市场化手段引导各类社会资本参与村庄发展，鼓励运用PPP模式推动村庄基础设施建设。

#### 4.2.3 人才支撑

（1）推动人才引进

村庄引进人才优先享受《平和县紧缺急需专业人才就业补贴暂行办法》所规定的各项政策，优先参评平和县优秀人才和优秀青年人才。对村庄急需的高端人才与特殊人才，实行“一人一议”。

（2）完善人才保障

积极做好各类人才在公共服务方面的保障，尤其是医疗和子女教育服务，安排人才子女进入平和县优质学校就读，并享受优质医疗资源。主动做好人才配偶工作调动安排，解决人才引进后顾之忧。

#### 4.2.4 改革创新

（1）提升村委会服务水平

增强政策支持和针对性，根据产业规划，分别制定细化扶持政策，实行重大项目“一事一议”的村民代表大会。

（2）完善村庄平台建设

加强钟腾村公共服务平台建设，搭建服务中心，同时配套建设村庄生活服务中心，提供会议培训、健康门诊下村等生活服务。

# 流联古今

全国二等奖

【参赛院校】 南京大学建筑与城市规划学院

【参赛学生】

兰 菁　毛 茗　陈兆亨

蔡诗瑜　陈 洁　陈怡安

【指导老师】

罗震东

申明锐

# 方案介绍

伴随移动互联网技术的普及，城乡间资金、人才、技术等各类要素双向流动更加顺畅，为地处偏远的乡村链接更大城市市场、在更广地域范围内参与分工提供了新的契机。

基于网络资料收集与现场实地调研，从线上与线下两个维度对楼上村交通、产业、文化、治理等方面现状进行剖析，发现楼上村具备较好的资源基础与发展契机，但已有的自上而下的投入未能顺利转化为自下而上的认知度，而后者恰恰是楼上村实现市场认可、内在振兴的重要保障。

团队认为，线上宣传带动乏力、线下特色展示不足是楼上村发展受限的主要原因，提出楼上村未来应选择线上线下融合共生的发展路径，并提出农产“流”动、文旅“联”动、空间互动、多元善治四方面策略，希望使其活出自信与自身特色，成为城乡居民共治共建共享的活力空间。

奔赴现场之前，参赛团队通过不同线上平台收集了较为翔实的村庄资料，进行系统性梳理，并形成预判。

线下调研期间，结合实地踏勘、资料完善与深入访谈，对先期认知与判断进行校核与纠偏。

在综合线上线下调研结果的基础上，剖析楼上村发展的主要问题与潜力所在，进而提出发展策划。

## 一、楼上远闻 · 线上印象

### 1. 地处黔东深山，官方头衔众多

（1）群山环抱，区位尚佳

（2）历史名村，定位较高

## 2. 农产种类丰富，旅游特而不强

（1）种类多元，苔茶特色

（2）乡村旅游，声名不响

## 3. 文化底蕴深厚，传统活动丰富

（1）历史悠远，要素丰富

（2）汉风民俗，传统沿袭

### 4. 政策机遇良好，发展成效不高

（1）乡村振兴，技术渗透

（2）关注持久，贫困突出

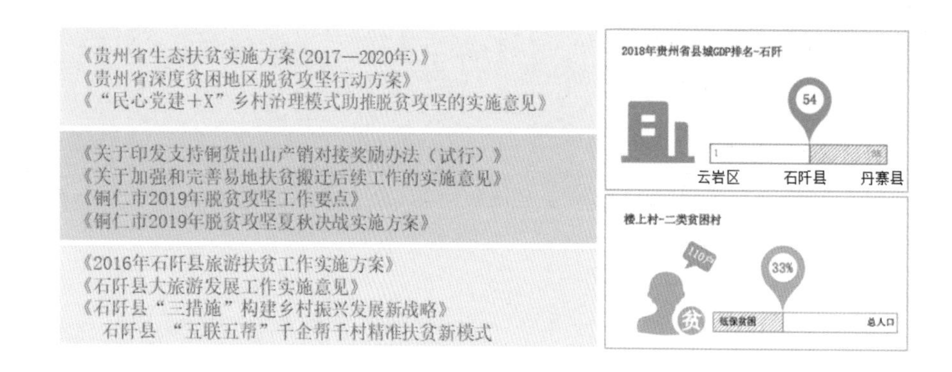


### 5. 小结：宣传带动不足，转化效益不佳

线上远闻，楼上村各类资源富集，政府自上而下投入众多，具有较好的发展机遇和较强的发展基础。

然而，充裕的供给未能顺利转化为流量与经济收益，需求端感应不足，宣传带动乏力、未能参与更大范围内的分工成为其脱贫发展过程中最大的阻力。

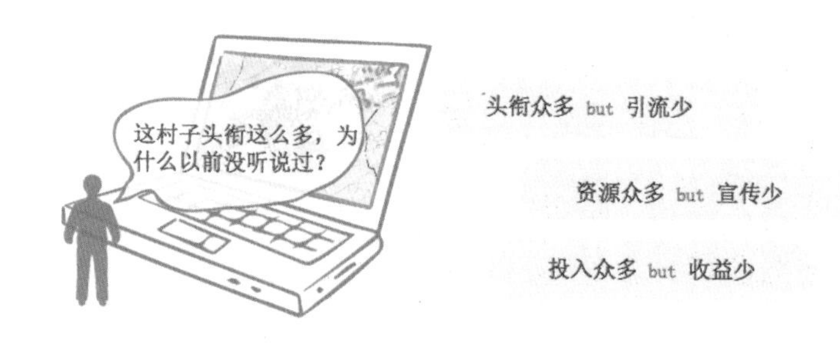

## 二、楼上初见·线下寻踪

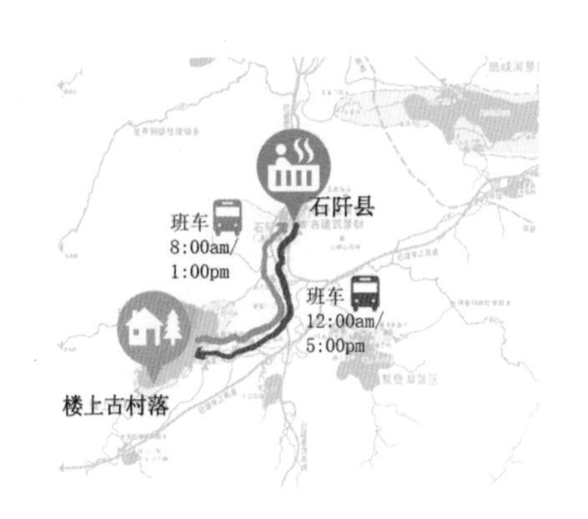


**1. 发展差强人意，可达性较差**

（1）贫穷失落，生机仍存

（2）路况复杂，通勤不便

**2. 农业尝试突破，旅游观望不前**

（1）农业传统低效，方向不明

（2）集体公司初成，后劲待发

（3）旅游质量不优，承载不足

**3. 传统特质鲜明，可持续性待解**

（1）形制格局完好，望山见水

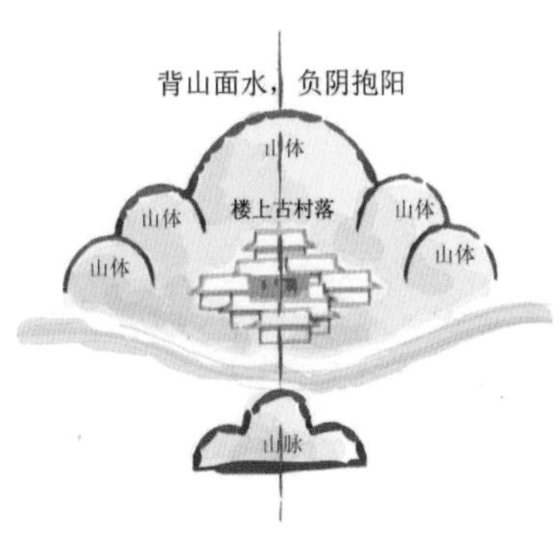


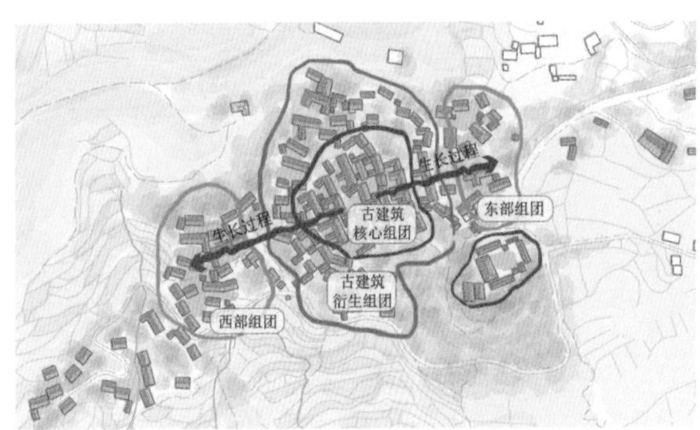


（2）民风热情淳朴，耕读传家

（3）政府无偿投入，资源错配

**4. 主体利益争夺，沟通交流不畅**

（1）村民人心不齐，利益纷争

（2）乡贤沟通不畅，行动争议

（3）村委思想保守，动能不足

**5. 小结：地理阻碍凸显，“造血”力量不足**

线下寻踪，楼上村葆有传统村落的空间格局与文化特质，但也陷入平淡无奇的尴尬境地，其自身展示出的特色未能吸引更多人“翻山越岭”。

强势且短期的政府投入尚未培养起可“自我造血”的产业，自下而上的呼应不足，也使楼上村发展的可持续性成疑。

村子还算可以，但是跑这么远来好像不值得。
乡野原真 but 通勤难
资源特色 but 展示弱
山水古村 but 驻留少


## 三、楼上出山 · 因革流变

### 1. 因势利导，蹊径另辟

基于对楼上村线上线下两个维度的分析，将其现状总结为线上宣传导流不足、线下吸引展示不足、古村厚积未发，提出应选择线上线下融合共生的发展路径。

借鉴已有成功经验，提出农产“流”动、文旅“联”通、空间互动和多元善治四方面策略，希望使其活出自信、活出自身特色，成为线上线下融合共生的乡村范本与城乡居民共治共建共享的诗意空间，实现偏远山村的脱贫跃迁与可持续发展。

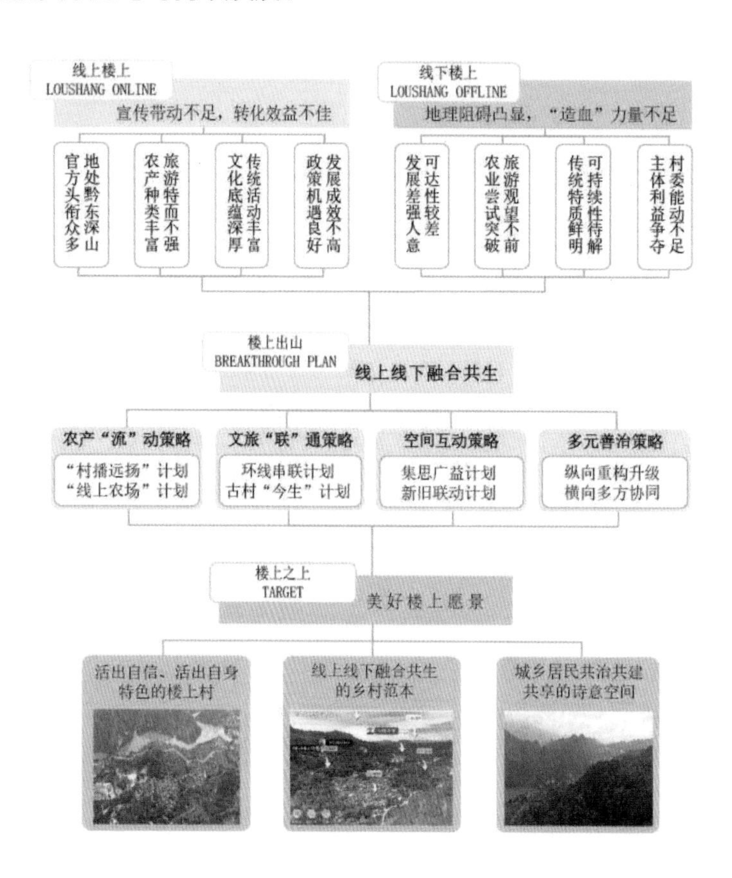

### 2. 农产“流”动策略

农产“流”动策略由“村播远扬”计划及“线上农场”计划构成，通过嫁接互联网，从“汇入”“流出”两方面促进要素的流动。

“汇入”指通过充分挖掘在地及周边特色农产品及相关人才，使其汇于楼上村，实现集聚要素；“流出”指通过互联网直播平台打开销路，汇集线上流量，形成在地品牌。

以乡村直播平台为媒介，开辟新的商业模式，拓展农产品销售途径；同时及时对接市场信息，反馈指导生产实践，推动楼上村农业产业升级优化。

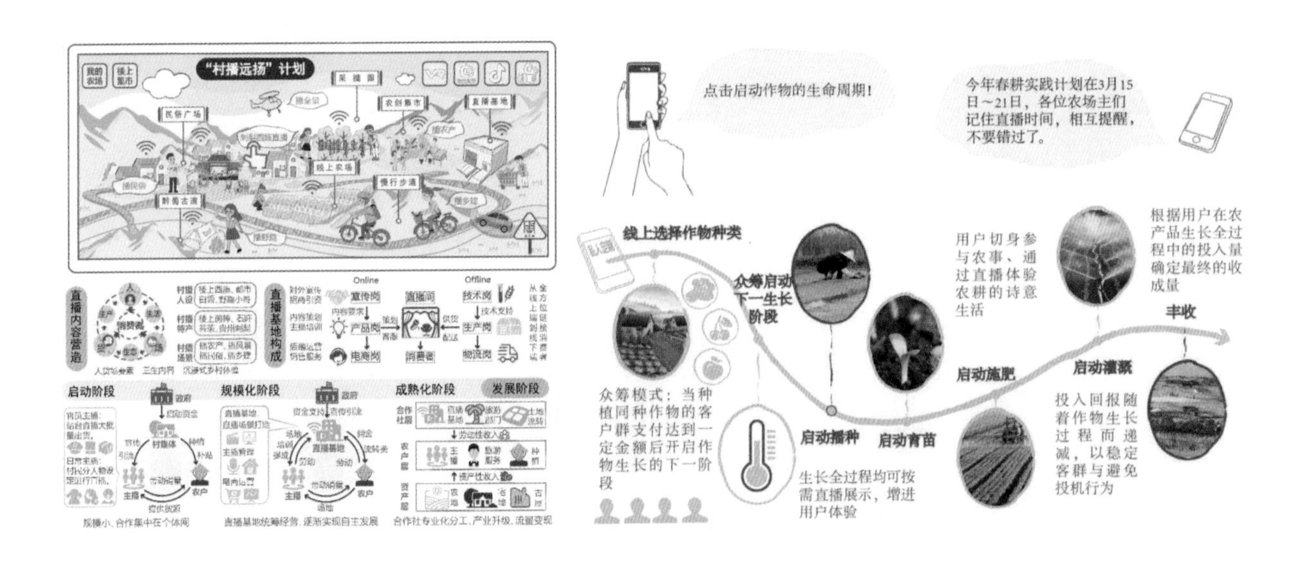


### 3. 文旅“联”通策略

楼上村的旅游发展已具一定基础，现阶段需适应新阶段下旅游人群的变化，链接新人群，接轨新需求。结合互联网技术的宣传效力，线上引流，线下提质，在已有基础上适度发展，提出串联区域旅游环线及村域古村“今生”两项计划。

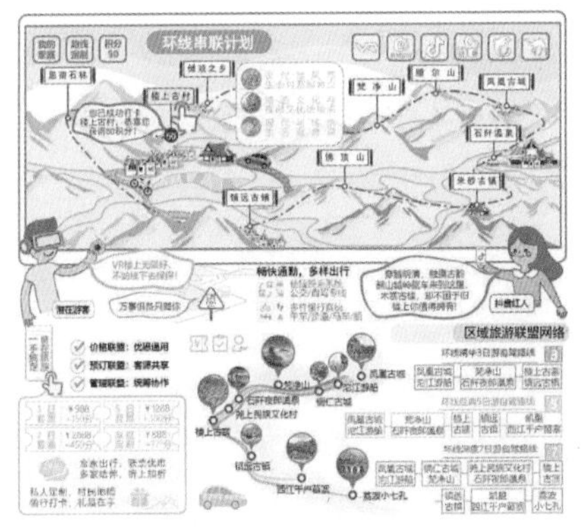


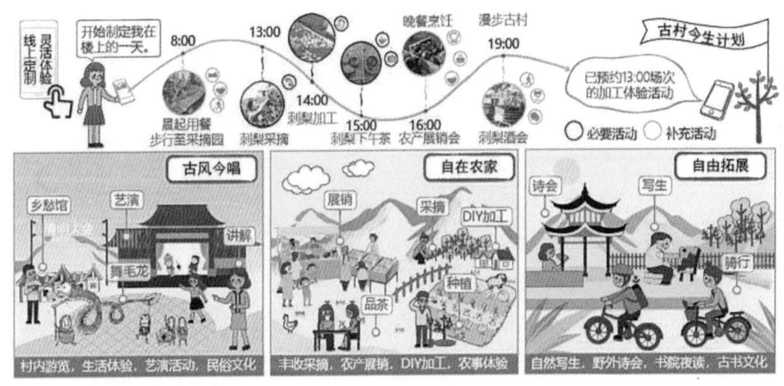

### 4. 空间互动策略

充分利用以移动互联网为代表的信息技术，植入村落空间展示、规划建设、空间单体改造，创建空间信息交互平台，实现虚拟与现实互动，使村落链向世界。

打造“乡筹”平台，将更大地域内的社会资源和人脉，通过项目植入楼上村庄建设中，使楼上村成为更多人共享共建的诗意空间。

### 5. 多元善治策略

伴随产业发展升级，经济利益格局将趋于复杂化，治理主体构成和关系体系将重新搭建。

以返乡青年为主的新经济精英将在乡村事务治理中发挥重要作用，纵向治理体系面临重构升级，推动着上级政府引领、创业精英主导、村民积极参与的治理格局的形成。依托电商合作社、线上村务平台，形成横向多方协调、线上线下村民共治共营的发展格局。

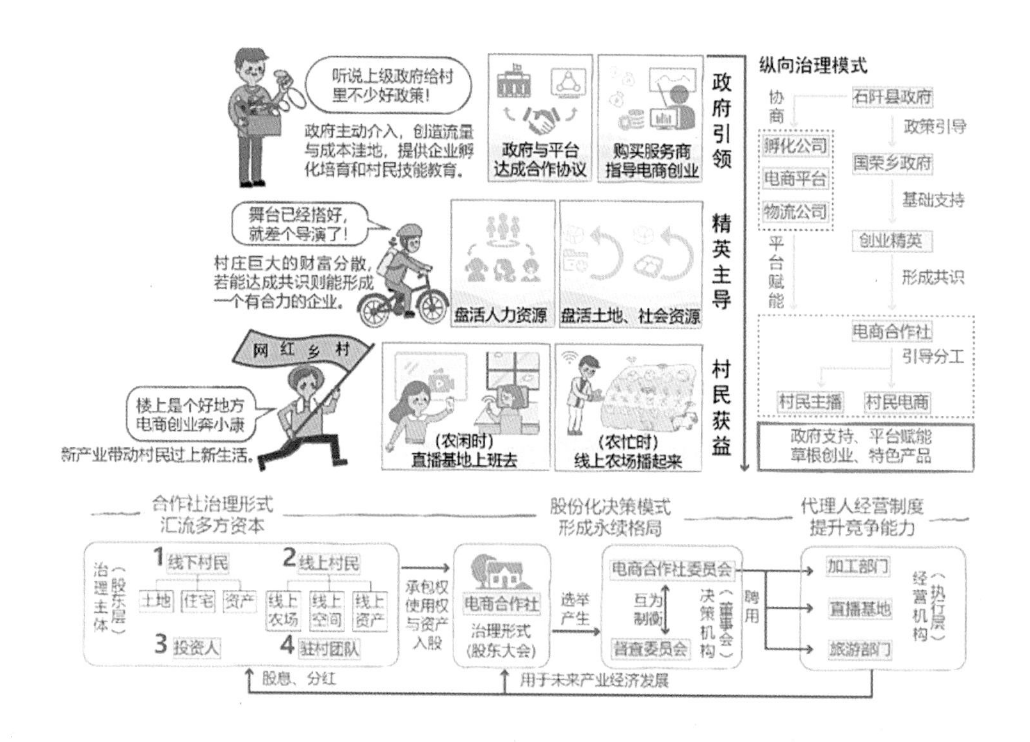

## 四、结语

宗传姬旦沧桑远，

诗书翰墨道脉长。

流联古今谏议觅，

融融共生心安乡。

青山绿水，热情淳朴，楼上古村仿若许多人心中的世外桃源。隐匿山间，声名不响，使其葆有原真，却也使其稍显黯淡，已有传统、单一的发展模式已难以支撑楼上古村进一步发展。

明者因时而变，知者随事而制，于人如此，于村亦如此。

乡村不是一成不变，乡村发展的路径亦与时代背景紧密相关。我们来到楼上古村，希望寻找它的可变之处，却不希望它变得面目全非。

我们希望通过线上线下融合的路径，让以移动互联网为代表的信息技术为楼上村赋能，在原乡葆有特质的基础上，使其活出自信、活出自身特色，在平淡中活出自己的精彩。

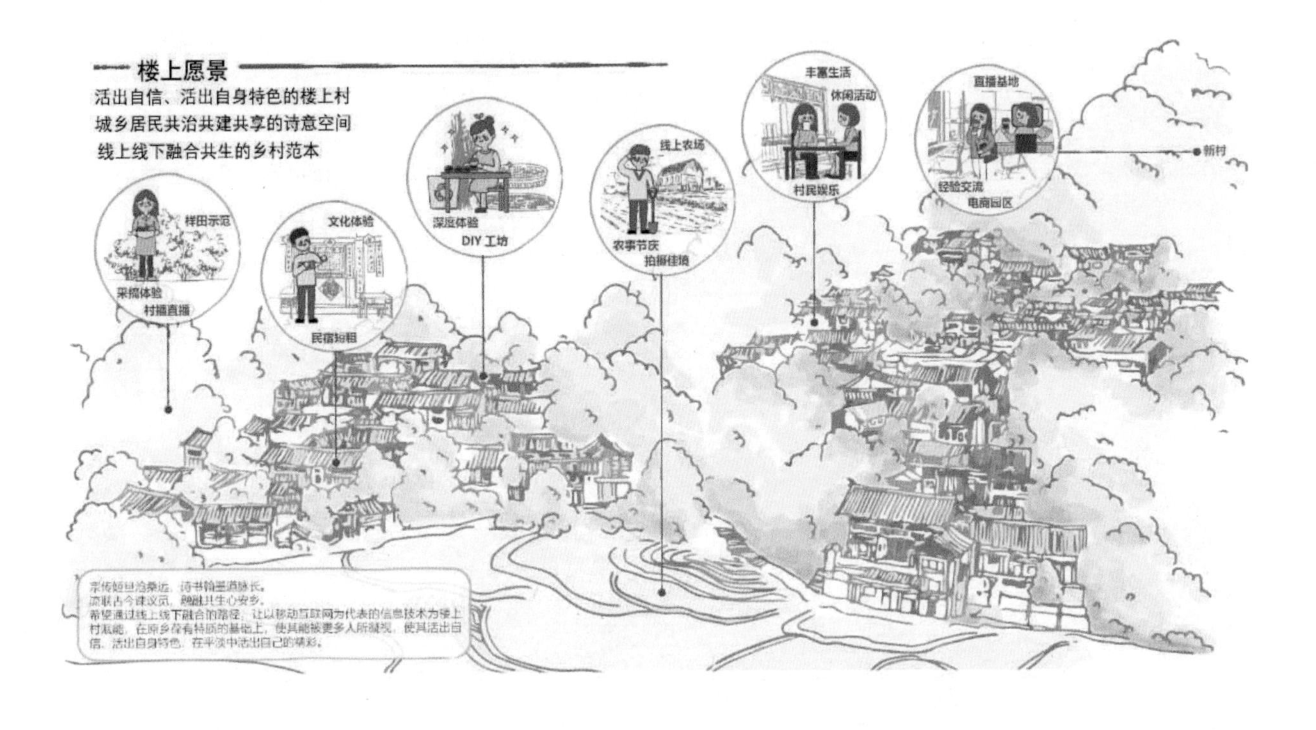

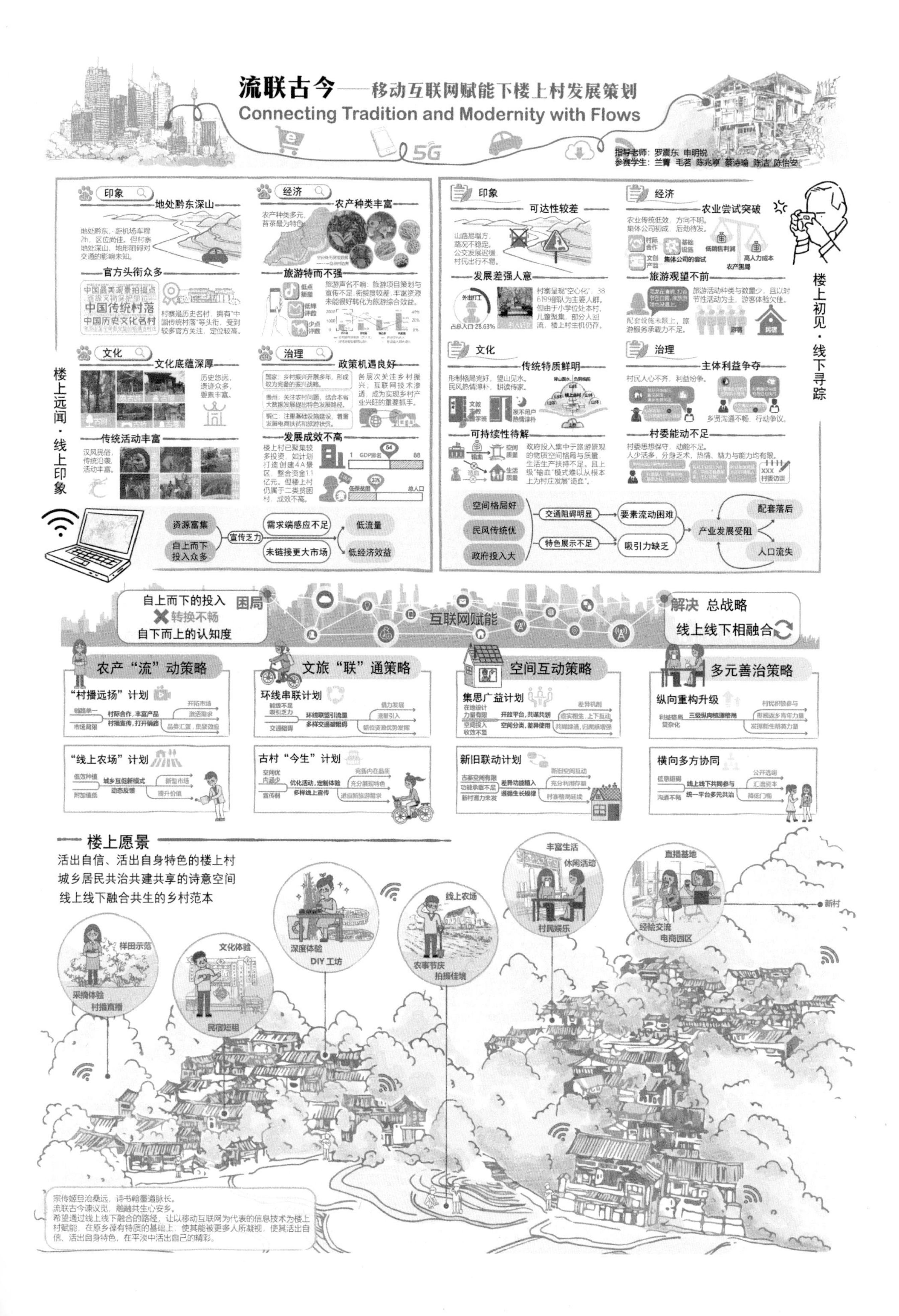

流联古今——移动互联网赋能下楼上村发展策划
Connecting Tradition and Modernity with Flows
指导老师：罗震东 申明锐
参赛学生：兰菁 毛茗 陈兆亨 蔡诗瑜 陈洁 陈怡安
楼上远闻·线上印象
楼上初见·线下寻踪
印象 地处黔东深山
官方头衔众多
经济 农产种类丰富
旅游特而不强
文化 文化底蕴深厚
传统活动丰富
治理 政策机遇良好
发展成效不高
印象 可达性较差
发展差强人意
经济 农业尝试突破
旅游观望不前
文化 传统特质鲜明
可持续性待解
治理 主体利益争夺
村委能动不足
资源富集
自上而下投入众多
宣传乏力
需求端感应不足
未链接更大市场
低流量
低经济效益
空间格局好
民风传统优
政府投入大
交通阻碍明显
特色展示不足
要素流动困难
吸引力缺乏
产业发展受阻
配套落后
人口流失
自上而下的投入 转换不畅 自下而上的认知度
困局
互联网赋能
解决 总战略
线上线下相融合
农产“流”动策略
“村播远扬”计划
“线上农场”计划
文旅“联”通策略
环线串联计划
古村“今生”计划
空间互动策略
集思广益计划
新旧联动计划
多元善治策略
纵向重构升级
横向多方协同
楼上愿景
活出自信、活出自身特色的楼上村
城乡居民共治共建共享的诗意空间
线上线下融合共生的乡村范本
样田示范
采摘体验
村播直播
文化体验
民宿短租
深度体验
DIY工坊
线上农场
农事节庆
拍摄佳境
丰富生活
休闲活动
村民娱乐
直播基地
经验交流
电商园区
新村
宗传婉旦沧桑远，诗书翰墨道脉长。
流联古今谏议觅，融融共生心安乡。
希望通过线上线下融合的路径，让以移动互联网为代表的信息技术为楼上村赋能，在原乡保有特质的基础上，使其能被更多人所凝视，使其活出自信、活出自身特色，在平淡中活出自己的精彩。

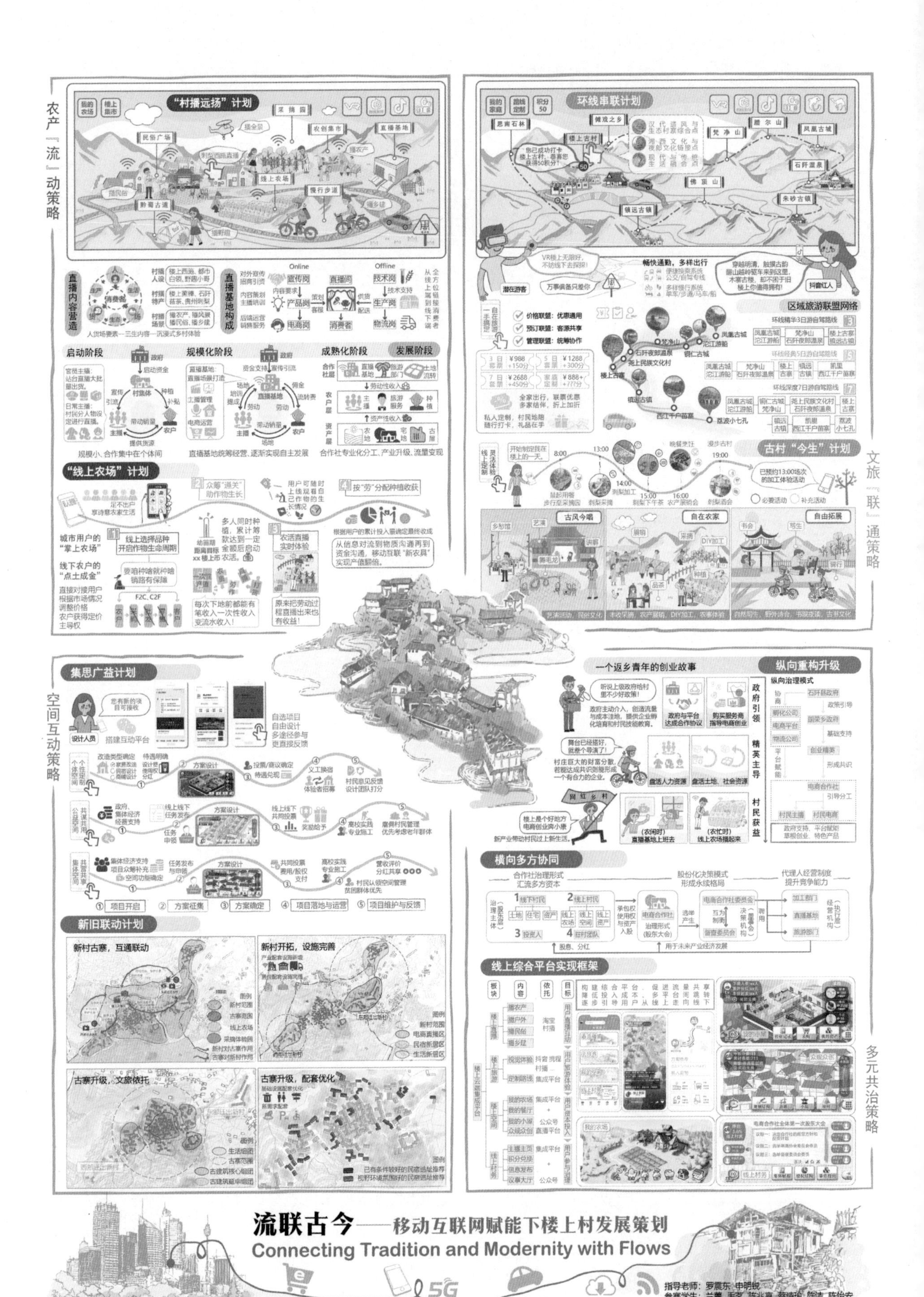

流联古今——移动互联网赋能下楼上村发展策划
Connecting Tradition and Modernity with Flows
农产“流”动策略
“村播远场”计划
直播内容营造
直播基地构成
启动阶段
规模化阶段
成熟化阶段
发展阶段
“线上农场”计划
文旅“联”通策略
环线串联计划
区域旅游联盟网络
古村“今生”计划
古风今唱
自在农家
自由拓展
空间互动策略
集思广益计划
新旧联动计划
新村古寨，互通联动
新村开拓，设施完善
古寨升级，文旅依托
古寨升级，配套优化
多元共治策略
一个返乡青年的创业故事
纵向重构升级
横向多方协同
线上综合平台实现框架
指导老师：罗震东 申明锐
参赛学生：兰菁 毛茗 陈兆亨 蔡诗瑜 陈洁 陈怡安

# 楼上村策划建议书

**摘要：**伴随移动互联网技术的普及，城乡间资金、人才等各类要素双向流动更加顺畅，为地处偏远的乡村链接更大市场、在更广地域范围内参与分工提供了新的契机。基于网络资料收集与现场实地调研，从线上与线下两个维度对楼上村交通、产业、文化、治理等方面现状进行剖析，发现楼上村具备较好的资源基础与发展契机，但已有的自上而下的投入未能顺利转化为自下而上的认知度，而后者恰是楼上村实现内在振兴的重要保障。研究小组认为，线上宣传带动乏力、线下特色展示不足是楼上村发展受限的主要原因，提出楼上村应选择线上线下融合共生的发展路径，并提出农产“流”动、文旅“联”动、空间互动、多元善治四方面策略，希望使其成为城乡居民共治共建共享的活力空间。

**关键词：**移动互联网；线上；线下；融合共生；楼上村

## 目　录

# 1 楼上远闻 · 线上印象

## 1.1 地处黔东深山，官方头衔众多

### 1.1.1 群山环抱，区位尚佳

楼上村地处铜仁市石阡县城西南的廖贤河畔、国荣乡南部。地势西北高东南低，呈现“环山抱水”之势。距石阡县城 15km，距国荣乡集镇 5km。南面紧邻甘溪—中坝乡道，通过县道、乡道连接 305 省道，依靠 305 省道，从南到北贯穿县境，再依靠县道、乡道到村。

### 1.1.2 历史名村，定位较高

楼上村拥有“中国传统村落”“中国历史文化名村”等头衔，等级结构为中心村，受到较多官方关注。楼上村所在的石阡县被誉为“中国西部拥有‘国字号’品牌最多的县”，曾是国家新阶段扶贫开发重点县，也是贵州省重点生态区和多民族聚居区。立足铜仁发展南大门区位定位，石阡县致力于建设为温泉之城，国际旅游、国际养生最佳目的地。

图 1-1 楼上村与石阡县众多头衔

## 1.2 农产种类丰富，旅游特而不强

### 1.2.1 种类多元，苔茶特色

楼上村拥有耕地面积 955 亩，永久基本农田面积 605 亩，其中地形坡度大于 25° 的耕地面积占 40%，林地面积 1046 亩，园地面积 310 亩。主要种植苔茶与烤烟等经济作物，形成以茶叶为主导，经果林、中药材为补充的可持续发展产业。

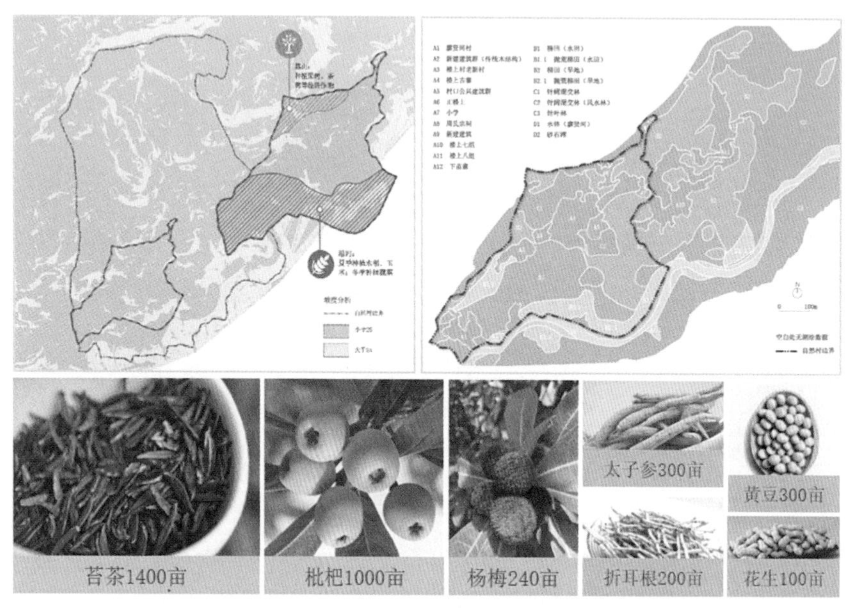


图 1-2 楼上村农业发展情况

### 1.2.2 乡村旅游，声名不响

楼上村以梯田、山林、水体为生态基底，以周礼、周易、周姓为文化主题，打造集生态观光、文化体验、休闲度假、康体养生、国际交流功能于一体的特色旅游景区、全国休闲农业与乡村旅游示范点、国家 4A 级旅游景区、周礼文化体验地、全国周易文化研讨地和国家产业示范区。楼上村所在的石阡县具有世界少有、国内独有且储量丰富的地热矿泉水资源、石材资源，及城乡连缀、互为补充、有机融合的养生体验综合旅游资源。

图 1-3 部分石阡县旅游资源

黔东南及湘西地区旅游资源丰富，民族传统文化保存完整，占据优势。相较镇远、千户苗寨等热门景点，楼上村及其所在地石阡县的旅游项目策划与宣传不足，与周边的旅游景点衔接度较差，丰富的资源未能很好地转化为旅游综合效益。石阡县旅游业产业规模较小，2018 年石阡县旅游总收入仅占全省和铜仁地区的 0.6% 和 7.9%，相关服务业及旅游商品产业发展滞后。

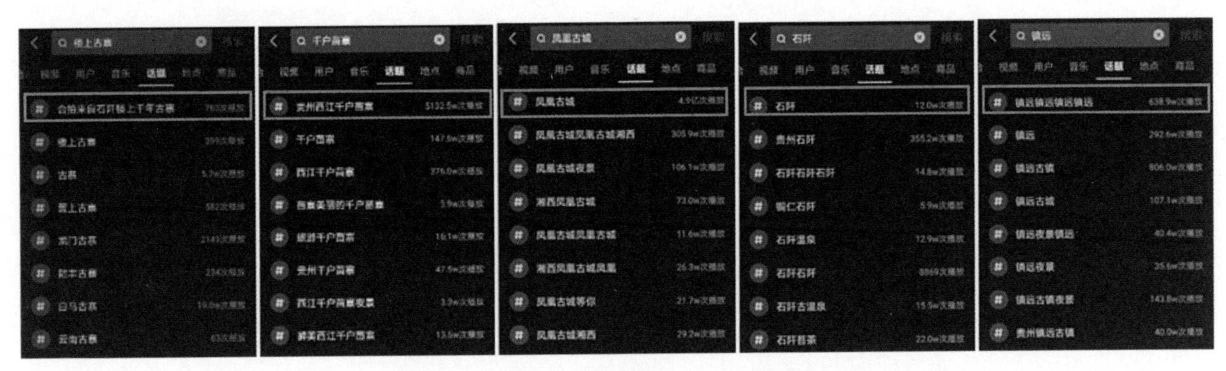

图 1-4 楼上村及其周边景点软件搜索情况

图 1-5 某网站石阡热门景点推荐

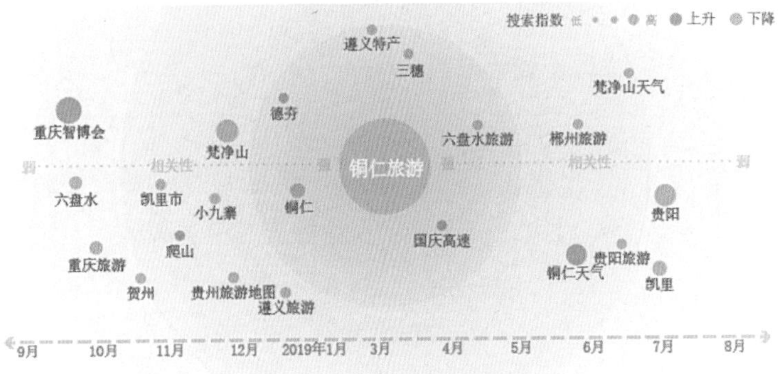


图 1-6 铜仁旅游搜索指数（转绘）

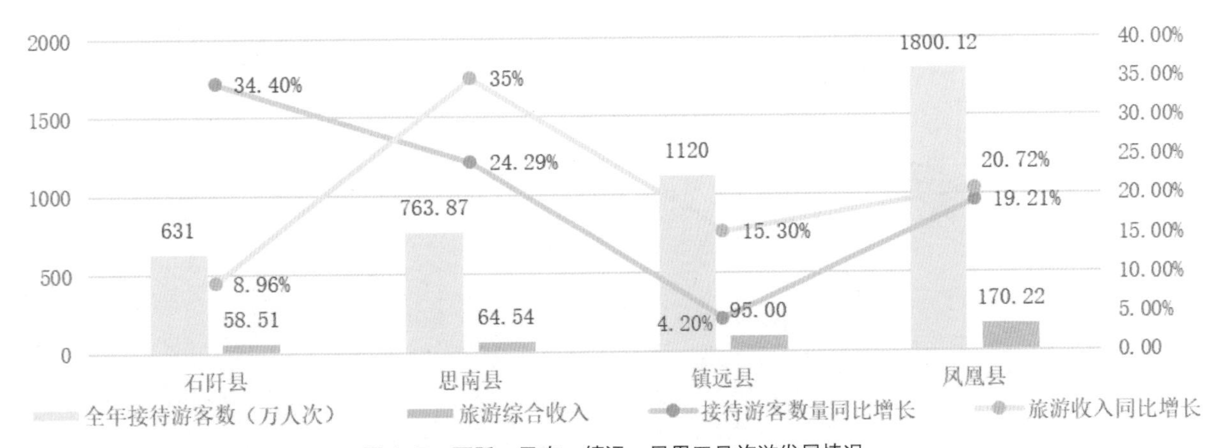


图 1-7 石阡、思南、镇远、凤凰四县旅游发展情况

云贵川地区与楼上村拥有相似旅游资源的村落较多，存在同质竞争，而楼上村既有的旅游资源有限，依托旅游实现发展层级跃迁难度较大。楼上村若仅以旅游业作为发展亮点，难以形成对其他特色要素的全面整合，无法为其整体带来产业水平的本质提升。

图 1-8　楼上村周边及贵州省部分旅游资源情况

## 1.3　文化底蕴深厚，传统活动丰富

### 1.3.1　历史悠远，要素丰富

楼上村古称“寨纪”，距今已有 500 余年历史，是汉族移民贵州的典型代表。据族谱记载，明弘治年间（公元 1494 年）周姓始祖周伯泉由原籍江西南昌府避难图存，择居楼上，村落以血缘纽带而兴，在清代逐渐壮大，以居住和农业生产为主要职能，发展上千户人家。

图 1-9　楼上村周氏宗族历史

楼上村遗迹众多，保留有梓潼宫建筑群、寺庙建筑、周氏宗祠、古民居、楠桂古石桥、天福古井、七星古树、四方碑古墓、九子十秀才古墓、文林郎古墓、屯堡遗址，“斗”形古巷等历史要素，集古楼、古屋、古巷、古桥、古井、古树、古墓、古书于一体，古韵悠远。

图 1–10 楼上村部分历史要素

### 1.3.2 汉风民俗，传统沿袭

楼上村保持着独特的汉族古代民族风俗，现存有伯泉后裔汝南堂清明会、汝南堂祭祖法会、楼上古乐、傩堂戏、木偶戏、人大戏、板凳龙、哭嫁、吹唢呐、民间刺绣茶灯、毛龙、说春、朝山神等民俗文化。

图 1–11 楼上村部分民俗活动

## 1.4 政策机遇富集，发展成效不高

### 1.4.1 乡村振兴，技术渗透

十九大做出实施乡村振兴战略的重大决策部署，各级政府出台相关政策，响应城乡发展进入新阶

段的切实需求。不同层级政策各有所侧重，其中国家层面注重宏观指导、一二三产融合和创新产业培育；注重生产、生活、生态、治理、乡风，鼓励结合各地资源禀赋，发展优势产业。贵州层面注重优势发挥及如何发挥优势；产业方面，注重培育新动能；扶贫方面，注重利用新动能。铜仁层面注重政策落实与可实施性，强调旅游扶贫等地方特色，强调项目落地与指标分解。

| 国家层面：乡村振兴开展多年，形成较为完备的振兴战略 | 贵州层面：关注农村问题，结合本省大数据发展提出特色发展路径 | 铜仁层面：注重基础设施建设，着重发展电商扶贫和旅游扶贫 |
|---|---|---|
| 相关文件<br>• 2019.06 国务院关于促进乡村产业振兴的指导意见<br>• 2019.05 中共中央办公厅国务院办公厅印发《数字乡村发展战略纲要》<br>• 2018.09 中共中央 国务院印发《乡村振兴战略规划（2018－2022年）》<br>• 2018.09 农业农村部印发《乡村振兴科技支撑行动实施方案》<br>• 2017.10 《关于促进农村创业创新园区(基地)建设的指导意见》<br>• 2017.10 《特色农产品优势区建设规划纲要》<br>• 2017.06 农业部大力推动落实休闲农业和乡村旅游发展政策 | 相关文件<br>• 2019.03 《贵州省进一步加快农村电子商务发展助推脱贫攻坚行动方案)》<br>• 2018.06 《关于促进大数据云计算人工智能创新发展加快建设数字贵州的意见》<br>• 2018.03 《中共贵州省委 贵州省人民政府关于乡村振兴战略的实施意见》<br>• 2018.03 《省人民政府办公厅关于加快推进农业供给侧结构性改革大力发展粮食产业经济的实施意见》<br>• 2018.01 《省人民政府办公厅关于创新农村基础设施投融资体制机制的实施意见》<br>• 2017.10 《贵州省发展农业大数据助推脱贫攻坚三年行动方案》 | 相关文件<br>• 2018.11 《铜仁市推进大数据与实体经济深度融合打好“数字经济”攻坚战工作方案》<br>• 2018.10 《铜仁市实施乡村振兴战略打造“四在农家·美丽乡村”小康行动计划升级版实施方案》<br>• 2017.10 《铜仁市大数据助农业产业脱贫攻坚三年行动实施方案（2017—2019年）》<br>• 2017.09 《铜仁市发展农民专业合作社助推脱贫攻坚三年行动方案》<br>• 2017.09 《铜仁市整市推进电子商务进农村综合示范县暨国家级电子商务示范城市建设实施方案》 |

图 1-12　部分政策梳理

“互联网 +”成为实现乡村产业兴旺的重要抓手，信息技术通过削弱地理距离的影响，为一众偏远山村赋能。全国范围内掀起互联网助力脱贫的热潮，江苏沭阳、陕西武功等地纷纷通过连接互联网实现脱贫；贵州“扶贫云”的诞生，铜仁市互联网发展协会、“母亲电商”等项目的成立，为石阡县实现传统产业嫁接互联网创造了条件。

### 1.4.2　关注持久，贫困突出

地处武陵山集中连片特困地区，楼上村及所在的石阡县经济基础差，贫困程度深，长期属于发展边缘。经过几年的旅游发展与脱贫攻坚，楼上村已聚集较多投资，其中计划打造创建 4A 景区，整合资金 1.1 亿元，计划建成旅游观光栈道 1.6km，生态停车场 2000m$^2$，实施 73 栋传统民居修缮项目，并实施国学书院广场及周边环境提升工程等项目。

2018 年，石阡县在贵州省的 88 个县 GDP 排名中位列第 54 位，经济总量处于中下游。上级政府的各类扶持政策及规划叠加共振，给楼上村与石阡县带来相关政策红利，2019 年，石阡县已顺利脱贫摘帽。而楼上村在极贫乡国荣乡中仍属于二类贫困村，其中建档立卡贫困户 110 户，低保贫困人口占总人口 33%，贫困问题仍较为突出。

图 1–13 楼上村建设情况

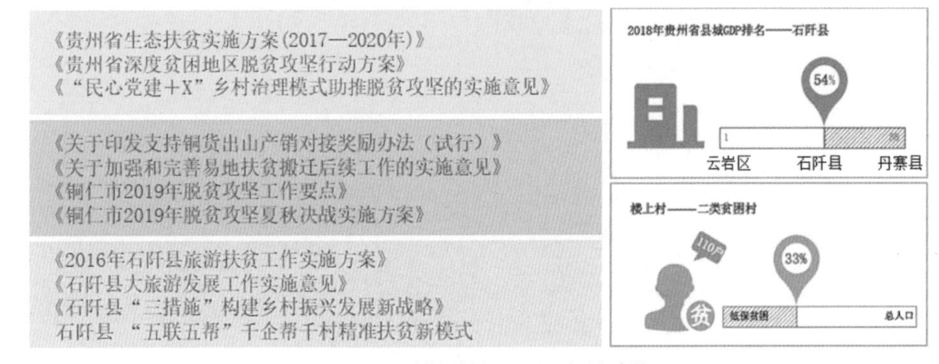


图 1–14 楼上村与石阡县相关政策

## 1.5 小结：宣传带动不足，转化效益不佳

研究小组通过线上远闻，发现楼上村虽然各类资源富集，且接受了较多自上而下的资源投入，具有较好的发展机遇和较强的发展基础，但一系列充裕的供给未能转化为与投入相匹配的社会关注与经济收益。需求端感应不足、宣传带动乏力、未能参与更大范围内的分工成为楼上村脱贫发展过程中的最大阻力。

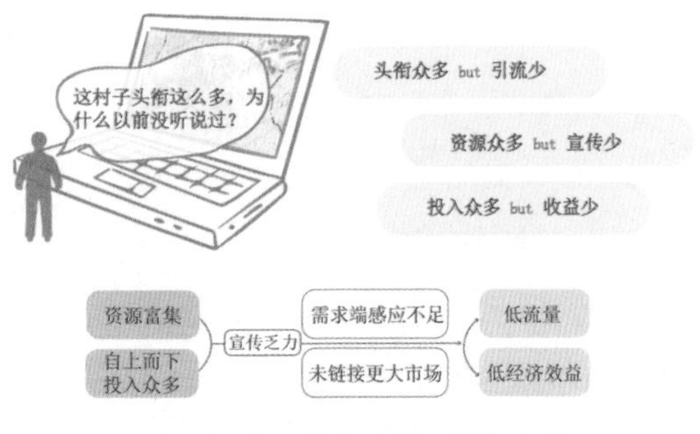


图 1–15 楼上村线上印象小结

# 2 楼上初见 · 线下寻踪

## 2.1 可达性较差，发展差强人意

### 2.1.1 路况复杂，通勤不便

楼上村属山区偏远村，虽与县城、集镇地理距离较近，但周边地形复杂，群山环绕，山路品质一般。进出村落的车行道路仅有两条，其中一条尚未建成，路况不稳，耗时较长；公共交通发展迟缓，前往县城与集镇日均仅一班，线路单一、通勤不便。

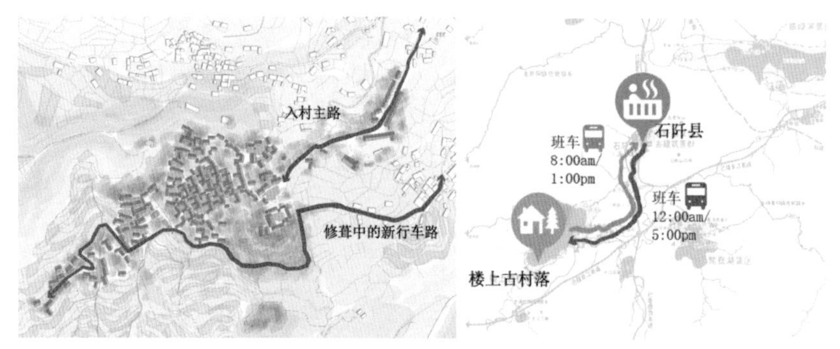


图 2-1 楼上村对外交通现状

楼上村周边缺乏大都市依托，客流多由贵阳、铜仁市经转，楼上村与高级别城市直连直通不足，与外部交通衔接有待提升。

图 2-2 楼上村—贵阳 / 铜仁车程

### 2.1.2 贫穷失落，生机仍存

目前楼上村全村共有 10 个村民组，389 户、1603 人，外出人口 459 人，以适龄劳动人口为主，占全村户籍人口约 1/3，村庄呈现一定程度的空心化，留守人群主要为某部队。户籍人口中受中等教育及以上人数仅 9 人，人口素质与劳动技能整体较弱。

村内现有 1 所幼儿园，在校儿童 38 人；有 1 所小学，在读学生 158 人，每年暑假都有来自国内各地的高校学子来此支教。孩子的存在使更多的楼上村民，尤其是妇女，选择回家陪伴孩子，为村庄带来了生机。

图 2-3 楼上村人口社会经济现状

图 2-4 楼上村实地调研照片

## 2.2 农业尝试突破，旅游观望不前

### 2.2.1 农业传统低效，方向不明

楼上村现阶段第一产业仍为传统农业，机械化程度极低，生产方式落后，产业链较短，绩效不高，未能形成品牌，甚至存在因人工成本高于利润，作物“烂在地里无人收”的情况。合作社曾组织村民先后种植过西瓜、辣椒、香瓜、茄子等，纷纷因气候不适、技术不足或销路受限等原因以失败告终。

近些年，合作社也曾组织村民参加电商培训，但因资金缺乏、货源无保障且物流限制等原因半途折戟。2019 年计划重启农产品电商，计划售卖茶叶、土鸡蛋、菌菇、蜂蜜等，发展方向尚不明确。

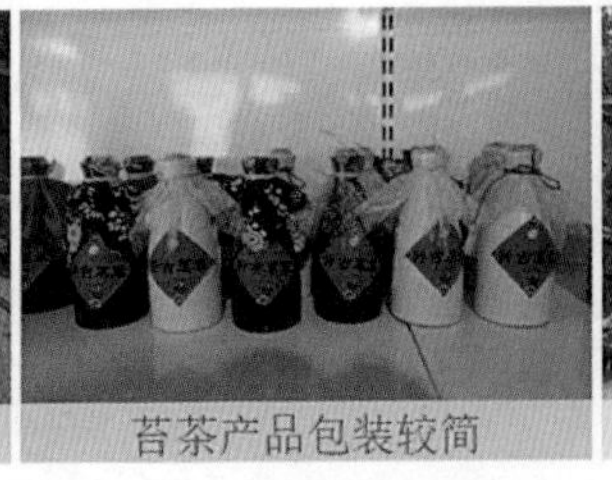

图 2-5 楼上村实地调研照片

### 2.2.2 集体公司初成，后劲待发

近年来，楼上村积极探索建立“公司 + 合作社 + 大户 + 农户”发展模式，将农户土地集中流转，转包给合作社或大户种植，发挥规模效应。村集体公司将大户种植生产的收益链接到贫困户，通过使村民获得土地流转费，同时解决 800 余人次就业，户均增收约 500 元。截至 2019 年，已成立村级集体公司 1 个、农业专业合作社 7 个，扶持规模种植大户 4 户、养殖大户 5 户、规模加工制造业 1 户。2018 年，楼上村共实现集体经济积累 28 万元，其中年终分红 24.5 万元。

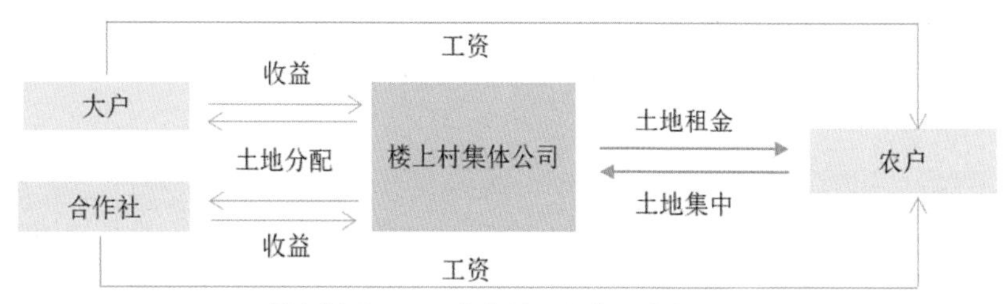


图 2-6 楼上村“公司 + 合作社 + 大户 + 农户”的发展模式

在组织土地流转之外，楼上村集体公司已尝试进行村际合作，拓展产品类型，并发展文创产业。然而在农业发展方面，目前楼上村仍处于基础设施投资建设阶段，尚未开始盈利，仍须依靠政府资金扶持，同时还面临着土地流转难度大、收益小的问题。总体来看，楼上村集体公司处在初建探索阶段，需进一步寻找可持续的盈利模式。

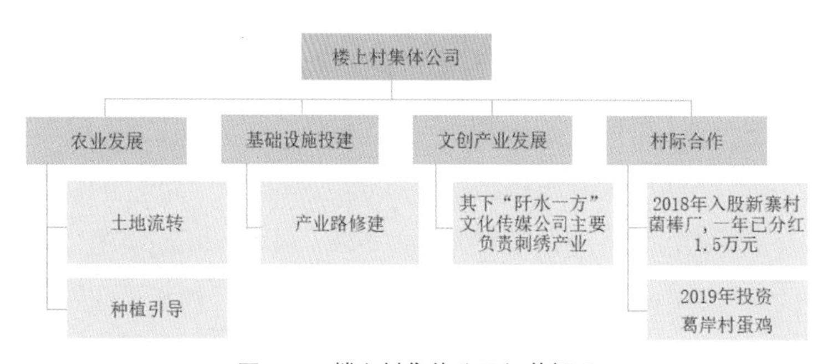


图 2-7 楼上村集体公司经营概况

### 2.2.3 旅游质量不优，承载不足

首先，楼上村现有旅游活动数量较少，且多为时节性活动，非特定节庆日游客体验欠佳。其次，活动深度与层次不足，古村的文化内涵未得到全面展现，导致游客“一日游”“走马观花游”比例偏高，景区“黏性”不强。此外，旅游服务承载力不足，农家乐数量少，民宿质量良莠不齐，游客可活动范围局限。

图 2–8 楼上村实地调研情况

## 2.3 传统特质鲜明，可持续性待解

### 2.3.1 形制格局完好，望山见水

村落依山傍水、注重“风水”、山水相合，融自然美感与历史文化于一体。村的座式为左青龙（廖贤河）、右白虎（寨右的山峰）、前朱雀（寨前古树上的百鹭）、后玄武（寨后的龟山）。古寨依地势而建，逐渐上升，在处理人与自然环境关系的问题上采取尊重、保护与顺应自然的态度。村寨具有统一的建筑风貌、传统的布局形制、较丰富的自然与文化资源。

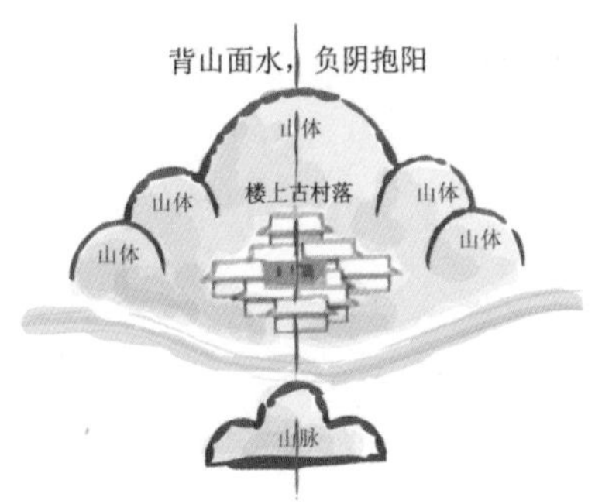


图 2–9 楼上村“风水”格局示意

图 2–10 楼上古寨空间演化格局示意

### 2.3.2 民风热情淳朴，耕读传家

楼上村的历史文化传承至今，已成为乡村发展中重要的非物质文化资源。楼上村自古对文化教育颇为重视，近年来开展的支教、国学班、夜校培训，使得国学、诗画、茶道等文化在村内广为流传，吸引了中央美术学院、南京艺术学院等高校纷纷前来考察交流。村庄目前仍保持着淳朴热情的民风，夜不闭户，治安良好。

图 2–11 楼上村实地调研

### 2.3.3 政府无偿投入，资源错配

政府投资主要集中于基础设施与古屋翻新，使得村貌已有明显改善、村内物质空间质量得以提升。然而，已有资源对于产业发展及村民日常生活需求的投入不足，存在一定的资源错配。具体表现为：村内重要公共空间（梓潼宫、戏台等）使用率低、日常公共活动较少、村民日常生活单调等。总体来说，现如今依靠上级“输血”的模式难以从根本上改变村庄自身“造血”困难的处境。

## 2.4 主体利益争夺，村委能动不足

### 2.4.1 村民人心不齐，利益纷争

村民对楼上村的产业发展方向意见不一、对上级政府政策存有疑虑、对村委的信任不足，导致政府长期、大量的资金投入收效甚微。

事件一：为响应上级政府的号召，村委鼓励村民异地搬迁，将腾出的古寨房屋开发为民宿。在谈判过程中，村委与部分村民的意见相左，村委注重村庄的整体发展效益，而部分村民则认为此举是将其强制迁入县城的一种手段，局面一度僵持。

事件二：自2004年“四在农家”开始，古寨旅游未见明显效果，反而给当地生活造成困扰。长年的村寨修缮工作与旅游发展都未能提升村民获得感，导致村民对村委的工作能力缺乏信任。

图2-12 村民态度模棱（据访谈整理）

### 2.4.2 乡贤沟通不畅，行动争议

乡贤一度积极建言献策，但与政府、村民沟通不畅，导致乡贤积极性受损、乡村发展受限。

事件一：村民自发成立旅游公司，但与政府协调未果，使旅游业发展受挫。

事件二：乡贤的建议不被政府采纳，存有怨言，如双方在梓潼宫广场建设与“风水”池改造等项目上存在分歧。

事件三：村民不信任新乡贤，多专注于个人利益而忽略集体利益，造成集体行动困境，对村庄发展造成阻碍。

图 2-13 乡贤沟通不畅（据访谈整理）

### 2.4.3 村委思想保守，能动不足

村领导班子由国荣乡 9 位驻村干部与本村 1 位村主任、1 位副主任共同构成，另有 1 位集体公司经理也在配合工作。楼上村村委与村内大户、合作社对接具体事务，具体事务由经理等人来执行传达。

目前楼上村本村的村委为前木工、小卖部老板等，村委工资较低，人少活多，分身乏术，热情、精力与能力均有限。

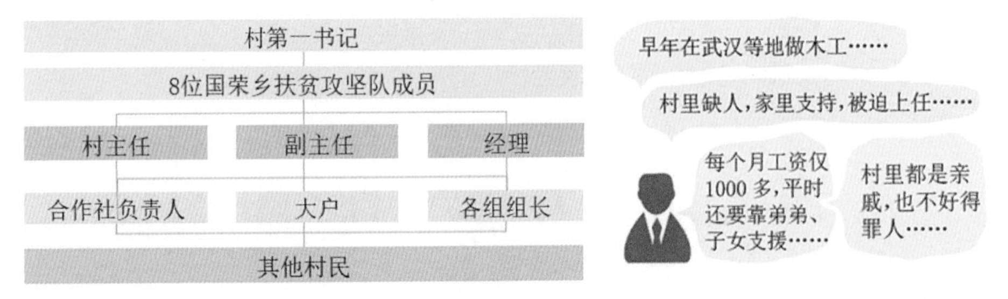


图 2-14 楼上村现状治理构架（据访谈整理） 图 2-15 村委能动不足（据访谈整理）

## 2.5 小结：地理阻碍凸显，“造血”力量不足

研究小组通过线下寻踪，发现楼上村虽然葆有传统村落的空间格局与文化特质，但其发展也陷入平淡无奇的尴尬境地。楼上村现有的特色难以吸引游客跨越地理上的阻碍“翻山越岭”来此一游。运动式、短期的政府投入未能创立起一套可“自我造血”的内生发展模式，也未能促成自下而上的市场认可，这也使楼上村既有发展路径的可持续性成疑。

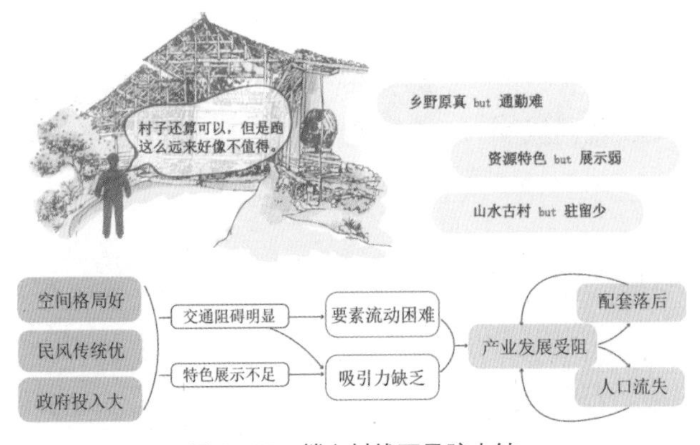


图 2-16 楼上村线下寻踪小结

# 3　楼上出山 · 因革流变

## 3.1　因势利导，蹊径另辟

基于对楼上村线上线下两个维度的分析，调研小组认为楼上村具备较好的资源基础与发展契机，但已有的自上而下的投入未能顺利转化为自下而上的认知度，而后者恰是楼上村实现市场认可、内在振兴的重要保障。针对线上宣传带动乏力、线下特色展示不足的困境，调研小组提出线上线下融合共生的发展路径，结合互联网为楼上村赋能。借鉴已有成功经验，提出农产“流”动、文旅“联”通、空间互动和多元善治四方面策略，以期使村民活出自信、活出自身特色，使楼上村成为线上线下融合共生的乡村范本与城乡居民共治共建共享的活力空间，实现偏远山村的脱贫跃迁与可持续发展。

图 3-1　楼上村发展策划技术路线

## 3.2　他山之石，鉴之所长

### 3.2.1　十堰市下营村：电商助力脱贫

下营村是一个地处秦巴山区深处的鄂西北山村，距郧西县城约 25km，全村 399 户、1422 人。

2008 年以前，村民以外出务工或在外地经营绿松石实体店为主要收入来源。自 2010 年起，村里的年轻人开始在互联网平台上售卖当地的特殊资源——绿松石产品，电子商务对于市场拓展和财富积累的巨大示范效应迅速吸引了村民从事电子商务活动；2014 年，下营村成为湖北省唯一一个“淘宝村”；发展至 2015 年，全村网店已有一百多家，绿松石行业从业者达五百多人，年轻人纷纷返乡经营网店；2016 年以来，下营村进一步探索电子商务与特色农产品经营及乡村旅游相结合的美丽乡村建设之路。如今全村开设淘宝店、微店约 500 家，实现了 4G 网络全覆盖，百兆光纤入户。短短几年间，下营村实现了经济发展和村民生活水平的显著提高。

除了当地特色的绿松石产品，下营村的发展完全是大量农民创业群体与强大的互联网平台结合的产物，政府的积极作为和扶持进一步推动了淘宝村的快速发展，村两委的积极作为则使下营村从产业蓬勃发展的淘宝村升级为生产、生活、生态有机融合的美丽乡村。立足于电商产业的快速发展，下营村进一步发掘生态和文化要素，着力打造集电子商务、文化旅游、乡村体验于一体的美丽乡村，实现乡村经济的内生发展与人居环境的持续优化。自 2014 年起，下营村便启动美丽乡村建设行动，为保证美丽乡村的高标准建设，当地特地邀请以“郝堂村”乡建而闻名的乡村规划设计师孙君领衔的中国

图 3-2 下营村美丽乡村营建

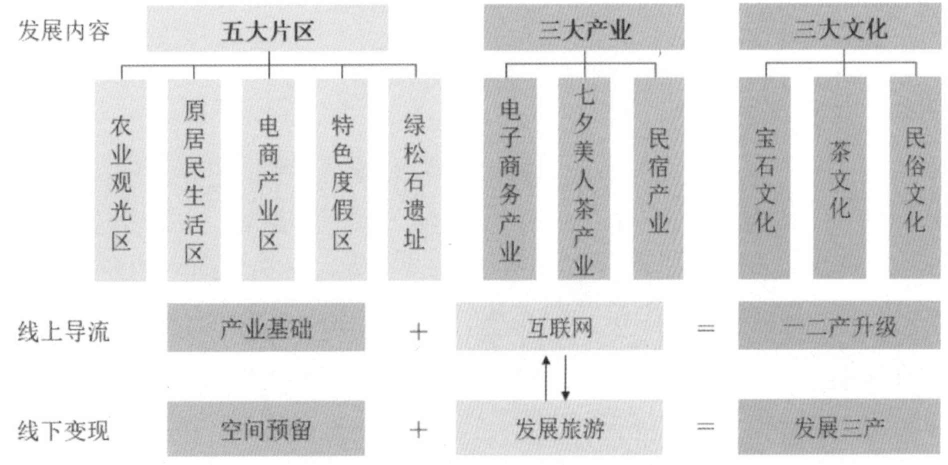


图 3-3 下营村电商发展模式归纳

乡村规划设计院团队，进驻下营村进行首期三年的美丽乡村建设。围绕下营村的绿松石矿山、周家寨生态村落、特色绿松石资源以及电商经济业态，规划设计团队系统地描绘了一幅集吃、住、行、游、娱、购为一体的秦巴山区特色乡村图卷，规划下营村未来将成为集“珠宝交易 + 电商培训 + 乡村体验”于一体的美丽乡村。虽并不具有优越的区位条件，下营村通过发展电商实现了自主脱贫、就业本地化、基础设施现代化，成为电商助力乡村振兴的典型范本。

### 3.2.2 沭阳县新河镇：直播促进增收

新河镇的花卉种植有400多年的发展历史，1949年后至21世纪初期，由于人多地少，整体社会经济发展情况不佳，许多年轻人被迫离乡背井求生机。在全镇被设为重点花卉种植区的基础上，新河镇积极推动“花木 + 互联网”，以特色农业产业为依托，以保持农村原有肌理和风貌为前提，由广大农民通过电子商务创业创新实现农业产业升级，并在政府的合理引导下形成农村电商生态体系，实现“农民富、农业强、农村美”。

图3-4 新河镇主要产业

伴随电商发展，营销方式因“时”而变，网络直播因“势”而生。在新河镇，360°旋转台、专业摄影灯等“网红”主播标配处处可见。他们把直播间设在园子里或屋内，随时随地可以直播。直播打破了“照片”可能影响消费体验的僵局，通过在线互动交流，拉近买卖双方的距离，全面直观地展示农产品的种植、生长环境、产品采摘、包装发货……采用这种可视化的方式，让买家更放心，对产品、生产者乃至销售店铺产生更高的信任，有效提升消费者的消费体验。“花木 + 直播”的模式也让当地网商的销售额与好口碑明显提升。2019年8月，全国首个以花木为特色的淘宝官方授权基地“淘宝绿植花卉沭阳直播基地”落户沭阳县新河镇，基地由沭阳县与淘宝（中国）软件有限公司、沃彩园艺发展有限公司，三方合作建立；基地建成后，经审核授权入驻线上平台的优质花木网商，由政府和淘宝给予重点扶持发展。

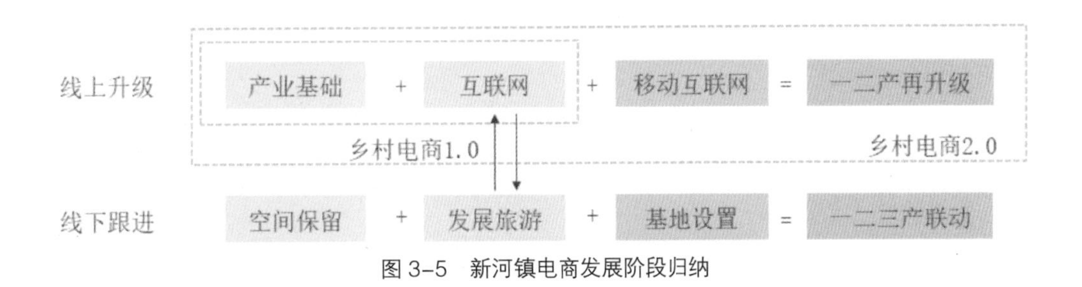


图 3-5 新河镇电商发展阶段归纳

## 3.3 农产“流”动策略

农产“流”动策略由“村播远扬”计划及“线上农场”计划构成，通过嫁接移动互联网，疏通要素“汇入”和“流出”渠道，促进要素高效双向流动。“汇入”渠道通过挖掘吸纳在地和周边特色农业及相关人才，将其引入并汇于楼上村，实现要素集聚；“流出”渠道通过搭建互联网直播平台以扩大宣传、拓展销售路径，汇集线上流量，形成在地品牌。该策略以乡村直播平台为媒介，构筑新的楼上农创模式；及时对接市场信息，反馈指导生产实践，推动楼上村农业升级优化。

### 3.3.1 “村播远扬”计划

（1）村播赋能，“人货场”重构

1）计划思路

随着移动互联网技术的发展，越来越多的农产品种植户开始利用自媒体、电商等平台进行网络销售。“农产品直播”作为振兴农业的新范式，在推动农产品销售、提高农民收入方面发挥了显著作用。2019 年 3 月，阿里巴巴集团启动了电商脱贫重要举措之一 ——“村播计划”，其目标是通过直播新技术带动当地农民创业、挖掘区域原产经济和助力农特产品上行。至 2019 年 7 月，“淘宝村播”累计举行近 5 万场农产品直播，参与用户超 2 亿。越来越多的农业大省正借力电商直播这一“新农具”带动脱贫。“村播”的成功之处在于通过移动互联网技术革新了传统的农产品流动模式，消除了传统模式下农户与市场信息不对等、商户压低农产品初始价格以获利的现象。因此，村播平台有利于农户与消费者之间建立直接互动，如消费者定制农产品（C2F）、农场直接供应模式（F2C）与间接商户供应模式（B2B、B2C），并及时提供市场需求信息以指导农业有效生产。

农产品（农户）→ 农产品经纪人 → 批发商（多级）→ 零售终端 → 消费者

图 3-6 传统农产品流动模式

总体来看，“直播 + 电商”的销售模式使得农户通过技术手段获得了更灵的信息渠道、更广的市场空间、更少的利润抽成、更高效的物流配送以及更充分的市场信任，帮助农户重获农产品价格的议价权。

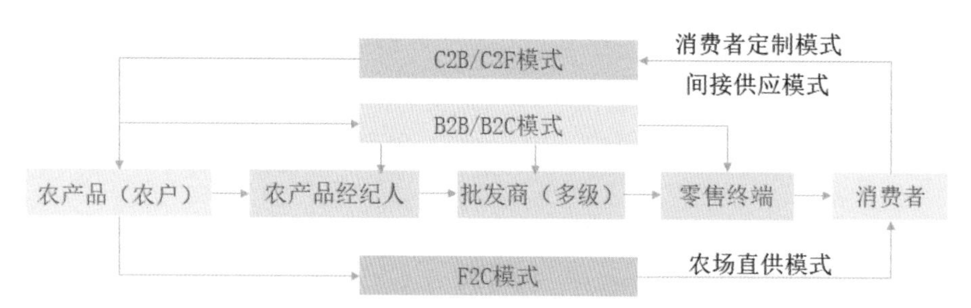


图 3-7　新技术手段下的农产品流动模式

相较于“图片 + 文字”的传统电商模式，“直播 + 电商”模式通过农业生产制作的“可视化”，向消费者展示农业各个环节，使产品更容易获得认可。而且，该模式准入门槛较低，在乡村地区具有较强的可行性与推广性。楼上村宜申请加入“村播计划”，以“直播 + 电商”为农业产业发展的重要抓手，关注“人—货—场”三项基本要素，实现产品“流出”与要素“汇入”，以线上信息流动打破线下地理空间桎梏，为农产就地跃迁创造机会。

2）“村播”的人

楼上村“村播”的主播由本地主播与外来主播共同构成，以“产品推销 + 知识科普”为主要内容进行直播。在插秧节、打谷节等特定节庆及公益义卖等事件节点，平台将邀请县长、拥有大量粉丝的网红或当地名人直播带货，吸聚流量。日常农民主播通过讲解农业知识和当地的文化风俗，以获得粉丝，带动农产品销售，吸引常客。人员构成采用“技术外包 + 区域招募 + 扶贫干部 + 返乡青年”形式。

图 3-8　多样人设主播

直播人员的构成与协作：直播基地统领“村播”人员，协调安排人员分工，以提高产出效率。在组织上，直播基地是由政府引领、返乡创业者主导、村民参与的集体经济组织；在职能上，直播基地通过“互联网＋村播经营”的方式引领城乡居民的新生活与新需求，并结合“互联网＋农业生产”创造供给。

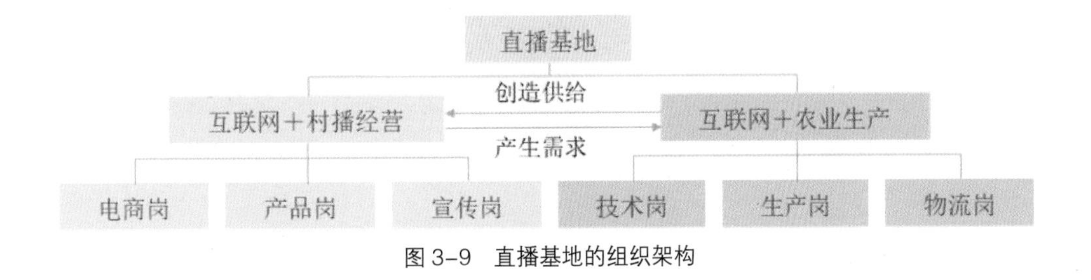

图 3-9 直播基地的组织架构

电商岗：负责电商平台运营、销售服务、技术支持。

产品岗：负责产品策划、主播培训、直播内容策划与时间安排。

宣传岗：负责政府媒体宣传、KOL（Key Opinion Leader）联系、与周边村庄展开合作、招商引资。

技术岗：提供农产品培育专业技术支持。

生产岗与物流岗：根据经营指导确定作物种类，合理进行作物种植、养育、收割等，并进行产品后续纵向加工、产品横向衍生、精细化包装、物流服务等。

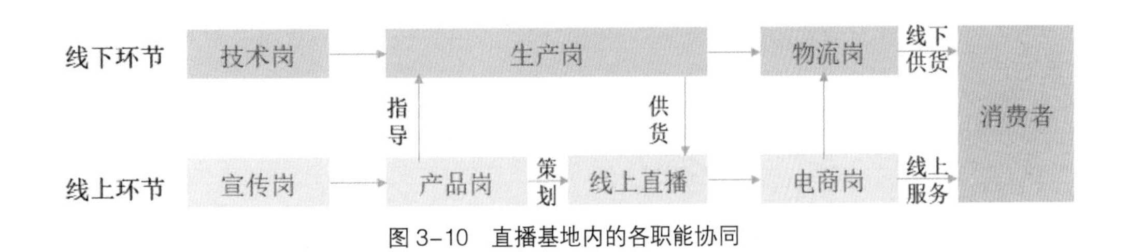

图 3-10 直播基地内的各职能协同

3）“村播”的货

村播的“货”是具有一定知名度的在地或区域特色农产品。此处以“楼上菌棒、石阡苔茶、贵州刺梨”三种典型农产品为例：在已有初级农产品基础上，开发延伸产品，并提升产品包装，提高产品附加值。在实际操作中，农户种植与主播销售的产品类型以市场反馈与热点为主要参考因素，并由村集体与农科院等专业机构商议后完成产品选择。

在时间上，农业生产根据生长特性与季节性进行时序规划，并结合特殊时节进行衍生品开发，打造精美与特色独具的楼上农产品牌。

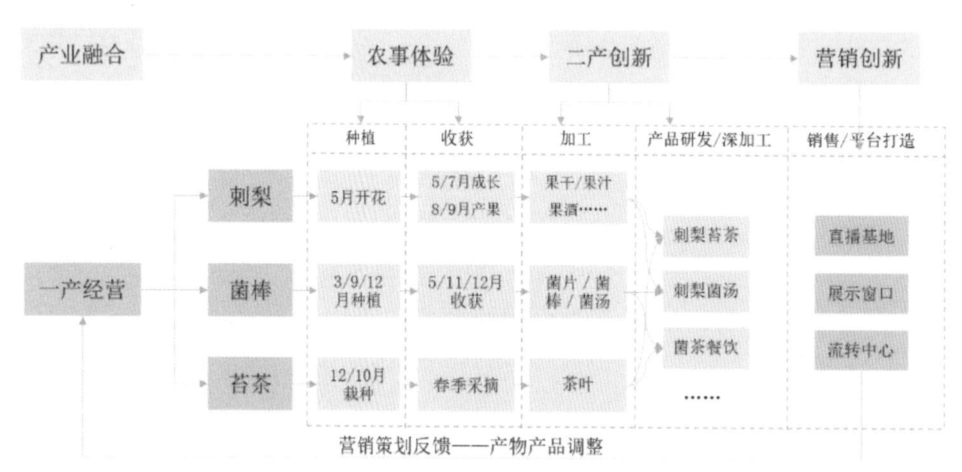


图3-11 农业产业链延伸

一产基地作物培育 →（2/3年 基础建设）→ 二产创新品牌初成 →（1/2年 制度完善）→ 三产融合多元发展

| 月份<br>作物 | 一月 | 二月 | 三月 | 四月 | 五月 | 六月 | 七月 | 八月 | 九月 | 十月 | 十一月 | 十二月 |
|---|---|---|---|---|---|---|---|---|---|---|---|---|
| 刺梨 第1-3年 | | | 播种 | | 开花 | 成长 | | | | | | |
| 第4年— | 成长 | | | | 开花 | 成长 | | 结果 | | 休耕 | | |
| 菌棒 第1年 | | | 播种 | | 收获 | 休耕 | | | 播种 | | 收获 | 播种 |
| 第2年 | 播种 | 收获 | 播种 | | 收获 | 休耕 | | | 播种 | | 收获 | 播种 |
| 苔茶 第1年 | 定植 | | 收获 | | | 休耕 | | | | 定植 | | |

图3-12 楼上村农业产业时序规划

图3-13 衍生产品示意

4）“村播”的场

直播基地致力于打造多样化直播场景，其场景涵盖农特产品生产、乡村风光、民宿文化等多样内容，通过差异化场景体验与全渠道融合，同时增加消费者间互动的机会，优化消费体验，提升对消费者的黏性。

图 3-14 多样直播场景

（2）模式迭代，动态演进

1）准备与启动阶段

启动阶段由政府主导，经由集体公司向农户提供项目资金扶持，并通过“官员＋网红＋直播＋扶贫”的模式吸引和积累线上流量，打开农产品销路。集体公司引导农户种植刺梨、菌棒、苔茶等作物，为主播提供货源，同时鼓励村民自播。主播结合人设打造吸引线上流量，帮助农户销售农产品并获得一定提成。这一阶段合作主要集中在农户个体间、集体公司与政府和网红之间，呈现规模相对较小的特征，为下一阶段发展做好积累。

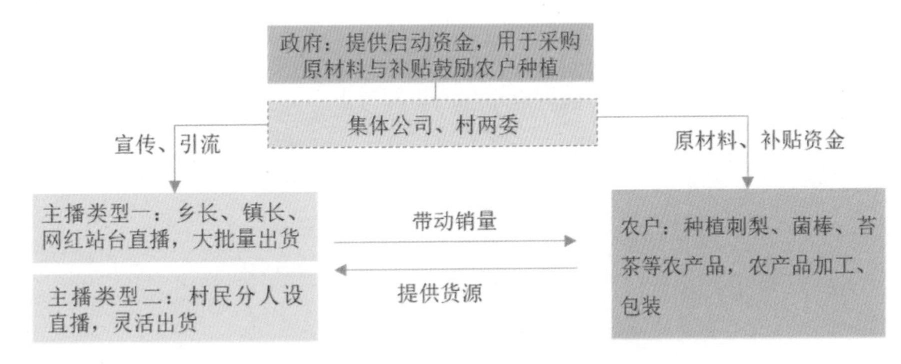


图 3-15 准备与启动阶段模式

2）规模化发展阶段

在获得一定的线上流量后，村集体可在政府的支持下建设直播基地，实现产业规模化发展。直播基地的职能涵盖为主播打造特色直播场景、根据市场反馈统筹农产品种植、电商平台运营及吸纳外地特色农产品和网红主播。这一阶段的合作趋于规模化，呈现出线上流量逐渐下沉到村集体、集体逐步实现自主发展的态势。

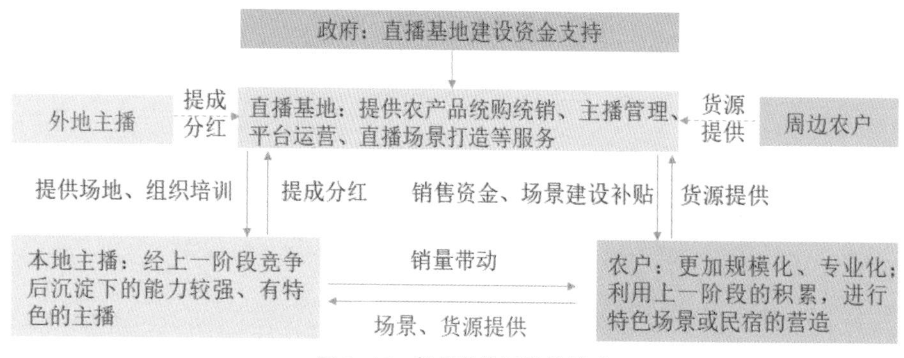

图 3–16　规模化发展阶段模式

3）产业化成熟阶段

这一阶段为远景阶段，侧重品牌化运营与线上流量向线下流量的转变，实现一二三产融合发展。在直播基地的基础上衍生出服务线下的旅游部门和加工部门，分工更加专业化、经营主体由个体上升为电商协会，产业由一产向二三产升级。农户可以参与电商协会内的专业化分工以获得劳动性收入，同时也可利用耕地、宅基地、建设用地分别经营经济作物、民宿、加工厂等以获得资本性收入，线上线下流量价值得以变现。

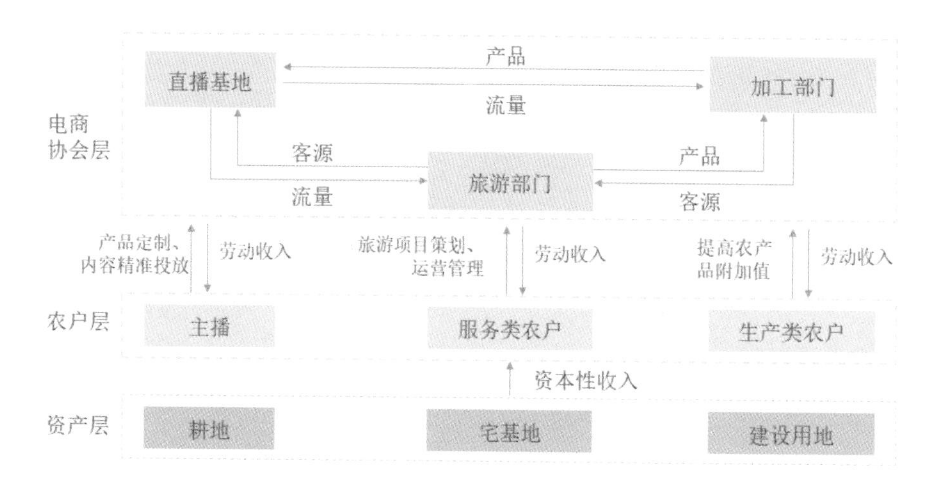

图 3–17　产业化成熟阶段模式

### 3.3.2 “线上农场”计划

（1）城市用户的“掌上农场”

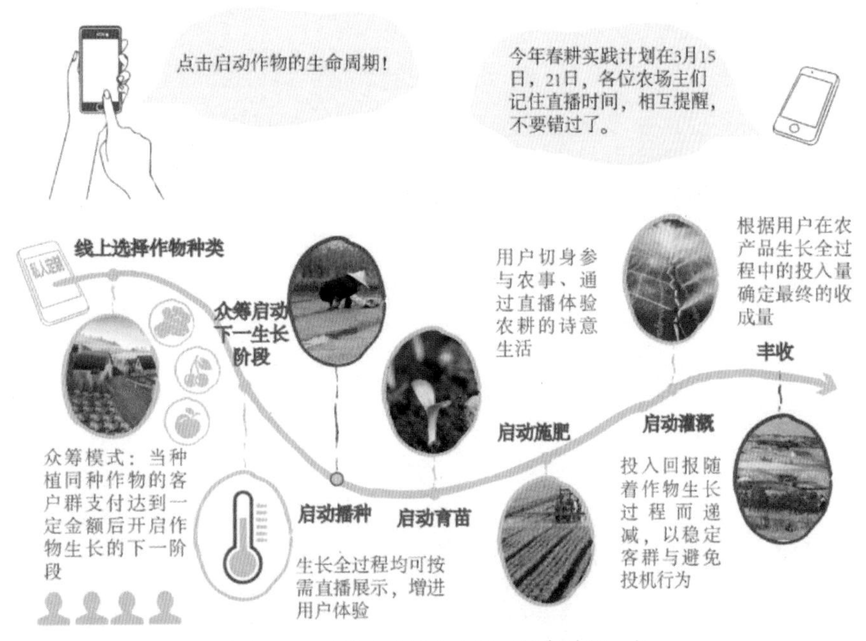


图 3-18 “线上农场”农产品养育过程示意

1）线上实时农事体验

城市用户登录楼上村小程序中的“线上农场”项目，选取自己想要种植的农产品种类，并通过直播平台随时随地观看自己“种植”的农产品的生长状况。

2）一分耕耘一分收获

“线上农场”项目会定期向用户发起农耕作业提醒，用户可以在线上进行“选种、播种、育苗、施肥、灌溉、除草”等农事操作，线下农户通过直播互动展示农耕过程。用户每次执行操作均须支付一定的费用，最后根据每位用户在整个生产过程中投入量的多少来确定用户最终收获的农产品数量。正所谓按“劳”分配、多“劳”多得。

3）众筹“通关”自由便捷

种植采取众筹模式，即每一块土地可以同时拥有数位用户进行耕作。在农户每次发起农事操作时，只要在线上筹得一定数量的资金，即可触发作物生长的下一个阶段；在这一模式下，用户不必支付农事操作全过程的费用，可以在任一阶段选择退出，也可以选择在任一阶段加入，操作自由便捷且参与门槛低，避免被“捆绑”在农地上。

4）“醉翁之意不在酒”

这一平台不但使得城市用户收获了纯天然的农产品，更通过直播窗口让他们切身参与了农产品生长的全过程，体验了“采菊东篱下，悠然见南山”的诗意生活，感受了自给自足、天地人相与统一的农耕社会状态。这不但是“物质消费”体验，更是一种“精神消费”体验。

（2）乡村居民的“点土成金”

“点土成金”本质上是由于互联网媒介促进了城乡之间在农产品要素上的信息对等，使得农户能够对农地的剩余价值进行充分地挖掘。

1）城乡互动实现劳动过程变现

通过直播促进城乡居民间的互动，使得农民劳动的过程得以转化为收益。这一模式相较传统的“城市农场”模式（图 3-19），克服了村庄区位上的障碍，增加了城乡之间的互动，降低了城市居民与资本“下乡”的门槛。

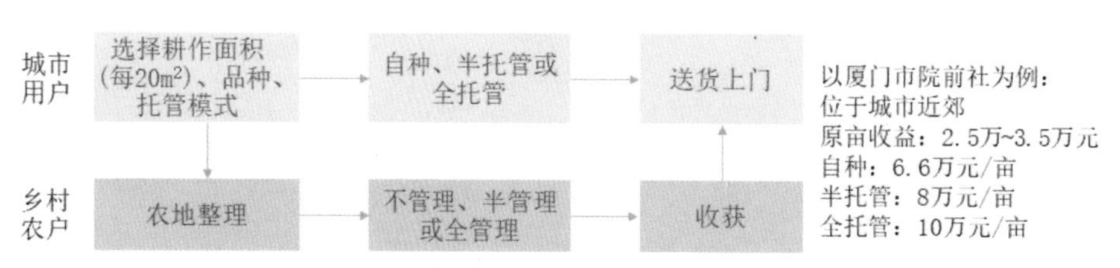

图 3-19 传统“城市农场”模式

传统“城市农场”模式，农户给予城市用户土地租赁权，城市用户则根据选择的耕种作物种类与不同的管理方式（自种、半托管和全托管）缴纳不同的租金。

2）互联网媒介挖掘农地剩余价值，农户重新夺得定价权

首先，线上农场降低了用户参与的门槛，促进更多用户参与其中；其次，生态农产品的附加价值

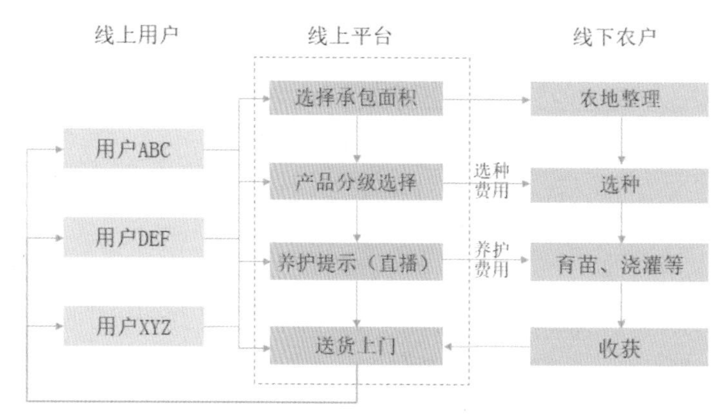

偏远山村以全托管为主，综合托管与众筹模式相结合

图 3-20 线上农场模式

通过城市用户的直观需求显现，因农产品的定价不再单向地受到市场供应商打压，从而使农户拥有了定价权，其价格调节也因与需求关联而灵活；再者，这一市场化手段将刺激土地单位生产率提升。

3）市场需求实时反馈，风险降低

根据线上数据反馈，农户将更高效便捷地获取市场需求信息，更合理地判断种植品种和种植规模，以降低农作物产量过剩导致的亏损风险。

## 3.4 文旅“联”通策略

随着近年来我国游客消费需求的变化，楼上村的旅游发展迎来了新的契机，楼上村的旅游发展应适应新形势、链接新人群、接轨新需求；结合互联网技术的宣传效力，通过线上引流、线下提质，在已有基础上适度发展，提出串联区域旅游环线及村域古村“今生”两项计划。

据《中国省域自由行大数据系列报告之贵州》以及相关旅游报告，舒适性、体验性、文化精神追求成为旅游选择重要的衡量因素；长时间、小团体、深度体验成为新旅游的主要特征。“新旅游”的时代已经到来。

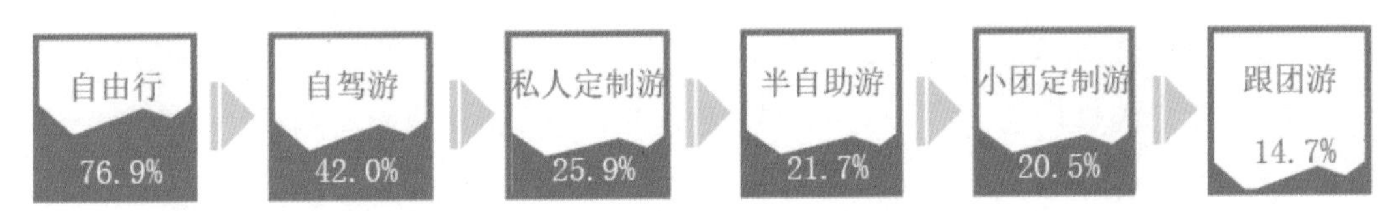


图 3-21 2017 年高端游客旅游方式 数据来源：《2018 中国高端旅游人群洞察报告》

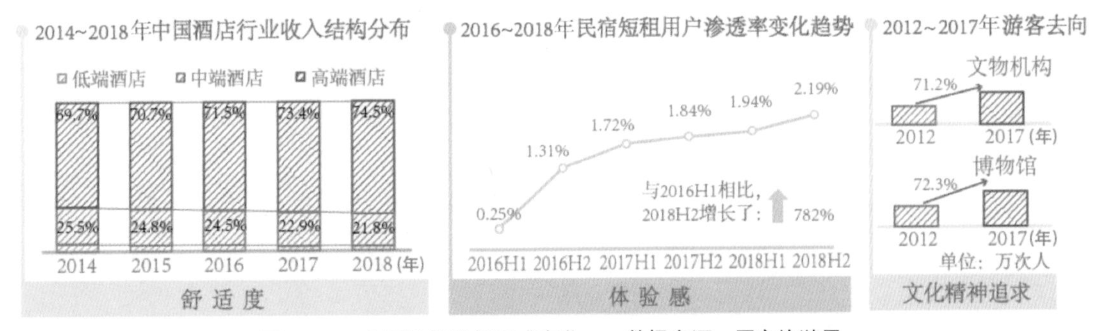


图 3-22 全国旅游选择需求变化 数据来源：国家旅游局

### 3.4.1 环线串联计划

（1）寻求错位，突出综合

考虑周边景点主打特色，利用现有碧水青山与历史积淀的旅游资源，将楼上村打造为汉代遗风与生态村寨综合点、湘西文化与夜郎文化链接点、现代与传统生活融合点，形成全域旅游相互补充格局。

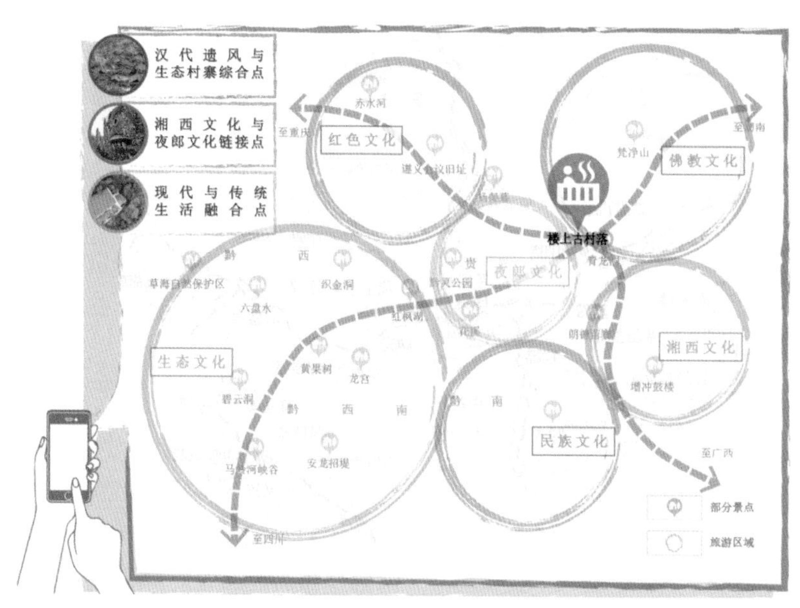

图 3-23　楼上村旅游定位

（2）对接机遇，结成联盟

充分发挥铜仁凤凰国际机场带动作用，顺应湘黔“高铁经济带”、黔东高速公路网络、武陵山国家森林步道建设等区域事件机遇，积极融入湘黔渝经济圈。打造多层级旅游圈层，一级圈层形成“梵净山—楼上古寨—镇远古镇”金三角旅游格局；二级圈层连接“思南石林、苗王城、西江千户苗寨”构建民族特色旅游带；三级圈层积极对接铜仁凤凰国际机场，联动湘西旅游资源。

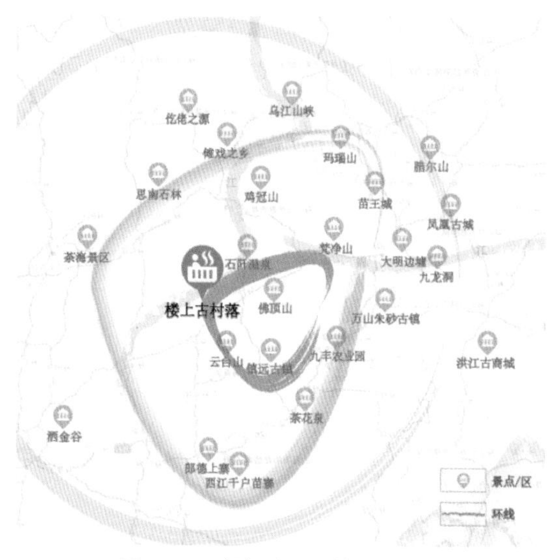

图 3-24　积极融入区域旅游环线

优化区域旅游联盟，打造精品路线，完善旅游联盟认证制度，建构旅游联盟网络，精选旅游线路，共建基础、共享客源、互推景点和产品。游客在区域联盟内各景点打卡、购买套票，可于主要景点凭积分换取旅游纪念品。

图 3-25 区域旅游联盟优化

建立联盟电子商务系统，打造联盟网站，覆盖旅游咨询、旅游服务、旅游宣传、网络旅游营销、旅游电子商务、旅游管理、旅游企业宣传等方面的旅游数字综合服务。建立价格联盟，凭在上一处的记录优惠入住下一处；建立同类民宿、餐馆组成的预定联盟，由专业民宿或酒店经营团队管理，可以以统一的界面和服务面向客户，落实订单，再分流到具体的民宿，并逐步淘汰违规经营的部分民宿或促使其整改，使区域内旅游服务进一步规范化。组成管理联盟，建立制度化的区域合作协调机构，如旅游合作协调委员会，专门负责研究策划、统筹规划、联系沟通、指导实施、信息服务、政策法规咨询等方面的工作，组织经验学习、交流。

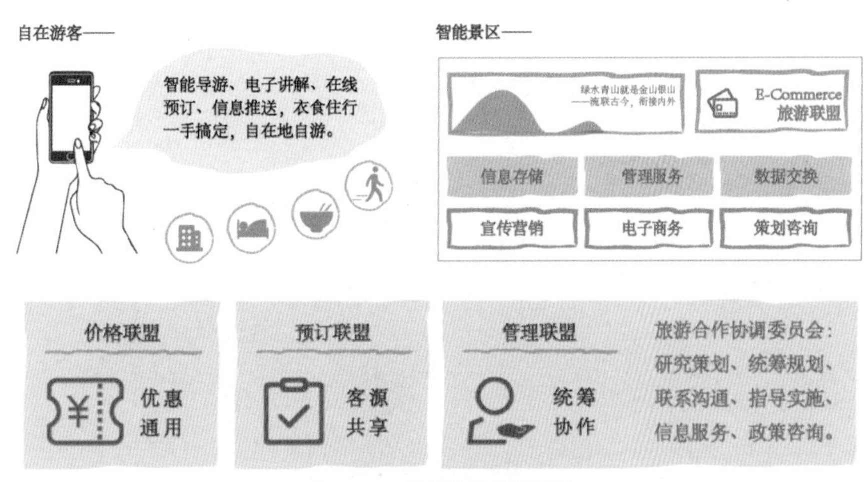


图 3-26 区域旅游联盟示意

（3）优化联通，多样通勤

完善综合交通联系水平，提升楼上村通达性，优化道路品质，强化与石阡县城、镇远、梵净山重要旅游节点的串联；拓展旅游交通方式，形成快达慢游的旅游交通体系，以沿榕高速、S305、X011等为快速交通廊道，在石阡县城、楼上村等节点设置集散换乘空间，打造沿廖贤河景观道，提供汽车、自行车、马车、驴车、牛车、游船、徒步等多样通行体验。结合自驾游推荐线路打造新主轴线，提升楼上村旅游能级。

图3-27 楼上村旅游通勤优化

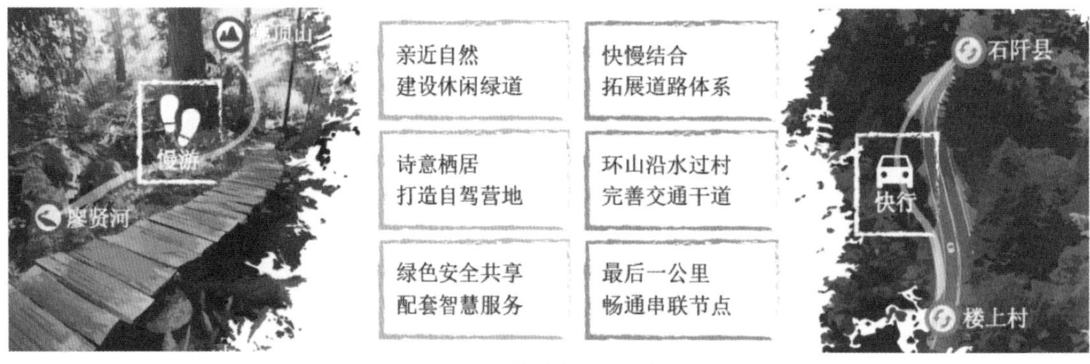


图3-28 鼓励多样通勤方式

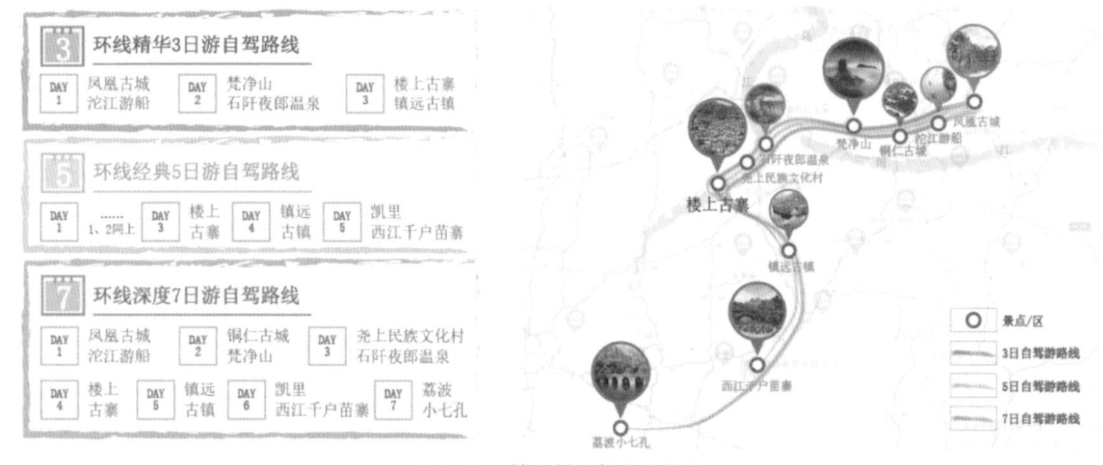


图3-29 楼上村自驾方案策划

梳理途经楼上村的黔蜀古道肌理，进行古道形象标识征集、古道行一公益起、古道故事征集、古道打卡奖励等营销宣传活动，沿途设置露营点、休憩点，做好古道文章。

图 3-30 古道新生

## 3.4.2 古村“今生”计划

（1）巧用平台，宣传引流

移动互联网时代，异质性的乡村景观和乡村文化，与更加真实、高质量的乡村生活开始得到更多青睐。

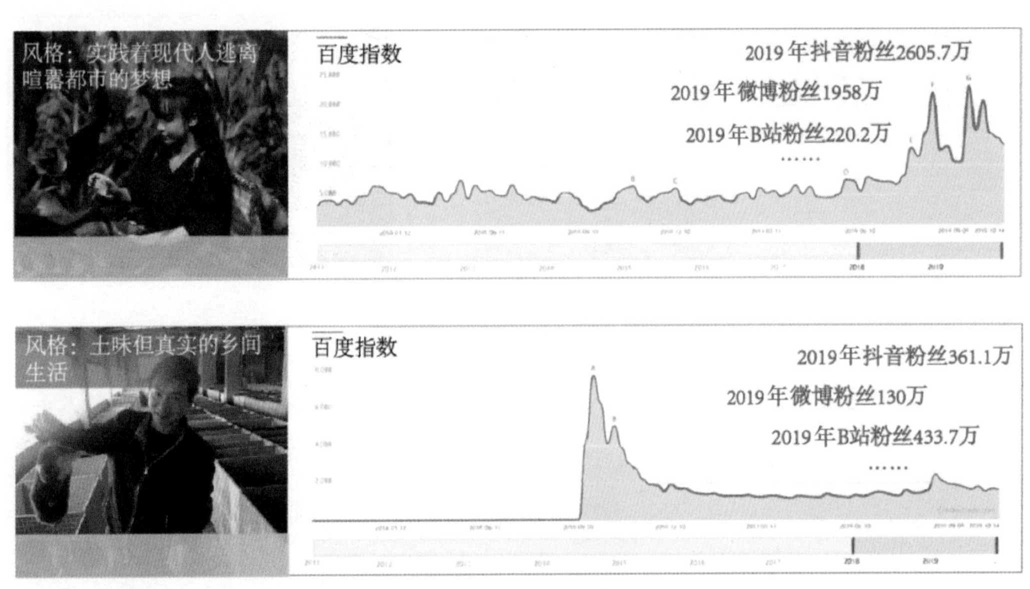


图 3-31 乡村“网红”

将楼上村已有资源嫁接到互联网，巧用“两微一抖一快”等平台，进行网络互动造势，变线上消费者为线下游客，变线下游客为线上消费常客，全面推动从乡村旅游到乡村旅游生活的转变。

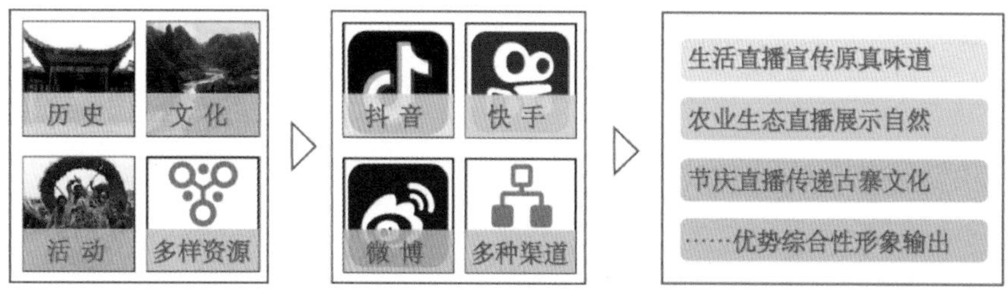

图 3-32 楼上村建议宣传途径与内容

此外，鼓励官方、网红、个人等不同主体共同参与宣传推广。①官方宣传推广主要为各大旅游网站的合作，借助全国开放平台、贵州官方宣传平台、湘黔旅游联盟进行广告投放，共同营销。②网红大 V 宣传主要指借助网红引流，积极参与“百县千红新农人”等类型的扶贫活动，合作 KOL 推销本地特色。③鼓励个人抖音等宣传方式加入，发挥个体分享与广告传递效应。研究显示，城市形象视频播放量最高的创作者中占绝大多数的是个人账号，而非达人、官网。以抖音 TOP100 的城市形象视频作者分布为例，个人账号的比重达到 82%。楼上村可通过给予注册奖励、个人发视频数量、粉丝数量达到一定值时分级进行积分奖励、结合夜校积分制计入总积分等多种形式鼓励个人账号的宣传推广。

图 3-33 多种宣传主体

（2）定制体验，人流驻留

基于楼上特色资源，策划文化演艺、农事体验、外来引入三大类特色活动。通过线上定制化、定点讲解等更为灵活的参与体验方式，有机串联起各类项目与空间，使旅游人群能更便捷自由地实现旅游休闲。

下面以三组案例分别介绍这三类特色活动的策划内容与实现途径。

1）特色活动 1：古风今唱

楼上村已有的民俗文化活动颇具开发潜力，此处列举可发展的活动项目以及方式，并以节庆艺演作为案例进行具体策划。

图 3-34 可开发的活动项目和方式

活动项目：楼上清明

活动时间：清明为固定集中大型活动日；五一、国庆等小长假视游客量而定

活动空间：村活动广场、戏楼、梓潼宫

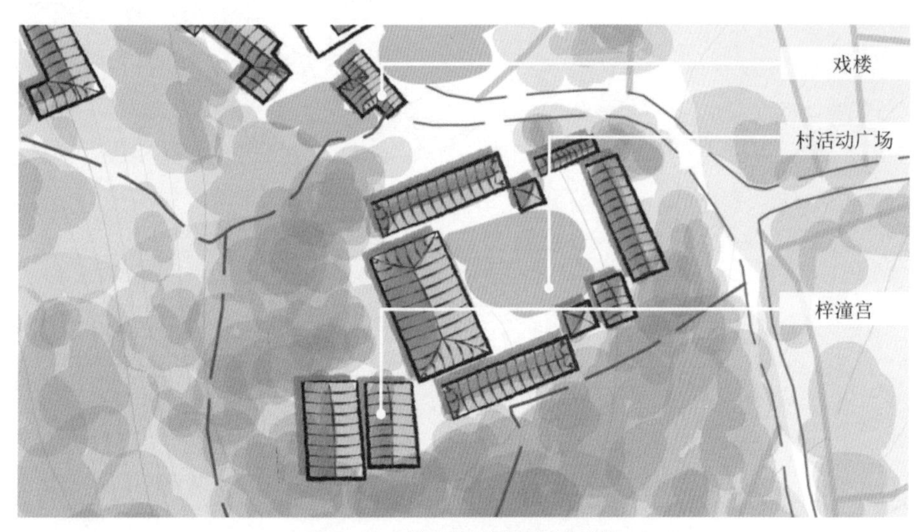

图 3-35 楼上清明主要活动空间

活动策划：

结合村内游览、生活体验和其他艺演活动，丰富一日生活。大型艺演活动等部分活动时间固定，游客选择自己一定想要参加的活动后，小程序等系统通过计算，补充空闲时间的可选项目并完成行程安排。

活动由楼上村旅游协会与楼上村委联合组织，艺演人群以接受过培训的当地文艺演出人员为主，同时持续跟进夜校培训机制，使更多新人掌握技能，使毛龙演艺能够实现真正的传承。

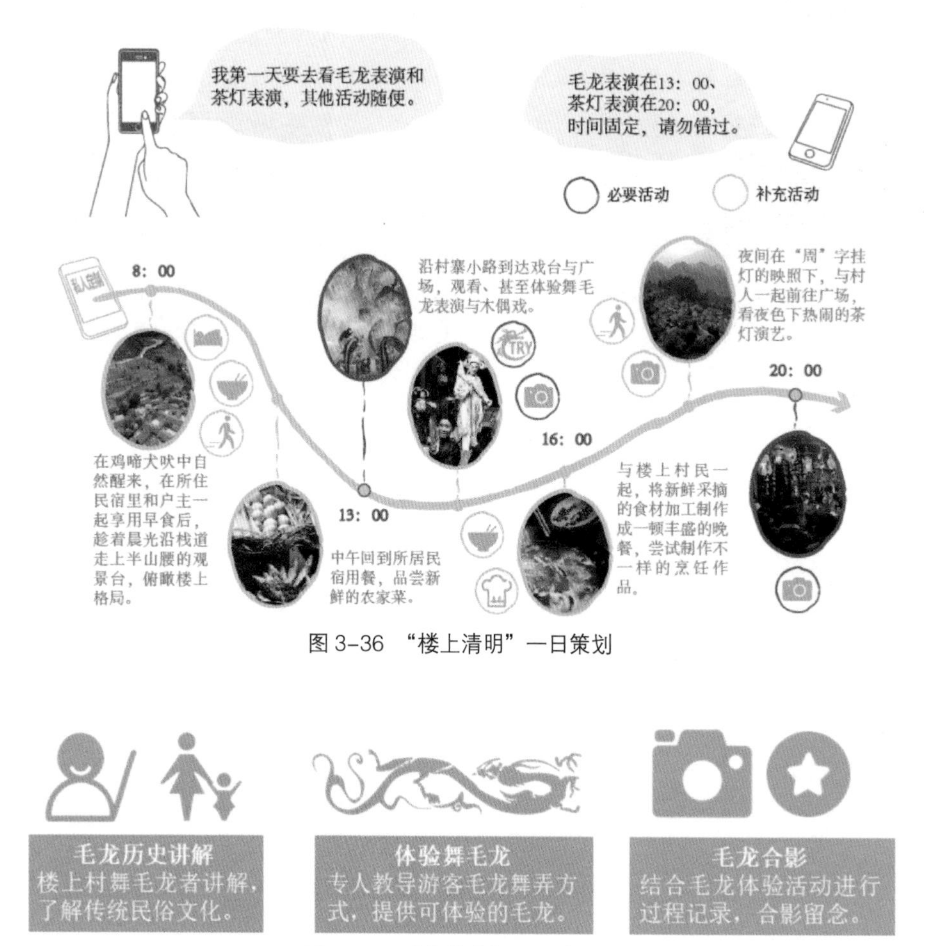


图3-36 “楼上清明”一日策划



图3-37 毛龙艺演衍生互动活动

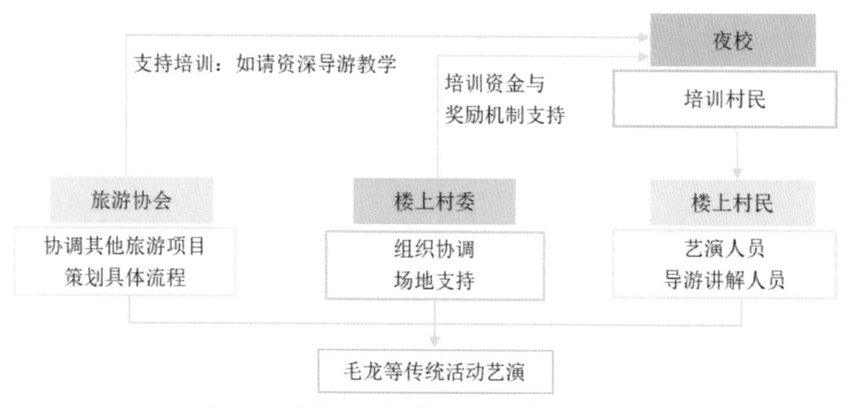


图3-38 “楼上清明”体验主办单位与组织方式

2）特色活动 2：自在农家

在已有的节气活动外，加入由于刺梨等一产而带来的丰收季采摘活动以及进一步延伸的加工活动，丰富生态农业体验。在此列举可发展的活动项目以及方式，并以刺梨采摘展销节作为案例进行具体策划。

图 3-39　可开发的活动项目和方式

活动项目：刺梨采摘展销节

活动时间：每年 7、8 月刺梨成熟季

活动空间：刺梨采摘体验区、制作体验中心、村活动广场

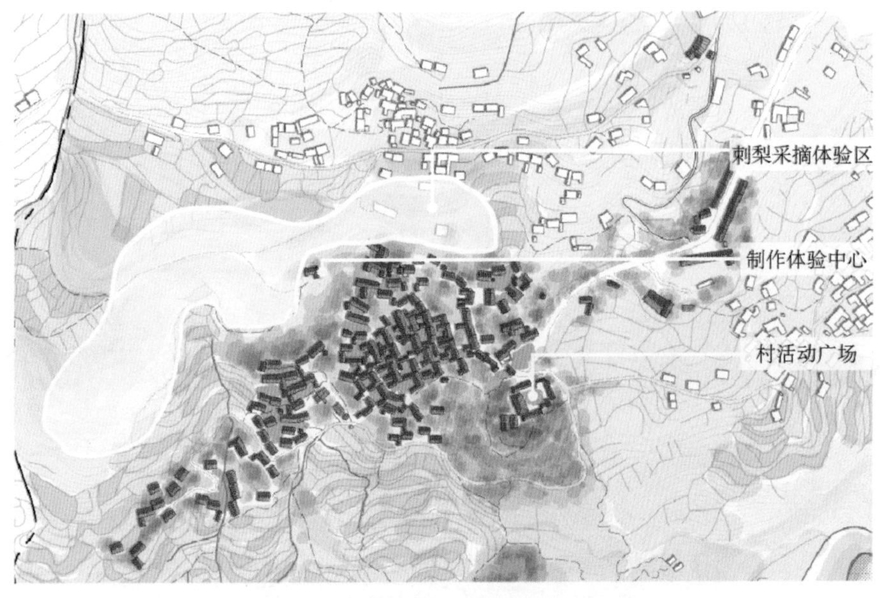


图 3-40　刺梨采摘展销节活动空间示意

活动策划：

以成熟季的刺梨为主要线索串联一天的特色活动。制作体验中心等特点活动时间需要预约，游客选择自己一定想要参加的活动后，小程序等系统通过计算，补充空闲时间的可选项目并完成行程安排。

由石阡县旅游协会牵头，楼上村旅游协会、楼上村村委承办；活动服务人群包括导游、讲解员及志愿者，其中导游、讲解员为接受过夜校接待培训的楼上村村民，志愿者主要为实践基地对接的本地高校志愿者。

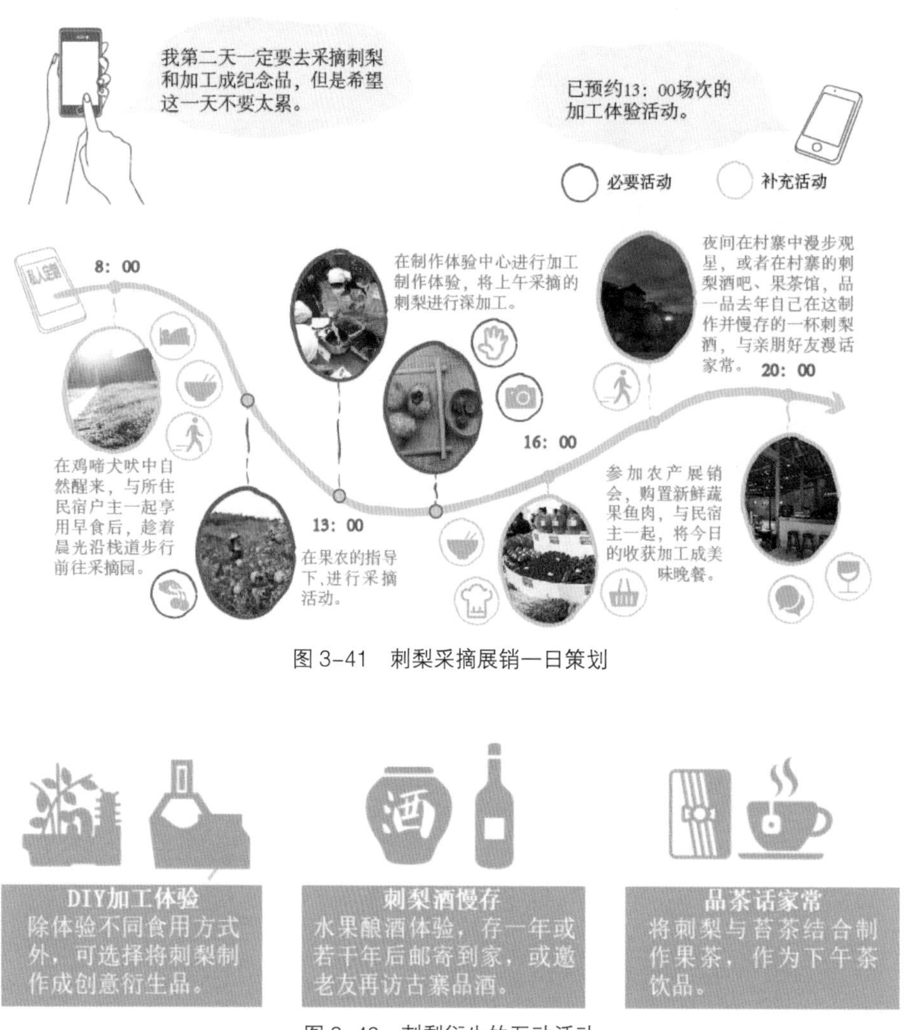


图 3-41 刺梨采摘展销一日策划

图 3-42 刺梨衍生的互动活动

（3）特色活动 3：自由拓展

除已有项目外，游客可根据自身需求，提出期望加入行程中的项目，旅游协会据可实施性审核通过后，可加入行程线路，以夜读会为例。

活动项目：夜读会

活动空间：雅正书院、马桑古屋

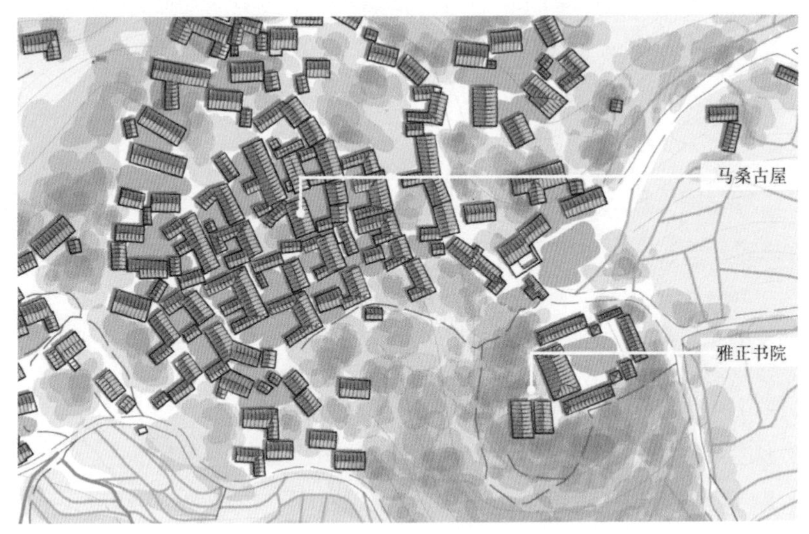


图 3-43 夜读会活动空间

活动策划：

以古寨古书文化为主要线索串联一天的特色活动。邀请乡贤介绍楼上历史，游客需报名预约夜读会交流分享等部分活动。游客选择自己必要活动后，小程序等系统通过计算，补充空闲时间的可选项目并完成行程安排。

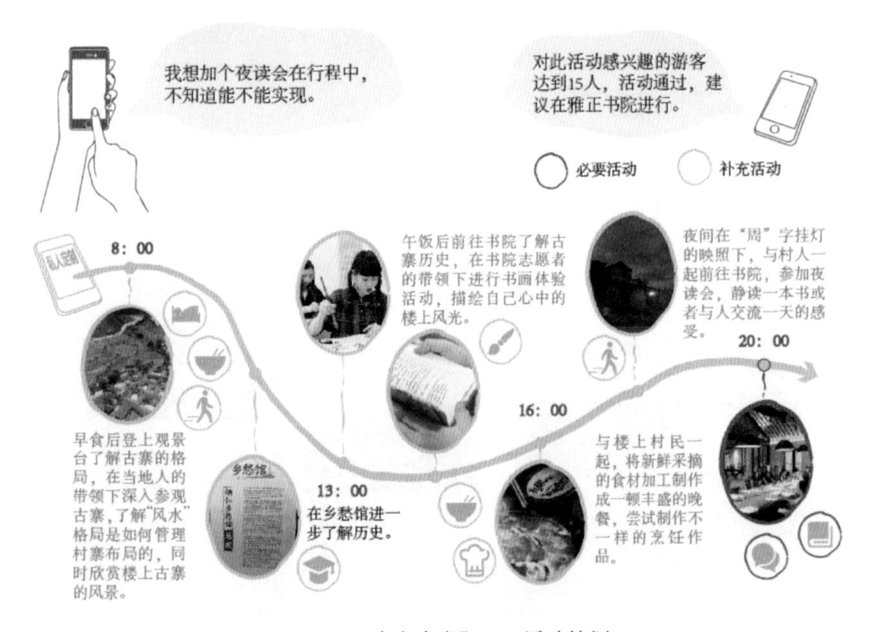


图 3-44 “古寨古书”一日活动策划

由楼上村旅游协会、读书协会及村委合办，活动服务人群主要包括导游与书画体验指导者，其中导游首选经由夜校培训上岗的本村村民，书画体验指导者由楼上村书画教师兼任，也可请游客与在此学习过绘画的孩子们共同完成。

## 3.5 空间互动策略

充分利用以移动互联网为代表的信息技术，植入村落空间展示、规划建设、空间单体改造，创建空间信息交互平台，实现虚拟与现实互动，使村落链向世界。打造“乡筹”平台，将更大地域内的社会资源和人脉植入楼上村庄建设中，使楼上村成为更多人共享共建的诗意空间。

### 3.5.1 集思广益计划

完善楼上村线上展示空间，邀请微博、抖音、快手等社交平台流量大V及高校相关专业团队前来楼上村体验，收集体验者对楼上村最深刻的印象与可改之处，体验者再将楼上村传播出去，让观光者都为“我眼中的楼上”建言献策，筛选建立备改清单，向上级政府提交项目申请。

搭建楼上村微信公众号平台，涵盖信息发布、投票、留言等功能，整合单体建筑、景观环境的设计改造需求。村委、村民可在平台上发布空间改造需求信息，并通过佣金支付、奖金奖励、“以工换宿”

图3-45 集思广益计划前期准备

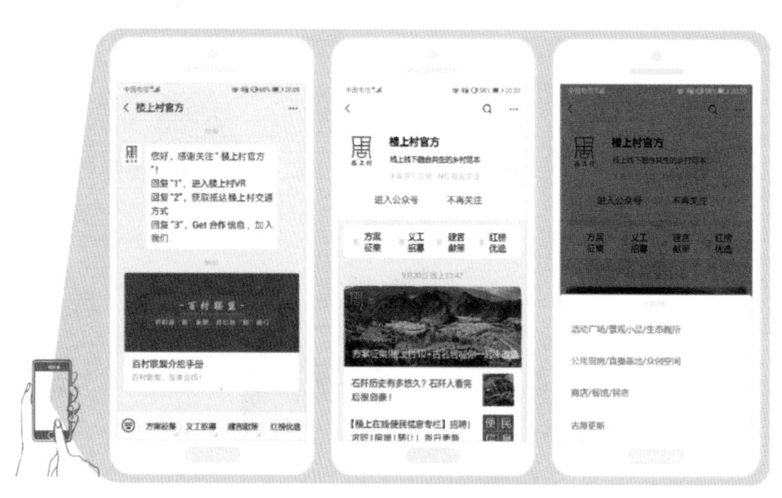


图3-46 官方公众号意向

等形式进行方案征集与人员招募，也可以通过平台实现项目资金众筹；高校师生、专业设计团队、地方设计人员可通过平台承接项目；游客等热心人群可通过平台对楼上村空间优化建言献策。项目落成后，可在平台上进行评价与反馈，实现空间动态对接，虚实相生。

（1）公益公共空间，共谋共用

针对活动广场、景观小品、生态厕所等非营利性项目的建设，经费来源为上级政府拨款及集体经济投入，经过项目开启—方案征集—方案确定—项目落地—项目维护等环节，使项目成为更广意义上的公共空间与公共设施。

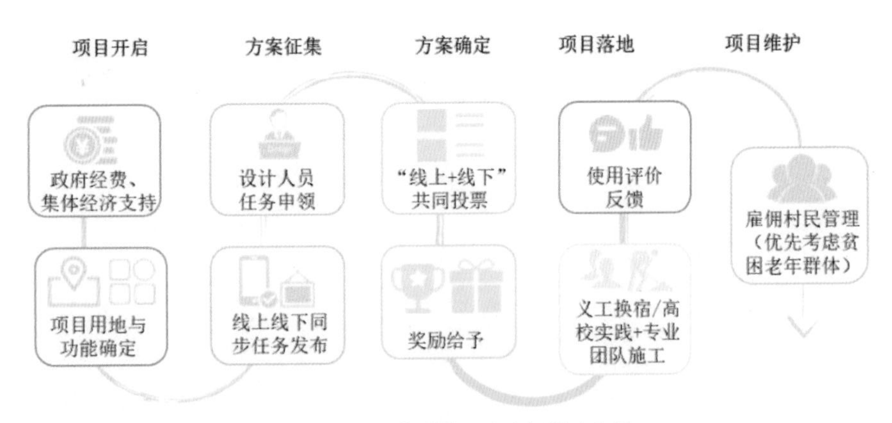


图 3-47 非营利性公共空间诞生之路

（2）集体经营空间，营利共享

针对公用厨房、直播基地、众创空间等营利性集体项目的营建，其经费来源主要为集体经济投入及众筹，线上线下协同贯穿项目全阶段及使用评价，收益同样为参与其中的线上线下人员共享。

图 3-48 集体营利空间诞生之路

（3）个体空间，个性定制

针对商铺、餐馆等个人项目的建设，其经费来源主要为村民与创业者个人提供，方案征集环节若出现多方申领，由甲方进行挑选；借助“Design Home”“我的小屋等”平台降低设计门槛，扩大受众。个体空间设计鼓励功能多元化、集约化，更加注重使用评价。针对其中的商业类空间，结合奖励征集用户建议与楼上宣传，使用户参与到对未来乡村空间的设计中，使人们对线上品牌的关注延伸到特定线下空间的体验。

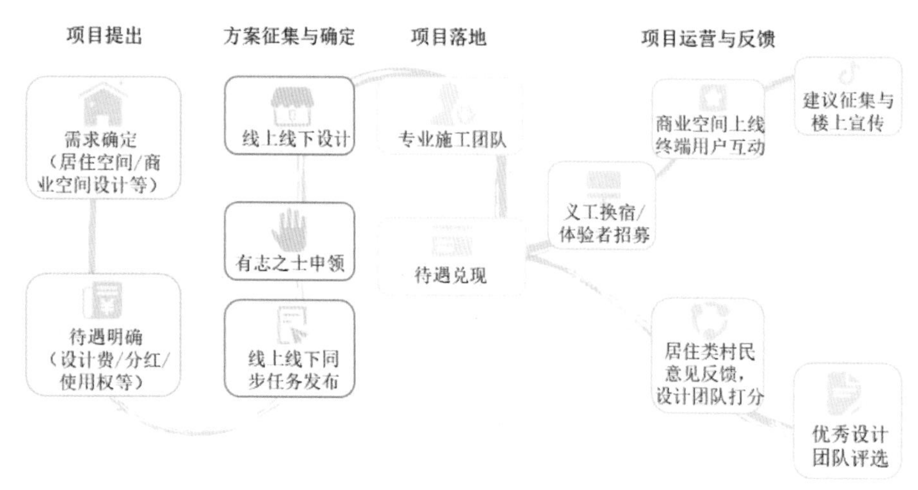


图 3-49 “我的空间”诞生之路

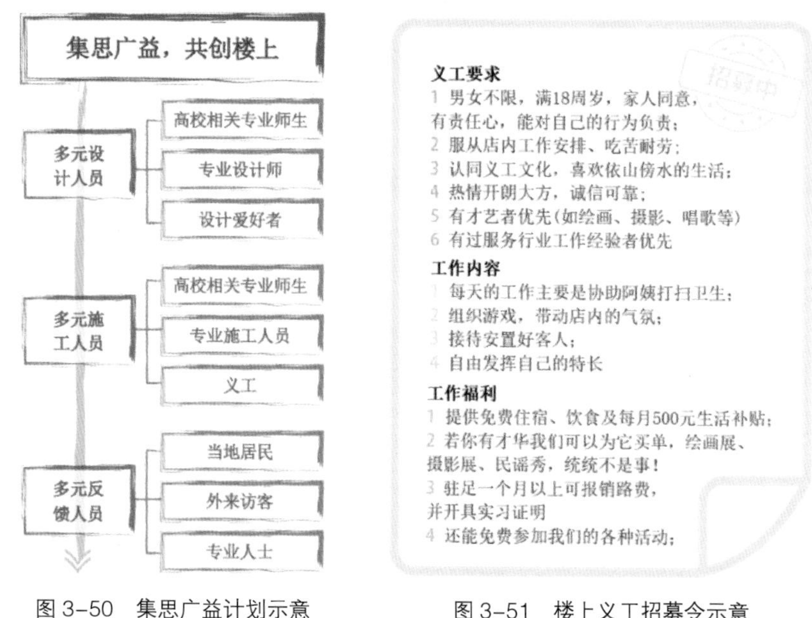


图 3-50 集思广益计划示意

图 3-51 楼上义工招募令示意

### 3.5.2 新旧联动计划

（1）新村古寨，互通联动

在现有土地置换方案基础上，优化存量空间，有效扩容村域，实现新旧村联动。新村除作为村民迁出后的新居外，新增民宿餐饮、电商园区、直播基地功能，借助互联网销售特色农产、宣传楼上原味生活，为农产拓销路、为楼上引流量。古寨区域保存文旅、民宿功能，同时依托其特色空间风貌，发挥直播基地宣传载体的作用；同时通过存量优化，为原村民、工作者提供文化休闲场地。

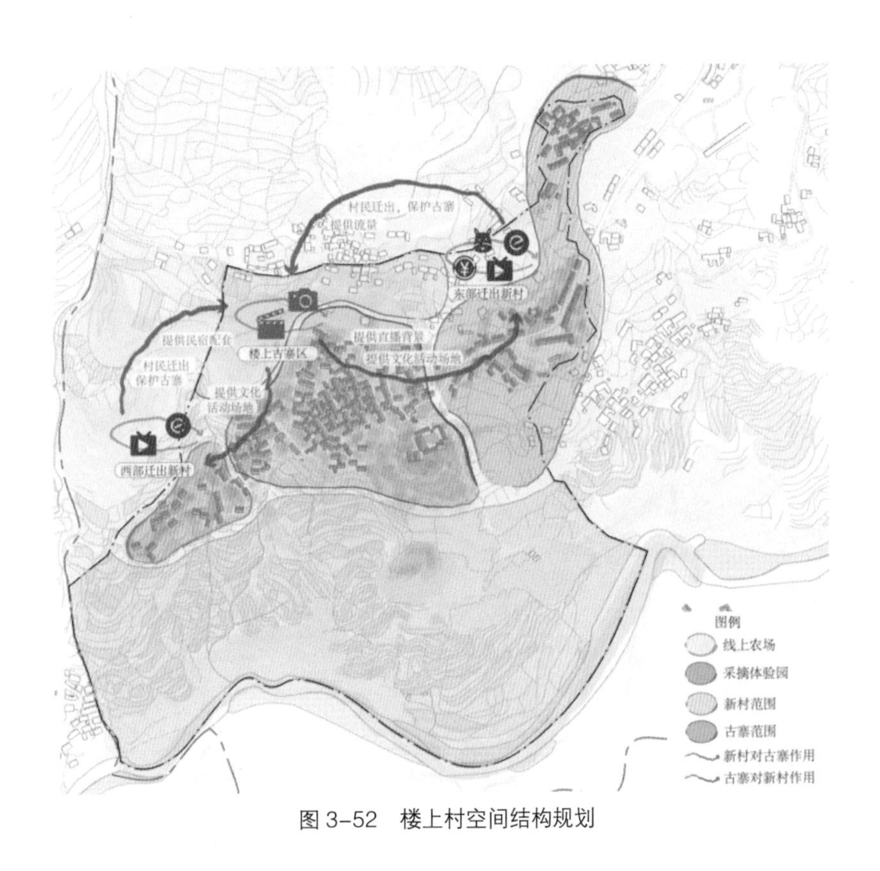


图 3-52 楼上村空间结构规划

（2）古寨升级，文旅依托

维护古寨格局现状，基于生长规律进行再梳理，将空间划分为重点保护开发区、重点配套活动区、配套区。古建筑核心保护组团为重点保护开发区，组团内现有马桑古屋、梓潼宫、戏台等传统古建，将承载深度体验型活动。古建筑延伸组团为重点配套活动区，聚集文化广场以及新建建筑，现有建筑格局与原有格局较一致，该区域需控制功能类型和建筑质量，可适当布点高品质民宿。东部、西部组团，规划为次重点配套区，主要承载民宿、餐饮、旅游服务中心等旅游综合服务功能。

优化旅游配套设施，实现扩容提质：本次竞赛选择的临时住宿点，相较其他民居，环境相对较好、户主更乐于接待客人，基于对所有住宿点进行调研后，在古寨氛围内甄选具有开发能力的潜力民宿餐饮点，作为已有条件较好的民宿选址；此外，在调研建筑现状性质、功能、周边环境及视野范围的基础上，建议在傍山近水处建设新民宿点，作为视野环境氛围好的推荐民宿选址。

为兼顾旅游新人群的需求和村民生活的诉求，规划需完善楼上村内的空间品质，从细节上跟进：分别优化生活基础设施和旅游配套设施、增加应对新需求的配套设施。前者包括增添完善公厕、垃圾桶等布局，将居民旱厕改水厕、标识系统优化等；后者包括满足家庭出行人群中儿童游玩需求，如儿童游乐设施，满足自驾游出行团体停车需求等。

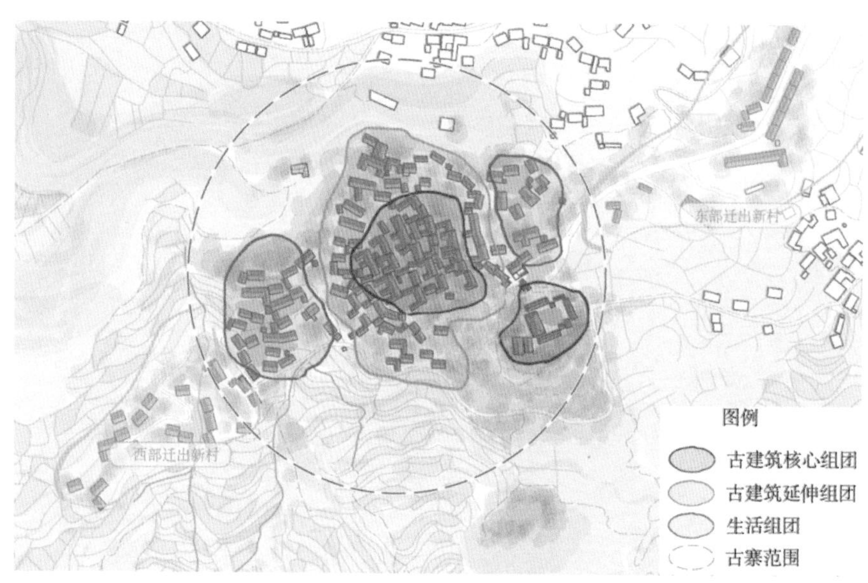


图3-53 古寨空间格局规划图

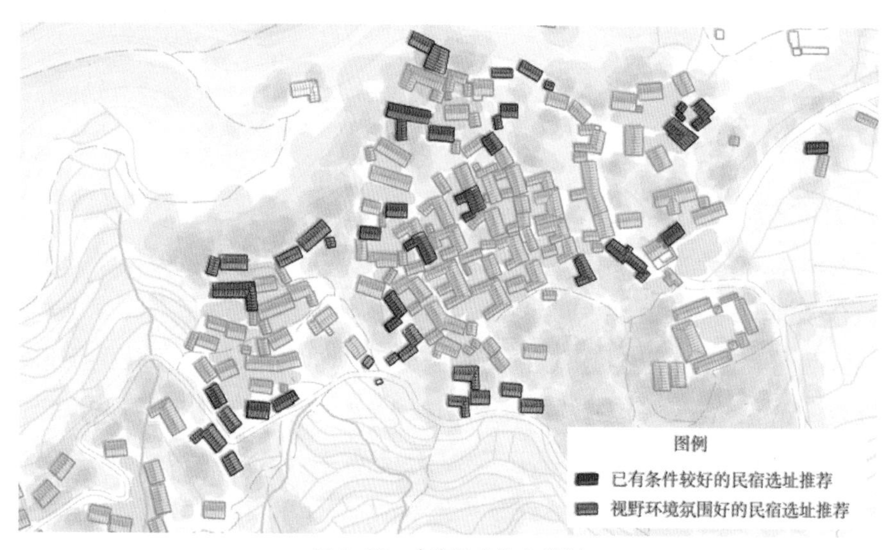


图3-54 古寨民宿选点规划

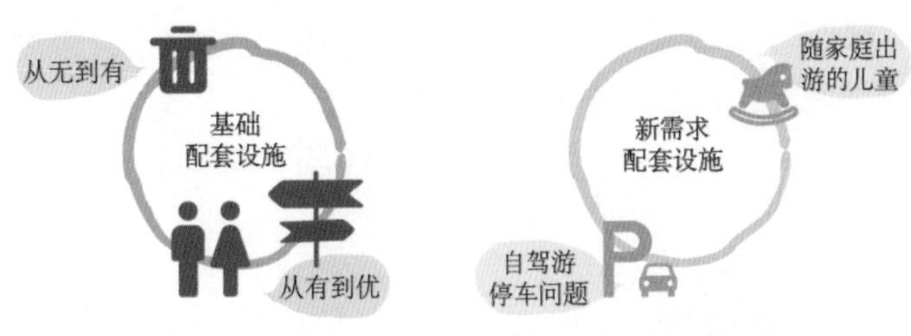


图 3-55　可优化补充的其他配套内容

图 3-56　部分设施优化意向

（3）新村开拓，设施完善

古寨东部和西部存有一定增量空间，可进行开发优化，依据已有的环境、交通资源以及发展现状，赋予这两个区域不同的功能。西部新村的南侧邻近梯田和水域、北侧邻近山脉，因而环境资源优越，除村民自住外，可新建独具特色的民宿，成为新居民宿区。东部新村规划为两大片区，其中西侧片区基础设施较完善，且邻近夜校、村委会等机构，宜植入直播基地、物流中转等产业功能，打造电商直播区。东北片区邻近山体，依托乡愁馆宜规划为文化新居区。

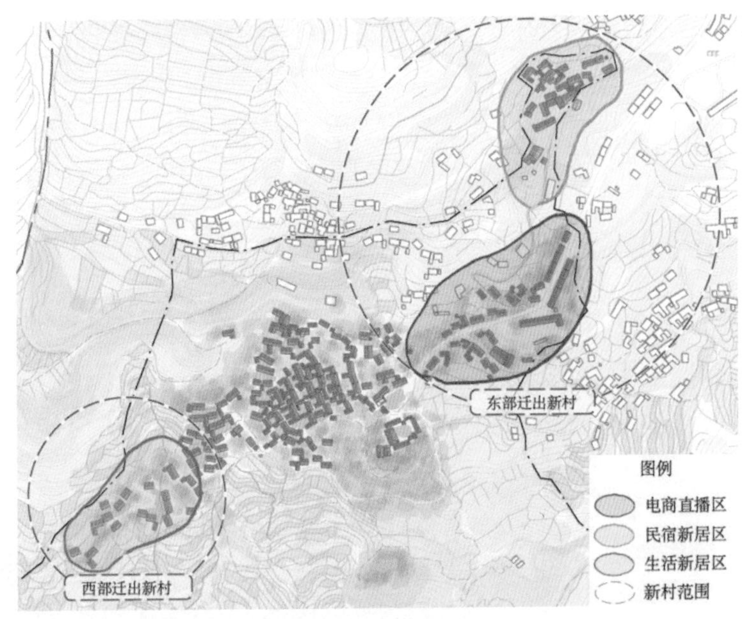


图 3-57　新村空间结构

结合新村所载功能，规划需布局优化产业与居住配套，包括直播基地、物流中转站、村民活动室、小型开敞空间，并考虑村内老人、儿童的需求。

图 3-58 其他配套设施

## 3.6 多元善治策略

治理体系包括纵向重构升级和横向多方协同两个维度。纵向治理体系是实现产业升级重构的基础，而横向治理体系是在已有的产业基础上为了协同各方利益、实现可持续发展的必然要求。参与治理的主体包括政府、村民、投资者以及在村内有资产投入的线上村民。

### 3.6.1 纵向重构升级

伴随产业发展升级，经济利益格局将趋于复杂化，以返乡青年为主的新经济精英将在乡村事务治理中发挥重要作用，治理主体构成和关系体系将重新构建。纵向治理体系面临重构升级，推动着上级

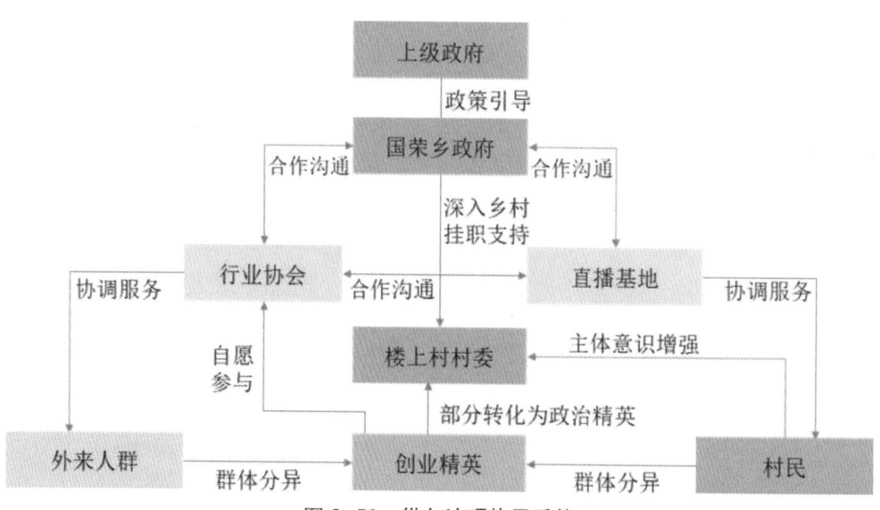


图 3-59 纵向治理格局重构

政府引领、创业精英主导、村民积极参与的治理格局的形成。

（1）上级政府引领

政府应转变传统外部治理的重点和方式，主动介入，通过一系列强有力的行政手段推动以电商为主的“互联网 +”产业的快速发育，并针对楼上村成长过程中可能出现的各种阶段性问题提供有针对性的服务，包括创造流量洼地、企业技术培育和提供技能教育三方面。

创造流量洼地：与各直播平台合作，加强村庄营销，争取平台提供一定的前期流量倾斜、降低村内主播的入驻门槛、提高短视频制作者的报酬等，促进流量集聚；与物流公司协商，进行物流设施建设，降低物流成本；进行道路修建、信息基础设施建设、停车场建设等，提升旅游基础设施承载力。（流量洼地指的是信息流、物流、资金流等因比较优势而产生集聚的地区。）

企业技术培育：政府向有经验的服务商购买服务，电子商务服务商通过小型团队驻扎，培训农民掌握电商基本技能、培训不同功能的运营团队实现企业孵化、培训商家进行数据分析等，帮助村民的电商化转型。

提供技能教育：输送楼上村电商、旅游业从业者前往贵州高职业院校进行培训，并在村内创立实习基地，鼓励学生前往楼上村学习实践，了解乡村电商、乡村旅游业的发展近况。

（2）创业精英主导

依托上述政策资金、配套设施、平台政策的支持，鼓励在外有能力、有企业家精神的村民返乡创业，以返乡青年为主的创业精英凭借其较高的经济社会地位，开始进入乡村治理的核心，成为乡村政治精英。

（3）村民积极参与

提升村民的参与主动性与参与能力是实现善治的首要前提。村委会作为乡村公共事务的主要承担者，承担着村民与乡镇之间重要的沟通协调职能，同时应配合开展道路、通信等基础设施的建设工作，并积极开展电子商务培训组织等工作。部分村民经过培训学习后成为主播、电商经营者、旅游从业者等“新农民”，实现兼业或职业转型。结合奖励机制，鼓励村民积极参与线上村务与线下工作营等，通过政治选举、精英代理、建言献策等方式来实现自身的利益表达。

### 3.6.2 横向多方协同

依托电商合作社、线上村务平台，形成横向多方协调、线上线下村民共治共营的发展格局。

（1）多方合作共同参与

1）合作社治理形式，汇流多方资本

楼上村在上级政府和村两委的领导下设立电商合作社，统筹各方资本（包括线下村民、线上村民、投资人、驻村团队）在村内的运作、产业发展、开发建设、民主治理等，以实现乡村的可持续、良性发展。

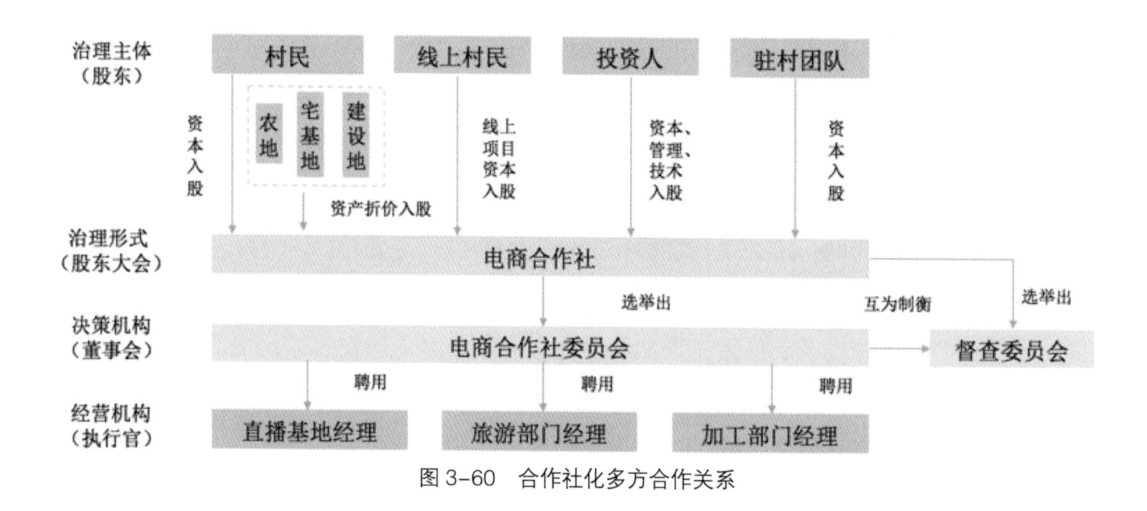

图 3-60 合作社化多方合作关系

2）股份化决策模式，形成保护格局

各主体通过电商合作社参与楼上村各项重大事务的决策。按届选举产生电商合作社委员会负责日常性事务管理与决策，委员会的成员名额根据各主体对乡村投入的份额确定。村民可以通过土地与房屋折价入股参与决策。保障村民作为决策主体，保证集体股份占到大多数。

3）“代理人”经营制度，提升竞争能力

电商合作社委员会聘用有能力的经理（代理人）参与到直播基地、旅游部门、加工部门的生产过程中，并定期对他们进行绩效考核。

4）透明化监管机制，降低交易成本

电商合作社选举产生督查委员会，负责对电商合作社的选举流程、经营过程、分配过程进行监督并提出质询，并定期向电商合作社中的各股东汇报督查结果。电商合作社委员会应定期主动在村务平台上披露财务报表与业绩信息，供股东和督查委员会参考。

（2）线上村务平台构建

构建线上村务平台，下设四个板块，以“主播主页”与“信息发布”实现共建、以“积分奖励”实现共享、以“议事大厅”实现共治，以达到重塑城乡社会网络、实现共治、共建、共享的目的。具体内容包括：

主播主页：增进用户对主播的了解，促进线上用户之间、用户与主播之间的互动交流。

积分奖励：以积分形式量化线上线下村民对村庄的贡献量，并根据积分大小给予一定奖励，例如农特产供应、民宿收益分红、旅游待遇升级等。

信息发布：发布村务信息介绍经营状况、财务情况、督察报告、村庄活动、招募信息等。

议事大厅：电商协会中各主体的信息交流平台与村务发展决策平台。疏通意见反馈渠道，汇合多方信息，以起到纠偏村庄发展方向、资源投入方向的作用。

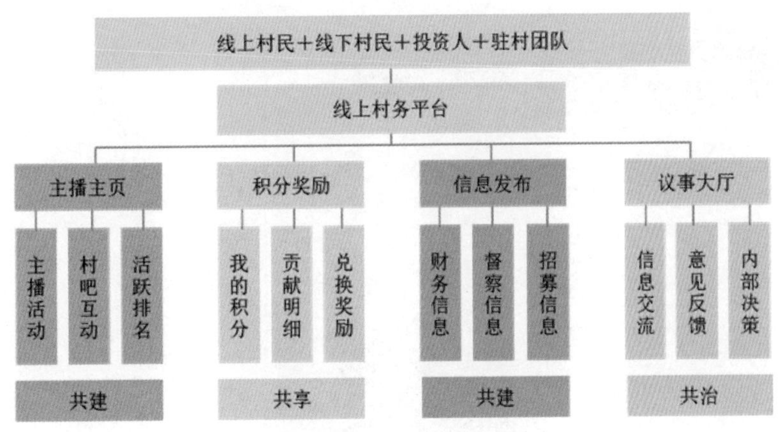


图 3-61 线上村务平台构建

## 3.7 楼上之上，流联古今

构建综合平台，促进资源共享：构建云端楼上综合应用程序，促进信息流、资金流、人流等资源在楼上的直播产业、旅游产业、空间营造、乡村治理方面实现资源共享协同与互惠互利，可根据资金充裕程度选择 APP 或小程序等不同开发模式，通过逐步引导用户参与到直播互动——旅游体验——资本投入——参与治理这一流程。

降低投入成本，多元平台跳转：云端楼上综合平台下设第三方 APP 跳转链接，直播板块主要依托“淘宝村播”“花椒直播”等平台，楼上旅游板块链接抖音、快手短视频社交平台及携程等旅游平台，线下定制游线、空间营造与乡村治理环节则通过开发云端楼上集成平台自我实现。

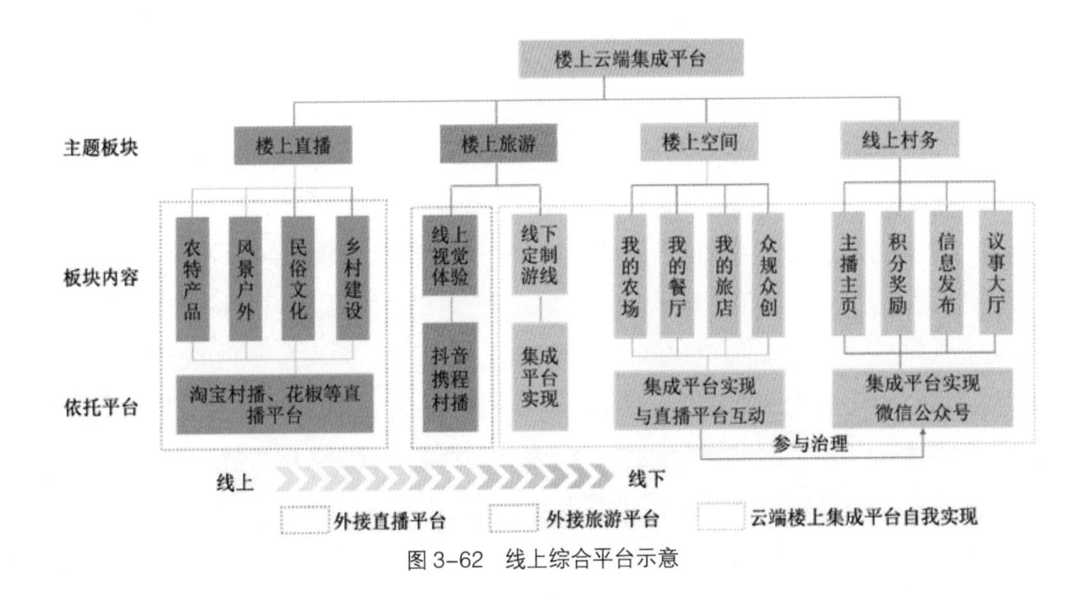


图 3-62 线上综合平台示意

图 3-63　各线上平台示意

# 4　结语

宗传姬旦沧桑远，诗书翰墨道脉长。流联古今谏议觅，融融共生心安乡。

青山绿水，热情淳朴，楼上古村仿若许多人心中的世外桃源。隐匿山间，声名不响，使其保有原真，却也使其稍显黯淡，已有的传统且单一的发展模式已难以支撑楼上古村进一步发展。明者因时而变，知者随事而制，于人如此，于村亦如此。乡村不可一成不变，乡村发展的路径亦与时代背景紧密相关。我们来到楼上村，希望寻找它的可变之处，却不希望它变得面目全非。我们希望通过线上线下融合的路径，让以移动互联网为代表的信息技术为楼上村赋能，在原乡保有特质的基础上，使其活出自信、活出自身特色，在平淡中活出自己的精彩。

# 上新了！楼上

## 全国三等奖

【参赛院校】 华中科技大学建筑与城市规划学院

【参赛学生】

刘晨阳

万 舸

况 易

郑天铭

【指导老师】

黄亚平

单卓然

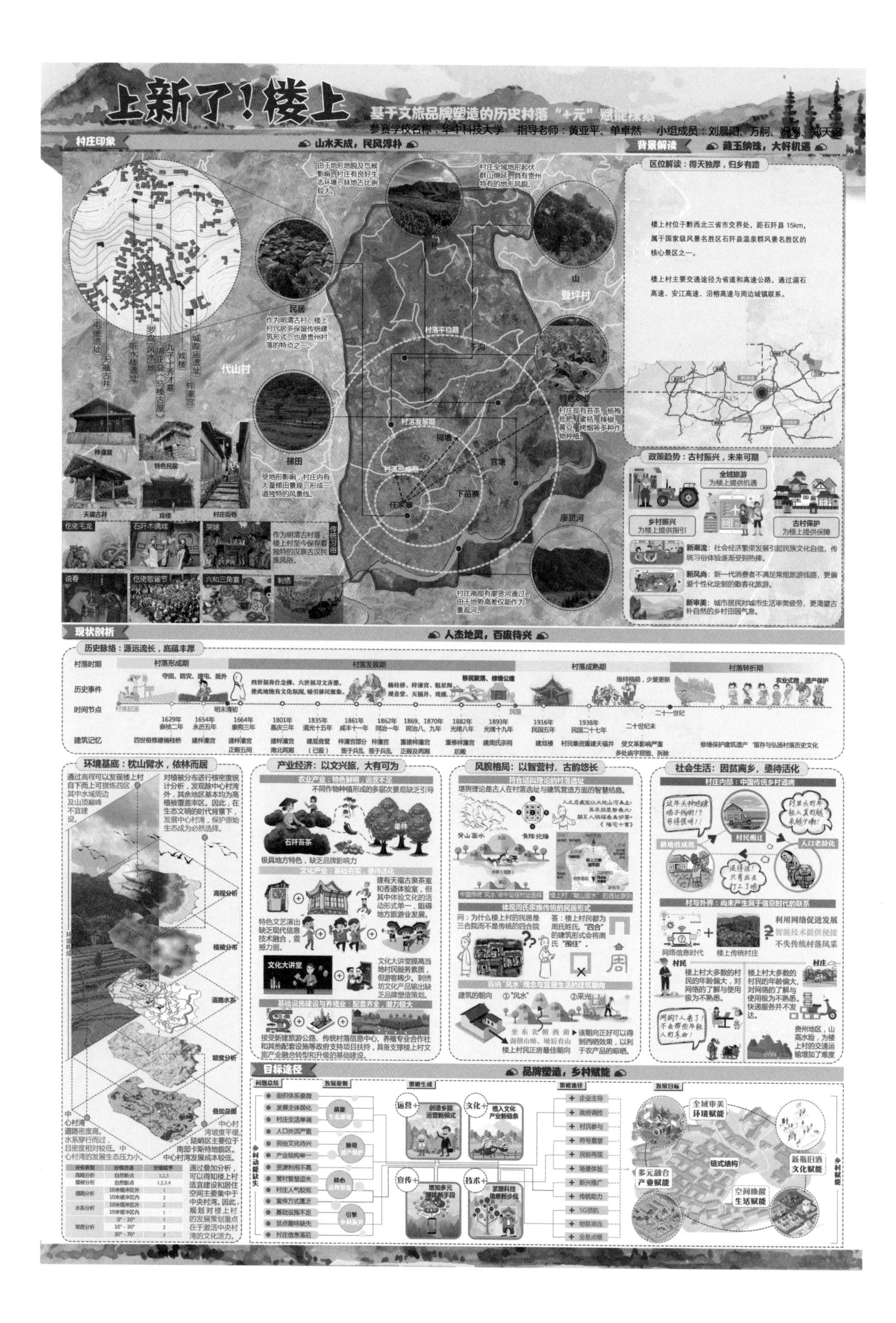
上新了！楼上
基于文旅品牌塑造的历史村落"+元"赋能探索
参赛学校名称：华中科技大学　指导老师：黄亚平、单卓然
村庄印象
山水天成，民风淳朴
背景解读
藏玉纳珠，大好机遇
区位解读：得天独厚，归乡有路
楼上村位于黔西北三省市交界处，距石阡县15km，属于国家级风景名胜区石阡县温泉群风景名胜区的核心景区之一。
楼上村主要交通途径为省道和高速公路，通过湄石高速、安江高速、沿榕高速与周边城镇联系。
政策趋势：古村振兴，未来可期
全域旅游
为楼上提供机遇
乡村振兴
为楼上提供指引
古村保护
为楼上提供保障
民居
梯田
代山村
登坪村
廖贤河
村落平稳期
村落发展期
村落形成期
闹塘
官塘
下苗寨
任家寨
现状剖析
人杰地灵，百废待兴
历史脉络：源远流长，底蕴丰厚
村落时期
历史事件
时间节点
建筑记忆
村落形成期
村落发展期
村落成熟期
村落转折期
1629年
1654年
1664年
1801年
1835年
1861年
1862年
1882年
1893年
1916年
1938年
二十世纪末
二十一世纪
环境基底：枕山背水，依林而居
高程分析
植被分布
道路水系
坡度分析
叠加总图
产业经济：以文兴旅，大有可为
农业产业：特色鲜明，运营不足
石阡苔茶
文化大讲堂
风貌格局：以智营村，古韵悠长
符合堪舆理论的村落选址
体现同氏宗族传统的民居形式
社会生活：因贫离乡，亟待活化
村庄内部：中国传统乡村通病
村民搬迁
耕地被抛荒
人口老龄化
村与外界：尚未产生属于信息时代的联系
网络信息时代
楼上传统村庄
利用网络促进发展
目标途径
品牌塑造，乡村赋能
问题总结
发展原则
策略生成
策略途径
发展目标
运营+
文化+
宣传+
技术+
全域审美
环境赋能
新瓶旧酒
文化赋能
多元融合
产业赋能
空间唤醒
生活赋能
链式结构
乡村赋能

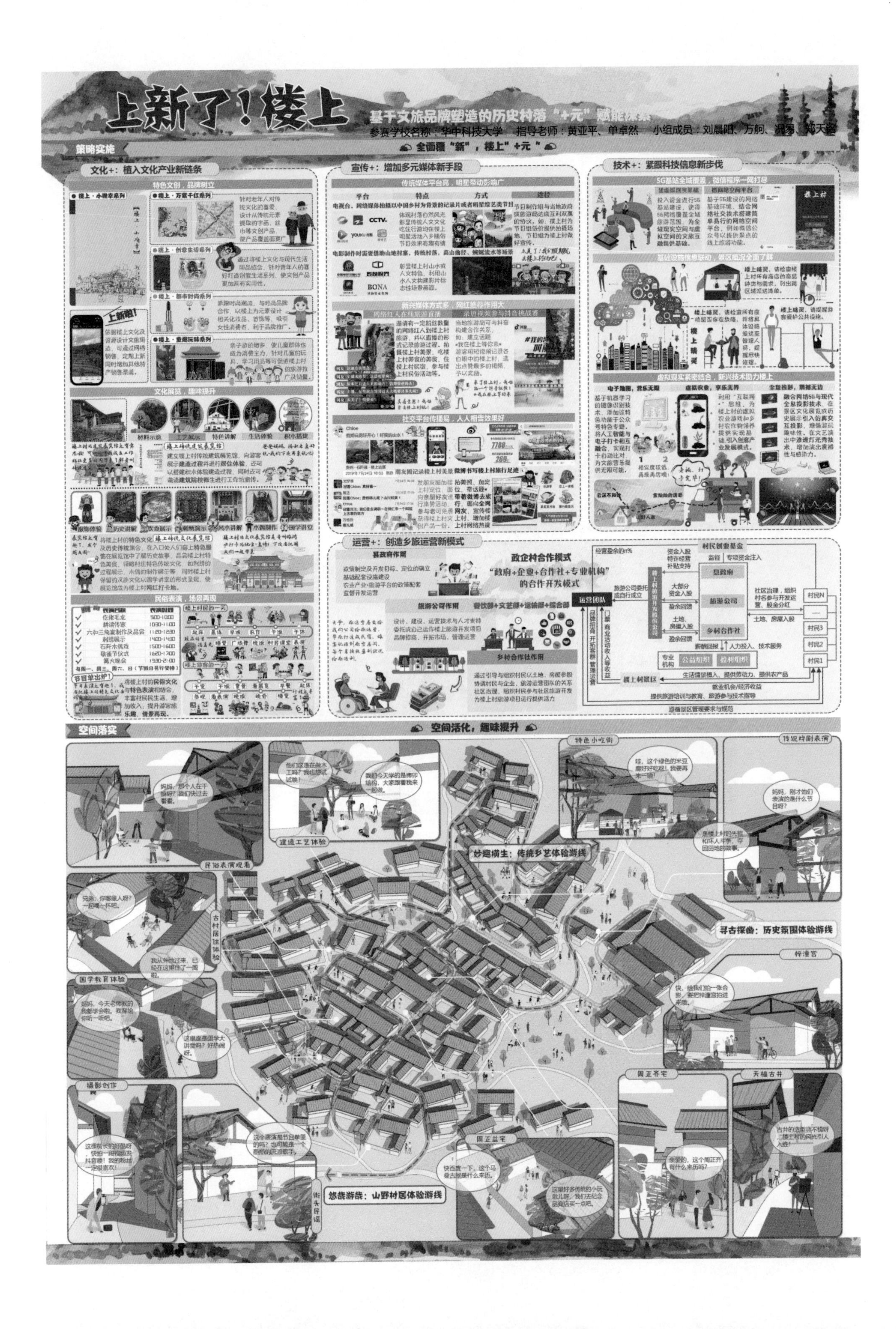
上新了！楼上
基于文旅品牌塑造的历史村落"+元"赋能探索
参赛学校名称：华中科技大学 指导老师：黄亚平、单卓然 小组成员：刘晨阳、方舸、况勇、郑天铭
策略实施
全面稼"新"，楼上"+元"
文化+：植入文化产业新链条
宣传+：增加多元媒体新手段
技术+：紧跟科技信息新步伐
运营+：创造乡旅运营新模式
政企村合作模式
"政府+企业+合作社+专业机构"的合作开发模式
空间落实
空间活化，趣味提升
妙趣横生：传统乡艺体验游线
寻古探幽：历史氛围体验游线
悠哉游哉：山野村居体验游线

# 循叙叠合

全国三等奖

【参赛院校】 苏州科技大学建筑与城市规划学院

【参赛学生】 孙海烨 王灏丞 郑冠宇 刘家瑜 梁 冰 赵 越

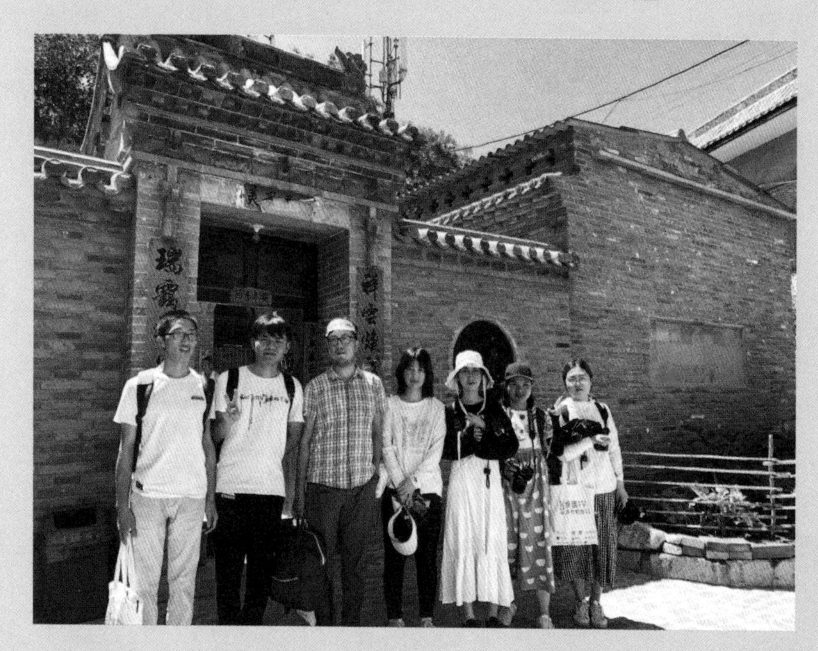

【指导老师】 王振宇 蒋灵德

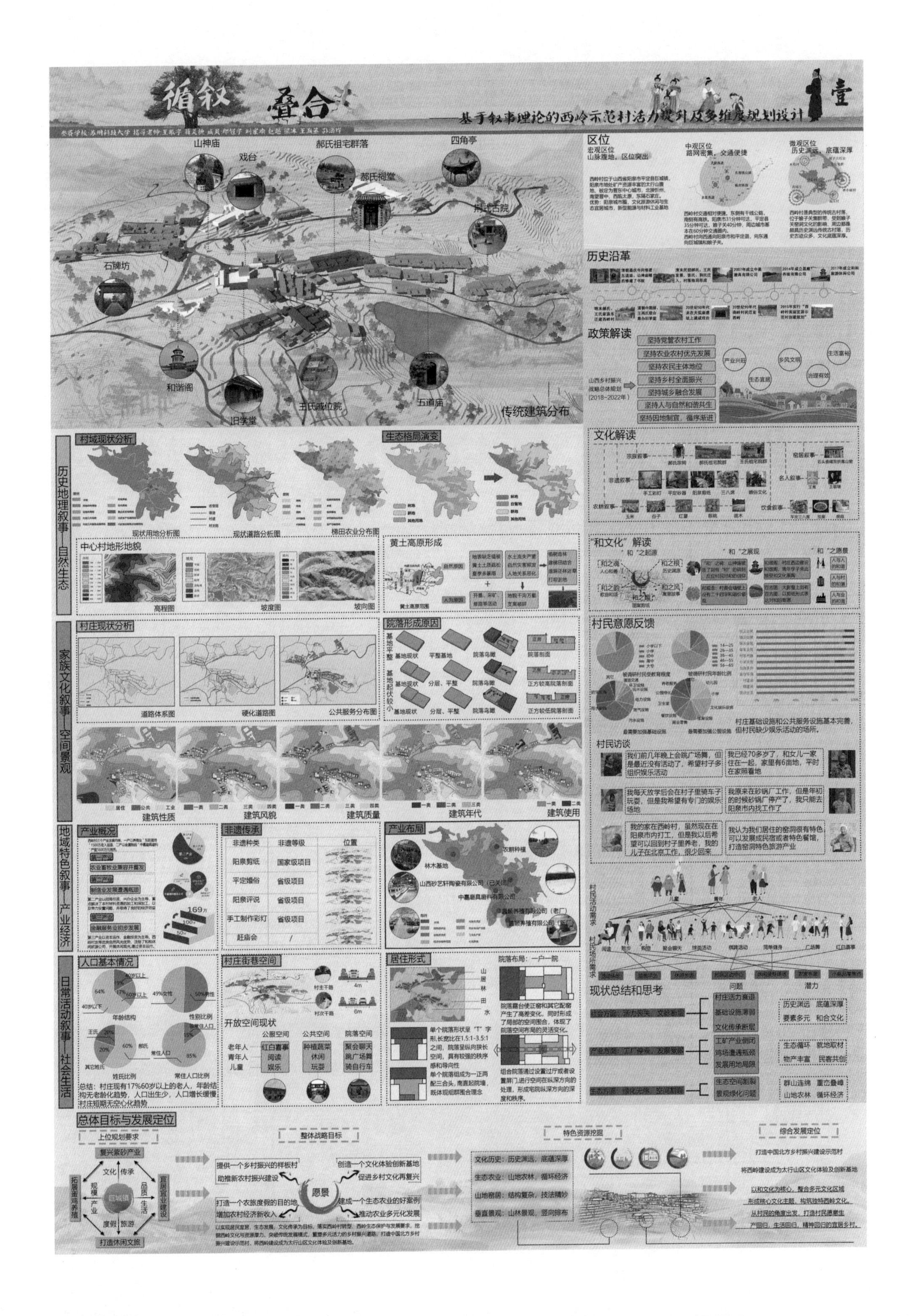


| 非遗种类 | 非遗等级 | 位置 |
|---|---|---|
| 阳泉剪纸 | 国家级项目 | |
| 平定婚俗 | 省级项目 | |
| 阳泉评说 | 省级项目 | |
| 手工制作彩灯 | 省级项目 | |
| 赶庙会 | / | |

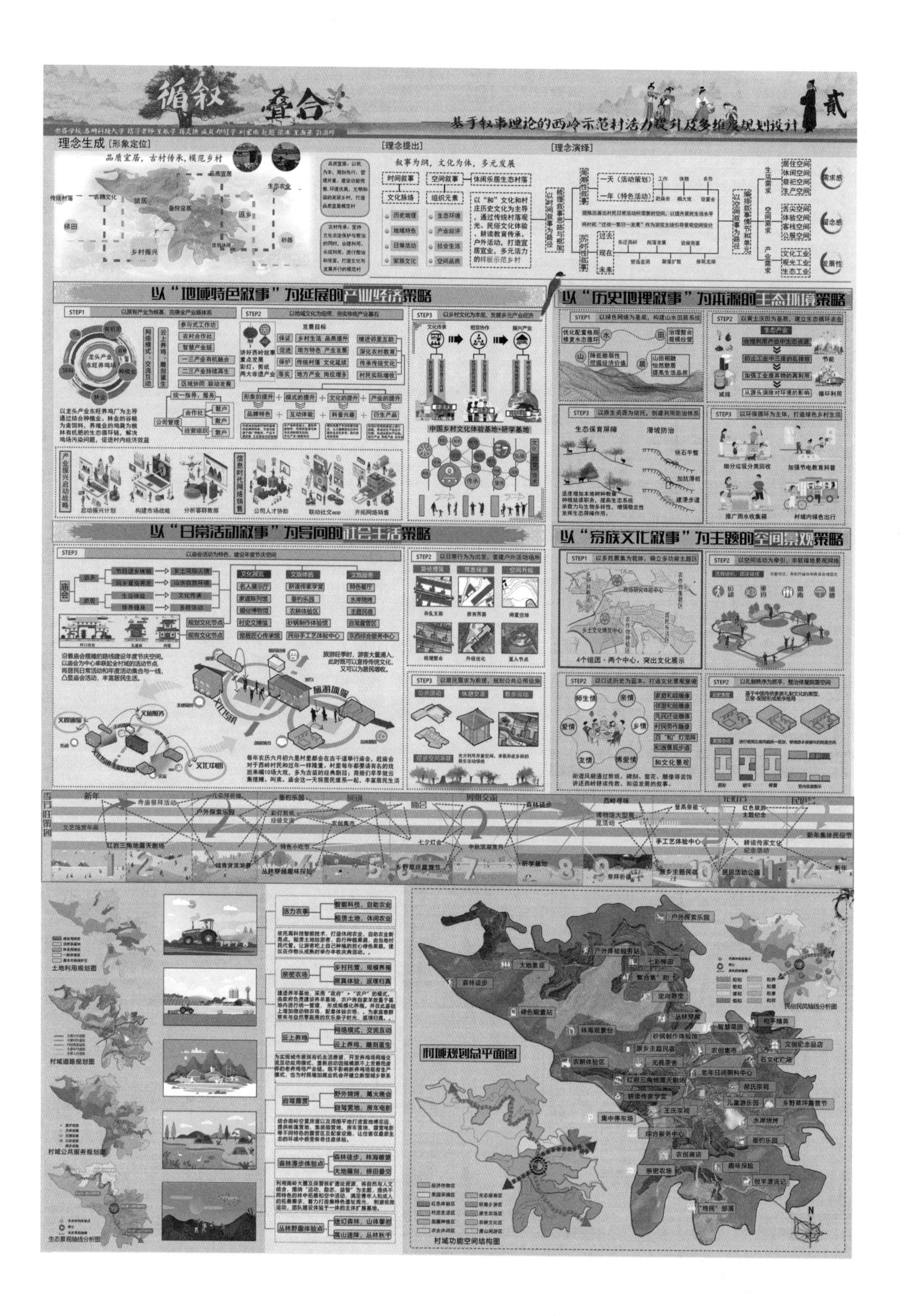
循叙 叠合
基于叙事理论的西岭示范村活力提升及多维度规划设计
贰
理念生成［形象定位］
品质宜居，古村传承，模范乡村
［理念提出］
叙事为纲，文化为体，多元发展
［理念演绎］
以“地域特色叙事”为延展的产业经济策略
以“历史地理叙事”为本源的生态环境策略
以“日常活动叙事”为导向的社会生活策略
以“家族文化叙事”为主题的空间景观策略
中国乡村文化体验基地+研学基地
4个组团·两个中心，突出文化展示
村域规划总平面图
土地利用规划图
村域道路规划图
村域公共服务规划图
生态景观轴线分析图
民俗民风轴线分析图
村域功能空间结构图

# 砂聚药缘　人熙窑乡

全国三等奖

【参赛院校】　山东建筑大学建筑城规学院

【参赛学生】

付晓荻　兰文尧　刘泽慧

刘笑寒　尹御山　季文昊

【指导老师】

齐慧峰

段文婷

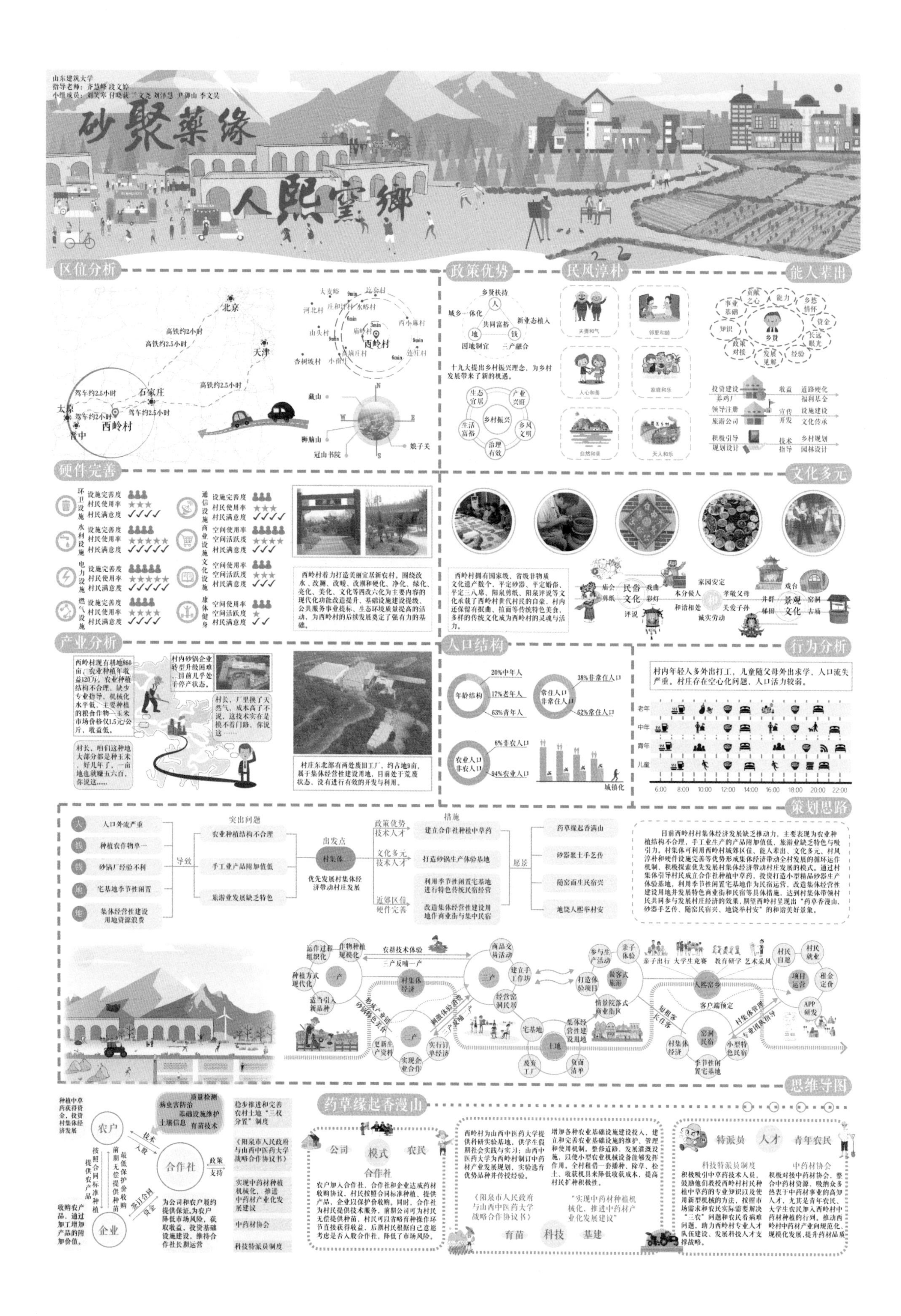
山东建筑大学
指导老师：齐慧峰 段文婷
小组成员：刘笑寒 付晓荻 文尧 刘泽慧 尹御山 李文昊
砂聚藥缘
人熙窑鄉
区位分析
北京
天津
石家庄
太原
晋中
西岭村
高铁约2小时
高铁约2.5小时
高铁约2.5小时
驾车约2小时
驾车约2.5小时
驾车约2.5小时
藏山
狮脑山
冠山书院
娘子关
政策优势
乡贤扶持
城乡一体化
共同富裕
新业态植入
因地制宜
三产融合
十九大提出乡村振兴理念、为乡村发展带来了新的机遇。
生态宜居
产业兴旺
乡村振兴
生活富裕
乡风文明
治理有效
民风淳朴
能人辈出
事业基础
贡献之心
能力
乡愁情怀
资金
知识
乡贤
长远眼光
政策对接
发展见解
经验
投资建设
养鸡厂
领导注册
旅游公司
积极引导
规划设计
收益
道路硬化
福利基金
宣传
开发
设施建设
文化传承
技术
指导
乡村规划
园林设计
硬件完善
环卫设施
设施完善度
村民使用率
村民满意度
水利设施
设施完善度
村民使用率
村民满意度
电力设施
设施完善度
村民使用率
村民满意度
燃气设施
设施完善度
村民使用率
村民满意度
通信设施
设施完善度
村民使用率
村民满意度
商业设施
空间使用率
空间活跃度
村民满意度
文化设施
空间使用率
空间活跃度
村民满意度
康体健身
空间使用率
空间活跃度
村民满意度
西岭村着力打造美丽宜居新农村。围绕改水、改厕、改暖、改潮和硬化、净化、绿化、亮化、美化、文化等四改六化为主要内容的现代化功能改造提升、基础设施建设提级、公共服务事业提标、生态环境质量提高的活动，为西岭村的后续发展奠定了强有力的基础。
文化多元
西岭村拥有国家级、省级非物质文化遗产数个，平定砂器、平定婚俗、平定三八席、阳泉剪纸、阳泉评说等文化承载了西岭村世代村民的自豪，村内还保留有抿曲、拉面等传统特色美食，多样的传统文化成为西岭村的灵魂与活力。
庙会
剪纸
民俗文化
戏曲
彩灯
评说
家园安定
本分做人
和谐相处
诚实劳动
孝敬父母
关爱子孙
戏台
井群
梯田
景观文化
窑洞
古庙
产业分析
西岭村现有耕地860亩，农业种植年收益120万。农业种植结构不合理，缺少专业指导，机械化水平低，主要种植的粮食作物—玉米市场价格仅1.5元/公斤，收益低。
村内砂锅企业转型升级困难，目前几乎处于停产状态。
村长，厂里换了天然气，成本高了不说，这技术实在是摸不着门路，你说这……
村长，咱们这种地大部分都是种玉米，好几年了，一亩地也就赚五六百，你说这......
村庄东北部有两处废旧工厂，约占地9亩，属于集体经营性建设用地，目前处于荒废状态，没有进行有效的开发与利用。
人口结构
年龄结构
20%中年人
17%老年人
63%青年人
常住人口
非常住人口
38%非常住人口
62%常住人口
农业人口
非农人口
6%非农人口
94%农业人口
城镇化
行为分析
村内年轻人多外出打工，儿童随父母外出求学，人口流失严重。村庄存在空心化问题，人口活力较弱。
老年
中年
青年
儿童
6:00
8:00
10:00
12:00
14:00
16:00
18:00
20:00
22:00
策划思路
人口外流严重
种植农作物单一
砂锅厂经验不利
宅基地季节性闲置
集体经营性建设用地资源浪费
导致
突出问题
农业种植结构不合理
手工业产品附加值低
旅游业发展缺乏特色
出发点
村集体
优先发展村集体经济带动村庄发展
政策优势
技术人才
文化多元
技术人才
近郊区位
硬件完善
措施
建立合作社种植中草药
打造砂锅生产体验基地
利用季节性闲置宅基地进行特色传统民宿经营
改造集体经营性建设用地作商业街与集中民宿
愿景
药草缘起香满山
砂器聚士手艺传
随窑而生民宿兴
地饶人熙举村安
目前西岭村村集体经济发展缺乏推动力，主要表现为农业种植结构不合理，手工业生产的产品附加值低，旅游业缺乏特色与吸引力。村集体可利用西岭村城郊区位、能人辈出、文化多元、村风淳朴和硬件设施完善等优势形成集体经济带动全村发展的循环运作机制，积极探索优先发展村集体经济带动村庄发展的模式。通过村集体引导村民成立合作社种植中草药，投资打造小型精品砂器生产体验基地，利用季节性闲置宅基地作为民宿运营，改造集体经营性建设用地并发展特色商业街和民宿等具体措施，达到村集体带领村民共同参与发展村庄经济的效果，期望西岭村呈现出“药草香漫山、砂器手艺传、随窑民宿兴、地饶举村安”的和谐美好景象。
运作过程组织化
作物种植规模化
种植方式现代化
适当引入新品种
一产
村集体经济
农耕技术体验
三产反哺一产
二产
更新生产资料
实现企业合作
实行订单经济
三产
商品交易活动
建立手工作坊
经营窑洞民居
宅基地
土地
集体经营性建设用地
废弃工厂
负面清单
参与生产活动
亲子体验
打造体验项目
做客式旅游
情景院落式商业街区
亲子出行
大学生竞赛
教育研学
艺术采风
人熙窑乡
客户端预定
窑洞民宿
村集体经济
小型特色民宿
季节性闲置宅基地
村民自愿
村民就业
项目运营
租金定价
APP研发
村集体管理
专业团队指导
思维导图
种植中草药获得资金，投资村集体经济发展
农户
合作社
企业
技术
入股
政策
支持
签订合同
资金
按照合同标准种植
提供农产品
前期无偿提供种苗
最低保护价收购
质量检测
病虫害防治
基础设施维护
土壤信息
育苗技术
收购农产品，通过加工增加产品的附加价值。
为公司和农户履约提供保证，为农户降低市场风险，获取收益，投资基础设施建设，维持合作社长期运营
稳步推进和完善农村土地“三权分置”制度
《阳泉市人民政府与山西中医药大学战略合作协议书》
实现中药材种植机械化，推进中药材产业化发展建议
中药材协会
科技特派员制度
药草缘起香漫山
公司
模式
农民
合作社
农户加入合作社，合作社和企业达成药材收购协议，村民按照合同标准种植、提供产品，企业以保护价收购。同时，合作社为村民提供技术服务，前期公司可为村民无偿提供种苗，村民可以省略育种操作环节直接获得收益，后期村民根据自己意愿考虑是否入股合作社，降低了市场风险。
西岭村为山西中医药大学提供科研实验基地，供学生假期社会实践与实习；山西中医药大学为西岭村制订中药材产业发展规划，实验选育优势品种并传授经验。
增加各种农业基础设施建设投入，建立和完善农业基础设施的维护、管理和使用机制。整修道路，发展灌溉设施，以使小型农业机械设备能够发挥作用。全村租借一套播种、除草、松土、收获机具来降低收获成本，提高村民扩种积极性。
《阳泉市人民政府与山西中医药大学战略合作协议书》
“实现中药材种植机械化，推进中药材产业化发展建议”
育苗
科技
基建
特派员
人才
青年农民
科技特派员制度
积极吸引中草药技术人员，鼓励他们教授西岭村村民种植中草药的专业知识以及使用新型机械的方法，按照市场需求和农民实际需要解决“三农”问题和农民看病难问题，助力西岭村专业人才队伍建设、发展科技人才支撑战略。
中药材协会
积极对接中药材协会，整合中药材资源，吸纳众多热衷于中药材事业的高知人才，尤其是青年农民、大学生农民加入西岭村中药材种植的行列，推动西岭村中药材产业向规范化、规模化发展，提升药材品质。

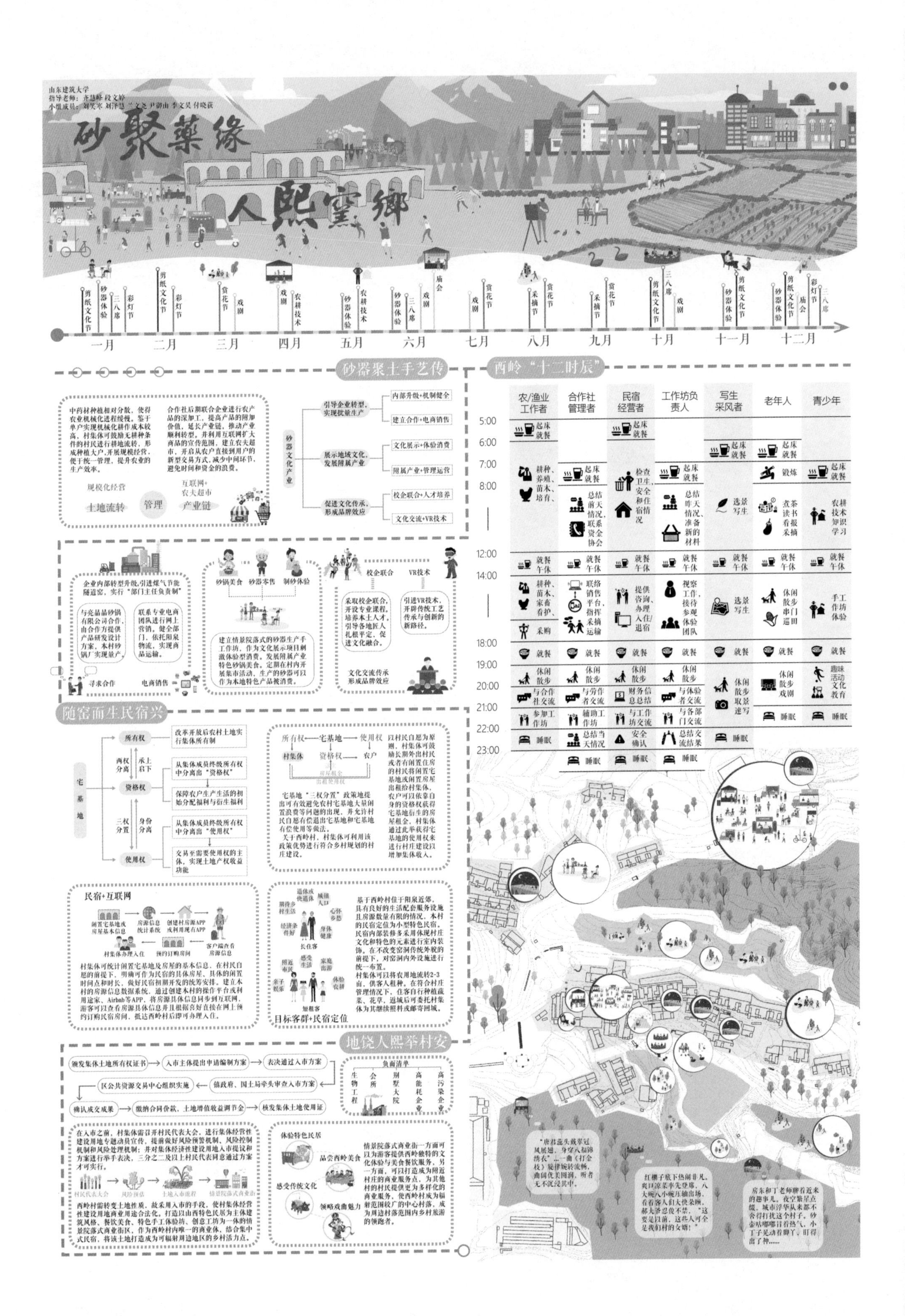
山东建筑大学
指导老师：齐慧峰 段文婷
小组成员：刘笑寒 刘泽慧 兰文之 尹御山 李文昊 付晓获
砂聚藥缘
人熙窑乡
一月 二月 三月 四月 五月 六月 七月 八月 九月 十月 十一月 十二月
砂器聚土手艺传
中药材种植相对分散，使得农业机械化进程缓慢。鉴于单户实现机械化耕作成本较高，村集体可鼓励无耕种条件的村民进行耕地流转，形成种植大户，开展规模经营，便于统一管理，提升农业的生产效率。
合作社后期联合企业进行农产品的深加工，提高产品的附加价值，延长产业链，推动产业顺利转型，并利用互联网扩大商品的宣传范围，建立农夫超市，开启从农户直接到用户的新型交易方式，减少中间环节，避免时间和资金的浪费。
规模化经营
土地流转
管理
互联网+农夫超市
产业链
砂器文化产业
引导企业转型，实现批量生产
内部升级+机制健全
建立合作+电商销售
展示地域文化，发展附属产业
文化展示+体验消费
附属产业+管理运营
促进文化传承，形成品牌效应
校企联合+人才培养
文化交流+VR技术
企业内部转型升级，引进煤气节能隧道窑，实行“部门主任负责制”
与亮晶晶砂锅有限公司合作，由合作方提供产品研发设计方案，本村砂锅厂实现量产。
联系专业电商团队进行网上营销，健全部门，依托阳泉物流，实现商品运输。
寻求合作
电商销售
砂锅美食 砂器零售 制砂体验
建立情景院落式的砂器生产手工作坊，作为文化展示项目刺激体验型消费。发展附属产业特色砂锅美食。定期在村内开展集市活动，生产的砂器可以作为本地特色产品被消费。
校企联合 VR技术
采取校企联合，开设专业课程，培养本土人才，引导各地匠人扎根平定，促进文化融合。
引进VR技术，开辟传统工艺传承与创新的新路径。
文化交流传承形成品牌效应
随窑而生民宿兴
宅基地
所有权
改革开放后农村土地实行集体所有制
两权分离
承上启下
资格权
从集体成员终极所有权中分离出“资格权”
保障农户生产生活的初始配置福利与衍生福利
三权分置
身份分离
使用权
从集体成员终极所有权中分离出“使用权”
交易至需要使用权的主体，实现土地产权收益功能
所有权←宅基地→使用权
村集体 资格权→农户
以村民自愿为原则，村集体可鼓励长期外出村民或者有闲置住房的村民将闲置宅基地或闲置房屋出租给村集体，农户可以依靠自身的资格权获得宅基地衍生的房屋租金，村集体通过此举获得宅基地的使用权来进行村庄建设以增加集体收入。
宅基地“三权分置”政策地提出可有效避免农村宅基地大量闲置浪费等问题的出现，并允许村民自愿有偿退出宅基地和宅基地有偿使用等做法。
关于西岭村，村集体可利用该政策优势进行符合乡村规划的村庄建设。
民宿+互联网
闲置宅基地或房屋基本信息
房源信息统计系统
创建村房源APP或利用现有APP
客户端查看房源信息
预约订购房间
村集体办理入住
村集体可统计闲置宅基地及房屋的基本信息，在村民自愿的前提下，明确可作为民宿的具体房屋、具体的闲置时间点和时长，做好民宿积极开发的统筹安排。建立本村的房源信息数据系统，通过创建本村的操作平台或利用途家、Airbnb等APP，将房源具体信息同步到互联网，游客可以查看房源具体信息并且根据喜好直接在网上预约订购民宿房间，抵达西岭村后即可办理入住。
基于西岭村位于阳泉近郊，具有良好的生活配套服务设施且房源数量有限的情况，本村的民宿定位为小型特色民宿。民宿内部装修多采用体现村庄文化和特色的元素进行室内装饰。在不改变窑洞传统外貌的前提下，对窑洞内外设施进行统一布置。
村集体可以将农用地流转2-3亩，供客人租种。在客台村庄管理情况下，在客自行种植蔬菜、花草，返城后可委托村集体为其继续照料或邮寄回城。
长住客
短租客
目标客群+民宿定位
地饶人熙举村安
领发集体土地所有权证书
入市主体提出申请编制方案
表决通过入市方案
区公共资源交易中心组织实施
镇政府、国土局牵头审查入市方案
确认成交底价
缴纳合同价款、土地增值收益调节金
核发集体土地使用证
负面清单
生物工程
会所
别墅大院
高能耗企业
高污染企业
在入市之前，村集体需召开村民代表大会，进行集体经营性建设用地专题动员宣传，提前做好风险预警机制、风险控制机制和风险处理机制；并对集体经济性建设用地入市提议和方案进行举手表决，三分之二及以上村民代表同意通过方案才可实行。
村民代表大会 风险预估 土地入市流程 情景院落式商业街
西岭村需转变土地性质，故采用入市的手段，使村集体经营性建设用地商业用途合法化，打造以山西特色民居为主体建筑风格、餐饮美食、特色手工体验坊、创意工坊为一体的情景院落式商业街区，作为西岭村唯一的商业街，结合集中式民宿，将该土地打造成为可辐射周边地区的乡村活力点。
体验特色民居
品尝西岭美食
感受传统文化
领略戏曲魅力
情景院落式商业街一方面可以为游客提供西岭独特的文化体验与美食餐饮服务，另一方面，可以打造成为附近村庄的商业服务点，为其他村的村民提供更为多样化的商业服务，使西岭村成为辐射范围较广的中心村落，成为周边村落范围内乡村旅游的领跑者。
西岭“十二时辰”
农/渔业工作者
合作社管理者
民宿经营者
工作坊负责人
写生采风者
老年人
青少年
5:00 6:00 7:00 8:00 12:00 14:00 18:00 19:00 20:00 21:00 22:00 23:00
起床就餐
耕种、养殖、苗木、培育、
总结前天情况，联系资金协会
检查卫生、安全和住宿情况
总结昨天情况、准备新的材料
选景写生
锻炼
煮茶读书看报采摘
农耕技术知识学习
就餐午休
耕种、苗木、家畜看护、
采购
联络销售平台，指挥采摘运输
提供咨询、办理入住/退宿
视察工作，接待参观体验团队
休闲散步串门巡田
手工作坊体验
就餐
休闲散步
与合作社交流
与劳作者交流
财务信息总结
与体验者交流
休闲散步取景速写
休闲散步戏剧
趣味活动文化教育
参加工作坊
辅助工作坊
与工作坊交流
与各部门交流
睡眠
总结当天情况
安全确认
总结交流结果
“唐君蕊头戴翠冠凤展翅，身穿八福锦绣衣”…一曲《打金枝》旋律婉转流畅，曲调优美圆润，听者无不沉浸其中。
红棚子底下热闹非凡。爽口凉菜率先登席，八大碗八小碗压轴出场，看着客人们大快朵颐，郝大爷忍俊不禁，“这要是以前，这些人可全是我们村的女婿！”
房东和丁老师聊着近来的趣事儿。夜空繁星点缀，城市浮华从来都不舍得打扰这个村子。砂壶咕嘟嘟冒着热气，小丁子晃动着脚丫，盯得出了神……

# 第四部分

# 乡村户厕设计方案竞赛单元

- 2019年全国高等院校大学生乡村规划方案竞赛乡村户厕设计方案竞赛单元评优组评语
- 2019年全国高等院校大学生乡村规划方案竞赛乡村户厕设计方案竞赛单元评委名单
- 2019年全国高等院校大学生乡村规划方案竞赛乡村户厕设计方案竞赛单元决赛获奖名单
- 2019年全国高等院校大学生乡村规划方案竞赛乡村户厕设计方案竞赛单元获奖作品

# 2019年全国高等院校大学生乡村规划方案竞赛乡村户厕设计方案竞赛单元评优组评语

评优组合照

## 1. 背景情况

厕所革命是世界性的发展中国家的命题，也是党中央给予高度关注和推动的大事，关系着人民群众的卫生健康、社会的文明发展，也关系到自然环境与安全。虽然我们国家有着悠久的厕所建设历史，数十年来的爱国卫生运动也做出了世人关注的成就，但是仍有大量工作要做，特别是广大农村地区更加任重道远。

厕所革命对于乡村振兴战略的实施具有重要影响，今年竞赛中植入这个版块的探索，值得肯定，也非常有意义。从提交的作品来看，也不乏一些闪光点，当然有一些问题也值得特别关注。

本次竞赛乡村户厕设计单元共有 49 个完整作品进入评选，经过逆序淘汰、优选投票和评议环节，评出各等级奖项，最终结果为：一等奖 1 名，二等奖 2 名，三等奖 3 名，优秀奖 4 名，优胜奖 16 名，最佳研究奖 1 名，最佳创意奖 1 名。

### 2. 闪光点

概括起来包括：

第一，参赛团队关注到所选基地所在村庄的自然条件，包括四季温度和水资源状况，这对于厕所建设的技术选择具有重要意义。

第二，一些方案关注到村庄人口、经济和场地状况，这对于公厕的选址和建设标准同样非常重要，譬如一些发展旅游的村庄，可能建设标准就要高些，还要符合有关规定。

第三，部分方案关注到了技术体系的说明，特别是有的考虑了生态循环的处理机制甚至场地安排，体现了城乡规划学生综合性的特点。

### 3. 探究点

第一，普遍性的还是更加关注单体形式的设计，但是又受到专业技能的限制，具有创新性的方案不多。当然更重要的是，我们应当特别注意，不要把厕所设计又当成一次景观小品方案的竞赛，而忽略它背后的技术性和适用性。

第二，虽然相当部分关注到了技术问题，也从经济性等方面有所考虑，但是真正具有创新性的不多。很多是拿来主义，直接拷贝了其他文献中的图片，而没有根据实际情况进行在地性的改造，甚至也没有标注文献源引，这样在诚信等方面就会有很大问题。建议以后可以推荐些成熟的适用技术，并且在设计要求中特别注明，将生态环保、低碳、新能源利用、节水等作为优先考虑的标准。

第三，从提交的方案来看，大多选择的公厕，甚少有选择户厕的。当然这也是有原因的，因为户厕，无论是入院还是入户，都必然涉及农民住宅和庭院问题，还要考虑厕所在院落或者住宅里的位置和布局，同时也要考虑地域情况和厕所采用的技术及其适用性问题，情况就变得很复杂。公厕相对而言设计上可以灵活些，而且也是公共设施、公共空间，更容易引起规划专业学生的关注，这也是正常的。但实际上公共厕所也同样需要考虑选址和形态等一系列问题，甚至还涉及具有地域性特征的文化、习惯和气候等一系列问题，同时也要考虑与其他宅基地和农民住宅间的关系问题。

### 4. 小建议

厕所、厨房等在农村地区都值得高度关注，开展这些方面的调研和设计交流，具有重要意义。而且从相互交流和更全面地应对角度，应当特别强调跨专业的合作，让城乡规划的同学们和社会学、经济学、农学、建筑学、环境科学等专业背景的本科生、研究生合作开展调查和研究本身就具有重要意义，在设计上也会相互促进和弥补不足。专业机构也可以事先提供一些已经较为成熟的技术方案供同学们学习和使用，让竞赛提交的创意性方案更具落地性，在推进实践中发挥更大作用。

（以上内容由乡村委秘书处根据乡村户厕设计竞赛单元专家评审会意见整理发布。）

# 2019年全国高等院校大学生乡村规划方案竞赛

# 乡村户厕设计方案竞赛单元评委名单

| 序号 | 姓名 | 工作单位 | 职务 |
|---|---|---|---|
| 1 | 李京生 | 同济大学建筑与城市规划学院 | 教授 |
| 2 | 陈　波 | 贵州大学建筑与城市规划学院 | 系主任、副教授 |
| 3 | 张云彬 | 安徽农业大学林学与园林学院城乡规划系 | 系主任、教授 |
| 4 | 张忠国 | 北京建筑大学建筑与城市规划学院 | 教授 |
| 5 | 虞大鹏 | 中央美术学院建筑系 | 系主任、教授 |
| 6 | 陈洪斌 | 同济大学环境科学与工程学院 | 教授 |
| 7 | 耿　敬 | 上海大学社会学院 | 教授 |
| 8 | 齐　飞 | 农业农村部规划设计研究院 | 总工程师 |
| 9 | 范凌云 | 苏州科技大学建筑与城市规划学院 | 教授 |

# 2019年全国高等院校大学生乡村规划方案竞赛

## 乡村户厕设计方案竞赛单元决赛获奖名单

| 评优情况 | 序号 | 方案名称 | 院校名称 | 参赛学生 | 指导老师 |
|---|---|---|---|---|---|
| 一等奖 | 34-Y40 | “三生”万物，“厕”生其间 | 西北大学城市与环境学院 | 杜雅星 梅琳梓 贠 妍 于 溪 谢 超 王 晶 | 董 欣 刘 林 |
| 二等奖＋最佳研究奖 | 42-Z254 | 轮回之所 | 同济大学建筑与城市规划学院 | 施 翊 苏榆茜 周嘉宜 张羽丰 | 高晓昱 陆希刚 |
| 二等奖 | 10-Q02 | 内外兼修 “方便”楼上 | 华中科技大学建筑与城市规划学院 | 刘晨阳 万 舸 况 易 郑天铭 | 黄亚平 单卓然 |
| 三等奖＋最佳创意奖 | 35-Z30 | 众“所”周知 | 南京大学建筑与城市规划学院 | 邱瑞祥 刘沅沅 王雪梅 蒋欣怡 李民健 于昕彤 | 于 涛 |
| 三等奖 | 15-Q07 | 耕读传家，闻鸟归林 | 西安建筑科技大学建筑学院<br>北京建筑大学建筑与城市规划学院<br>重庆大学建筑城规学院 | 黄唐子 张晓意 黄天明 熊 乘 胡瑶瑶 | 田达睿 王 晶 |
| 三等奖 | 3-J03 | 乡村生活发生器 | 东北林业大学土木工程学院 | 邹天宇 师鑫雨 马倩丽 王 旌 贺易萌 施怡帆 | 焦 红 |
| 优秀奖 | 1-J01 | 归“0” | 西安建筑科技大学建筑学院 | 杨米加 刘 浩 李 婷 路易科 兰可染 黄建军 | 吴 锋 靳亦冰 |
| 优秀奖 | 19-Q12 | 栖居楼上心安吾乡 | 重庆大学建筑城规学院 | 官 钰 杨琬铮 蒋 迪 胡锦京 王莉娟 | 徐煜辉 闫水玉 |
| 优秀奖 | 25-W37 | 水缘秋山明·香山遍云起 | 东南大学建筑学院 | 李佳宇 王悦雯 刘辛遥 肖成玲 林筠茹 程俊杰 | 王海卉 阳建强 |
| 优秀奖 | 12-Q04 | 山涧，归源 | 六盘水师范学校建筑艺术学院 | 乔 蔓 齐海萍 王玲玲 罗 彩 李双邑 舒洪姗 | 范贤坤 |

说明：因为出版篇幅有限，故只刊登一、二、三等奖获奖作品。

# 2019年全国高等院校大学生乡村规划方案竞赛

## 乡村户厕设计方案竞赛单元获奖作品

# “三生”万物，“厕”生其间

全国一等奖

【参赛院校】 西北大学城市与环境学院

【参赛学生】

杜雅星　梅琳梓　贠　妍

于　溪　谢　超　王　晶

【指导老师】

董　欣　刘　林

# 方案介绍

## 一、序

冲下村位于广东省韶关市武江区龙归镇中部，距离镇区步行 5min，村内省道 S253、县道 318、城镇道路等区域交通网络强化对外交通，具有优良的交通区位。冲下村共有 7 个自然村，分别为龚屋、邹屋、郑屋、管屋、高屋、涂屋和黄岗岭，总户数为 503 户，户籍人口为 2322 人。

初入冲下，茫茫田野，潺潺流水，于世无奇。唯有群山中如此一湾，环水中如此一静，繁华中如此一景，喧嚣后如此一隅，才得天地之韵律，造化之机巧。

在调研过程中，我们思考着，厕所，一个具有释放哲学意味的建筑符号，在山水之间如何才能达到和谐？

已经进行过初步厕改的冲下，公共厕所的建设、粪污处理的资源化、生态化成为厕改的主要目标。

在冲下村农业转型升级，承载近郊功能的发展过程中，通过厕所的布点选址与不同建筑形制配合，试图以厕所为触媒，补充找寻村子中失落的公共空间和传统文化。

本土化的材料和装配式营建，意图成为冲下村三生空间中的一个个微型循环系统。

厕改设计中，遵循两条平行的路径：

山环水绕的冲下

（1）对冲下的“乡土”建构体系展开研究，梳理与当地自然资源（材料）、气候环境、复杂地形、生产与生活方式及文化特征相适应的如厕空间形制和稳定的建造特征，为保护乡村风貌寻找设计依据。

（2）运用轻钢＋改良夯土墙结构体系和装配式建造技术，植入新的建筑使用功能，适应各种环境，满足乡土营建周期，同时保证良好的建筑物理性能。

## 二、农业焕新，登庐赏田

乡村振兴，因农业兴而兴，产业兴旺是乡村振兴的重要基础，是解决农村一切问题的前提。

通过大力发展“一村一品”，推进特色鲜明的本土农产品创建品牌；以农旅融合打造精品旅游线路；农业升级转型，将为冲下村的农业和大片农田带来新的发展机遇。

此时设置在冲下村“外田”，与多种对外“农业＋”模式相配合的简易厕所，以其轻便的体量与灵活的高度调节装置成为田中可观览、可休憩，可参与耕作体验的“新庐”。

“庐者”，茅舍也，诗云“田庐岁不空，何须忧伏腊”。

独立的粪污处理装置又与农业种植中息息相关的灌溉活水结合，形成一套具有自净循环的创新处理系统。

如此“新庐”，既可行“茅”者之实，又可坐之小憩。登高赏田，是为田庐新解。

## 三、反哺草木，守山望水

乡村高速发展建设的过程，往往成为草木乡土与钢筋水泥的一场“战役”，美丽乡村是美丽中国的基本单元，留住乡村的绿水青山，才是留住了一代人心中的乡愁。

环山抱水的冲下村中散落生长着颇有些年头的树木，这些树伴随一代代冲下人成长，早已成为重要的空间和精神意义上的家园。

厕所设计采用本土轻便的竹子材料，且使用对土壤环境影响较弱的传统竹木搭接结构，一方面意图为树木圈留出合理的保护范围，另一方面半层平台设计也为村民留住了亲近树木的记忆。

雏既壮而能飞兮，乃衔食而反哺，这些年发展过程中的“水土易变”，难免使得草木凋零，这些树木的“亚健康”也成为常态。

“小型半地下生物膜处理池＋渗流井”的粪污收集净化系统，使得从小在树下长大的冲下人，得其荫蔽，顺之“反哺”。

念草木恩，守山水之魂；

聚人间气，赏田周之美；

谓之“守望者”。

客家人的“歌台”

## 四、正本清源，厕展新颜

乡村在地缘、血缘、人缘、业缘等方面迥异于城市，乡村人居环境也直接反映在不同层面的村落空间上，冲下村近些年的发展，折射出了绝大多数中国乡村面临的窘境：随着现代化浪潮浩荡向前，不仅代表“旧文明”的乡村古建筑一度风雨飘零，村子里的传统文化空间也逐渐失落。

以冲下村排屋以及一部分修建年代较早的联排夯土平房为代表，选取其中客家精神代表空间祠堂前的弃置旧屋进行改造，拆除原来夯土墙体，植入新型轻钢结构，并将新结构与保留的夯土墙体相互脱离，避免土墙承受新建筑的受力荷载墙体，实际采用轻质钢结构承重，挑出与屋顶间的间隙保证整个厕所的通风。屋顶同样选择改良后的穿檐结构，不断重构创新，试图唤起对于传统营建的记忆。

同时，对祠堂前客家人“风水”观中的“风水塘”进行水体去营养化，采用湿地梯级净化，化“黑水”入荷塘，正本清源，修复生态环境，有意识地营造积极空间，在空间里引导活动，重新唤醒原住民的文化自觉，正是池畔旧房，“屋”尽其用，修缮焕新，“厕”展新颜。

## 五、呼朋引客，见岛留人

城市与乡村之间，最初因为个体的介入，引发了稍具规模的联动。但乡村与城镇之间的交流不是简单的互动，要让村民作主角，得到切实的文化获得感；对乡村，要将传统文化推出去，作为要承担城镇近郊村功能的冲下村，这种推介更要切中城市人的情感需求，多些接地气的共鸣。

在村中各级道路旁以及冲下村“内田”所设置的这种造价便宜、可装配的竹木结构厕所，正如一座座浮岛，在随处可设的“岛”上增设充电设施、农具储存等小功能单元。

在地广人稀的农村，耕者、来客多觉不便。农产升级后，田亩打开，呼朋引伴；精耕细作，便利生产；“便利岛”应运而生。见“岛”而留人，“岛”随人而动。

## 六、跋

南岭风光，俊美万千，归去来兮间，
领略海冻珊瑚万里沙，
炎方六出尽成花。
城市居民久囿樊笼，
向往风蒲猎猎小池塘、稻田鱼米飘香；
农村老乡理田炊耕，
期待陈业焕产，宗族兴旺。
涸藩其中，静坐觅诗句，放松听清泉，
正是天地逍遥去处。

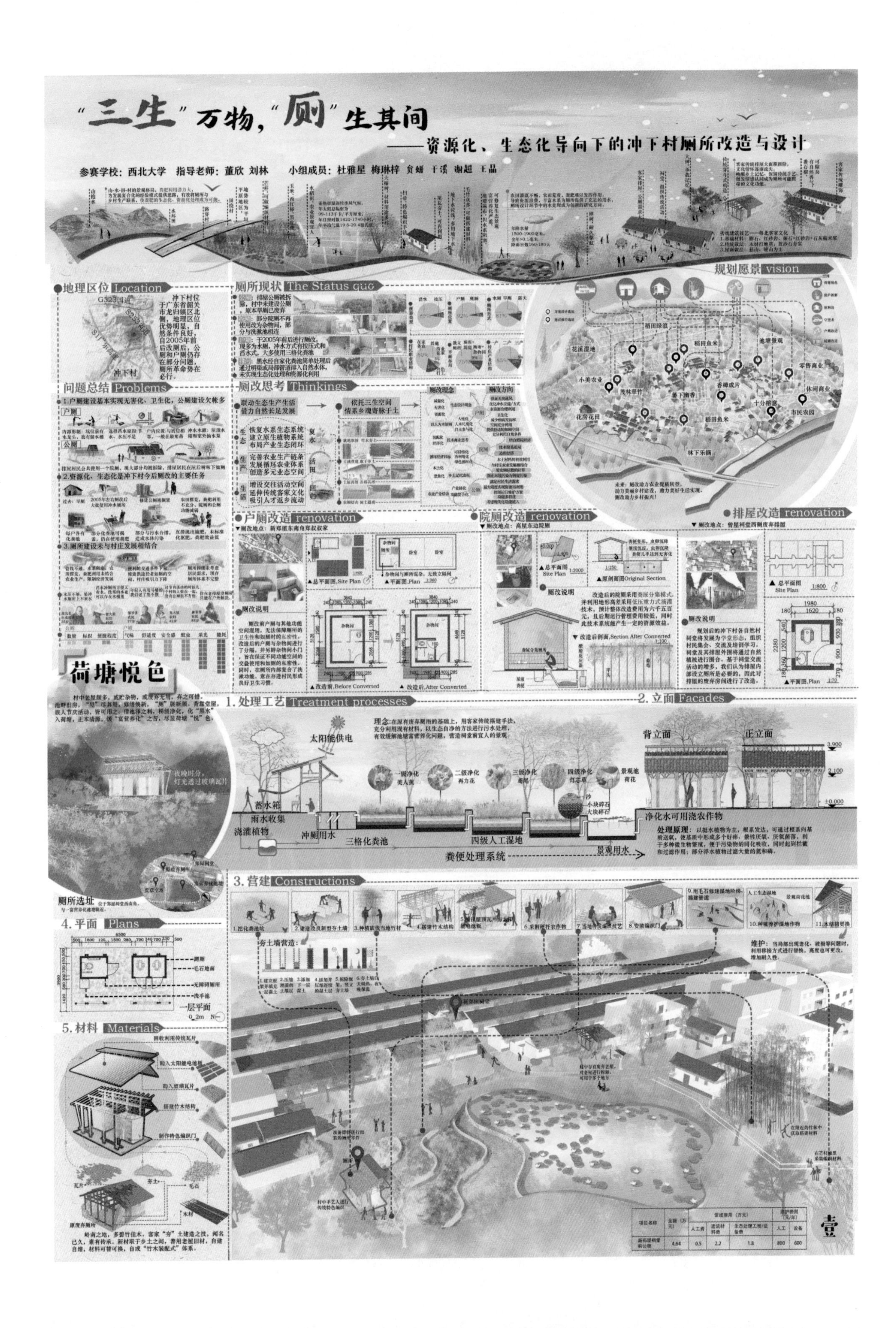

“三生”万物，“厕”生其间
——资源化、生态化导向下的冲下村厕所改造与设计
参赛学校：西北大学 指导老师：董欣 刘林 小组成员：杜雅星 梅琳梓 贠妍 王溪 谢超 王晶
地理区位 Location
厕所现状 The Status quo
规划愿景 vision
问题总结 Problems
厕改思考 Thinkings
户厕改造 renovation
院厕改造 renovation
排屋改造 renovation
荷塘悦色
1. 处理工艺 Treatment processes
2. 立面 Facades
背立面
正立面
太阳能供电
蓄水箱
雨水收集
浇灌植物
冲厕用水
三格化粪池
四级人工湿地
粪便处理系统
景观用水
净化水可用浇农作物
3. 营建 Constructions
4. 平面 Plans
一层平面
5. 材料 Materials
厕所选址
壹

| 项目名称 | 金额（万元） | 营建费用（万元） | | | 维护费用（元/年） | |
|---|---|---|---|---|---|---|
| | | 人工费 | 建筑材料费 | 生态处理工程/设备费 | 人工 | 设备 |
| 龚屋老村外田厕所 | 3.1 | 0.2 | 1.6 | 1.2 | 600 | 400 |

| 项目名称 | 金额（万元） | 营建费用（万元） | | | 维护费用（元/年） | |
|---|---|---|---|---|---|---|
| | | 人工费 | 建筑材料费 | 生态处理工程/设备费 | 人工 | 设备 |
| 老郑屋西南处路边厕所 | 2.11 | 0.3 | 1.5 | 0.2 | 500 | 600 |

| 项目名称 | 金额（万元） | 营建费用（万元） | | | 维护费用（元/年） | |
|---|---|---|---|---|---|---|
| | | 人工费 | 建筑材料费 | 生态处理工程/设备费 | 人工 | 设备 |
| 管屋西边树下厕所 | 5.64 | 0.4 | 3.6 | 1.5 | 1000 | 400 |

# 轮回之所

全国二等奖
最佳研究奖

【参赛院校】 同济大学建筑与城市规划学院

【参赛学生】 施 翊 苏榆茜 周嘉宜 张羽丰

【指导老师】 高晓昱 陆希刚

# 方案介绍

本方案从规划的视角出发，以循环和增值为核心理念，基于乡村已有资源和现状条件，整合建筑设计、环境工程设计、乡村规划等思路，设计了两个户厕节点及一个公厕节点。

## 一、背景介绍

我们希望这次的乡村厕所革命能够改变乡村厕所的语境。

中国乡村的厕所仍然保有中国传统的旱厕模式，但随着西方水冲式厕所的引进，中国旱厕逐渐失去了人们的青睐。但旱厕在环境保护和田地品质的提升上有着不可忽视的作用，中国作为一个农业大国，有长期肥沃的土地也是得益于旱厕的模式。但如今旱厕的价值逐渐被弱化。

现在乡村的生产生活状态和基础建设条件并不适合大范围推广水冲式厕所，因此我们合理分析现状，组织了旱厕和水厕并行的布局模式。

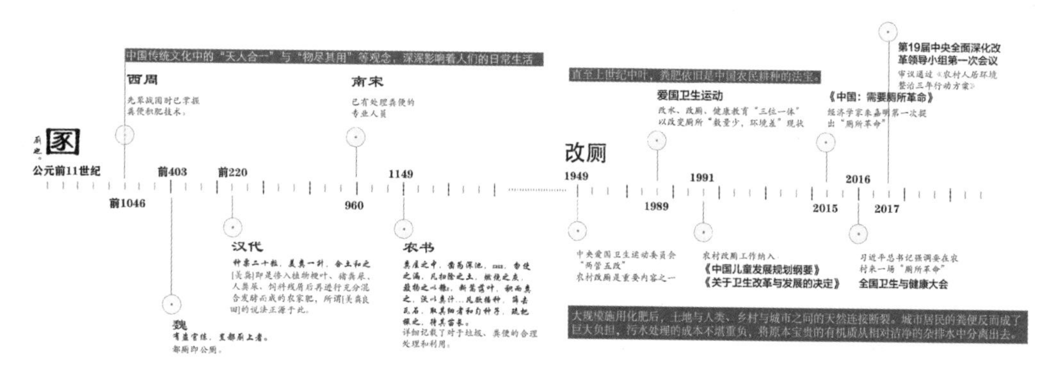


户厕发展历史

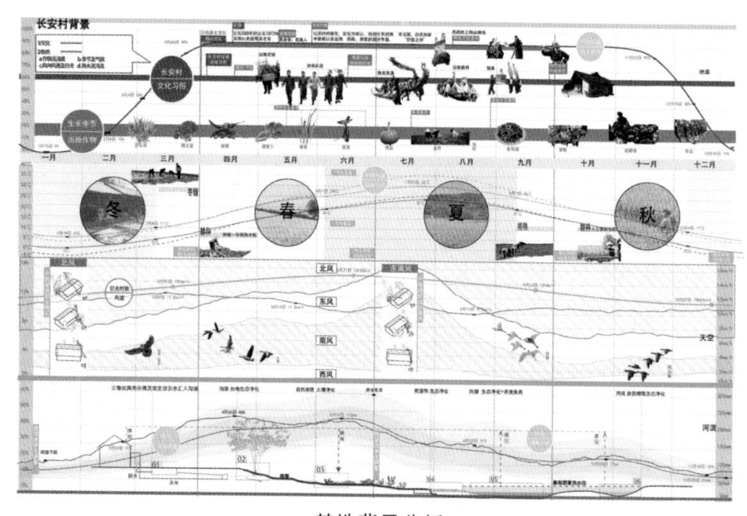


基地背景分析

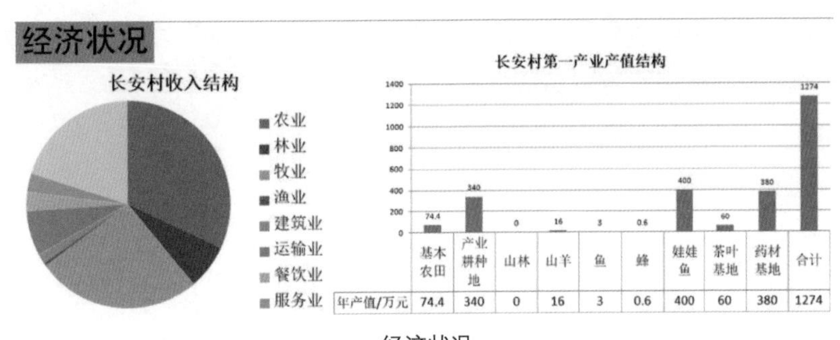


经济状况

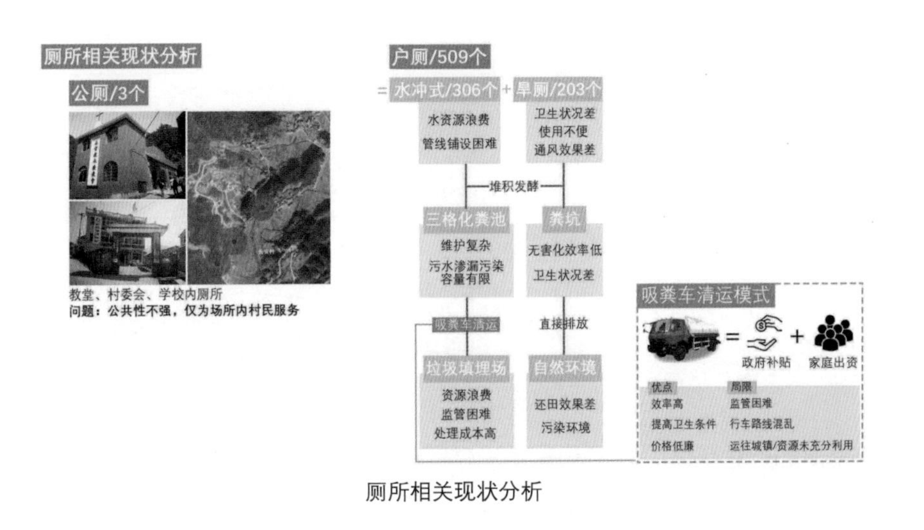


厕所相关现状分析

生活污水处理流程

冲厕污水 细菌、病毒、寄生虫卵等

洗涤污水 氮、磷等植物营养物质

厨房污水 蛋白质、油脂等有机污染物

吸粪车

三格化粪池

沉淀发酵

直接倾倒

排放

污水处理厂 问题 监管不到位/乱排乱放 资源浪费 增加城镇污水厂处理压力

自然环境 问题 造成水体富营养化 发酵不彻底/污染环境 还田肥力不足

生活污水处理流程

## 二、设计理念

这次乡村厕所革命，我们认为要让乡村的旱厕不再是藏污纳垢的地方，而是卫生舒适的、适合老年人群使用的厕所。

水厕的设计着重于综合排水的处理，特别是在山地乡村，布管线较为困难，因此设计了小组团式和一体式处理厕所排泄物的方式。

而乡村公共厕所，我们认为应该强调它的功能性，为村民提供更多的活动空间和游戏社交的场所。

三个节点都组织在两个循环体系之中，首先是整合人、物、自然的大循环，其次是整合物质循环，让现有的闲置资源通过厕所单元发挥出更大的价值，在经济、景观、社交空间方面创造价值，让农民自愿、自发地参与到乡村厕所革命的进程中来。

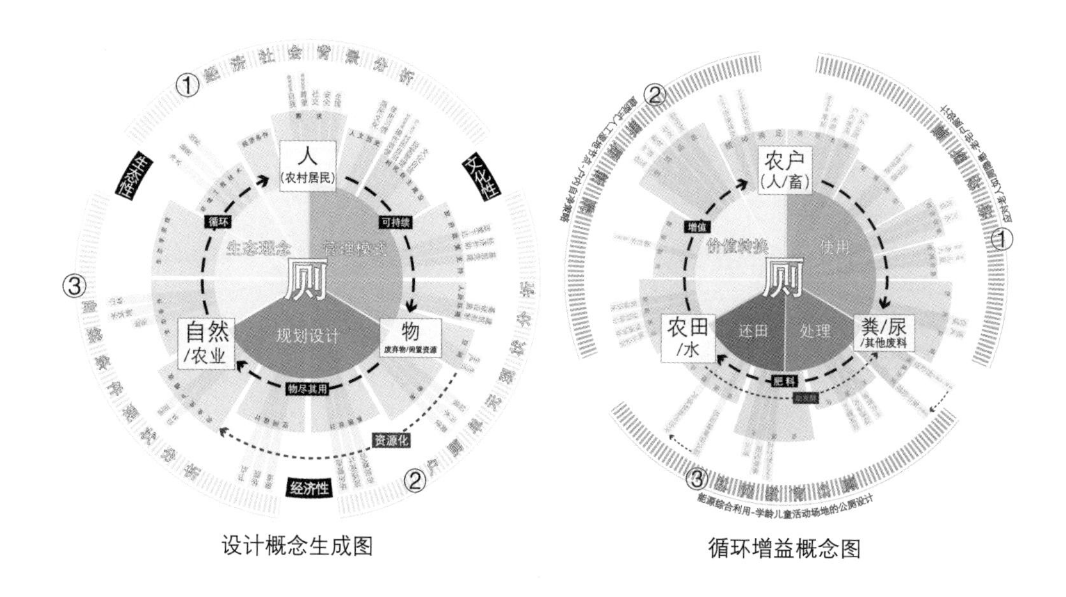


设计概念生成图　　　　循环增益概念图

对于每个节点采用的污水和粪便的处理手法，我们和环境学院的同学进行了交流，了解了处理的基本流程，结合当地的温度、湿度等自然条件，再利用我们擅长的空间设计的手法进行生态化设计，合理组织这些复杂的要素和流程。

由于长安村所在的梅城镇已经有统一的垃圾回收处理的流程，此次设计过程中只着重进行了污水和粪便的处理，但我们也建议在其他村进行厕所设计时可以考虑将废弃垃圾和废水等一同进行设计处理。

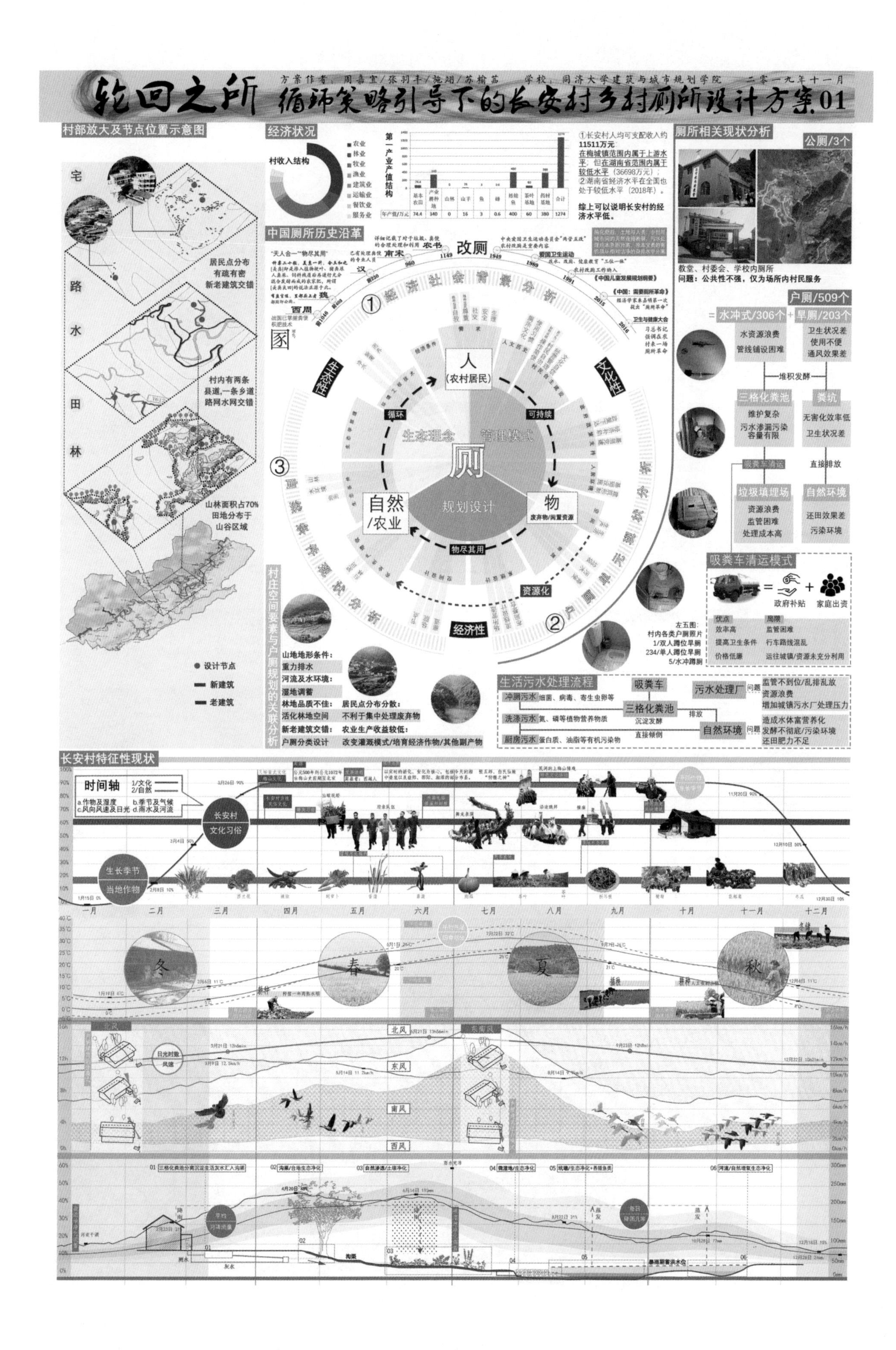

轮回之所 循环策略引导下的长安村乡村厕所设计方案01
方案作者：周嘉宜/张羽丰/施翊/苏榆茁 学校：同济大学建筑与城市规划学院 二零一九年十一月
村部放大及节点位置示意图
宅
路
水
田
林
居民点分布有疏有密新老建筑交错
村内有两条县道，一条乡道路网水网交错
山林面积占70%田地分布于山谷区域
设计节点
新建筑
老建筑
经济状况
村收入结构
农业
林业
牧业
渔业
建筑业
运输业
餐饮业
服务业
第一产业产值结构
①长安村人均可支配收入约11511万元
在梅城镇范围内属于上游水平，但在湖南省范围内属于较低水平（36698万元）；
②湖南省经济水平在全国也处于较低水平（2018年）。
综上可以说明长安村的经济水平低。
中国厕所历史沿革
改厕
经济社会背景分析
人（农村居民）
自然/农业
物
厕
生态理念
管理模式
规划设计
循环
可持续
物尽其用
资源化
经济性
文化性
生态性
厕所相关现状分析
公厕/3个
教堂、村委会、学校内厕所
问题：公共性不强，仅为场所内村民服务
户厕/509个
水冲式/306个
旱厕/203个
水资源浪费
管线铺设困难
卫生状况差
使用不便
通风效果差
堆积发酵
三格化粪池
粪坑
维护复杂
污水渗漏污染容量有限
无害化效率低
卫生状况差
吸粪车清运
直接排放
垃圾填埋场
自然环境
资源浪费
监管困难
处理成本高
还田效果差
污染环境
吸粪车清运模式
政府补贴
家庭出资
左五图：村内各类户厕照片
1/双人蹲位旱厕
234/单人蹲位旱厕
5/水冲蹲厕
村庄空间要素与户厕规划的关联分析
山地地形条件：
重力排水
河流及水环境：
湿地调蓄
林地品质不佳：
活化林地空间
居民点分布分散：
不利于集中处理废弃物
新老建筑交错：
农业生产收益较低：
户厕分类设计
改变灌溉模式/培育经济作物/其他副产物
生活污水处理流程
冲厕污水
洗涤污水
厨房污水
吸粪车
三格化粪池
污水处理厂
自然环境
长安村特征性现状
时间轴
长安村文化习俗
生长季节当地作物
一月
二月
三月
四月
五月
六月
七月
八月
九月
十月
十一月
十二月
冬
春
夏
秋
北风
东风
南风
西风
东南风
日光时数
风速

# 轮回之所 循环策略引导下的长安村乡村厕所设计方案02

方案作者：周嘉宜/张羽丰/施炯/苏榆茜 学校：同济大学建筑与城市规划学院 二零一九年十一月

长安村厕所相关规划布局图(三个节点)

总平面图 1：5000

吸粪车路线
吸粪点
老宅
新房
堆肥点
往梅城镇

水循环：污水(废水) 收集处理 湿地 坑塘/田地 河流 循环

湿地材料选择：
植物 折耳根/香蒲/菖蒲/空心菜
填料 土壤/土壤+水洗砂/沸石/石灰石
池底 抹面砂浆/混凝土底板/碎砖夯实

庭院式湿地模式：
普通模式一：(3000元左右，处理效果好)
农户→一体化庭院湿地→自然环境
经济模式二：(1000-1500左右，价格低)
农户→三格化粪池→人工湿地→自然环境

老宅新厕剖透视

蹲坐两用排便器

处理端结构

现状问题
普及难度大：需要一定成本；改造技术复杂；需要村民配合
资源利用效率低：废料运输至城镇处理；发酵后粪水不还田；冲厕浪费大量水资源

解决手段
政策支持：补贴 村民 参与 政府 推进 改厕
湿地资源化：厕所 + 湿地 + 坑塘；产生污水 无害化 经济效益

经济核算（湿地-坑塘）
建设1500元/户
维护250元/户/年
坑塘利润约2万元/年
净利润约250元/户/年
年产农家肥120kg/户

经济核算
建设250-450元/户
抽粪40元/次/年
每人年均节水200L
每人年均尿用施肥量45kg
年产农家肥100kg/户

厕
农户(人/畜) 使用 人性化
粪/尿/其他废料 处理 肥料
农田/水 还田 增值 价值转换

① 老宅户厕改造
② 九户污水排入同一湿地-坑塘进行净化处理
③ 林间教育公厕
能源综合利用-学龄儿童活动场地的公厕设计

现状问题
老宅户厕改造率较低，户厕环境较差。传统民居多建造于上个世纪40、50年代，户厕以旱厕为主。
厕所革命以来，新房户厕基本实现化粪池处理，而老房依旧使用旱厕，卫生条件差，且气味大。

长安村老龄人口达到20%

解决手段
粪尿分集处理：尿液 粪便 稀释 无害化发酵 堆肥 还田施肥 农作物
后端处理：秸秆粉末
生态厕所循环图

考虑需求
调查13户人家，受访人次约30人 口头寻访+问卷调查
92%选择未来采用蹲便器
可接受改造价格区间为300-400元
无障碍设计点

九户污水排入同一湿地-坑塘进行净化处理
湿地蓄调灌田 坑塘养鱼增收
组团总平面图

净化灌田 净化灌田 污水入坑塘 富水养鱼
农宅 田地 湿地 河流 田地
湿地-坑塘净水养殖模式分析

总平面图
多选址于山脚、山坡等处
建筑朝向负阴抱阳，背山面水
一般主屋面阔三间，进深两间

就地取材
毛竹作为主要建筑材料 外围护+结构
经济适用，利于通风

上人平台
1 教育意义：近距离观察发电装置和板材
2 与旋转坡道相连，增强游憩功能
3 为下方室外活动空间提供覆盖

多种能源
1 沼气池-沼气-燃料-热能
2 光伏板-太阳能

多种冲厕水源
1 自来水 2 雨水

林地活动空间
休憩、阅读……

公厕选址总平面图

微型热电联产机
电池
太阳能光伏板
输电线和小电灯
自来水输水管
杜鹃水箱
水冲式坐便器
导气管(沼气)
进料管
取肥口(吸粪车放管接口)
气室
发酵池
出料池
沼气池
吸粪车
自来水输水管

公厕剖面图 1米
公厕平面图 1m

# 内外兼修 “方便”楼上

全国二等奖

【参赛院校】 华中科技大学建筑与城市规划学院

【参赛学生】

刘晨阳

万　舸

况　易

郑天铭

【指导老师】

黄亚平

单卓然

# 方案介绍

## 一、问题分析与提炼

华中科技大学团队围绕着贵州省铜仁市石阡县楼上村进行了为期 3 天的深入调查，并参与了 2019 年度全国高等院校大学生乡村规划竞赛的户厕设计单元。

通过访谈实录，我们团队发现楼上村的厕改困境主要在于管理机制不健全、技术指导不细致和资金投入不到位三大问题。

首先，厕改政策没有深入到位，建设、环保、卫生等部门没有明确职责分工，难以形成合力，形成全面管理机制。

其次，施工技术人员水平跟不上，改建一般由农民自行组织，建造人员没有经过系统培训，技术水平参差不齐，甚至有些施工人员连基本的技术要求尚未达到，严重制约了农村改厕的进程。

最后，农民生活水平低，花钱投入厕所改建，对于他们来说是很大的负担，这也就降低了农民的积极性，阻碍改厕工作的顺利进行。综上所述，我们提炼了楼上村厕改的主要制约因素。

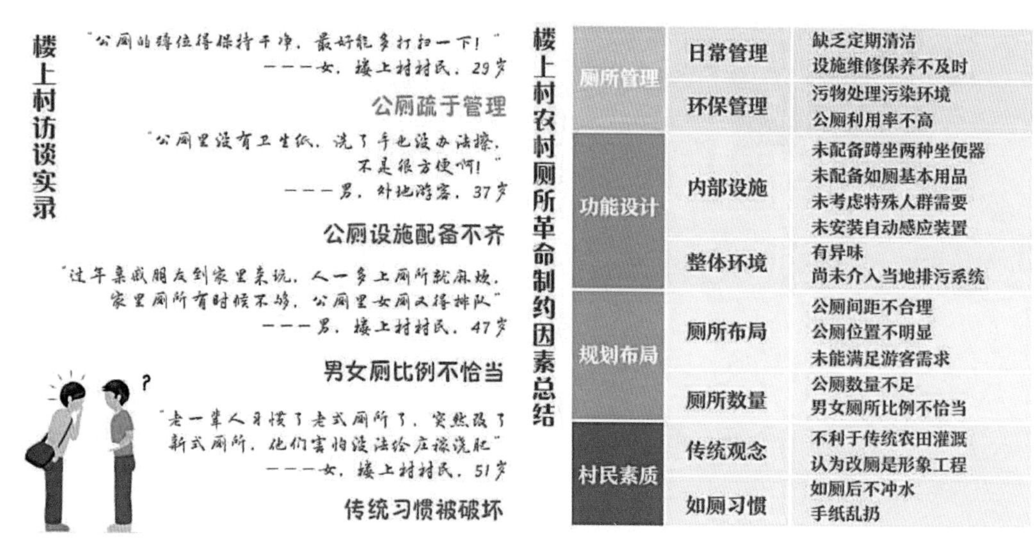


访谈实录与制约因素总结

针对上述因素，我们团队从可建设空间、厕改生态循环模式、厕改管理和维护模式以及厕改管网铺设建议等方面提出规划策略。

就可建设空间而言，我们综合考虑自然生态与人文社会的空间分布，在 ArcGIS 中实现空间叠加，识别户厕建设的生态空间，避免户厕改造、建造在高成本且形成高生态压力的空间节点上。

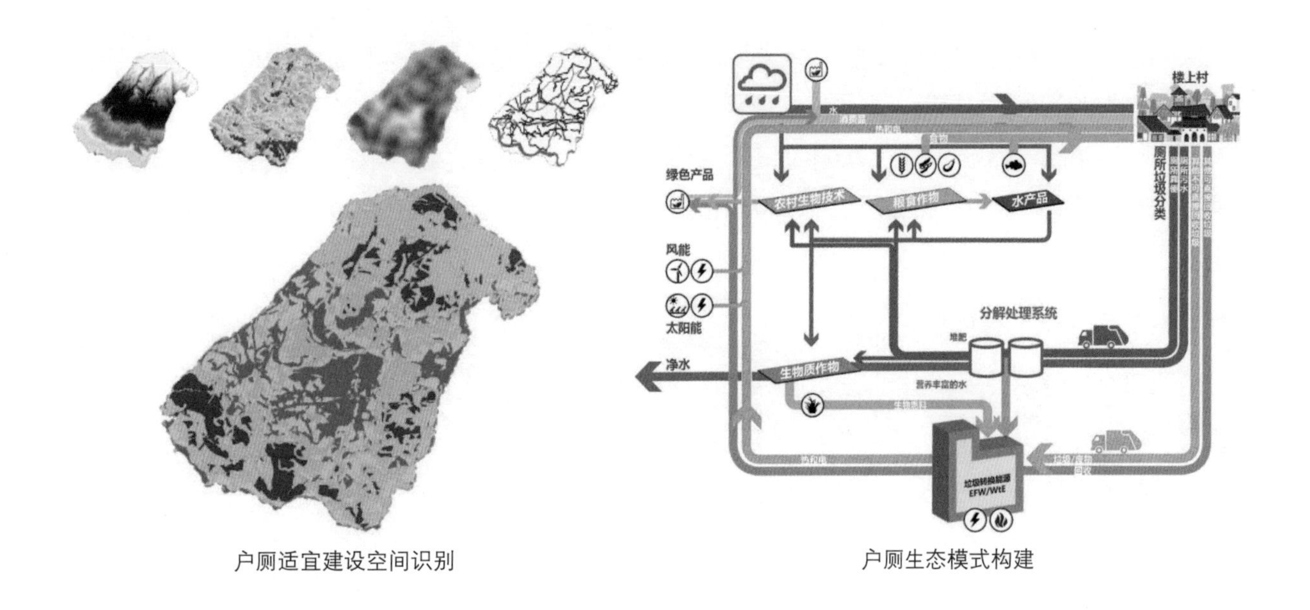


户厕适宜建设空间识别

户厕生态模式构建

## 二、生态循环模式构建

在厕改生态循环模式方面，我们提出从污水循环、粪便循环和其他垃圾循环三方面进行设计。

（1）厕所污水具有氨氮含量高、碳氮比低等水质特点，需要经过净化方能使用。通过高效生物处理单元和消毒单元的联合作用，使污水得以较彻底的净化。

（2）厕所粪便进行无害化处理后可以成为天然肥料，用于楼上村的农业生产、植树造林等活动，还可以进一步应用生物技术。

（3）可直接回收垃圾进行消毒后可以直接应用；不可直接回收的垃圾，可以进行能源转化变成可供利用的热能和电能。

将三个循环进行综合叠加，构建出楼上村生态厕所系统的微循环，实现污染物在地处理、绿色循环和生态持续，减少厕所垃圾运输、处理所需的大量费用和可能造成的环境污染。

将富营养化的厕所污水用于农作物灌溉；利用有机废物堆肥作为营养丰富的肥料；利用沼气、固体废物和生物质能等有机和固体废物作为能量来源，为楼上村供应电能和热能。

## 三、管理和维护模式设计

对厕改管理和维护模式而言，我们团队提出建构县乡联动、分户收集和第三方介入的管理系统。

（1）对接县城污水管网处理模式。铺设管网将楼上村粪污全部收集到周边化粪池，经沉淀接入县城污水收集管网，降低新建污水处理成本，提高可操作性。

（2）分户及小型污水净化模式。通过地下管道将厨房、洗衣、洗浴等生活污水进行收集，经自家小型污水净化设施分类后汇入不同用途管网，便于对不同类型的生活污水进行后续处理与利用。

（3）聘请第三方运营公司，建立信息化运行平台，形成市场化服务体系，这既能帮助政府及时掌握抽厕需求和维修信息，也能切实提高楼上村居民的厕所环境。

厕改管理和维护模式设计

## 四、水循环模式分析

我们通过分析楼上村水循环模型，试图为楼上村的功能管网铺设提出设想。

从楼上村的水系走向来看，水系由高向低先经过林地，再通过古寨，部分泉水形成地表径流，流至梯田，另一部分水流形成溪渠，流经地势更低的梯田与村落。由于峡谷的地形特征，所有泉水最终汇入廖贤河。

因此，在铺设管网时，首先考虑在古寨处取得生活用水，村民可以利用上游的清澈泉水以供生活；其次在梯田处引入喷灌等技术，引流稻作农业的生产用水；最后在地表径流与廖贤河间需考虑净水设施，以免污染重要水系。

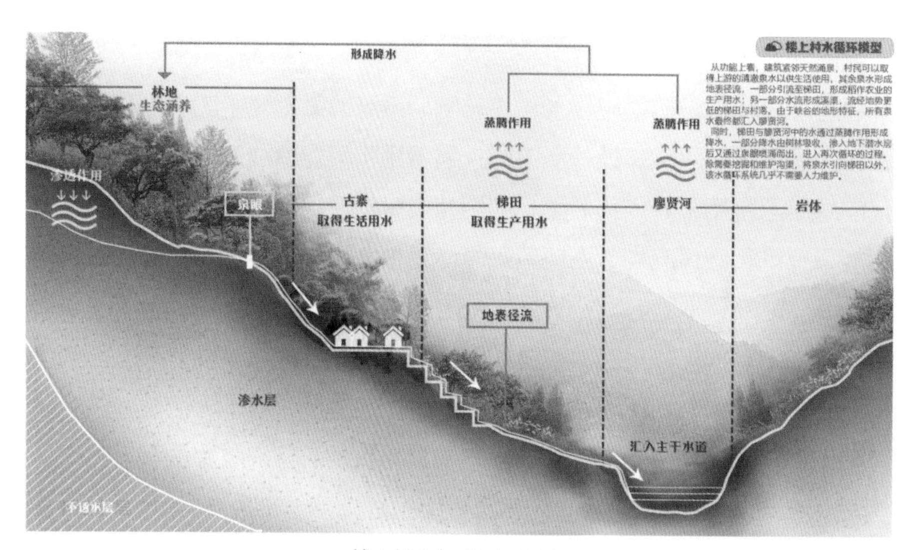


楼上村水循环模型分析

## 五、规划与总结

综合上述分析，我们团队就公厕修建和户厕改造提出具体规划。

（1）就空间布局而言，我们团队认为应至少实现每户一厕的基本需求，至于公厕分布，我们团队认为应就主要居民集中区和游客汇聚区进行布局设计。其次，管网主要沿道路铺设，有序串联楼上村户厕与公厕，实现污水收集。

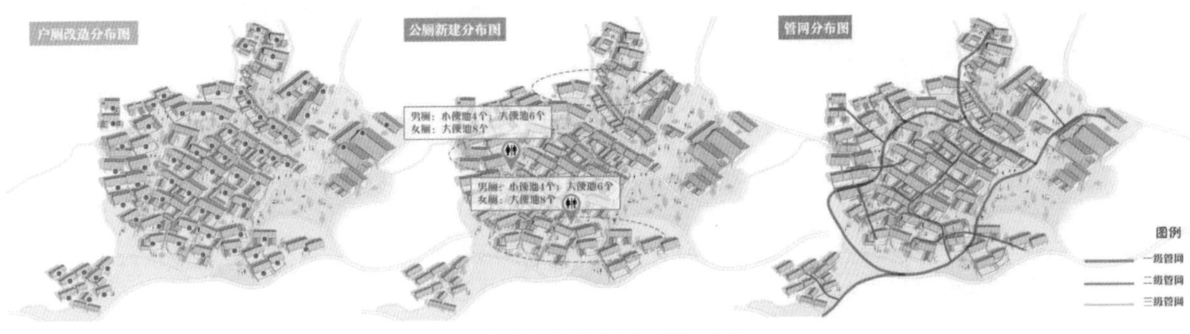


厕所空间布局规划和管网布置

（2）就具体建筑设计空间而言，我们团队从地下空间和地上空间分别考虑了户厕改造的详细设计。

在地下空间，新建户厕应当实现一体化三格式化粪池，即粪便经排污后进入净化设施。在初级腐化层进行腐化，待到过滤后进入深度腐化，进一步沉淀后进入清掏口。清掏口可通过人工清掏、吸粪车运送、人工湿地和一体化处理设备等方式清理。

在地上空间，我们团队主要聚焦于建筑平面空间的改变。

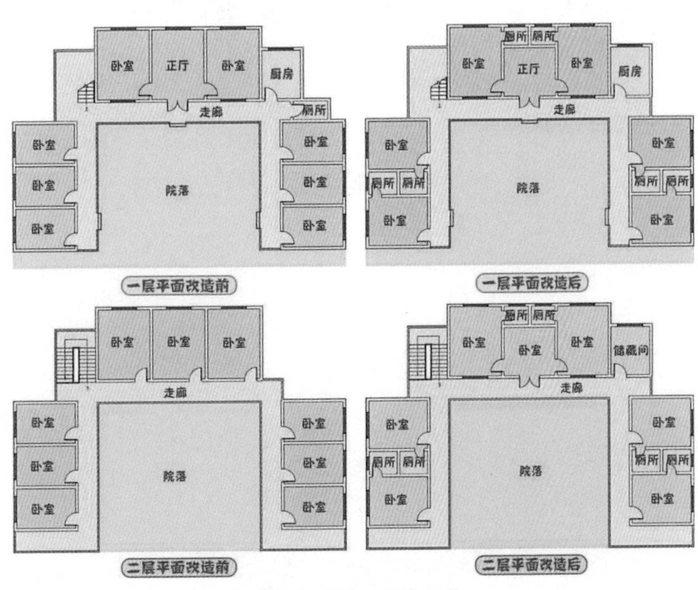


建筑户厕平面改造示意

首先是一层改造。楼上村住宅一层平面改造前以卧室为主，中间为正厅及厨房，通常只有一个厕所，因此家庭人口多或改造为民宿时厕所通常不能满足需求，因此将其中一间卧室拆除改造为厕所，使得每个卧室都能有一间厕所，如改造为民宿也能使品质提升。

其次是二层改造，楼上村住宅二层平面改造前主要为卧室，人们通常需要下至一楼卫生间，使用不便，因此改造后将卧室拆分出厕所，并且增加储藏间的储物功能，避免杂物堆放，提高村民的生活品质，为打造民宿提供基础！

对公厕而言，我们团队认为应当与当地建筑特色、风格和古韵保持一致，在内部增设感应式装置，打造环境优美、品质优良的公厕场所。

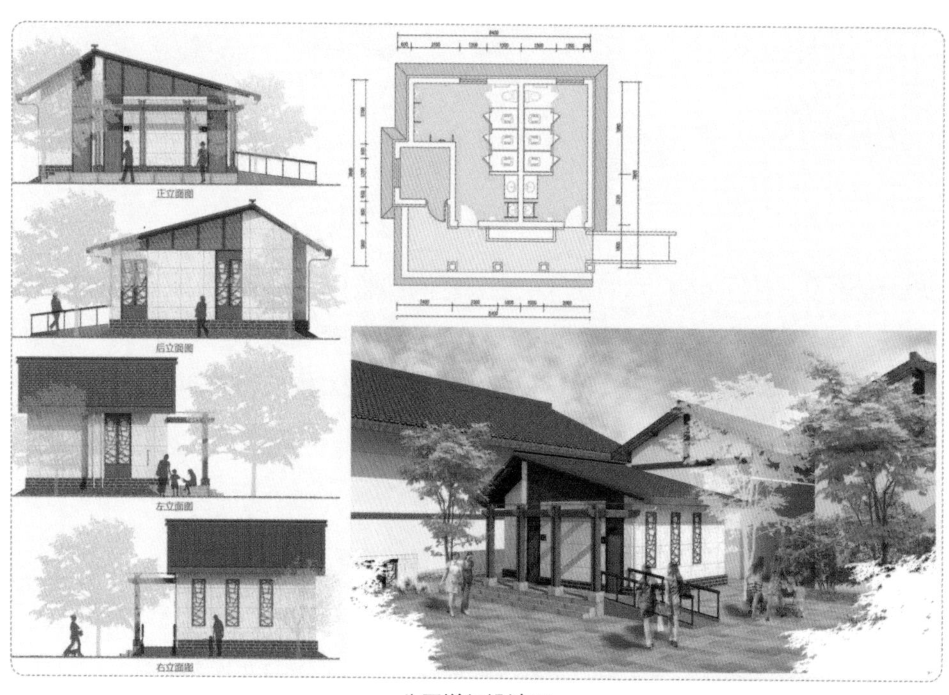


公厕详细设计图

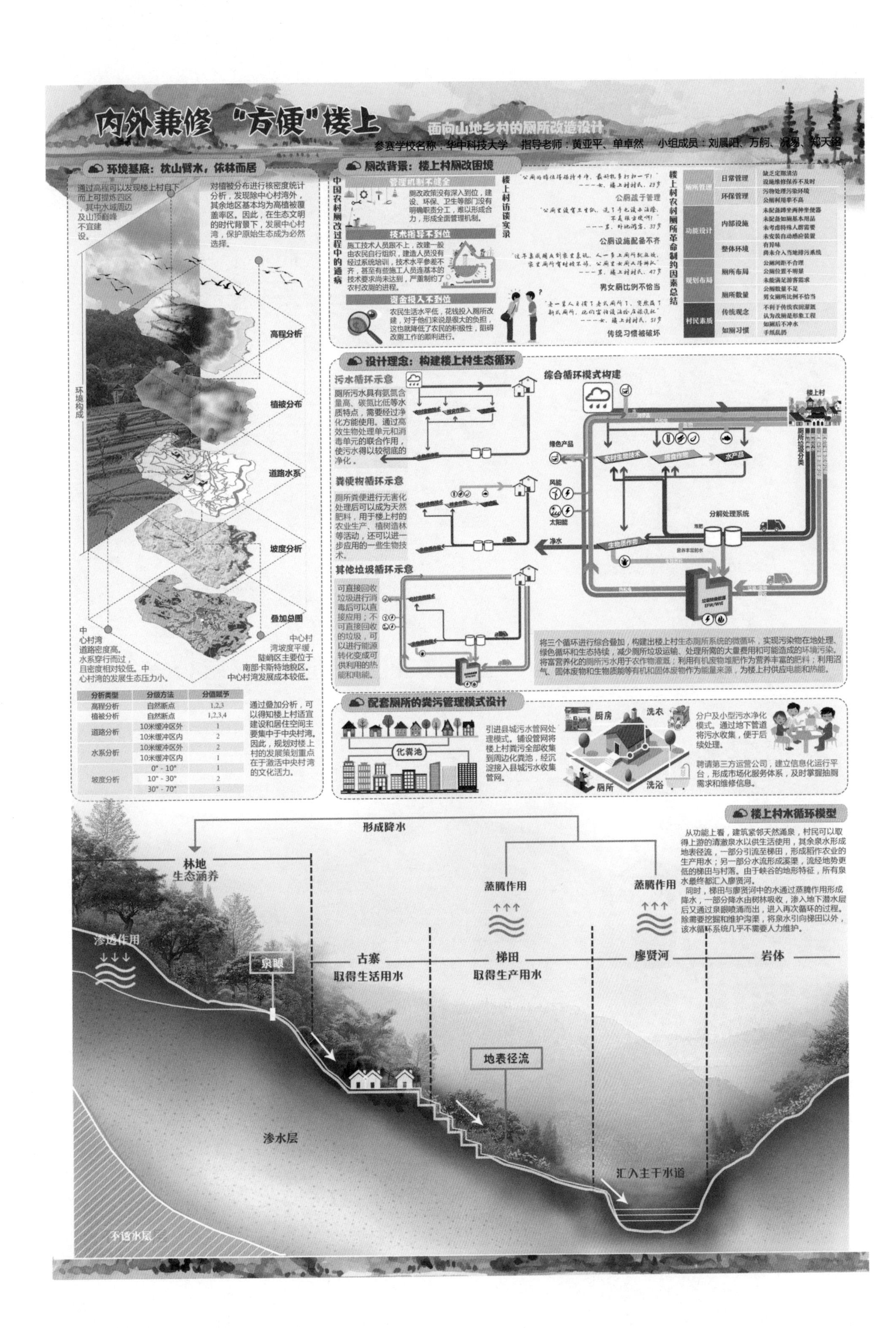


| 分析类型 | 分级方法 | 分值赋予 |
|---|---|---|
| 高程分析 | 自然断点 | 1,2,3 |
| 植被分析 | 自然断点 | 1,2,3,4 |
| 道路分析 | 10米缓冲区外 | 1 |
| | 10米缓冲区内 | 2 |
| 水系分析 | 10米缓冲区外 | 2 |
| | 10米缓冲区内 | 1 |
| 坡度分析 | 0° - 10° | 1 |
| | 10° - 30° | 2 |
| | 30° - 70° | 3 |

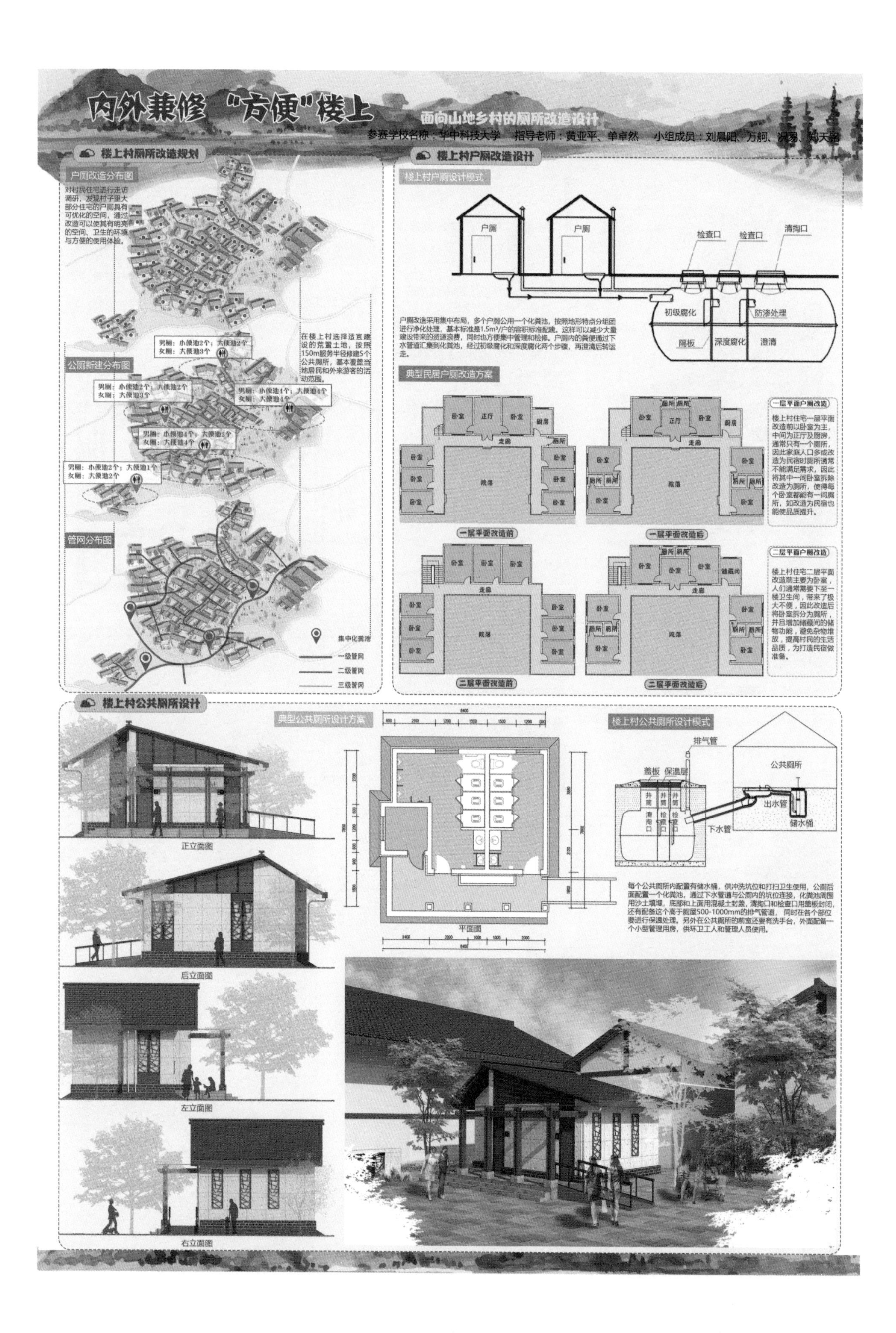

内外兼修 "方便"楼上
面向山地乡村的厕所改造设计
参赛学校名称：华中科技大学 指导老师：黄亚平、单卓然 小组成员：刘晨阳、万舸、况易、郑天铭
楼上村厕所改造规划
户厕改造分布图
对村民住宅进行走访调研，发现村子里大部分住宅的户厕具有可优化的空间，通过改造可以使其有明亮的空间、卫生的环境与方便的使用体验。
公厕新建分布图
男厕：小便池2个；大便池2个
女厕：大便池3个
男厕：小便池2个；大便池2个
女厕：大便池3个
男厕：小便池4个；大便池4个
女厕：大便池4个
男厕：小便池4个；大便池2个
女厕：大便池4个
男厕：小便池2个；大便池1个
女厕：大便池2个
在楼上村选择适宜建设的荒置土地，按照150m服务半径修建5个公共厕所，基本覆盖当地居民和外来游客的活动范围。
管网分布图
集中化粪池
一级管网
二级管网
三级管网
楼上村户厕改造设计
楼上村户厕设计模式
户厕
户厕
检查口
检查口
清掏口
初级腐化
防渗处理
隔板
深度腐化
澄清
户厕改造采用集中布局，多个户厕公用一个化粪池，按照地形特点分组团进行净化处理，基本标准是1.5m³/户的容积标准配建。这样可以减少大量建设带来的资源浪费，同时也方便集中管理和检修。户厕内的粪便通过下水管道汇集到化粪池，经过初级腐化和深度腐化两个步骤，再澄清后转运走。
典型民居户厕改造方案
卧室
正厅
厨房
走廊
厕所
院落
一层平面改造前
一层平面改造后
二层平面改造前
二层平面改造后
储藏间
一层平面户厕改造
楼上村住宅一层平面改造前以卧室为主，中间为正厅及厨房，通常只有一个厕所，因此家庭人口多或改造为民宿时厕所通常不能满足需求，因此将其中一间卧室拆除改造为厕所，使得每个卧室都能有一间厕所，如改造为民宿也能使品质提升。
二层平面户厕改造
楼上村住宅二层平面改造前主要为卧室，人们通常需要下至一楼卫生间，带来了极大不便，因此改造后将卧室拆分为厕所，并且增加储藏间的储物功能，避免杂物堆放，提高村民的生活品质，为打造民宿做准备。
楼上村公共厕所设计
典型公共厕所设计方案
正立面图
后立面图
左立面图
右立面图
平面图
8400
楼上村公共厕所设计模式
排气管
盖板
保温层
公共厕所
井筒
清掏口
检查口
出水管
储水桶
下水管
每个公共厕所内配置有储水桶，供冲洗坑位和打扫卫生使用，公厕后面配置一个化粪池，通过下水管道与公厕内的坑位连接，化粪池周围用沙土填埋，底部和上面用混凝土封盖，清掏口和检查口用盖板封闭，还有配备这个高于厕屋500-1000mm的排气管道，同时在各个部位要进行保温处理。另外在公共厕所的前室还要有洗手台，外面配备一个小型管理用房，供环卫工人和管理人员使用。

# 众“所”周知

全国三等奖
最佳创意奖

【参赛院校】 南京大学建筑与城市规划学院

【参赛学生】 邱瑞祥　刘沅沅　王雪梅　蒋欣怡　李民健　于昕彤

【指导老师】 于　涛

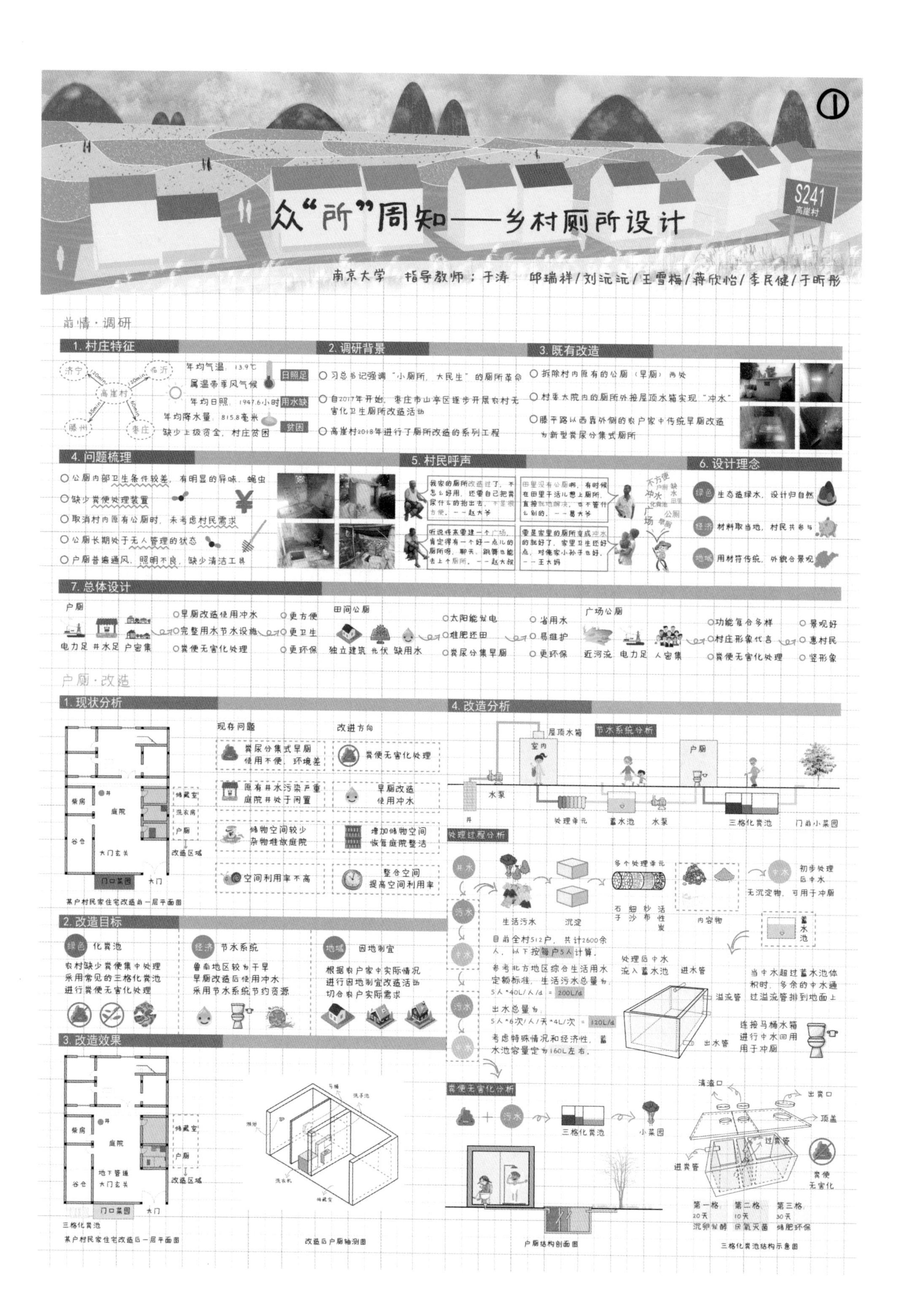
众"所"周知——乡村厕所设计
南京大学 指导教师：于涛 邱瑞祥/刘沅沅/王雪梅/蒋欣怡/李民健/于昕彤
前情·调研
1. 村庄特征
2. 调研背景
3. 既有改造
4. 问题梳理
5. 村民呼声
6. 设计理念
7. 总体设计
户厕·改造
1. 现状分析
2. 改造目标
3. 改造效果
4. 改造分析
节水系统分析
处理过程分析
粪便无害化分析
某户村民家住宅改造前一层平面图
某户村民家住宅改造后一层平面图
改造后户厕轴测图
户厕结构剖面图
三格化粪池结构示意图

公厕·设计
1. 选址布点
2. 田间公厕
公厕布点示意
广场公厕选址位于高崖河畔的村民活动广场，是东、西高崖居民日常交流活动的聚集地。其服务半径为500m，主要服务人群是本村村民和潜在的外来游客。
田间公厕选址位于村内农田间的道路上，是村中农户生产生活的必经之路。其服务半径为300m，以公平和高效为原则在村内共计设立四处，主要服务人群是本村农户。
通风照明分析
田间公厕平面图
田间公厕立面图
效果图
自动化倒灰装置
堆肥循环过程
3. 广场公厕
区位图
广场公厕位于高崖村荷塘广场当中，与步道相连，北望荷塘，景观良好。广场内有公共活动设施，吸引人流。
平面图
公厕主体部分由男厕、女厕、残疾人卫生间和配套清扫间组成，配有公共活动休憩区。
分析图
立面图
立面多样化 木质、片石、砖体、架空、实体
4. 造价估算
田间公厕
估价26150元/座
四座合计10.46万元
广场公厕
估价7.76万元/座
5. 公厕管理制度
管理制度形成——"所长"制
田间公厕缺乏管理 → "所长"制
基本原则
规定责任 分配到人 定期检查 奖罚分明
明确责任，责任到人，承担公厕维护管理任务
优惠激励，定期检查，确保公厕维护管理效果
南京大学 指导教师：于涛 邱瑞祥/刘沅沅/王雪梅/蒋欣怡/李民健/于昕彤

# 耕读传家 · 闻鸟归林

全国三等奖

【参赛院校】 西安建筑科技大学建筑学院
北京建筑大学建筑与城市规划学院
重庆大学建筑城规学院

【参赛学生】

黄唐子

张晓意

黄天明

熊 乘

胡瑶瑶

【指导老师】

田达睿

王 晶

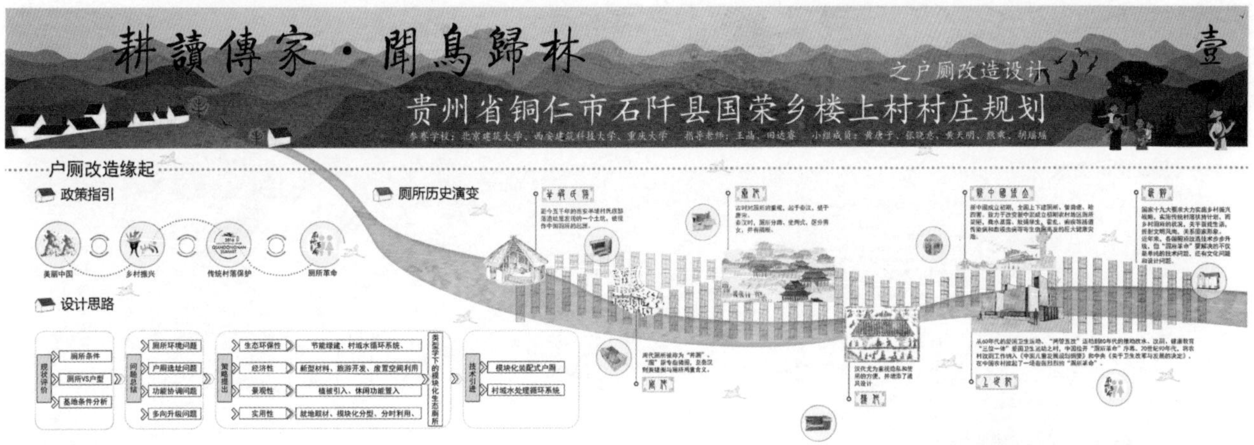


## 调研结果

### 问卷数据

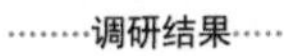

性别结构

年龄结构

厕所形式

化粪池配备

满意程度

自2015年环境整治工程至今，大部分古寨民居已改造厕所，用水冲厕所取缔旱厕，极少数保留下来的旱厕也已处于废置状态，大部分自配化粪池，也有些自行修缮的装配化粪池。但新加建的卫生厕所也存在与原有建筑风貌不统一、使用不方便问题

### 要点梳理

户厕单体部分

入院式户厕——①与牲口棚直接相连，空间狭隘，环境简陋，卫生状况差，异味影响严重。②卸便紧邻住宅，户厕开口在外部，厕门较窄，风貌与古寨极其不协调。③由于高差因素还有部分位于二层高度的厕所，与二层居住空间相连，影响光照。使用现代的建筑材料，风貌不协调，影响美观。④通往户厕的路径隐蔽，经常堆放杂物，存在安全隐患

户内平层厕所：①有的厕所是近年新建，位于废置的储物旁边，使用感受不佳，异味严重，环境狭窄。②一层多为客厅或厨房等空间，厕所空间都是逐步利用的，存在有两个狭窄的小厕所的问题，多门相对，空间功能布局杂乱。③有的一层厕所用水泥材料建成，与木结构房屋风貌不协调，但内部环境较新较好

户内地下室厕所与公共厕所：①地下室厕所多与柴堆、杂物间相连，且需要走一段陡峭的楼梯，使用起来很不方便。②有的地下室厕所采光很差，只有几个砖洞透进来的灯光，通风效果也不好。③有的公共厕所在地下层，位置有点隐蔽，综合条件较差。④有的厕所还有标识，条件相对较好

户厕与户型功能排布

古寨内的入院式户厕根据实际建设情况不同可分为以下五种

一、建于主屋后侧，与主屋相接
优点：隐蔽于建筑后方，不破坏原有建筑风貌；与主屋直接相接，方便村民自家使用
弊端：使用需穿越主屋内空间，不方便客用

二、建于主屋侧后方，不与主屋直接相连
优点：隐蔽于建筑后方，不破坏原有建筑风貌；与主屋直接相接，方便主家与客人使用
弊端：对厕所可利用空间有一定要求，需要有足够空间进行建设

三、建于院落一角，不与主屋直接相连（在新村也有少数新建住宅建设的是这种入院式户厕）
优点：方便主家与客人使用
弊端：对建筑外立面形式有一定要求，需做到与原有建筑风貌协调统一，否则将破坏原建筑风貌

四、位于架空层，与杂物间、家禽饲养圈共用空间
优点：隐于主体建筑下方，不破坏原有建筑风貌，在原家畜基础上进行改造，无需新建建筑
弊端：使用不方便，与主屋有一定距离；采光通风条件差，卫生条件差

## 技术引进

### 模块化装配式户厕

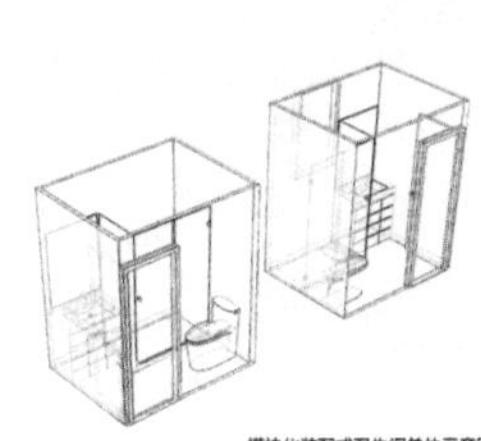

模块化装配式卫生间单体示意图

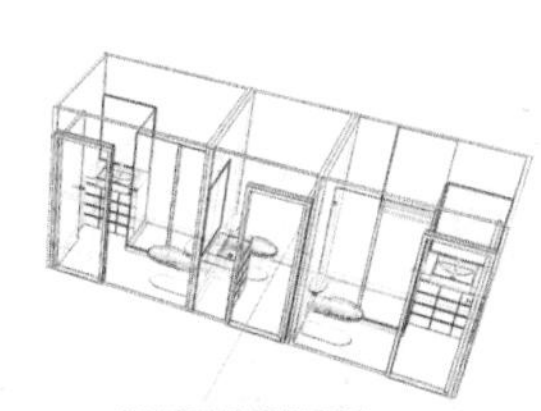

模块化装配式卫生间组合示意图
主人用卫生间+客人用卫生间+盥洗间

施工安装工艺

| 外形尺寸 | 2081*1649*2461毫米 |
|---|---|
| 安装模式 | 全装配式 |
| 主要部件 | 底盘一个，为玻璃钢槽型构件，四边卷起75mm高，地面上铺地砖，留下水口。在四周卷起的立面上还有一层平台，作为安装墙板的连接处。墙板9块，3mm厚水泥石棉板贴4.5mm厚面砖，全厚为7.5mm，连同轻钢龙骨计算总厚度27.5mm，每块板重量仅20kg，部分预留通风采光口及水处理设备接口。1块门扇，尺寸为694*2035mm，可选用当地木材或其他适配款式。顶板3块，材料同墙板，可预留通风道口或水处理设备接口。 |
| 家具配备 | 卫生间内设有立式淋浴间（玻璃制隔断）、蹲式或坐式冲水马桶（环保陶瓷制品）、脸盆嵌在人造大理石梳妆台板上，下设木质置物柜结合下水及水处理设施，还有梳妆镜、壁灯、防水插座、挂衣杆等附属设备，电源线自墙外引进，所有管线均布置在墙板背面，接线盒固定在墙板上。 |
| 配件连接 | ①墙板安装后用嵌缝膏密闭，无需做防水层。②底板与墙板、墙板与墙板之间及与顶板之间均用特制钢卡子连接，操作简便。 |
| 安装顺序及工艺 | ①弹标高和位置线②安装下水口、坐桶排污管及给排水系统管架③在刚浇灌完的混凝土墩上把底盘固定住，并用微调螺栓调平。④墙板安装：在底盘边缘上立四块墙板，将接缝处卡子打紧，并在各板缝处用密封胶嵌实。再安装其余5块墙板，方法同前4块，并嵌好各道板缝。⑤顶板及其余零件的安装：先安装两侧顶板，然后安中间一块，最后把顶板缝用塑料条封好。随后安装门口门扇，用螺丝紧固。⑥摆放卫生设备，接各管道接口。 |
| 安装质量标准 | ①底盘标高准确，误差不多于1mm②底盘四角水平，相对高差不多于1.5mm③墙板接缝平顺，相邻墙板水平缝无高差④嵌缝应严密、顺直⑤各部位的连接卡具和螺钉要上全、上紧⑥水暖各管接口严密不得有跑、冒、漏现象。 |
| 安装工艺特点及效益 | ①全装配式的操作可程序化、施工简便、只需木工、水暖工及电工，施工进度快。②解决了卫生间的漏水问题③安装每个卫生间实际用工口更少，节省大量劳动力。 |

标准化尺寸

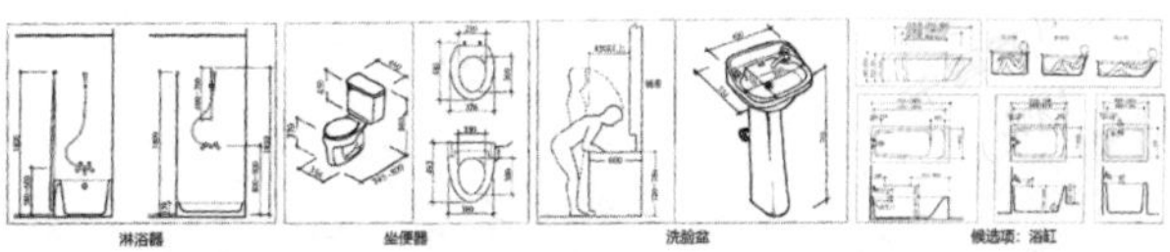


### 村域户厕水处理循环系统

户厕水处理循环——入院式

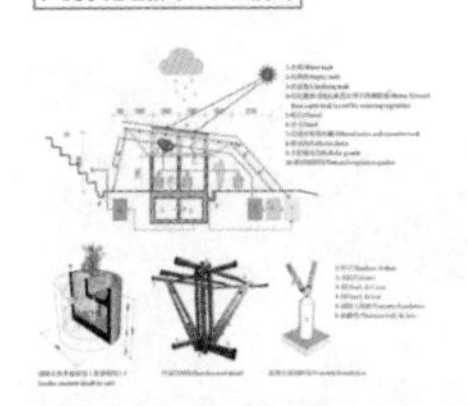

借鉴"绿厕所"的经验，在入院式户厕中，村民可以有选择地加入雨水收集设备、化粪池和沉淀池等污水处理设备等。收集的雨水和中水可浇灌绿植、农用灌溉等。此外入院式户厕采用的顶部太阳能板可以提供户厕甚至其他照明所需电能，最大化节约能源和资源

户厕水处理循环——入户式

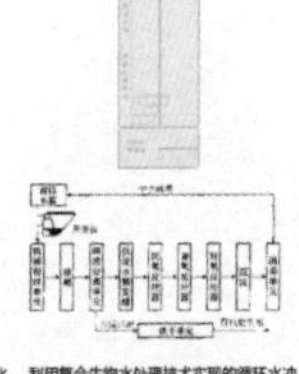

利用复合生物水处理技术实现的循环水冲洗生态厕所则可最大限度地提高水资源的利用效率，并在此基础上使用新式尿粪分集式厕所则进一步对废物资源化处理

户厕水处理循环——入户式

根据住家寨给排水规划和我们方案制定古寨核心区的给排水规划，将村民自家的户厕打造成为每一个户厕污水处理的细胞单元，除了完成自家的户厕污水处理之外，未来还可以结合小型高效的污水处理设施和太阳能发电设备，成为高效处理废污的自给自足的绿色建筑细胞单元，彻底实现生活无害化和优质化

## 设计策略

### 理念引入

依据"生态优先"、"以人为本"、"智慧创新"、"节约集约"等理念，依靠适度的政策引导和制度监督，设计模块化装配式生态厕所，吸纳国内外先进的生态厕所技术包括免水生态厕所、尿粪分集式生态厕所、粪污的资源化利用、复合生物水处理循环技术等，并且研究户厕作为住宅使用功能之一与其他功能的组织协调，注重功能组合的实用性和舒适度。同时注重生态环保材料和系统的应用，在提升厕所这一基础设施的各项使用性能基础之上，考虑基地条件和特点设计全域排水系统，力求提升村寨包括本地居民和外来游客的生活品质

### 具体策略

生态性策略

绿厕所：快速施工、低成本和广泛的适用性

入院式厕所可在四面及屋面种植台地型绿墙，有助于调节室内气候，提供食物，同时营造出室内外绿色的边界；同时通过植面和绿孔来加固承重结构，抵抗自然灾害

地下层厕所旁边可利用废置的储藏空间种植植被，形成下沉花园式的活动室，承担休憩、娱乐、储物等功能，也可成为地下层与院子入口的过渡灰空间

经济性策略

厕所革命带来的经济效益

入院式厕所可借鉴"绿厕所"的经济适用性，在寓教于乐的建造过程中用2万元左右人民币快速建成一个生态厕所

地下层厕所旁边可利用废置的储藏空间结合可开发配合旅游民宿功能的娱乐空间，如棋牌室、K歌房、放映室等等可以满足入住游客的休闲娱乐需求的空间，提高服务质量从而增加民宿竞争力，带来经济效益

智慧性策略

先进技术引导智慧厕所革命

循环水冲洗生态厕所从污水源控收集、粪便粉碎、固液分离、生物降解、净化消毒到再循环使用，全自动化的管理模式避免了手动操作，完全消除了交叉感染，并且结构紧凑，占地面积小，耗水生物处理单元的有效容积仅为0.6平方米

新式尿粪分集式生态厕所是将尿液与粪便分别导入小便收集器与化粪池，通过对粪便进行单独收集并采用干燥脱水的方法进行无害化处理，处理后的尿液与粪便可转化为有机肥料变废为宝

环保性策略

环境可持续下的厕所改造

利用复合生物水处理技术的循环水冲洗生态厕所在时间和空间上实现了连续完整的系统化、资源化处理，突破了传统冲水式厕所对清洁水的依赖，满足了生态环境可持续发展的要求

新型尿粪分集式生态厕所对尿粪分集便器、尿液与粪便收集处理、排气系统三个方面进行优化设计，原理简单，造价低廉是农村厕所改造的较好选择

此外在建筑材料方面，利用环境友好的新型建筑材料，在绿色建筑方面力求突破，此外还在入院式户厕顶部设计了太阳能板，形成能源自给自足的环保节能系统

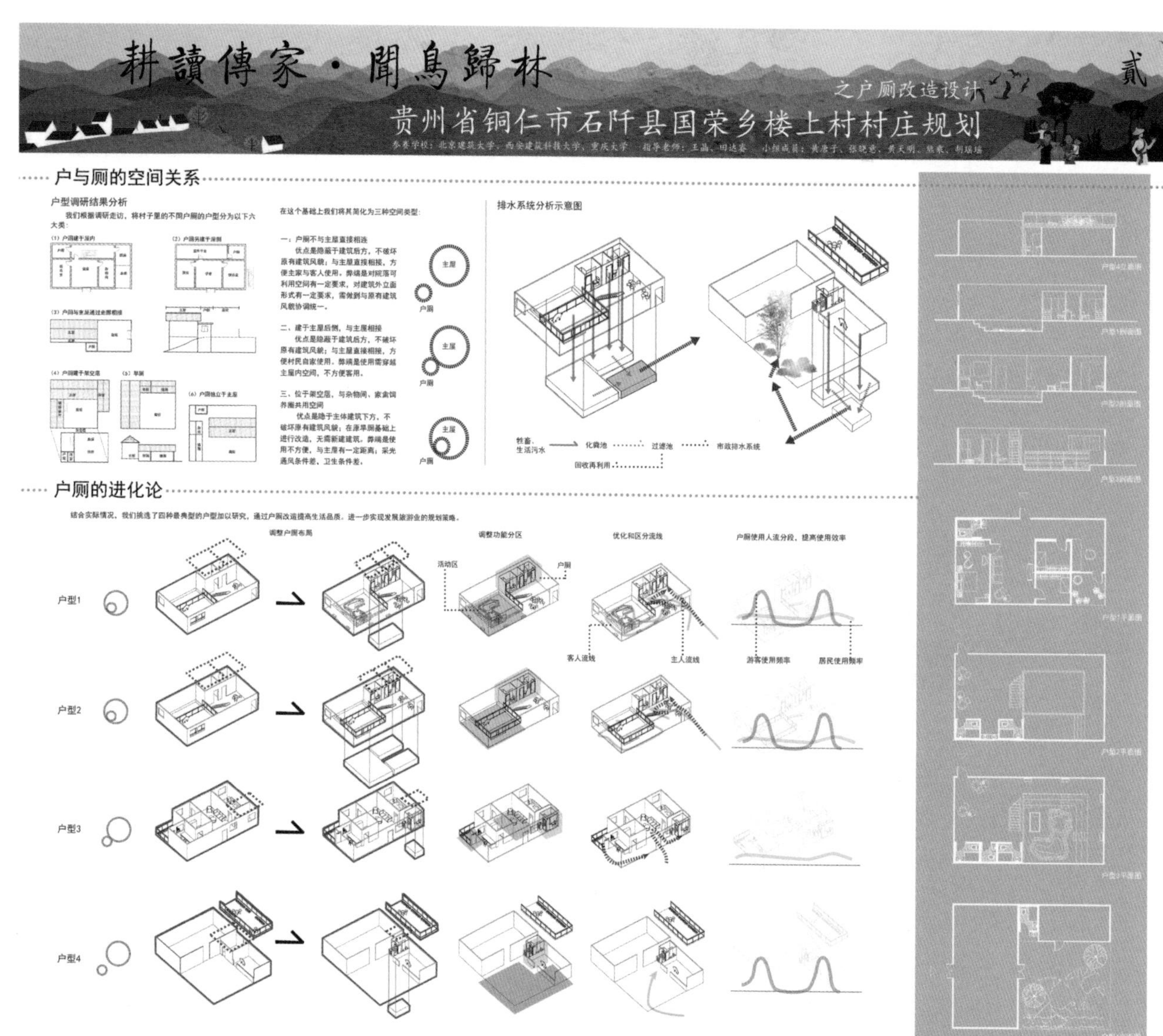
耕讀傳家·聞鳥歸林
之户厕改造设计
贰
贵州省铜仁市石阡县国荣乡楼上村村庄规划
户与厕的空间关系
户型调研结果分析
排水系统分析示意图
户厕的进化论
调整户厕布局
调整功能分区
优化和区分流线
户厕使用人流分段，提高使用效率
户型1
户型2
户型3
户型4
客人流线
主人流线
游客使用频率
居民使用频率

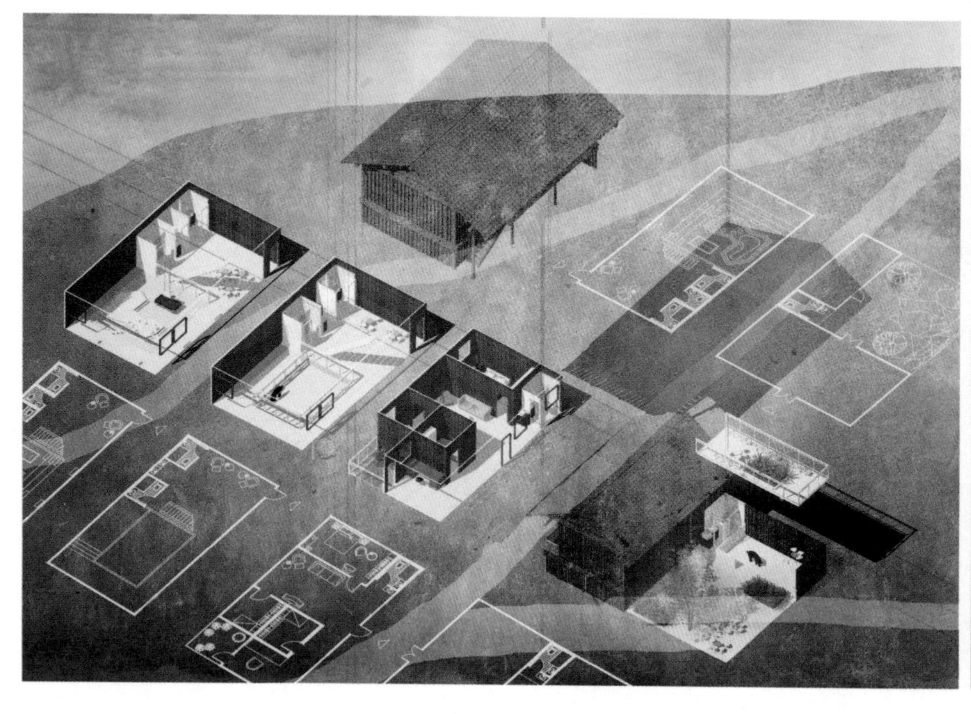

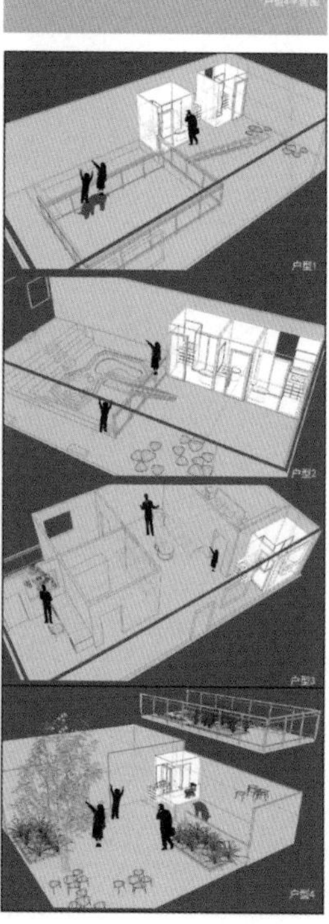

# 乡村生活发生器

全国三等奖

【参赛院校】 东北林业大学土木工程学院

【参赛学生】 邹天宇 师鑫雨 马倩丽 王 旌 贺易萌 施怡帆

【指导老师】 焦 红

乡村生活发生器——山西省西岭村乡村户厕设计
1
参赛学校名称：东北林业大学　指导老师：焦红　小组成员：邹天宇、师鑫雨、马倩丽、贺易萌、施怡帆、王旌
区位分析
山西省·阳泉市·平定县·西岭村
西岭村位于巨城镇西南，距离政府8公里，平均海拔820m，全村人口560人，耕地面积820亩，主要种植玉米、谷子等。属温带半湿润大陆性季风气候区。东夏长春秋短，四季分明。
西岭村为省级美丽宜居示范村，基础建设比较完善，现已建成入户水冲式厕所62户，80%的农户用上了入户水冲式卫生间。建成4个水冲公厕,3座化粪池。
文化分析
西岭村“和文化”历史悠久，传承至今已经形成具有西岭特色的文化体系脉络，当地“和文化”主要由“和之魂、和之根、和之风、和之韵、和之趣”五部分组成。
阳泉剪纸是山西省第四批非物质文化遗产项目，也是西岭村妇女几乎人人都具备的代代相传的手艺，已有几百年历史这些形态各异、惟妙惟肖、寓意吉祥的剪纸，表达了村民对美好事物的热爱和幸福生活的向往。
概念生成
场地现状
场地原型抽取
形态提取
面积缩减
交通核插入
建筑主体体块
体块形成
轴测图
视线分析
基地现有厕所可达性分析
100m
150m
建筑设计
母婴室
女卫生间
休息室
盥洗室
残疾人专用
男卫生间
储物室
平面图-功能分析
流线分析
剖面图
立面图

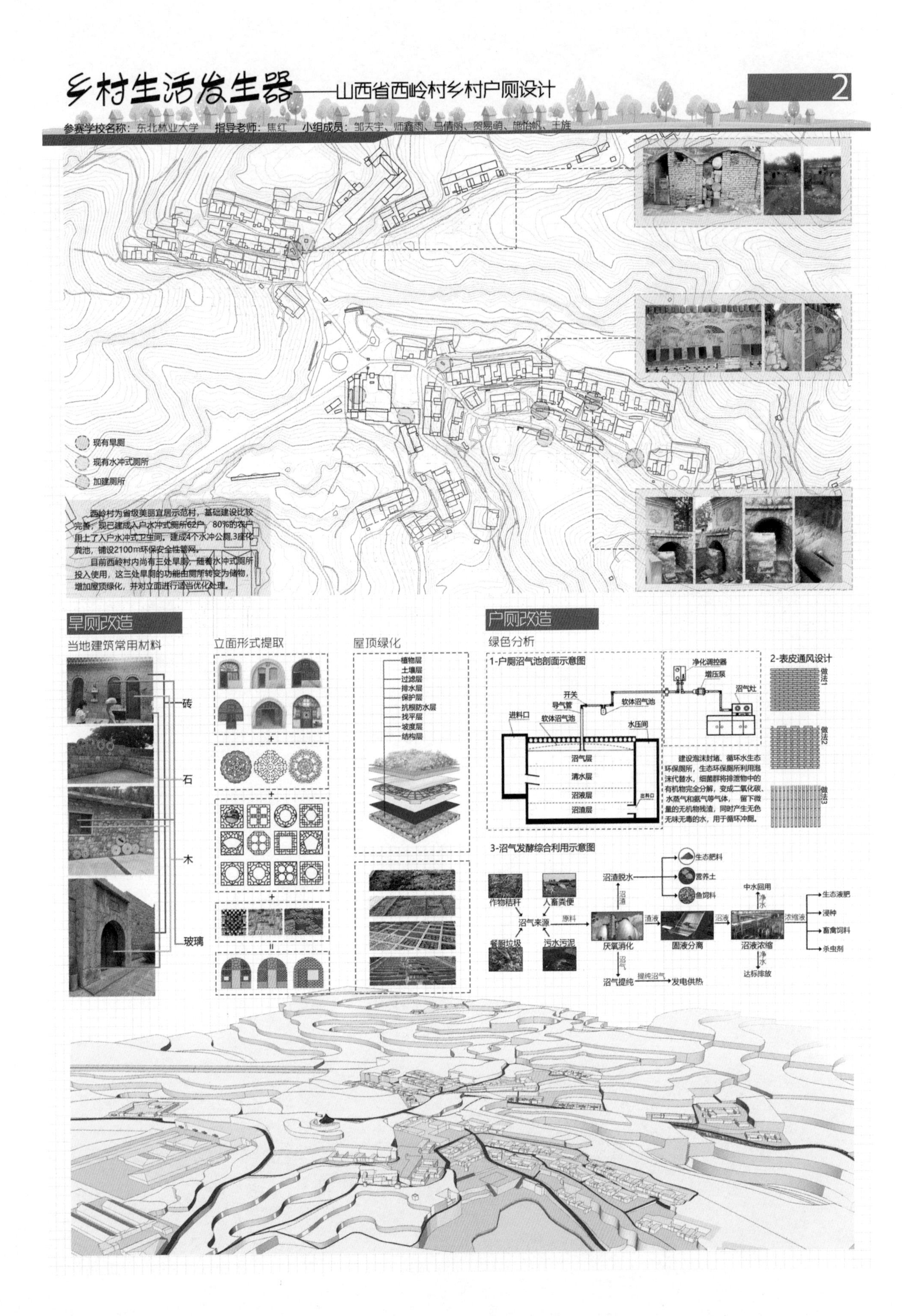

乡村生活发生器——山西省西岭村乡村户厕设计
2
参赛学校名称：东北林业大学 指导老师：焦红 小组成员：邹天宇、师鑫雨、马倩丽、贺易萌、施怡帆、王旌
现有旱厕
现有水冲式厕所
加建厕所
西岭村为省级美丽宜居示范村，基础建设比较完善，现已建成入户水冲式厕所62户，80%的农户用上了入户水冲式卫生间，建成4个水冲公厕,3座化粪池，铺设2100m环保安全性管网。
目前西岭村内尚有三处旱厕，随着水冲式厕所投入使用，这三处旱厕的功能由厕所转变为储物，增加屋顶绿化，并对立面进行适当优化处理。
旱厕改造
当地建筑常用材料
砖
石
木
玻璃
立面形式提取
屋顶绿化
植物层
土壤层
过滤层
排水层
保护层
抗根防水层
找平层
坡度层
结构层
户厕改造
绿色分析
1-户厕沼气池剖面示意图
净化调控器
增压泵
沼气灶
开关
导气管
软体沼气池
进料口
水压间
沼气层
清水层
沼液层
沼渣层
出料口
建设泡沫封堵、循环水生态环保厕所，生态环保厕所利用泡沫代替水，细菌群将排泄物中的有机物完全分解，变成二氧化碳、水蒸气和氨气等气体，留下微量的无机物残渣，同时产生无色无味无毒的水，用于循环冲厕。
2-表皮通风设计
做法1
做法2
做法3
3-沼气发酵综合利用示意图
生态肥料
营养土
鱼饲料
沼渣脱水
作物秸秆
人畜粪便
沼气来源
餐厨垃圾
污水污泥
原料
沼渣
厌氧消化
渣液
固液分离
沼液
沼液浓缩
浓缩液
中水回用
净水
达标排放
生态液肥
浸种
畜禽饲料
杀虫剂
沼气
沼气提纯
提纯沼气
发电供热

# 第五部分

# 基地简介

乡村振兴

- 基地一：贵州省铜仁市石阡县国荣乡楼上村（贵州大学建筑与城市规划学院、浙江工业大学设计与建筑学院共同承办）
- 基地二：广东省韶关市武江区龙归镇冲下村（华南理工大学建筑学院承办）
- 基地三：山西省阳泉市平定县巨城镇西岭村（北京建筑大学建筑与城市规划学院承办）
- 基地四：安徽省安庆市岳西县温泉镇龙井村、黄尾镇黄尾村、白帽镇土桥村（安徽农业大学林学与园林学院、安徽建筑大学建筑与规划学院共同承办）
- 自选基地：全国 151 个自选基地列表

# 基地一：贵州省铜仁市石阡县国荣乡楼上村（贵州大学建筑与城市规划学院、浙江工业大学设计与建筑学院共同承办）

贵州省铜仁市石阡县国荣乡是贵州省 20 个极贫乡之一，其境内有楼上村国家级传统村落。楼上村始建于明万历年间，集梓潼宫（戏楼、正殿、南北两厢及院落、后殿、观音阁）、天福古井、明清古民居于一体。咸丰十一年（1861 年）部分毁于苗民叛乱。同治六年（1867 年）重修正殿及两厢。光绪八年（1882 年）重建后殿。民国五年（1916 年）建戏楼。民国二十七年（1938 年），村民集资建天福井。民居中大多为清晚期建筑。2006 年 6 月被贵州省人民政府公布为第四批重点文物保护单位。2009 年被住建部、国家文物局公布为中国历史文化名村。2013 年被国务院公布为第七批重点文物保护单位。2014 年被列入中国传统村落名录。

楼上村属于国家级风景名胜区石阡温泉群风景名胜区的核心景区之一。村落历史底蕴深厚、景观价值极高，但是贫困问题也较为突出，经过几年的脱贫攻坚，取得一定成效，根据国家关于乡村振兴战略的部署，结合贵州省关于大扶贫、大数据、大健康的发展要求，楼上村将迎来更为广阔的发展机遇。

# 基地二：广东省韶关市武江区龙归镇冲下村（华南理工大学建筑学院承办）

冲下村位于广东省韶关市武江区龙归镇中部，紧邻龙归镇区，距离镇区仅 5min 的车程，而且有省道 S253、县道 318、城镇道路等区域交通网络强化对外交通系统，具有优良的交通区位。冲下村共有 7 个自然村，分别为龚屋、邹屋、郑屋、管屋、高屋、涂屋和黄岗岭，总户数为 503 户，户籍人口为 2322 人。

冲下村村域范围内整体上形成三面环水的自然生态格局。村域的西南端为自然山体；村域其他部分为江湾河、南水河冲积而形成的平原地区，地势较为平坦，现状主要为连片的农田，适合大规模的农业生产。冲下村气候资源较为丰富，属于亚热带、中热带季风性气候。

红色文化、客家排屋、祠堂等传统建筑文化相互交融。冲下村南侧、江湾河北侧有 1 处粮仓，是集 20 世纪 60~80 年代苏式仓与浅圆仓于一体的粮食储藏仓库，用于粮食仓储及简单的机械作业。目前经改造后成为乡村振兴培训中心，进行乡村振兴文化展示、乡建经验交流学习及乡建技术培训的场所。

# 基地三：山西省阳泉市平定县巨城镇西岭村（北京建筑大学建筑与城市规划学院承办）

西岭村位于山西省阳泉市市区东 15km 处，属平定县巨城镇。村域面积 4.48km$^2$，耕地面积 800 多亩。全村 150 户、568 人。居太行山中部东麓，地势西高东低，平均海拔 780m 左右，属温带大陆性气候，年平均气温 15℃左右，四季分明，冬无严寒，夏无酷暑，无霜期长，雨量适中，土壤肥沃，适于农耕。西岭村区位优越，交通便利，西距阳泉市区与平定县城分别为 15km 和 20km，东临省界娘子关 25km，距太原与石家庄均为 110km。

西岭村土地资源丰富，自然环境优美，民风淳朴，崇文重教。西岭村素有农业种植和手工业并重的传统。西岭村最早的建筑为明末郝氏建庄时的窑洞。现存传统窑洞建筑占村庄建筑的 75%以上。现存建筑集中连片分布，风貌统一协调，除南岭自然村早年搬迁外，其他保存完好，全部有村民居住使用，整个村庄与自然环境完美融合。近年来，西岭村认真贯彻中央关于新农村建设和乡村振兴的精神要求，广泛征求广大村民和专家的意见，开展了靠山窑建设改造提升工程，收到了初步成效。

西岭村的精神文化生活内容丰富多彩，形式活泼多样，参与人数众多，传承有序成风：平定砂器制作技艺、阳泉剪纸（盘合）、手工制作彩灯、阳泉评说、平定三八席等。

# 基地四：安徽省安庆市岳西县温泉镇龙井村、黄尾镇黄尾村、白帽镇土桥村（安徽农业大学林学与园林学院、安徽建筑大学建筑与规划学院共同承办）

- **安庆市岳西县温泉镇龙井村**

龙井村位于岳西县城北部，105 国道穿境而过。距县城及高速路口 10km。总面积 23.9km$^2$，其中耕地面积 2760 亩，林地面积 2.6 万亩。辖 30 个村民组，853 户 3117 人。

龙井村周属古皖国，清为前北乡，民国初为四会乡。1948 年 12 月岳西县解放。先后属汤池镇、汤池乡、汤池公社。1992 年属温泉镇。2004 年由原来的龙井、集星两村合并为龙井村，村名取源于村中心青龙岗及青龙潭。这里有许多红色历史。1927 年安徽省委首任书记在龙井茶园庵主持召开安徽省各县领导人会议，传达中共中央“八七会议”精神，成立了邓家冲党组织。1929 年中国工农红军第 34 师师长在茶园庵主持召开会议，先后成立了武装组织“摸瓜队”、后河山便衣队、龙井冲农会武装组织。发生过望家岭战斗，涌现出以汪延柏为代表的十多位烈士。1948 年刘邓大军所属部队途经龙井村望家岭古道，过转桥解放岳西。龙井村境内自然资源丰富，山地、畈田、盆地相间分布，山清水秀，生态良好，是“天然氧吧”“物种基因库”。这里有千年古寺——朝阳净寺；有两处人工湖；有龙潭湾、后山河、里湾河大峡谷等自然生态景观。龙井村是 2016 年省级美丽乡村建设示范村、安徽省卫生村、安徽省森林村庄。

- **安庆市岳西县黄尾镇黄尾村**

黄尾镇黄尾村位于大别山腹地岳西县北部，位于安庆（岳西）、六安（霍山）接壤处，济广高速穿境而过并设有出口，距离合肥、武汉均 2h 左右车程，距离六安高铁站 1h 左右车程，距离岳西县城 34km，区位优势明显，交通十分便捷。黄尾村是大别山三大革命暴动之一黄尾河暴动发源地。村内辖区17个村民组，475户，1785人。全村面积19.55km$^2$，耕地面积1440亩，山场20000亩，其中生态林18779亩，经济林450亩，森林覆盖率86%。境内生态资源丰富，生物资源多样，是国家一级野生植物“银缕梅”之乡。4A景区、国家水利风景区大别山彩虹瀑布位于本村境内，是一个不经历风雨也能见彩虹的地方。

- **安庆市岳西县白帽镇土桥村**

土桥村位于岳西县白帽镇西南面，距县城58km，距集镇8km，是极其偏僻的深山村。全村面积17.8km$^2$，山场面积17432亩，耕地面积2051亩，辖28个村民组，606户，2068人。20世纪70年代到1998年是全省重点贫困监测点。人们这样形容这里：“土桥是口锅，出门便爬坡，一河分两片，人心各是各，姑娘往外嫁，小伙愁老婆”。村两委借民房开会，办公经费靠赊欠维持，是典型的“贫困村、空壳村、后进村”。土桥村2014年贫困建档228户771人，2014年脱贫39户152人，2015年脱贫55户203人，2016年脱贫63户188人，2017年脱贫58户191人，2018年脱贫9户23人。尚有4户11人未脱贫。近年来，土桥村创新实施五加扶贫工作法，依托党的富民政策，发扬自力更生精神，巧借外力，奋力改善基础设施条件，着力推进美好乡村建设，村容村貌发生了显著变化。

## 自选基地：全国 151 个自选基地列表

来自 291 个参赛团队，选取了遍布全国 27 个省级行政区的 151 个村落基地。详情见下表。

| 序号 | 基地村庄 |
| --- | --- |
| 1 | 安徽省滁州市南谯区乌衣镇汪郢村 |
| 2 | 安徽省淮南市八公山区八公山镇妙山村 |
| 3 | 安徽省马鞍山市向山镇锁库村 |
| 4 | 安徽省宣城市泾县桃花潭镇查济村 |
| 5 | 北京市怀柔区雁栖镇西栅子村 |
| 6 | 福建省闽侯县水尾乡奎石村 |
| 7 | 福建省南平市顺昌县大历镇大历村 |
| 8 | 福建省宁德市霞浦县溪南镇东安村 |
| 9 | 福建省平和县霞寨镇钟腾村 |
| 10 | 福建省屏南县熙岭乡龙潭村 |
| 11 | 福建省泉州晋江市安海镇曾棣村 |
| 12 | 福建省尤溪县联合镇联云村 |
| 13 | 福建省长泰县岩溪镇珪后村 |
| 14 | 甘肃省临夏回族自治州三塬镇下塬村 |
| 15 | 甘肃省陇南市康县碾坝镇寺底下村 |
| 16 | 广东省东莞市麻涌镇麻一村 |
| 17 | 广东省广州市番禺区石碁镇海傍村 |
| 18 | 广东省惠州市惠东县稔山镇村庄 |
| 19 | 广东省湛江市遂溪县建新镇苏二村 |
| 20 | 广东省肇庆市高要区禄布镇镇南村 |
| 21 | 广东省肇庆市高要区小湘镇上围村 |
| 22 | 广西壮族自治区南宁市西乡塘区四联村 |
| 23 | 广西壮族自治区南宁市宾阳县武陵镇白沙村 |
| 24 | 贵州省贵阳市花溪区石板镇镇山村大寨 |
| 25 | 贵州省六盘水市水城县阿嘎镇高中村 |
| 26 | 贵州省黔东南苗族侗族自治州凯里市三棵树镇 |
| 27 | 贵州省清镇市站街镇杉树村 |
| 28 | 贵州省绥阳县温泉镇地学文化村 |
| 29 | 贵州省天柱县坌处镇抱塘村 |
| 30 | 贵州省沿河土家族自治县中寨镇志强村 |

续表

| 序号 | 基地村庄 |
| --- | --- |
| 31 | 贵州省紫云县猫营镇黄鹤营村翁弄组 |
| 32 | 海南省儋州市雅星镇飞巴村 |
| 33 | 河北省怀来县官厅镇旧庄窝村 |
| 34 | 河北省怀来县桑园镇夹河村、暖泉村、沙营村、石门湾村 |
| 35 | 河北省秦皇岛市青龙满族自治县七道河乡石城子村 |
| 36 | 河北省唐山市遵化市马兰峪镇马兰关一村 |
| 37 | 河北省张家口市蔚县暖泉镇千字村 |
| 38 | 河南省鹤壁市淇滨区钜桥镇郑常村 |
| 39 | 河南省焦作市孟州市槐树乡源沟村 |
| 40 | 河南省焦作市武陟县大城村 |
| 41 | 河南省焦作市修武县西村乡陪嫁妆村 |
| 42 | 河南省洛阳市汝阳县城关镇部园 |
| 43 | 河南省洛阳市汝阳县刘店镇红里村 |
| 44 | 河南省洛阳市汝阳县陶营镇姚沟村 |
| 45 | 河南省洛阳市新安县北冶镇甘泉村 |
| 46 | 河南省洛阳市伊川县河滨街道办梁村沟村 |
| 47 | 河南省洛阳市伊川县江左镇张瑶村 |
| 48 | 河南省三门峡市卢氏县东寨村 |
| 49 | 河南省商丘睢阳区临河店乡贾楼村 |
| 50 | 河南省洛阳市伊川县江左镇塔沟村 |
| 51 | 河南省禹州市磨街乡青山岭村 |
| 52 | 河南省长垣县蒲西街道宋庄村 |
| 53 | 河南省郑州市巩义市涉村镇大南沟村 |
| 54 | 河南省驻马店市遂平县花庄镇古泉山村 |
| 55 | 湖北省黄冈市红安县七里坪镇草鞋店村 |
| 56 | 湖北省黄冈市蕲春县株林镇达城村 |
| 57 | 湖北省武汉市东湖风景区大李村 |
| 58 | 湖北省武汉市东湖生态旅游风景区桥梁社区付家村 |
| 59 | 湖北省武汉市桥梁社区小李村 |
| 60 | 湖南省怀化市会同县高椅古村 |
| 61 | 湖南省怀化市新晃县禾滩镇三江村 |
| 62 | 湖南省耒阳市三架街道七岭村 |
| 63 | 湖南省宁乡市双江口镇左家山村 |
| 64 | 湖南省邵阳市新宁县水庙镇枧杆山村 |
| 65 | 湖南省湘西州花垣县双龙镇金龙村 |

续表

| 序号 | 基地村庄 |
| --- | --- |
| 66 | 湖南省益阳市安化县东坪镇岩坡新村 |
| 67 | 湖南省益阳市梅城镇长安村 |
| 68 | 湖南省永州市东安县大庙口镇大坳村 |
| 69 | 湖南省岳阳市平江县三市镇淡江村 |
| 70 | 湖南省长沙市宁乡市朱良桥乡左家山村 |
| 71 | 湖南省长沙市宁乡县灰汤镇花果山村 |
| 72 | 湖南省长沙市望城区白箬铺镇淑一村 |
| 73 | 江苏省苏州市金庭镇衙甪里村 |
| 74 | 江苏省苏州市太仓市沙溪镇香塘村 |
| 75 | 江苏省苏州市吴江区桃源镇新桥港村 |
| 76 | 江苏省苏州市吴中区横泾街道上林村东林渡 |
| 77 | 江苏省徐州市贾汪区潘安湖马庄村 |
| 78 | 江苏省盐城市东台市梁垛镇张倪村 |
| 79 | 江西省吉安市永丰县沙溪镇不塘口村 |
| 80 | 辽宁省鞍山市岫岩满族自治县洋河镇贾家堡村 |
| 81 | 辽宁省铁岭市凡河镇五角湖村 |
| 82 | 内蒙古呼伦贝尔市根河市敖鲁古雅乡 |
| 83 | 内蒙古自治区阿拉善左旗巴润别立镇铁木日乌德嘎查 |
| 84 | 内蒙古自治区包头市九原区阿嘎如泰苏木（镇）阿嘎如泰嘎查（村） |
| 85 | 宁夏回族自治区银川市金贵镇银河村 |
| 86 | 山东省滨州市无棣县北高家庄 |
| 87 | 山东省东营市广饶县稻庄镇大店村 |
| 88 | 山东省菏泽市曹县大集镇丁楼村 |
| 89 | 山东省济南市西营镇老峪村 |
| 90 | 山东省龙口市下丁家镇木厂村 |
| 91 | 山东省蓬莱市大辛店镇木兰沟村 |
| 92 | 山东省烟台市莱山区解甲庄镇南水桃林村 |
| 93 | 山东省枣庄市山亭区店子镇高崖村 |
| 94 | 山东省淄博市博山村源泉镇崮山北村 |
| 95 | 山东省淄博市周村区王村镇毛家村 |
| 96 | 山东省淄博市淄川区太河镇土泉村 |
| 97 | 山东省淄博市淄川区西河镇中坡地村 |
| 98 | 山西省吕梁市岚县大蛇头乡木会村 |
| 99 | 陕西省汉中市勉县五丰村 |
| 100 | 陕西省商洛市商南县青山镇花园村 |

续表

| 序号 | 基地村庄 |
| --- | --- |
| 101 | 陕西省西安市灞桥区新合街办草店村 |
| 102 | 陕西省西安市周至县翠峰镇农林村 |
| 103 | 陕西省西安市周至县九峰镇耿西村 |
| 104 | 陕西省咸阳市旬邑县城关镇纸坊村 |
| 105 | 陕西省咸阳市泾阳县王桥镇岳家坡村 |
| 106 | 上海市嘉定区嘉定工业区（北）黎明村 |
| 107 | 上海市嘉定区嘉定工业区白墙村 |
| 108 | 上海市嘉定区嘉定工业区灯塔村 |
| 109 | 上海市金山区漕泾镇水库村 |
| 110 | 上海市青浦区金泽镇岑卜村 |
| 111 | 四川省成都市温江区和盛镇临江村 |
| 112 | 四川省达州市大竹县中华乡中华村 |
| 113 | 四川省简阳市新市镇荆州村 |
| 114 | 四川省宜宾市翠屏区宋家镇胡坝村 |
| 115 | 四川省映秀镇渔子溪村 |
| 116 | 天津市蓟州区西井裕村 |
| 117 | 新疆维吾尔自治区阿勒泰地区布吾金县冲乎尔镇合孜勒哈英村 |
| 118 | 云南省保山市隆阳区水寨乡平坡村 |
| 119 | 云南省昆明市呈贡区大渔街道海晏村 |
| 120 | 浙江省宁波市江北区慈城镇南联村 |
| 121 | 浙江省宁波市鄞州区东钱湖镇建设村 |
| 122 | 浙江省台州市三门县蛇蟠乡黄泥洞村 |
| 123 | 浙江省温州市腾蛟镇驷马村 |
| 124 | 重庆市巴南区丰盛镇桥上村 |
| 125 | 重庆市北碚区金刀峡镇永安村 |
| 126 | 福建省龙岩市连城县宣和乡培田村 |
| 127 | 福建省南平市建阳区麻沙镇水南村 |
| 128 | 甘肃省庆阳市正宁县永和镇罗川村 |
| 129 | 广东省东莞市麻涌镇华阳村 |
| 130 | 广东省广州市番禺区石楼镇大岭村 |
| 131 | 广东省广州市增城区正果镇蒙花布村 |
| 132 | 广东省肇庆市高要区禄步镇北根村 |
| 133 | 广西壮族自治区北海市合浦县党江镇渔江村 |
| 134 | 广西壮族自治区玉林市陆川县沙坡镇高庆村 |
| 135 | 广西壮族自治区灵山县新圩镇萍塘村 |

续表

| 序号 | 基地村庄 |
| --- | --- |
| 136 | 雄安新区安新县圈头乡圈头村 |
| 137 | 湖南省长沙市开福区沙坪街道竹安村 |
| 138 | 江苏省南京市江宁区湖熟街道尚桥社区新潭村、庞家桥村 |
| 139 | 江苏省苏州市高新区通安镇树山村 |
| 140 | 江苏省苏州市吴江区七都镇开弦弓村 |
| 141 | 江苏省盐城市大丰区草庙镇东灶村 |
| 142 | 江西省宜春市宜丰县天宝乡天宝村 |
| 143 | 山东省青岛市即墨区金口镇北阡村 |
| 144 | 陕西省西安市长安区王曲街办南堡寨村 |
| 145 | 陕西省咸阳市礼泉县烟霞镇官厅村 |
| 146 | 浙江省湖州市安吉县鄣吴镇鄣吴村 |
| 147 | 浙江省台州市天台县南屏乡山头郑村 |
| 148 | 河南省平顶山市郏县茨芭镇山头赵村 |
| 149 | 江苏省南京市浦口区星甸街道九华村 |
| 150 | 辽宁省大连市长海县广鹿乡格仙岛（村级岛） |
| 151 | 四川省成都市彭州市敖平镇凤泉村 |

# 后 记

2019年，中国城市规划学会乡村规划与建设学术委员会持续聚焦高等院校在乡村规划建设领域的研究与交流，推进学科建设发展，促进高等院校、地方政府、社会组织、企业在乡村地区发展方面加强合作。联合华南理工大学建筑学院、贵州大学建筑与城市规划学院、浙江工业大学设计与建筑学院、北京建筑大学建筑与城市规划学院、安徽农业大学林学与园林学院、安徽建筑大学建筑与规划学院共同举办了“2019年度（第三届）全国高等院校大学生乡村规划方案竞赛”，并在广东广州、贵州贵阳、北京大兴、安徽合肥和上海五地分别召开竞赛评审和学术交流等活动，还在广东韶关召开了全国决赛评审点评暨乡村委年会，取得了全国范围内的影响。

本届赛事更新了竞赛内容，在原有乡村规划方案竞赛单元的基础上，新增乡村建设调研及发展策划竞赛单元和乡村户厕设计方案竞赛单元，致力于探索与建筑学、社会学、人类学、环境学等相关专业的跨学科合作。

本届赛事依旧分为初赛和决赛两个阶段。其中，初赛阶段经协商确定分为指定参赛基地与自选参赛基地两类。四处指定参赛基地分别为广东省韶关市武江区龙归镇冲下村（华南理工大学建筑学院承办）、贵州省铜仁市石阡县国荣乡楼上村（贵州大学建筑与城市规划学院、浙江工业大学设计与建筑学院共同承办）、山西省阳泉市平定县巨城镇西岭村（北京建筑大学建筑与城市规划学院承办）、安徽省安庆市岳西县温泉镇龙井村、黄尾镇黄尾村、白帽镇土桥村（安徽农业大学林学与园林学院、安徽建筑大学建筑与规划学院共同承办）。自选参赛基地报名及作品收集由华南理工大学建筑学院承办，其他赛事活动均分由华南理工大学建筑学院、贵州大学建筑与城市规划学院、北京建筑大学建筑与城市规划学院、安徽农业大学林学与园林学院承办。决赛阶段，由初赛阶段各指定参赛基地和自选参赛基地承办单位按照要求推荐初赛获奖作品参加评选。

本届赛事一经推出，再次在全国范围内引起了热烈响应，共有来自 160 所高校（涉及 171 个学院），3358 人次学生及 1162 人次教师共同参与。

初赛阶段，三个竞赛单元共收到 502 份作品，经主办方组织评审会评选出 200 个奖项，分别为 110 个优胜奖和 90 个佳作奖。初赛作品共涉及 27 个省 / 市 / 自治区，98 个地级市 / 自治州，1 个国家级新区，138 个区 / 县，152 个乡 / 镇，157 个村。

根据赛制，初赛阶段获得优胜奖作品全部参与决赛阶段评选，经主办方组织评审会评选出 55 个奖项。其中乡村规划方案竞赛单元 33 个，一等奖 3 个，二等奖 6 个，三等奖 9 个，优秀奖 12 个，最佳研究奖 1 个，最佳表现奖 1 个，最佳创意奖 1 个；乡村建设调研及发展策划竞赛单元 10 个，一等奖空缺，二等奖 3 个，三等奖 3 个，优秀奖 4 个；乡村户厕设计竞赛单元 12 个，一等奖 1 个，二等奖 2 个，三等奖 3 个，优秀奖 4 个，最佳研究奖 1 个，最佳创意奖 1 个。